国家出版基金项目
NATIONAL PUBLICATION FOUNDATION

「十三五」国家重点出版物出版规划项目
国家社科基金重大招标项目成果（批准号：12&ZD111）

20世纪 中国美学史

第二卷

现代中国美学的论争与建构

A History of Chinese
Aesthetics in the 20th Century

主　编　高建平

本卷主编　杨向荣

编写者　杨向荣　黄宗喜　罗如春
　　　　刘中望　李圣传

江苏凤凰教育出版社
Phoenix Education Publishing, Ltd

图书在版编目(CIP)数据

20 世纪中国美学史. 第二卷 / 高建平主编. --南京：
江苏凤凰教育出版社,2022.7

ISBN 978 - 7 - 5743 - 0093 - 4

Ⅰ.①2… Ⅱ.①高… Ⅲ.①美学史-中国-20 世纪
Ⅳ.①B83 - 092

中国版本图书馆 CIP 数据核字(2022)第 120090 号

书　　名	**20 世纪中国美学史（第二卷）**
主　　编	高建平
分册主编	杨向荣
策 划 人	王瑞书　章俊弟
责任编辑	吴文昊
装帧设计	夏晓烨
责任监制	谢　鳃
出版发行	江苏凤凰教育出版社(南京市湖南路 1 号 A 楼　邮编 210009)
苏教网址	http://www.1088.com.cn
照　　排	江苏凤凰制版有限公司
印　　刷	南京爱德印刷有限公司(电话:025 - 57928000)
厂　　址	南京市江宁区东善桥秣周中路 99 号(邮编 211153)
开　　本	787 毫米×1092 毫米　1/16
印　　张	22
版　　次	2022 年 7 月第 1 版
印　　次	2022 年 7 月第 1 次印刷
书　　号	ISBN 978 - 7 - 5743 - 0093 - 4
定　　价	128.00 元
网店地址	http://jsfhjycbs.tmall.com
公 众 号	苏教服务(微信号:jsfhjyfw)
邮购电话	025 - 85406265,025 - 85400774
盗版举报	025 - 83658579

苏教版图书若有印装错误可向承印厂调换
提供盗版线索者给予重奖

目 录

第四章　朱光潜的美学与诗学观

第五章　左翼美学的建构

第六章　"三十年代"的美学论争

第七章　《在延安文艺座谈会上的讲话》的文艺观

第八章　蔡仪的美学思想与艺术观

导　论

　　20 世纪上半期是现代中国美学展开自身理论构建的重要时期,同时也是美学思想激烈碰撞和论争的时期。从 20 世纪初到 1949 年,扫描这一期间中国美学思想史的发展历程,有三条较明显的发展路径。第一,欧美主流思潮影响下的美学路径。在这条路径上,学者们继承中国传统美学中的静观美学观,接受西方主流美学,强调审美无功利,追求审美纯粹性。第二,艺术为社会人生服务的美学路径。从梁启超"为人生"和"爱美"的艺术观到陈独秀的"文学革命论",再到鲁迅"为人生"的艺术观,"艺术为人生"的思想成为 20 世纪上半叶中国美学建构中的重要一维。第三,马克思主义美学的中国化路径。左翼作家对俄苏美学的接受,毛泽东《在延安文艺座谈会上的讲话》的发表,以及蔡仪从日本接受并加以发展的唯物主义新美学,成为马克思主义美学中国化的重要标志。在 20 世纪中国现代美学的构建中,这三条思想路径并非独行发展,存在彼此的论争、交锋和汇流。①

一、　欧美思潮影响下的美学观

　　中国现代美学的构建是承继近代美学而来的,近代美学对于现代美学的发展有着不可忽略的影响。19 世纪中叶,在西学东渐的浪潮之下,西方思潮开始大量涌入国内。中国现代学者面对欧美主流美学的同时,也开始重新反思传统,并努力探索中西美学的融通之道,寻求中国美学的现代性的发展方向。他们在对欧美主流美学进行研究和接受的基础上,反思中国美学传统,以期探索

---

① 杨向荣:《现代中国美学的论争与建构——20 世纪上半期中国美学史的理论建构》,《社会科学战线》,2015 年第 8 期。本部分内容参考了这篇文章,并做了不少修改。

近代中国美学的发展方向。

近代学人王国维把西方美学概念引入中国,他深受康德、叔本华等西方美学观念的影响,结合对中国传统美学思想的阐发,逐渐形成以"静观"为核心,强调超功利的美学理念。承继王国维的"静观"美学观,中国不少学者在接受欧美美学思潮的同时,走上了一条按照自主性原则进行现代美学构建的路线。前期创造社在"为艺术而艺术"旗帜之下的一系列艺术主张,现代派艺术家群强调主观意识在艺术创作中的独一无二的地位,新月派以艺术本位为基础的美学观念,朱光潜接受西方现代心理美学思想,以及宗白华融汇中西美学思想而产生的美学观,等等,都受到了王国维美学观的影响。在这条发展线索上,学者们在自身理论的建构过程中,不断与其他流派或学者展开思想论争,构成了 20 世纪中国美学现代性探索和构建中的重要维度。

在新文化运动的早期,积极开展译介工作成为中国学者接受欧美主流思潮的主要方式。西方近现代美学思潮都被介绍到国内,如浪漫主义、象征主义、唯美主义、印象主义、意象主义,等等。大量美学思潮的介绍和引进,形成了中国思想界的多元化格局。纷繁复杂的思想流派的引入给中国知识分子以强烈的冲击,而且,中西文化的差异,也使中国学者们面对中国传统美学和西方美学思潮时产生了一种复杂心态:如何实现中西不同美学体系的融合。在这种背景下,中国对于外来美学思潮的接受也由最初的被动接受,逐渐过渡到在传统美学基础上有选择地接受外来美学思潮的方式,如蔡元培等。在这一时期,中国学者并没有全盘接受和盲目照搬欧美主流美学理论,而是选择以中国传统美学为基础,对欧美主流美学观念进行合理引介,并力图实现二者的融合。

20 世纪 20 年代早期,涌入中国的西方不同流派、不同创作倾向的美学思潮导致不同主张、不同宗旨、不同目标的文学社团的蜂起。创造社 1921 年成立,以郭沫若、郁达夫、张资平、成仿吾、田汉等留学日本的青年学生为主体。早期创造社主要受西方现代思想影响,如启蒙主义、浪漫主义、唯美主义和德国表现主义等。创造社成员偏爱歌德、海涅、惠特曼、王尔德、波德莱尔、柏格森和尼采等人。创造社创办了《创造(季刊)》《创造日》《创造周报》和《创造月刊》等刊物,翻译德国浪漫主义作家的文学作品,同时也介绍西方的象征主义、表现主义和未来主义等思潮。创造社前期主张"为艺术而艺术",强调文学表现作者自己"内心的要求"(郭沫若),追求文学的"全"与"美"(成仿吾),推崇文学创作的"直觉"与"灵感",重视文学的美感作用等。创造社追求自我表现,强调艺术的"无目的性",关注艺术自身的独立性和超脱性,这在某种意义上是对康德美学和王国维早期美学观的一种延续。

创造社的主张是针对文学研究会"为人生而艺术"的主张提出的,两者不同的美学构建路线也引发了相互之间的论争。1922年1月20日,《晨报副刊》发表了吕一鸣与周作人的通信《文艺的讨论》,吕一鸣认为"文学的本质既是美,则文学的作品当然是唯美,不唯美不能谓为文学","纯艺术的文学,能造成人类唯美的观念,而动摇社会间一切罪恶的基础……用不着再标榜社会主义"。周作人在回信中认为:"文艺是以表现个人情思为主,因其情思之纯真与表现之精工,引起他人之感激与欣赏,乃是当然的结果而非第一的目的。"①俞平伯针对当时"艺术的艺术"和"人生的艺术"的"恶斗",在《诗底进化的还原论》中提倡"人生的艺术",认为"诗是人生的表现,这不但是诗,可以推之于一切文学,我不过是就诗言诗罢了"。他从托尔斯泰的《艺术论》出发,提出"反对以美为鹄的主张",强调"以宗教意识——向善——代之",得出了"艺术本无绝对的价值可言,只有相对的价值——社会的价值"的观点。②梁实秋在《读〈诗底进化的还原论〉》中反对俞平伯的观念,认为"情感是惟一的重要的素质","艺术家之感人,是以情感为立脚点,与道德家宗教家绝不相同……此其所以成为艺术家"。③梁实秋认为俞平伯的"人生的艺术"观否定了美的实现和艺术家存在的基础,并明确指出,"文学艺术都是超越善恶的,艺术没有善恶只有美丑……艺术是为艺术而存在的,他的鹄的只是美……他的效用只是供人们的安慰与娱乐"。④创造社成员关注艺术自身的自足性,他们在与文学研究会成员的论争中,虽然也认为艺术具有社会效用,但却并不认为这是艺术的本质和目的。郭沫若认为:"艺术与人生,只是一个晶球的两面。……我不反对艺术的功利性,但我对于艺术上的功利主义的动机说,是有所抵触的。""我承认一切艺术,虽然貌似无用,然而有大用存焉。"⑤郭沫若的观点表明:艺术本质在于无目的性和纯粹性,艺术的美可以实现感化人性的功用效果。

---

① 吕一鸣、周作人:《文艺的讨论》,《晨报副刊》1922年1月20日。
② 俞平伯:《俞平伯自选集》,首都师范大学出版社2008年版,第323—328页。
③ 梁实秋:《读〈诗底进化的还原论〉》,《晨报副刊》1922年5月27日。
④ 梁实秋:《读〈诗底进化的还原论〉》,《晨报副刊》1922年5月27日。
⑤ 郭沫若:《文艺论集》,人民文学出版社1979年版,第111—112页。

　　早期创造社成员认为艺术是超越善恶、超越道德等外在因素的存在。"唯美"是艺术的衡量标准和价值体现，只有美的作品才是艺术，美即艺术的本质。这种观点隐约地透露出美的"无目的的合目的性"思想，与康德的美学思想极其相似。一方面，创造社成员强调"为艺术而艺术"理念，力求保持艺术的独立性；另一方面，他们又都注重内心的情感与表现。在与文学研究会成员的论争中，创造社成员对艺术与人生完全分离开来的思想展开了反思，这也为五卅运动之后，创造社大部分成员倾向革命，转而关注现实人生做了思想铺垫。尽管创造社后期的美学主张发生了改变，但强调艺术自主性的美学思潮却一直得到了延续。

　　早期创造社坚持艺术的自主性，而 30 年代的现代艺术家们则大多坚持自由主义美学思想，如新月派、象征派、九叶派、第三种人等，同时也还有从事文学批评活动的自由主义作家，如周作人、刘西渭、沈从文等。在现代文学史上，自由主义文学是指"在现代中国文学史上出现的那些深受西方自由主义思想和文学观念影响的独立作家和松散组合的文学派别，他们创作的那些具有较浓厚的超政治、超功利色彩，专注于人性探索和审美创造的文学作品及相关的文学现象"①。这里的自由主义思潮主要包含两种情况：一是纯粹的自由主义，追求超功利、超政治和艺术独立性，追求人性和审美创作；二是打着自由主义的旗帜，却暗含着政治的诉求。尽管后者的美学主张有其功利性的诉求，但其坚持艺术独立性的理论诉求却可以说是对王国维美学观的延续和发展，如新月派追求艺术"独立"和"自由"，就体现出对"静观"美学观的延续。

　　从 1923 年成立到 1928 年，新月派以《晨报》副刊的《诗镌》作为其代表刊物；1928 年，徐志摩在上海创刊《新月》，发表《新月的态度》，提倡"健康"和"尊严"的原则，标榜"独立"立场。新月派追求艺术"独立"和"自由"之时，恰逢中国左翼作家联盟成立。左联"文艺为政治服务"的文艺观使新月派感觉到压力，时任《新月》主编的梁实秋以一种强硬坚定的态度同左翼作家发生了激烈论争。梁实秋高举"人性"的旗帜，在《新月》上发表《文学是有阶级性的吗？》，强调文学是表现基本人性的艺术，认为无产阶级文学理论的错误在于否认资本者和劳动者人性的共通性，"把阶级的束缚加在文学上面"和"把文学当作阶级斗争的工

---

① 刘川鄂：《中国自由主义思潮与自由主义文学》，《中国现代文学研究丛刊》1998 年第 3 期。

具而否认其自身的价值"。①

从思想来源看,梁实秋的"人性论"观点主要受到了白璧德的影响。梁实秋就读于哈佛期间师从白璧德,系统研读了白璧德的著作,如《卢梭与浪漫主义》等。梁实秋反对卢梭的"自然人性论",提出二元人性论(强调通过个体内在的控制,实现社会稳健的发展、进步),并以此来反对革命文学所大力倡导的自然人性论(强调人的善良的自然天性与不合理的社会环境的对立必然导致推翻现有秩序的革命性结论)。② 在《文学的永久性》中,梁实秋认为:"思想可以有进化,技术可以有进化,情感是没有进化的。……情感就无所谓新旧,谈不到亘古常新,也谈不到陈腐老旧。喜怒哀乐永远是喜怒哀乐,几千年来还不曾有什么新的情感的发生。"他由此得出结论:"人性是不变的,情感是没有新旧的。文学是有永久性的。这是铁一般的事实。"③在梁实秋看来,人性不仅不变,且具有普遍性,"伟大的文学乃是基于固定的普遍的人性,……文学所要求的只是真实,忠于人性"④。他试图通过人性的普遍性来反驳左翼的"无产阶级"文学的基础,认为左翼文学强调革命的角度,是根本不可行的。

梁实秋还深受英国历史学家卡莱尔的影响,强调文学的超阶级性,认为作家不受阶级约束才能创作出好的作品。梁实秋主张在社会各阶层间实行道德调解,并反对阶级斗争和阶级报复。他反对文学为革命服务,拒绝将阶级性作为艺术的衡量标准,宣称"真的文学家并不是人群中的寄生虫,他不能认定贵族资本家是他的主雇,他也不能认定无产阶级是他的主雇"⑤。梁实秋强调作家立场的独立性,提倡一种自由主义的创作姿态。这种否定阶级革命、阶级斗争的观念同其人性论的思想是分不开的。梁实秋反对自然人性论是针对当时左翼文学革命性的要求,他以康德的"天才论"来反对无产阶级的文学革命论,认为"一切的文明,都是极少数的天才的创造","大众是没有文学的品位的,而比较有品位的是占少数"⑥。在这里,梁实秋的观点主要是针对左翼的普罗文学(无

---

① 梁实秋:《梁实秋批评文集》,珠海出版社1998年版,第141页。
② 罗钢:《梁实秋与新人文主义》,《文学评论》1988年第2期。
③ 黎照:《鲁迅梁实秋论战实录》,华龄出版社1997年版,第447—448页。本文首刊于1933年8月5日天津的《益世报·文学周刊》。
④ 梁实秋:《文学与革命》,《新月》1928年第4期。
⑤ 梁实秋:《梁实秋批评文集》,珠海出版社1998年版,第143页。
⑥ 梁实秋:《文学与革命》,《新月》1928年第4期。

产阶级文学)主张,反对将文学进行单纯阶级划分。他提倡在讨论文学与大众的关系时应该把经济的、阶级的观念抛开,其实质是强调审美的纯粹性和超功利性。

梁实秋的观点受到了鲁迅的批判。在鲁迅看来,没有超阶级的文学,文学的阶级性是必然的。面对梁实秋所提出的无产阶级文学有公式化和概念化弊病的观点,鲁迅批评梁实秋"天才论"的实质是在为资产阶级辩护。虽然受到鲁迅的批判,但梁实秋等新月派理论家并没有因此改变自己的美学主张,在同左翼批评家进行论争的过程中,他们始终坚持美的独立性、超利害性、超阶级性,试图保持艺术与美的纯粹性地位。梁实秋的观点在当时产生了较广泛的回应,同时也引发了新月派其他成员以及其他自由主义作家同左翼批评家的论争。

20 世纪 30 年代,在中国北方还形成了以《骆驼草》《大公报·文艺副刊》《水星》《文学杂志》为主要阵地的一个作家群,称为"北方作家群",又称为"京派"。京派文人圈主张文学与时代、政治保持距离,在文学价值上强调人性,如朱光潜和沈从文等。1935 年,朱光潜发表《说"曲终人不见,江上数峰青"》,认为"和平静穆"的美是"极境",是美的最高境界,同时也是人生哲理的最高理想。为了达到这一境界,朱光潜提倡在审美中应当保持"凝神观照"的态度,提倡人生艺术化,强调一种超脱现实、消除利害和是非善恶,达到个人内心"无矛盾、无冲突"的美学观。京派文人的这种美学观,要求审美与现实生活保持距离,保持一种"静观"姿态,显然也是对康德和王国维早期美学观的延续。

在中国现代美学史上,朱光潜是一个受传统文化熏陶且拥有欧美留学背景的美学家,他融汇中西美学思想,构建起自己的文艺心理学和美学体系。在留学期间,朱光潜深受当时欧美主流美学的影响,如康德、尼采的美学思想,以及以克罗齐、布洛、谷鲁斯、立普斯等人为代表的现代心理美学思想,他的《文艺心理学》的写作就深受这些思想家影响。除了西学影响之外,朱光潜的美学思想中也有着中国传统美学思想的影子。中国古典美学思想中的"情景交融""意在言外"等思想,以及王国维的"物我统一""超然物表"等思想,都潜移默化地影响着朱光潜美学思想的发展。朱光潜的"和平静穆"命题,也与王国维的"离生活之欲之争斗而得平和,超利害之外而得宁静"的美学观不谋而合。此外,在朱光潜看来,克罗齐的"直觉说"同传统文化中的"物—我"关系和"天人合一"命题也有很大的相似之处,而立普斯的"移情说"则更多是与"情景交融""物我两忘"等命题相关联。可以说,朱光潜是将中国传统美学与克罗齐的"直觉说"、布洛的"距离说"、立普斯的"移情说"等观点相融汇,进而整合成具有自己特色的美学与诗学理论。

朱光潜的审美心理学理论与当时强调文艺与政治革命密切相连的左翼美学思潮形成了对立。鲁迅用战斗的"力的美"来反驳静穆美,批评朱光潜美学观中的现实超脱性,强调政治与美学的关联。朱光潜强调审美自律,坚持"静观"(纯粹和超功利性)美学观,而鲁迅从文艺或者美的功用出发,坚持审美他律原则,认为美有外在需要才能称之为美。鲁迅等左翼批评家的观点主要以当时社会时代为出发点,是从创作者与时代关系角度出发谈论美的现实基础,两者的论争其实是两种不同的美学思想之间的论争。

朱光潜从心理学层面上探讨文学内部问题,30 年代的自由主义学者也认识到了文学与现实人生之间不可切割的关联,他们主张通过一种曲折的方式反映现实和改造社会。朱光潜认为,"就某种观点看,文艺与道德密切相关,是不成问题的;就另一种观点看,文艺与道德分开,也是不成问题的"①,"离开人性便无所谓艺术,因为艺术是情趣的表现,而情趣的根源就在人生,反之,离开艺术也便无所谓人生,因为凡是创造和欣赏都是艺术的活动,无创造无欣赏的人生是一个自相矛盾的名词"②。朱光潜强调非功利性的审美,但他也主张艺术并不完全脱离现实,强调以艺术涵养生命,以人生通达社会,通过"人生艺术化"实现人生和社会的和谐发展。朱光潜的美学与诗学思想也体现出当时自由主义的美学家将人生、社会、学术三大问题统一到"人生艺术化"的理想之中,强调挣脱现实物质的功利束缚而追求精神的自由和超脱。

朱光潜关注西方的现代审美心理流派,宗白华则关注以康德和柏格森为代表的生命哲学,并将其同中国传统的生命美学观进行比较互释。宗白华从生命哲学的角度论及人生的艺术化,他把人生问题与生命意志联系在一起,认为艺术的本质就是生命的传达。在人生中展开艺术祈望,在艺术中探寻生命悸动,是宗白华艺术人生观的主要特点。与此同时,与宗白华并称为"南宗北邓"的邓以蛰在融合西方美学思想的基础上对中国传统诗画艺术进行解读,他的《书法

---

① 朱光潜:《文艺心理学》,复旦大学出版社 2009 年版,第 114 页。
② 朱光潜:《谈美》,北京大学出版社 2008 年版,第 127 页。

之欣赏《画理探微》等作品对中国现代艺术产生了积极影响。除了邓以蛰，当时还出现了一批现代派艺术家，如刘海粟、林风眠、徐悲鸿、丰子恺等，他们在西方现代艺术思潮的影响下，在现代艺术中实践新的探索，倾向于表现自我主观世界，注重作品形式和结构布局，强调心理分析、意象描绘和情感的流溢等。此外，中国现代文艺家表现出来的对个性的张扬和对主流思想（特别是政治）的疏离，以及对艺术自由和宽容态度的强调，也促进了中国现代派文学的发展。刘呐鸥的《赤道下》、穆时英的《上海的狐步舞》、施蛰存的《四喜子底生意》和《鸥》，戴望舒和李金发的现代派诗歌等，都体现出现代派艺术的美学理念。

现代派艺术家所主张的美学观念偏向于强调主观意识的决定作用，强调艺术表现作家的主观感受和内心体验。这种美学观念也引起了左翼理论家的批评，争论的焦点集中在艺术与政治的关系上。20 世纪 30 年代初，以自由人自诩的胡秋原连续发表《阿狗文艺论》《勿侵略文艺》等文章，强调文艺"至死也是自由的、民主的"，强调政治"勿侵略文艺"。而自称为"第三种人"的苏汶（杜衡）在《现代》上发表《关于〈文新〉与胡秋原的文艺论辩》等文，指责左联霸占文坛，将艺术演变成政治的留声机。鲁迅随即反驳认为："生在有阶级的社会里而要做超阶级的作家，生在战斗的时代而要离开战斗而独立，生在现在而要做给予将来的作品，这样的人，实在也是一个心造的幻影，在现实世界上是没有的。……所以虽是'第三种人'，一定超不出阶级的。"[①]抛开文艺与政治的关系不谈，"自由人"和"第三种人"的美学文艺观，反对政治干涉文学，强调文学真实性的独立地位，其实也是坚持艺术的独立性和纯粹性的思想观念的一种体现。[②]

从王国维早期的"静观"美学观，到朱光潜、宗白华以及一批现代派艺术家们对文学超功利性的强调，在 20 世纪上半叶形成了现代中国美学思想发展中的一条独特路径。他们强调艺术自主性，并针对当时学界的不同声音进行了回应，在论争中不断完善自我的理论。尽管后来这些声音逐渐被湮没，但他们的

---

① 鲁迅：《鲁迅全集》第四卷，中国文联出版社 2013 年版，第 348 页。
② 虽然受到了左翼美学思潮的批判，但自由主义美学思潮并没有因此销声匿迹，到了 40 年代，以朱光潜为代表的自由主义文人再次提出文艺的独立性问题，希望通过对文艺本身的研究来构建起独立的美学理论体系。他们并不反对文学反映现实，但是不同意将文艺作为一种政治工具来使用。对于朱光潜的美学观，周扬和蔡仪均对其进行了批驳，而 1942 年《在延安文艺座谈会上的讲话》以及随后的整风运动也对自由主义思想进行了批判和清算。

美学追求和超功利性的静观美学观却一直延续了下来,并在20世纪80年代末重新得以复苏。

二、　为社会人生服务的美学观

中国传统美学思想不乏以现实人生为目的和追求的美学观,如先秦时期孔子的"兴观群怨"说、白居易的"文章合为时而著,歌诗合为事而作"和韩愈的"文以明道"等命题。近代以来,梁启超将"爱美"与"人生目的"结合在一起,蔡元培将美育诉诸教育实践中,文学研究会"为人生而艺术"的主张,鲁迅、沈雁冰、郑振铎等人的"为社会人生服务"的美学观等,在某种意义上都是对中国传统美学在价值取向上以现实人生为目的的美学观的延续。

20世纪初,中国学界对外来思想的接受更多是从现实需要的角度出发,以求能解决当时所面临的社会困境,唤醒人们思想的觉醒。中国学者因而有选择性地接受西方的美学主张,提出了一系列与社会人生相关的美学诉求。这种诉诸社会人生的美学追求紧跟当时的时代语境,"为人生而艺术"的美学主张也逐渐发展成"为社会人生服务"的美学观,在后期与马克思主义美学合流,最终发展成为20世纪上半叶中国美学构建的主流。

梁启超的后期美学思想提倡审美教育,主张借艺术的手段培养高尚情趣,推动人类的进步,他将"为人生而艺术"的理论付诸实践,由此开启了"诗界革命""小说界革命"等文体改革运动。梁启超的"艺术为人生服务"命题和注重艺术经世致用的观点,在一定程度上开启了20世纪现代美学"为社会人生服务"美学线索的构建。蔡元培延续了梁启超的美育思想,自1917年在北京作了《以美育代宗教说》的讲演之后,蔡元培多次发表"以美育代宗教"的文章,认为美学的普遍性可以"打破人我之成见",培育人的公德之心;美学的超脱性则可以超出利害关系,使人获取自由之空间。[①] 蔡元培试图用审美艺术启迪人心,达到激励人们觉醒并获得生活自由的目的。

1921年,由郑振铎、茅盾、周作人和叶绍钧等12人发起的文学研究会在北京成立。其成员主要受19世纪俄国和欧洲现实主义美学思潮的影响,同时借

---

① 蔡元培:《蔡元培哲学论著》,河北人民出版社1985年版,407—408页。

鉴西方的自然主义美学思想，以社会人生为创作题材，注重反映社会现实。文学研究会的美学观念和主张是针对鸳鸯蝴蝶派休闲和游戏的美学观念而提出的，《文学研究会宣言》强调："将文艺当作高兴时的游戏或失意时的消遣的时候，现在已经过去了。我们相信文学是一种工作，而且又是于人生很切要的一种工作；治文学的人也当以这事为他终身的事业，正同劳农一样。"①茅盾也认为，文学的目的是表现人生，不论是用写实的方法，还是用象征的方法，其目的总是表现人生，扩大人类的喜悦与同情，把时代特色当作背景。② 以上论述，无疑表明了文学研究会"为人生而艺术"的审美主张。

在文学研究会的美学观中，"为人生的艺术"主要有两层含义：艺术要反映人生；艺术要对人生有现实意义。文学研究会提倡在创作中采用现实主义创作手法，提倡对现实进行客观描写和真实反映，并实现"艺术为人生服务"的目的。在鲁迅的早期作品中，"国民性批判""立人"和"救救孩子"等命题，都带有浓郁的五四新文化运动的启蒙气息。鲁迅早期接受卢梭、尼采、易卜生和俄国批判现实主义作家的影响，作品体现出较强的"为人生服务"的创作倾向，批判的重点是立足于国民性的"文明批评"或"文化批评"。在《摩罗诗力说》中，鲁迅一方面强调超功利的纯美诉求；另一方面又强调文学的现实性。"由纯文学上言之，则以一切美术之本质，皆在使观听之人，为之兴感怡悦。文章为美术之一，质当亦然，……其为用决不次于衣食，宫室，宗教，道德。"③在鲁迅看来，知识分子应当有美学情怀，但也应当具有社会责任感。学界后来给鲁迅贴标签，将鲁迅视为一种精神符号而推崇，更多是因为鲁迅在五四时期所体现出来的启蒙情怀，因为在批评者们看来，这种情怀也是五四时期知识分子符号化的群体性抽象表征。

鲁迅有《朝花夕拾》和《野草》这样的纯文学作品，也有"听将令"而创作的政论作品。鲁迅给《新青年》投稿时，曾戏称自己的作品是遵命文学："不过我所遵奉的，是那时在压迫之下的革命的前驱者的命令，也是我自己本来愿意遵奉的命令，决不是皇上的圣旨，也不是金元和真的指挥刀。"④在这里，鲁迅的遵命文

① 《文学研究会宣言》，《小说月报》1921年1月10日。
② 茅盾：《文学和人的关系及中国古来对于文学者身份的误认》，《小说月报》1921年1月10日。
③ 鲁迅：《鲁迅全集》第一卷，中国文联出版社2013年版，第71页。
④ 鲁迅：《鲁迅自选集》，上海天马书店1933年版，第3期。

学是遵革命民主主义者改良人生和改造社会的命。他认为文艺应该以"伟大壮丽之笔，……美善吾人之性情，崇大吾人之思理"①。鲁迅的早期创作主要从社会现实出发，他的作品顺应时代的潮流，并希望通过文艺来推动社会进步。鲁迅在谈及自己做小说的初衷时表示，自己是"抱着十多年前的'启蒙主义'，以为必须是'为人生'，而且要改良这人生"②。在五四运动期间，鲁迅坚持文艺的批判性，他的创作多从社会人生出发，表现出对封建制度和封建礼教的不满和批判，体现了反映民众疾苦，要求思想解放，以达到改良社会人生的目的。

鲁迅强调文学艺术是真善美的统一，他提出"美的圈""真实的圈"和"前进的圈"等理论，认为艺术的"真"是艺术的生命，艺术的"美"是艺术成为艺术的先决条件，艺术的"善"是艺术的核心和灵魂，以"善"为主导的艺术是"真善美"三要素的有机统一。鲁迅认为艺术是审美愉悦性和功利性的统一，功利性通过愉悦性实现，艺术要为现实人生和革命事业服务，但又要保持独立的审美品性。在这里，"艺术为社会人生"服务的美学观虽然带有社会功利性成分，但不可否认，当时的时局与社会需求无疑也为这种美学观提供了阐释空间。

文学研究会"为人生而艺术"的口号与创造社"为艺术而艺术"的口号之间的相互对立，也引发了两个社团成员之间的激烈论争。1927年底至1928年初，鲁迅与提倡"无产阶级革命文学"的后期创造社、太阳社成员发生了论战。论争双方虽然都是基于艺术的功利性和价值论角度，却有很大的差异：鲁迅反对艺术直接为政治和阶级目的服务；革命文学的倡导者却有着明显的阶级立场和政治诉求，将艺术视为政治的附庸和工具。鲁迅批判后期创造社，认为他们投身革命文学是基于投机的考虑。"或者因为看准了将来的天下，是劳动者的天下，跑过去了；或者因为倘帮强者，宁帮弱者，跑过去了；或者两样都有，错综地作用着，跑过去了。也可以说，或者为恐怖，或者因为良心。"③鲁迅反对艺术家以政治为艺术的武器，而非以社会进步为艺术目标。在同创造社成员的论争中，鲁迅针对围攻之人提出的"新革命名词"，对马列主义原著展开了深入研读，以加深他自己对革命文学的认识，这种研读也为鲁迅后期左翼美学观的形成奠定了思想基础。

---

① 鲁迅：《鲁迅全集》第一卷，中国文联出版社2013年版，第201页。
② 鲁迅：《鲁迅全集》第四卷，中国文联出版社2013年版，第403页。
③ 鲁迅：《鲁迅全集》第一卷，中国文联出版社2013年版，第63页。

除了鲁迅,文学研究会的其他成员也大多强调"艺术为人生"的创作方向。茅盾强调"文学应该反映社会的现象表现并且讨论一些有关人生一般的问题"①。王统照认为,"无论'艺术的文学'或'人生的文学',都不能离开人生",它们所"描写的喜怒及快乐悲哀的感情,都是从人生中得来的。"②许地山把人生作为文艺创作的三宝之一,认为:"创作者底生活和经验既是人间的,所以他底作品含有人生的原素。"③俞平伯指出文学与生活不是分立的:"文学只是人生底一部分,是他底自动的表现。……文艺所表现的是整个的人生,并非一个小圈子的人生。"④可以说,在文学研究会的大部分成员眼里,文艺是人生的反映,文艺创作可以且能很好地实践"为人生"的创作导向。

文学研究社的成员也做了不少的译介工作,这些译介工作同样体现出"艺术为人生"的目的,如鲁迅认为翻译应当关注"被压迫的民族中的作者的作品"⑤。鲁迅翻译普列汉诺夫的《艺术论》,也是想为其"为人生"的美学观提供更坚实的学理基础。在当时的很多译者看来,译介工作在于为迷茫的大众提供批判的思想武器,激励世人反思社会现状,改造社会人生。

三、 马克思主义美学的中国化

马克思主义美学的中国化进程,是中国学者将经典马克思主义美学理论同中国国情相结合的过程。从李大钊和陈独秀等人对马克思主义思想的引介,到中国共产党成立之后马克思主义美学思想的接受和传播,再到创造社对革命文学的倡导,以及左联成立之后对马克思主义美学中国化理论的探索、构建和丰富,最后到《在延安文艺座谈会上的讲话》的出台,马克思主义美学确立了在中国现代文艺史上的话语权威,并最终演变成20世纪中国现代美学构建中的主导性方向。

20世纪早期,马克思主义思潮开始进入中国。1918年,李大钊发表《法俄革命之比较观》《庶民的胜利》和《布尔什维主义的胜利》等文章,开始传播马克思主义思想。李大钊在《什么是新文学》中运用历史唯物主义方法论介绍和传

---

① 茅盾:《中国新文学大系·小说一集》导言。
② 王统照:《文学观念的进化及文学创作的要点》,《晨报副刊·文学旬刊》,1923年9月11日。
③ 许地山:《创作底三宝和鉴赏底四依》,《小说月报》第12卷第7号,1921年7月。
④ 俞平伯:《文艺杂论》,《小说月报》,1923年4月,第14卷第4号。
⑤ 鲁迅:《鲁迅全集》第四卷,中国文联出版社2013年版,第402页。

播马克思主义理论和俄国现实主义文学。1919 年,李大钊负责编辑《新青年》,主持"马克思主义研究"专号,集中发表研究和介绍马克思主义的文章。陈独秀 1920 年在《新青年》发表《谈政治》,阐述了社会主义和无产阶级等思想。李大钊和陈独秀对马克思主义思想的引介与传播,对随后马克思主义美学的中国化产生了积极的影响。

中国共产党成立后,马克思主义的传播变得更为迅速。1923 年,共产党人邓中夏、恽代英、萧楚女、沈泽民、蒋光慈等人提出建设"革命文学"的主张。沈泽民主张诗人要亲自参与革命,"诗人若不是一个革命家,他决不能凭空创造出革命的文学来。诗人若单是一个有革命思想的人,他亦不能创造革命的文学。因为无论我们怎样夸称天才的创造力,文学始终只是生活的反映"①。蒋光慈在《无产阶级革命与文化》和郭沫若在《革命与文学》中都提出了"革命文学"口号,倡导无产阶级革命文学运动。郭沫若强调:"我们的运动要在文学之中爆发出无产阶级的精神,精赤裸裸的人性。"②

1927 年大革命失败之后,一批参加过革命的共产党员成立了太阳社,积极主张无产阶级革命文学。1928 年,太阳社成员以及一批从日本等地归国的激进青年提出"无产阶级革命文学"口号,力图使五四时期的文学革命转变为革命文学,转变为无产阶级历史使命服务的革命文学。需要指出的是,早期革命文学的倡导者由于缺少对中国革命现状的深入调查,其论调和口号带有一定片面性,这也引起了鲁迅、茅盾等人的批评。鲁迅、茅盾等人一方面从现实角度出发肯定了"革命文学"的存在合理性;另一方面也对空喊口号,片面强调革命,将文学作为革命工具的做法提出了批驳。

随后,"革命文学"和"无产阶级文学"遭到国民党的扼杀,而参与论争的太阳社、创造社成员以及鲁迅、茅盾等人,开始停止论争,转而相互联合,成立统一的革命文学组织,对抗国民党的文化围剿。1930 年,中国左翼作家联盟在上海成立,提出"反封建的、反资产阶级的,反对'失掉了社会地位'的小资产阶级的倾向","援助而且从事无产阶级艺术的产生"的口号。③ 20 世纪 20 年代革命文学的论争在 30 年代由于"左联"的成立而停止,随后中国现代美学思想的发展

---

① 沈泽民:《文学与革命文学》,《民国日报·觉悟》1924 年 11 月 6 日。
② 郭沫若:《我们的文学新运动》,《创造周报》1923 年 5 月 27 日。
③ 钱理群:《中国现代文学三十年》,北京大学出版社 1998 年版,第 150 页。

也由此发生了变化。马克思主义美学以左翼批评家为代表，在同自由主义美学思潮的论争中，逐渐地同中国革命相结合，成为中国现代美学发展的主流。与此同时，左联成立了马克思主义文艺理论研究会，加强翻译和介绍工作，更多的马克思主义美学理论被引介到国内。从鲁迅等人从日文转译马克思主义经典作家的主要理论著作，到瞿秋白、周扬等人从俄文翻译介绍马克思主义美学，中国在30年代逐渐形成建立在唯物史观基础上的马克思主义文艺和美学批评潮流。

在马克思主义美学思想的中国化过程中，左翼美学思想家不仅与持其他美学思想的学者们展开了激烈论争，而且自身内部也有思想差异。左联成立之后，开展了一次关于"文艺大众化"问题的讨论。鲁迅在《集外集拾遗》中认为大众化的文艺"是现今的急务"，瞿秋白则大力推动文艺大众化运动，先后发表《普罗大众文艺的现实问题》和《论大众文艺》等文，提出"艺术大众化"观点。瞿秋白认为，"革命的和普罗的文艺自然应当是大众化的文艺"①，大众文艺就是"要用劳动群众自己的言语，针对着劳动群众实际生活所需要答复的一切问题……去完成劳动民众的文学革命，……要创造革命的大众文艺的问题。这是要来一个无产阶级领导之下的文艺复兴运动，无产阶级领导之下的文化革命和文学革命"②。瞿秋白从历史唯物主义的角度探讨了大众文艺，认为革命的大众文艺应当揭穿现实中一切假面具，表现革命战斗的英雄。在讨论中，瞿秋白解答了"用什么话写，写什么东西，为着什么写，怎么样去写以及要干些什么"等问题，并使讨论从"应不应该"进入了"怎样去做"的阶段。通过这场讨论，"文艺大众化"成了左翼美学思想的指导方向。

在30年代，左翼内部还产生了"国防文学"和"民族革命战争的大众文学"两个口号的论争，直到《文艺界同人为团结御侮与言论自由宣言》的发表，抗日民族统一战线建立，这场论争才告一段落。在这个阶段，胡风和周扬曾就马克思主义的"典型"问题展开论争。胡风在1935年发表《什么是"典型"和"类型"》，讨论了典型的普遍性和特殊性问题，并且以阿Q作例，认为典型是针对人物所属的社会群体里的各个个体而言的，文学典型是这个人物所处的社会相互

---

① 瞿秋白：《瞿秋白文集》（第3卷），人民文学出版社1953年版，第875页。
② 瞿秋白：《瞿秋白文集》（第3卷），人民文学出版社1953年版，第886页。

关系的反映。周扬在《现实主义试论》中认为,阿 Q 的特殊性并不是针对他所处的社会群体中的其他人群而言的,而是代表着他那一类人的特殊存在,是阿 Q 自身的独特性存在,成就了他的典型性。之后,胡风发表《现实主义底"修正"》,周扬发表《典型与个性》,彼此展开了针锋相对的争论。在左翼作家对马恩经典作家的有关艺术问题的书信进行深入研究之后,关于创作典型化问题的讨论也随之进入了一个新的高潮。

左翼美学家们与当时持相异主张的其他美学家之间也产生了激烈的论争,这些论争贯穿于整个 30 年代。左翼美学家所主张的唯物辩证法是从日本介绍到中国的,他们在接受时并没有很好地结合中国的现实状况,在当时也引发了来自"自由人"和"第三种人"的诘难。胡秋原以"自由人"的身份自居,认为左翼美学的政治诉求破坏了艺术形式,使艺术堕落为政治的留声机。苏汶也反对主观精神对文艺的过度干涉,主张创作的自由空间。"第三种人"的思想主张,左翼成员并不完全认同。瞿秋白在《"自由人"的文化运动——答复胡秋原和〈文化评论〉》和《文艺的自由和文学家的不自由》等文中,借用列宁论文学艺术"党性原则"批驳了胡秋原的唯物史观。瞿秋白还认为苏汶"反对某种政治目的"的理论主张本身就持有某种政治目的。鲁迅在《论"第三种人"》中也对苏汶的观点进行了批判,认为生长在阶级社会里而要做超阶级的人,在现实世界上并不存在。而要做这样的人,恰如用自己的手拔着头发,要离开地球一样。[1] 在论争中,最初的美学论争逐渐转变为政治论争,左翼批评家们的政治倾向性也日益彰显出来。

30 年代后期,朱光潜与梁实秋关于"观念论"美学的论争引起了周扬的注意,周扬提出"新美学"口号,试图用历史唯物主义原理批判旧美学。与周扬相呼应,蔡仪也对旧美学展开了批判。首先,从方法论上批判各种唯心主义和其他旧美学派别,进而确立其唯物主义的新美学方法论;其次,批判旧美学在美的本质问题上的错误,确立唯物主义新美学的基本观点;第三,批判种种旧美学的美感论,确立新美学的美感论;最后,批判艺术问题上的唯心主义和其他旧美学的错误,确立唯物主义新美学的艺术观。[2] 蔡仪在接受马克思主义文艺理论的

---

① 鲁迅:《鲁迅全集》第四卷,中国文联出版社 2013 年版,第 348 页。
② 具体参见蔡仪所著《新美学》和《新艺术论》。

基础上,揭露旧美学的痼疾,希望构建唯物主义的新美学体系。

左翼美学思潮同其他思潮之间的论争,也是马克思主义美学不断克服自身理论缺陷,逐渐丰富和完善自身体系的过程。30 年代末,抗日战争全面爆发,中国文学界将民族救亡作为首要任务。昔日政治、文学和美学等方面彼此观念不同的文人聚集到一起,汇聚成抗日民族统一战线。抗战时期,国统区主要翻译出版的马恩文艺论著有《马恩科学的文学论》《科学的艺术论》等。延安解放区除了出版马克思和恩格斯的著作外,还选录翻译了列宁、托尔斯泰、斯大林、高尔基等人的论著。以上著作的出版进一步促进了马克思主义美学的中国化进程。

抗日战争全面爆发后,文艺也被纳入了革命的体系,成为革命事业的一部分。这一时期,抗战文艺运动蓬勃兴起。在政治的号角下,文艺走向抗战前沿,听命于抗战的呼唤,服务于抗战热情高涨的人民大众。这一时期的中国文艺批评最突出的成果,是 1942 年毛泽东的《在延安文艺座谈会上的讲话》(以下称《讲话》)的发表。这是一篇有着划时代意义的文艺美学文献,标志着马克思主义美学中国化进入了一个新阶段。

《讲话》是马克思主义美学中国化的一个阶段性理论成果,延续了延安整风运动中关于文艺和美学的一系列探讨。《讲话》确定了文艺的"为人民"方向:"无论高级的或初级的,我们的文学艺术都是为人民大众的,首先是为工农兵的,为工农兵而创作,为工农兵所利用的。"[1]"一切革命的文学家艺术家只有联系群众,表现群众,把自己当做群众的忠实的代言人,他们的工作才有意义。只有代表群众才能教育群众,只有做群众的学生才能做群众的先生。"[2]为了阐释文艺批评的"为人民"任务,《讲话》对当时流行的一些文艺观和作家作品进行了批判,如对"文艺的任务在于暴露"观的批判等。

《讲话》认为,对文艺作品进行评价要有批评标准作为依据。《讲话》提出文艺批评的两个标准:政治标准和艺术标准,并强化了政治标准,"任何阶级社会中的任何阶级,总是以政治标准放在第一位,以艺术标准放在第二位的"[3]。《讲话》不仅整合了五四以来的文艺话语、马克思主义文艺话语、苏联的革命文艺话

---

① 毛泽东:《在延安文艺座谈会上的讲话》,见《毛泽东文艺论集》,中央文献出版社 2002 年版,第 67 页。
② 毛泽东:《在延安文艺座谈会上的讲话》,见《毛泽东文艺论集》,中央文献出版社 2002 年版,第 67 页。
③ 毛泽东:《在延安文艺座谈会上的讲话》,见《毛泽东文艺论集》,中央文献出版社 2002 年版,第 73 页。

语,同时也总结了中国革命文艺运动的基本历史经验,丰富了中国化的马克思主义美学理论。此外,《讲话》强调了文艺批评的意识形态性,展现了文艺的政治话语建构,基本确立了马克思主义文艺观在现代中国的话语权威性,并对 40 年代之后中国美学和文艺理论的发展产生了巨大影响。

把文艺与民族命运、社会革命紧密联系起来是 20 世纪以来中国文艺批评的一贯传统,《讲话》可以说是这一传统的集大成之作。毛泽东认为:"必须将马克思主义的普遍真理和中国革命的具体实践完全地恰当地统一起来,就是说,和民族的特点相结合,经过一定的民族形式,才有用处,决不能主观地公式地应用它。"①毛泽东坚持将马克思主义文艺理论与中国的革命实践结合起来,这一方面符合中国在革命历史条件下文艺发展的实际需要;另一方面也促进了当时中国革命和革命文艺的发展。《讲话》发表之后,解放区文艺运动得到了蓬勃发展,周扬、邵荃麟、冯雪峰等一批马克思主义文论家的文艺理论批评,也相对集中地体现和延续了《讲话》的主题与精神。

《讲话》批驳了自由主义文艺思想,直接引发了解放区对自由主义思想的清算。1948 年,郭沫若在《一年来中国文艺运动及其趋向》中强调对"茶色文艺""黄色文艺""无所谓的文艺""通红的文艺""托派的文艺"等进行揭穿。郭沫若发表《斥反动文艺》,对以朱光潜、萧乾、沈从文等为代表的"蓝色""黑色"和"桃红色"文艺展开了批判,号召"读者和这些人们绝缘,不读他们的文字,并劝朋友不读。不和他们合作,并劝朋友不合作"②。乃超的《略论沈从文的〈熊公馆〉》将沈从文的作品定义为"典型地主阶级的文艺,也是最反动的文艺"。③ 邵荃麟的《朱光潜的怯懦与凶残》批评朱光潜的作品"卑劣,无耻,阴险",呼吁要"撕毁这一切纸糊的面幕,让他们一切凶残,怯懦,阴险,狠毒的脸孔显露出来!"④在这段时期内,对自由主义思想的批判直接导致其在中国大陆的消失。

应当说,20 世纪中国现代美学的构建呈现出多元并存的局面,有着多重的复调声音。这一时期有几个明显的阵营之争,如左翼和自由派、京派与海派、俄

---

① 毛泽东:《新民主主义的文化》,见《毛泽东文艺论集》,中央文献出版社 2002 年版,第 42 页。
② 郭沫若:《郭沫若佚文集:1906—1949》,四川大学出版社 1988 年版,第 206 页。
③《大众文艺丛刊》(第 1 辑),1938 年 3 月 1 日。
④《大众文艺丛刊》(第 2 辑),1948 年 5 月 1 日。

日影响与欧美影响,等等。在这段美学史建构过程中的各种声音,体现着论争与建构的同步性。欧美主流思潮影响下的美学观、为社会人生服务的美学观、马克思主义美学中国化三条线索相互砥砺,在论争中共同建构着 20 世纪现代中国美学的发展面貌,展示出现代中国美学建构过程中的内在张力。

第一章

鲁迅的美学与艺术观

鲁迅(1881—1936),原名周树人,浙江绍兴人,1918 年发表《狂人日记》开始使用笔名"鲁迅"。鲁迅出生于浙江绍兴城内东昌坊新台门周家,十一岁时入三味书屋读书,师从寿镜吾。1898 年入南京水师学堂,1899 年转入矿物铁路学堂求学。1902 年,鲁迅赴日本留学学医,期间弃医从文。1909 年,鲁迅回国任师范学堂教员,后应蔡元培之邀任教育部佥事,期间参与整理国故的工作。作为五四新文化运动的重要倡导者与参与者,鲁迅致力于文学创作、批评和翻译等工作,被视为中国现代文学的奠基人。鲁迅在美学、美术理论等领域也做出了重要贡献,形成了他自己的美学艺术观。改造"国民性"是鲁迅文学创作和美学艺术观的核心主题。鲁迅认为,立国先要立人,立人先要改变国民精神,他把文章作为推动社会进步的重要力量,强调通过文艺"涵养人之神思",用文艺揭露社会罪恶和解救国人。在鲁迅看来,文艺的真谛"固在发扬真美,以娱人情,比其见利致用,乃不期之成果"①。鲁迅用犀利而冷峻的笔锋,无情地解剖社会的赘瘤,呼唤关注个体的精神世界,拓宽个体的内心世界,用战斗的文艺解救世人。在 20 世纪的中国文学界,鲁迅无疑已成为一个文化符号。作为中国现代思想史上各种文化思想交锋的联结点,鲁迅成为一个在历史性和当代性之间不断被言说的文化符号存在。

---

① 鲁迅:《拟播布美术意见书》,《鲁迅全集》第六卷,中国文联出版社 2013 年版,第 54 页。

第一节　鲁迅"为人生"的美学艺术观

鲁迅并没有系统的美学理论，其美学见解散见于大量的论著中，并实践于他的文学创作中。鲁迅较为广泛地接触到外国文艺思潮，并翻译和介绍厨川白村的《苦闷的象征》和普列汉诺夫的《艺术论》，其美学思想有一个从偏浪漫主义转向现实主义，并逐渐形成"为人生"美学艺术观的发展过程。

一、　"为人生"美学艺术观的渊源

鲁迅美学文艺观思想来源是多方面的，既有中国传统文化的影响，又有日本文艺思想的影响，也有欧美进化论和浪漫主义思想的痕迹，甚至还有西方科学文化等思想的影响。种种思想杂合在一起，使鲁迅"为人生"的美学文艺观的思想渊源呈现出复杂性和复调性。

（一）鲁迅与中国传统文化

中国传统文化是鲁迅"为人生"美学艺术观的重要来源，鲁迅自小受到传统文化的熏陶，传统文化在鲁迅的思想中留下了不可磨灭的印记。传统文化的熏陶为鲁迅打下了坚实的古典文化素养基础，对鲁迅美学观的形成及其文艺创作产生了重要影响。

鲁迅吸收中国传统文化的精华，并以此建构他"为人生"的美学艺术观，如《离骚》、魏晋文章、宋元话本、明清小说以及一些民间艺术作品，都极大地影响了鲁迅。鲁迅审校和研读过大量关于古小说的史料，研究过碑帖和汉画像等古典艺术。鲁迅的讽刺艺术与近代讽刺小说有相近之处，而他的很多文学作品也多以古代神话、寓言、故事为题材。对传统文化的研究和涉猎，成为鲁迅美学艺术观的重要思想渊源。孙伏园曾忆及刘半农赠给鲁迅的联语"托尼学说，魏晋文章"[1]，此联在一定程度上说明了鲁迅对中国传统文化的偏爱与借鉴。在郭沫

---

[1] 孙伏园：《鲁迅先生二三事》，湖南人民出版社1980年版，第46页。

若的《庄子与鲁迅》和许寿裳的《屈原与鲁迅》等文中，也都谈到了中国传统文化对鲁迅美学文艺观的影响。

对于传统文化，鲁迅有着矛盾的复杂心态。虽然受到中国传统文化的深刻影响，但鲁迅也毫不留情地对传统文化中的糟粕与不合理性展开了批判。作为五四新文化的提倡者，鲁迅认为，"要我们保存国粹，也须国粹能保存我们"①。鲁迅曾设计新文化运动发展的两条路："采用外国的良规，加以发挥，使我们的作品更加丰满是一条路；择取中国的遗产，融合新机，使将来的作品别开生面也是一条路。"②鲁迅一方面对传统文化有着极深的眷念之情，但他也认为，传统文化中的封建残余也是五四新文化运动发展中不容忽视的阻碍因素。鲁迅在《狂人日记》中扬起反封建反传统的大旗，揭露旧社会的"吃人"本质。鲁迅很早就关注和探索改造国民性的问题，这也很容易让他对厨川白村的作品产生共鸣。在翻译厨川白村的《出了象牙之塔》时，鲁迅认为，厨川白村批判日本国民性的用意在于正视本民族的劣根性，然后对症下药。鲁迅以此来表明自己批判国民劣根性的用意："并非想揭邻人的缺失，来聊博国人的快意"，只是因为"我旁观他鞭责自己时，仿佛痛楚到了我的身上了，后来却又霍然，宛如服了一帖凉药"。③

鲁迅试图批判和改造国民性，以期启蒙大众，改变旧中国落后的现状，让中华民族走上复兴强大之路。鲁迅在很多文章中表达了对封建旧文化的批判和否定态度。"保存旧文化，是要中国人永远做侍奉主子的材料，苦下去，苦下去。"④"我们此后实在只有两条路：一是抱着古文而死掉，一是舍掉古文而生存。"⑤在鲁迅眼中，不彻底批判封建旧文化中的劣根性，新文化的诞生将会举步维艰。

中国传统文化源远流长，承载了中华民族的智慧与结晶，而鲁迅批判的是导致社会弊病的封建等级、礼教和伦理文化等文化的不合理性。鲁迅对传统文化不只是批判，而是希望通过批判使民族获得新生。在他看来，新文化只有破除劣根性，从传统的束缚中解放出来，才能获得新文艺的"立"，重新确立中国美学的现代性价值理念。

---

① 鲁迅：《热风·三十五》，《鲁迅全集》第二卷，中国文联出版社 2013 年版，第 165 页。
② 鲁迅：《荆天丛笔（下）·〈木刻纪程〉小引》，《鲁迅全集》第七卷，中国文联出版社 2013 年版，第 50 页。
③ 鲁迅：《出了象牙之塔·后记》，《鲁迅全集》第十三卷，中国文联出版社 2013 年版，第 422 页。
④ 鲁迅：《荆天丛笔·老调子已经唱完》，《鲁迅全集》第六卷，中国文联出版社 2013 年版，第 305 页。
⑤ 鲁迅：《三闲集·无声的中国》，《鲁迅全集》第四卷，中国文联出版社 2013 年版，第 13 页。

（二）鲁迅与厨川白村

在留学日本期间，鲁迅将不少日本学者引介到了中国，如夏目漱石、片上伸、内山完造、芥川龙之介、武者小路实笃、厨川白村，等等。1924 年，厨川白村《苦闷的象征》出版，鲁迅同年翻译出版了此书。《苦闷的象征》论及创作论、鉴赏论、文艺的本质、文学的起源等文艺理论的核心问题，而鲁迅对此兴趣浓厚，甚至把此书作为授课讲义。1925 年，鲁迅又翻译厨川白村的文艺论集《出了象牙之塔》，并撰写不少论及厨川白村的文章。

鲁迅高度评价厨川白村，认为他对文艺有着独到的见解和深切体会。鲁迅对厨川白村的"辛辣的攻击和无所假借的批评"观点相当认同，[①]对"生命力受了压抑而生的苦闷懊恼乃是文艺的根柢"[②]命题也深有同感。与厨川白村相似，鲁迅的《狂人日记》是忧愤深广的产物，他的杂文也是为了"借此来释愤抒情"。[③]在五四运动之后，鲁迅对厨川白村的"苦闷"的象征体悟更是深刻，主张文艺应当抛弃虚伪，把内心苦闷真实地书写出来。

厨川白村对鲁迅的影响，体现在以下几个方面。首先，厨川白村认为："文艺是纯然的生命的表现；是能够全然离了外界的压抑和强制，站在绝对自由的心境上，表现出个性来的唯一的世界。"[④]厨川白村的话极大地契合了鲁迅对文艺本质的认识，在鲁迅看来，文艺是超脱外界束缚、张扬个性的净土和阵地，文艺有着启蒙思想和解放人性的重要作用。其次，厨川白村认为："文艺决不是俗众的玩弄物，乃是该严肃而且沉痛的人间苦的象征。"[⑤]厨川白村关注人间疾苦，强调用文艺创作表现人间的苦，批评和攻击"微温，中道，妥协，虚假，小气，自大，保守等事态"，强调"文艺就是朝着真善美的理想，追赶向上的一路的生命的进行曲，也是进军的喇叭"。[⑥]与厨川白村类似，鲁迅的创作也关注现实人生，认为艺术应当与民众的命运结合起来，要书写现实人生。真善美是鲁迅文艺美学观的主线，他的作品展现劳苦大众的悲惨生活，塑造了一个个受封建旧文化迫

---

① 鲁迅:《出了象牙之塔·后记》,《鲁迅全集》第十三卷,中国文联出版社 2013 年版,第 422 页。
② 厨川白村:《苦闷的象征》,《鲁迅全集》第十三卷,中国文联出版社 2013 年版,第 158 页。
③ 鲁迅:《华盖集续编·小引》,《鲁迅全集》第二卷,中国文联出版社 2013 年版,第 158 页。
④ ［日］厨川白村:《苦闷的象征》,《鲁迅全集》第十三卷,中国文联出版社 2013 年版,第 168 页。
⑤ ［日］厨川白村:《苦闷的象征》,《鲁迅全集》第十三卷,中国文联出版社 2013 年版,第 178 页。
⑥ ［日］厨川白村:《苦闷的象征》,《鲁迅全集》第十三卷,中国文联出版社 2013 年版,第 176 页。

害的人物形象,揭示了封建旧文化吃人的本质。再次,厨川白村提出"缺陷美",认为正是因为有了黑暗之影,明亮之光才会更加亮丽。鲁迅也认为美和丑是对立存在的,他批驳文艺创作中十全十美的圆满和虚假的乐观主义,要求打破"大团圆",反对"瞒和骗"。最后,鲁迅受到厨川白村"广义的象征主义"命题的影响,他在自己的创作中大量使用象征手法,如《野草》将现实的世界和幻想的景象交织在一起,充满了隐喻现实人生的象征意象。

鲁迅对厨川白村文艺美学观的接受也是有选择和筛选的,并融入了自己的理解。厨川白村把苦闷作为文艺生产的根源,认为文艺是苦闷的象征,强调苦闷可以超脱现实的束缚,这无疑有着乌托邦的浪漫主义色彩。鲁迅在苦闷基础上强调对"人间苦"的深刻剖析,可以说更侧重苦闷的现实意义。

（三）鲁迅与普列汉诺夫

鲁迅"为人生"美学艺术观的形成受到了俄国文艺理论家普列汉诺夫的影响。鲁迅热衷于译介俄苏文学,认为:"俄国的文学,从尼古拉斯二世时候以来,就是'为人生'的,无论它的主意是在探究,或在解决,或者堕入神秘,沦于颓唐,而其主流还是一个:为人生。"[①]鲁迅通过对俄苏文艺思想的接受,逐渐实现了美学艺术观向马克思主义艺术观的转变。

1928 年,"革命文学"的论争使鲁迅把视线转移到马克思主义理论。鲁迅自述说:"他们'挤'我看了几种科学底文艺论,明白了先前的文学史家们说了一大堆,还是纠缠不清的疑问。并且因此译了一本蒲力汗诺夫的《艺术论》,以救正我——还因我而及于别人——的只信进化论的偏颇。"[②]普列汉诺夫的《艺术论》对鲁迅影响较大,他接受普列汉诺夫的文艺思想,进而传播马克思主义文艺理论。

早在 1925 年前后,鲁迅购买了《俄国现代的思潮及文学》《新俄美术大观》《文学与革命》《无产阶级文化论》《无产阶级艺术论》等著作,并助推未名社出版《苏俄的文艺论战》等书介绍俄苏文艺思潮。[③] 1929 年至 1930 年,鲁迅翻译出版了卢那察尔斯基的《艺术论》《文艺与批评》以及普列汉诺夫的《艺术论》。鲁

---

① 鲁迅:《荆天丛笔(上)·〈竖琴〉前记》,《鲁迅全集》第六卷,中国文联出版社 2013 年版,第 606 页。
② 鲁迅:《三闲集·序言》,《鲁迅全集》第四卷,中国文联出版社 2013 年版,第 7 页。
③ 许广平:《鲁迅回忆录》,作家出版社 1961 年版,第 3 页。

迅评价普列汉诺夫为"俄国马克思主义者的先驱","所遗留的含有方法和成果的著作,却不只作为后人研究的对象,也不愧称为建立马克思主义艺术理论,社会学底美学的古典底文献的了"。① 鲁迅翻译了普列汉诺夫论及艺术的三篇论文,并撰写了序言。在翻译普列汉诺夫《艺术论》的过程中,鲁迅的马克思主义美学思想得到不断发展和深化。

普列汉诺夫论及原始艺术的两篇文章论证了"劳动先于艺术生产"和"艺术起源于劳动"等命题。普列汉诺夫以达尔文的进化论思想作为艺术起源的支撑,把艺术根植于人类的社会存在中,并以此探析艺术的本质、功能和起源发展等,进而分析生产力、生产关系以及阶级怎样作用于艺术。鲁迅相当认同普列汉诺夫的艺术思想,在他看来,普列汉诺夫基于唯物史观探讨艺术问题,并将艺术视为一种社会现象。

普列汉诺夫认为社会存在决定社会意识,艺术和美受阶级和社会所影响的观点,不仅体现了马克思主义对文艺本质的理解,同时也为鲁迅后来参与"革命文学"的论争提供了思想依据。虽然鲁迅也批评普列汉诺夫的思想"还未能俨然成一个体系",其政治立场"不免常有动摇"。② 但事实上,对普列汉诺夫的接受不仅强化了鲁迅"为人生"文艺观的阶级立场,也间接驳斥了他的论敌们所坚持的"为艺术而艺术"的文艺观。正是由于受到普列汉诺夫的影响,鲁迅批评"象牙之塔"里的艺术家,立场坚定地强调艺术为人生服务,从马克思主义维度为"为人生"的美学艺术观注入了新的内涵。

二、　"为人生"美学艺术观的发展

新文化运动引发了反封建的文化启蒙,西方近代文艺思潮被引介到中国。民主与科学带来破除封建迷信的巨大力量,民主主义、人道主义和社会主义等思想成为当时知识分子理想中的救世良药。在这样的时代背景下,鲁迅从介绍摩罗诗学转为深切关注人生,主张文艺"为人生"服务,并自觉把"为人生"的美学艺术观贯穿于创作实践中。

---

① 鲁迅:《艺术论(蒲氏)·序言》,《鲁迅全集》第十五卷,中国文联出版社 2013 年版,第 262、268 页。
② 鲁迅:《艺术论(蒲氏)·序言》,《鲁迅全集》第十五卷,中国文联出版社 2013 年版,第 268、262 页。

在日本留学时期,鲁迅弃医从文,力图通过文学拯救国民精神,促进民族新生,并提倡"为人生"的美学艺术观。有学者认为:"'直面人生''正视鲜血'的生存姿态决定了鲁迅与许多自得其乐的学院派知识分子的根本区别:他从来不会回避对于现实中国问题的关注和议论,从来不会割断自身精神发展与中国文艺界种种繁复现象之间的联系。"①可以说,鲁迅"为人生"美学艺术观的形成源于他对中国社会和文艺现状的关注。鲁迅常以战士自居,他的一生几乎都在各种各样的论战中度过。通过论战,鲁迅逐渐建构了"战斗文学"的风格。

1917 年,胡适在《新青年》上发表《文学改良刍议》,标志着五四文学革命开始。随后,陈独秀在《文学革命论》中提出推倒贵族文学、古典文学和山林文学,建设国民文学、写实文学和社会文学的主张。鲁迅 1918 年加入《新青年》编辑部,5 月发表《狂人日记》,向封建制度发起猛烈进攻。随后,鲁迅陆续发表作品,以现实主义情怀展现和批判社会顽疾,期望惊醒"陷入昏睡"的国人。

鲁迅发现,要"为人生"和"改良这人生",必须深刻剖析国民的劣根性和反思封建旧文化的不合理性,才可能给麻木的国人当头棒喝。鲁迅主张文艺救国,强调艺术"为人生"服务,他写道:"说到'为什么'做小说罢,我仍抱着十多年前的'启蒙主义',以为必须是'为人生',而且要改良这人生。"②鲁迅翻译介绍了不少现实主义的文学作品,探求救国立民的新路径。鲁迅"为人生"的美学艺术观闪耀着现实主义的光辉,"为人生"是鲁迅美学思想的目的与核心,而现实主义则是实现这个目的和核心的主要途径。

鲁迅认为文艺"为人生"服务,应当对现实人生进行反映和揭露。1925 年"五卅"惨案和 1926 年"三·一八惨案"发生后,国内革命战争的爆发引发了革命文学的高潮,出现了不少反映和批判社会现实的作品。在这期间,鲁迅与现代评论派展开论争,揭露他们偏袒帝国主义和北洋军阀,以此鼓舞有志之士坚持战斗。鲁迅与现代评论派的论战也反映了新文学阵营的分化,双方矛盾聚焦在政治和文艺关系的分歧上,以及对自由主义态度的分歧上。两派虽然经常围绕一些个人的学术观点展开论战,但其中隐含的政治意义却不言而喻。

1927 年,国民革命宣告失败,不少人鼓吹民族和国家观念,并以此为意识形

① 李怡、郑家建:《鲁迅研究》,高等教育出版社 2010 年版,第 13 页。
② 鲁迅:《南腔北调集·我怎么做起小说来》,《鲁迅全集》第四卷,中国文联出版社 2013 年版,第 403 页。

态影响制造舆论。受新的革命形势影响,革命文学开始逐渐受到重视和被大众所接受。1928 年,创造社和太阳社提倡无产阶级革命文学,强调文学是宣传的工具,认为作者可以超越时代的限制。显然,创造社和太阳社夸大了文艺的作用,忽视了文艺的独特性。由于把无产阶级革命文学看得过于简单,加上对当时中国的现实以及革命的首要任务认识不清,创造社和太阳社成员把批判矛头对准了鲁迅,革命文学阵营内因此在文艺思潮上产生了冲突和争论。

创造社、太阳社成员与鲁迅的论争历时一年多,他们批判鲁迅错误地分析国内革命形势和任务,并且教条主义地挪用了马克思主义,认为鲁迅是封建余孽、时代落伍者和资产阶级代言人。面对创造社和太阳社成员的批判,鲁迅针锋相对地反驳道:"他们对于中国社会,未曾加以细密的分析,便将在苏维埃政权之下才能运用的方法,来机械地运用了。"①鲁迅发表《"醉眼"中的朦胧》《文坛的掌故》《文艺与革命》《文学的阶级性》等文章来阐明自己的立场。在他看来,创造社和太阳社成员的所谓"艺术的武器","实在不过是不得已,是从无抵抗的幻影脱出,坠入纸战斗的新梦里去了",②这实质上是逃避现实,缺乏面对现实的勇气。

鲁迅与创造社及太阳社成员的分歧并不在于否定革命文学,正如有学者所言:"鲁迅与创造社、太阳社的分歧并不在是否提倡革命文学,而是在于怎样提倡和提倡什么样的革命文学。"③鲁迅撰写的一系列文章不仅回应了创造社和太阳社成员的质疑,同时也阐释了文学的阶级性、文艺与宣传、"革命人"和"革命文学"等问题。在论战开始后,鲁迅翻译了卢那察尔斯基的《艺术论》和《文艺与批评》、普列汉诺夫的《艺术论》、法捷耶夫的《毁灭》等。此外,鲁迅还根据日本人藏原惟人和外村史郎的日译本重译了俄共中央 1924—1925 年间颁布的《苏俄的文艺政策》,出版了文艺理论论文集《壁下译丛》。这些译介工作让国人更深入地了解马克思主义美学与文艺理论,也进一步确立了鲁迅基于革命文学的"为人生"的美学艺术观。

1930 年,中国左翼作家联盟成立,马克思主义文论得到了更广泛的传播。鲁迅作为左联的旗手,与其他文学流派发生了数次论争。首先是与梁实秋为代

---

① 鲁迅:《二心集·上海文艺之一瞥》,《鲁迅全集》第四卷,中国文联出版社 2013 年版,第 226 页。
② 鲁迅:《三闲集·"醉眼"中的朦胧》,《鲁迅全集》第四卷,中国文联出版社 2013 年版,第 51 页。
③ 李怡、郑家建主编:《鲁迅研究》,高等教育出版社 2010 年版,第 264 页。

表的新月派。梁实秋反对文学阶级论，主张文学表现人性。鲁迅发表《文学和出汗》，强调文学不能表现抽象不变的人性，以人为对象的文学也不可能超越阶级而存在。新月派之后，鲁迅又与"民族主义"文艺派产生了论争。"民族主义"文艺派配合国民政府的军事围剿展开文化围剿，带有强烈的政治目的。除了上述两个文艺派别，鲁迅还与"第三种人"发生了论争。鲁迅与"第三种人"的论争围绕文艺与政治的关系、革命文学家对小资产阶级作家态度的问题而展开。在论战后期，鲁迅撰写《论"第三种人"》，明确反对超阶级和超政治的文艺观。通过以上论争，鲁迅进一步强调了"为人生"的美学艺术观。

30年代，随着民族矛盾上升为中华民族的主要矛盾，建立更为广泛的抗日民族统一战线成为当务之急。在时势的影响下，周扬提出"国防文学"的口号，并按照共产国际的指示解散了左联。在鲁迅看来，这一口号存在或左（如排斥非国防题材的作品）或右（如忽视统一战线内部的斗争与相互批评）的错误。①鲁迅提出"民族革命战争的大众文学"的口号，重新阐释了文艺与政治的关系，进一步强化了"为人生"美学艺术观的建构。

三、"为人生"美学艺术观的内容

鲁迅强调文艺的社会功利性与审美艺术性相统一，坚持艺术是真善美的统一。从鲁迅著作的字里行间，可以归纳出其"为人生"美学艺术观的主要内涵。

艺术是真善美的和谐统一，这是鲁迅"为人生"美学艺术观的核心与灵魂。唐弢认为，鲁迅美学观的立足点是现实主义，鲁迅强调艺术反映生活和艺术服务政治，认为真需要善来衡量和把握，善需要通过美来烘托和传播，善和美也不容许随便脱离真。②刘再复总结了鲁迅论及艺术美的三条规律：真实律、功利律以及美感律，认为这是鲁迅美学思想的精华。③从学界的研究来看，鲁迅诉求文艺真善美的统一，主要强调文艺源于真实生活并高于生活，强调文艺追求真美。

鲁迅认为，应当从善的维度来衡量和把握真实，这样可以更好地看清现实社会的复杂脉络。鲁迅强调，文艺可以反作用现实，指导现实生活和革命实践。

① 陈漱渝：《一个都不宽恕——鲁迅和他的论敌》序言，中国文联出版公司1996年版，第7页。
② 唐弢：《论鲁迅的美学思想》，《文学评论》1961年第5期。
③ 刘再复：《鲁迅美学思想论稿》题记，中国社会科学出版社1981年版。

艺术追求真和善,对真和善的追求使文艺兼具战斗性和革命性。鲁迅还认为,虽然真和善不一定产生美,但文艺的真和善需要通过美来感知。艺术是真善美的统一体,只有把握了艺术的真善美,才能揭露和批判现实人生,实现对苦难人生的疗效功能。在鲁迅眼里,文艺要"为人生"服务,就必须坚持真善美的和谐统一。

对艺术与人生以及现实关系的梳理,是我们理解鲁迅"为人生"美学艺术观内涵的根本。鲁迅强调"为人生"的美学艺术观,在他眼中,"为人生"并不是无源之水和无本之木,而是扎根于现实人生。鲁迅早期主张艺术源于生活,他强调艺术家要先"受"后"作",肯定了生活美的第一性,提倡"发扬真美"。鲁迅发现,只有把握了现实人生的深刻内涵,对真实性的理解才会更为深刻。在他看来,真实的不一定是美的,但美的一定是真实的。

鲁迅追求"真美",强调艺术家在创作时要有真实的感情,要对自己创作的文本内容"虽然不必亲历过,最好是经历过"①。在他眼中,"文艺大概由于现在生活的感受,亲身所感到的,便影印到文艺中去"②。鲁迅比较了19世纪后半叶前后的文艺观,认为19世纪后半叶之前的文艺作品大多描述一个异于生活的非真实社会,而19世纪后半叶的文艺作品则描绘作者们亲历过的真实生活,通过直面现实社会而呈现生活的血和肉。鲁迅认同后者,在他看来,真实是作家的真实情感与社会现实的统一,作者要真实地描写和揭露现实社会。鲁迅批判封建旧文化"不过是安排给阔人享用的人肉的筵席",旧社会"不过是安排这人肉的筵席的厨房",吃人的社会"以凶人的愚妄的欢呼,将悲惨的弱者的呼号遮掩"③。鲁迅呼吁文艺作品描写真实生活,要展示人间和人民的苦难,要用现实主义的犀利笔锋无情地鞭笞社会的罪恶,对黑暗现实进行毫不留情地批判。

在鲁迅看来,文艺创作中的"真美"不只是简单地呈现现实生活,而是"采取一端,加以改造,或生发开去"④。鲁迅认为,艺术的"改造和生发"能更深刻地揭示现实。"真美"可以使用白描手法,要有真意,要去粉饰、少做作、不卖弄。鲁迅对世事有着敏锐的洞悉,他喜欢使用讽刺的手法,提炼现实生活,以夸张的手

---

① 鲁迅:《荆天丛笔(下)·叶紫作〈丰收〉序》,《鲁迅全集》第七卷,中国文联出版社2013年版,第200页。
② 鲁迅:《荆天丛笔(上)·文艺与政治的歧途》,《鲁迅全集》第六卷,中国文联出版社2013年版,第343页。
③ 鲁迅:《坟·灯下漫笔》,《鲁迅全集》第二卷,中国文联出版社2013年版,第434—435页。
④ 鲁迅:《南腔北调集·我怎么做起小说来》,《鲁迅全集》第四卷,中国文联出版社2013年版,第404页。

段把现实中的丑陋暴露出来。鲁迅强调讽刺的真实性，他认为真实是讽刺的生命，而虚假的讽刺会沦为造谣和污蔑，会丧失应有的批判效果。

鲁迅反对"瞒和骗"的文艺观，他批评有些作家没有正视人生和社会的勇气，认为这些作家即便对社会深感不满和愤懑，但也总闭着眼强调所谓的圆满，虚假地建构一个个团圆的结局。鲁迅指出，这些作家即便看到人世间的不幸和社会中的苦难，也不会想到去解决、改革或反抗，而是自欺和欺人。鲁迅强调，不敢正视人生苦难的作家，必然会生出瞒和骗的文艺来。① 鲁迅呼吁，文艺要立足于真实，作家应该撕下假面具，真诚且大胆地直面惨淡的人生和正视淋漓的鲜血，书写有血有肉的真实人生，要成为卢梭、尼采、托尔斯泰、易卜生之类的"轨道破坏者"，成为"将碍脚的旧轨道不论整条或碎片，一扫而空"的勇将。② 在鲁迅看来，现实生活中的真实人生有很多，上到领袖巨擘，下至贩夫走卒，每个人都有着各自的真实。鲁迅正是精准地把握到了这些现实真实，并把这些真实带到文艺实践中，实现"为人生"的美学艺术观。

鲁迅"为人生"的美学艺术观还体现在对文艺阶级性的强调上。在鲁迅与新月派的论争中，他反对超阶级的文艺观，批评新月派超时代和超阶级的文艺作品是远离真实的空中楼阁。鲁迅反对梁实秋在《文学批评辩》中提出的"普遍的人性"命题，不赞同文学描写永远不变的人性。在鲁迅看来，人性并非永久不变，文学也不可能超越阶级。虽然人人都有喜怒哀乐，但"穷人决无开交易所折本的懊恼，煤油大王那会知道北京捡煤渣老婆子身受的酸辛，饥区的灾民，大约总不去种兰花，像阔人的老太爷一样，贾府上的焦大，也不爱林妹妹的"。③ 因此，鲁迅虽然强调文艺的阶级性，但也并非将文艺与阶级性画上等号，他反对超阶级的文艺主张，认为这是作家不肯面对社会现实，企图通过逃避现实的方式来欺骗自我和大众。

艺术对人生有着巨大的反作用，追求文艺的真实与美感，强调艺术的善和对人生的功用，这也是鲁迅"为人生"美学艺术观内涵的体现。鲁迅弃医从文，其目的是为了改良人生。鲁迅早期认为文艺是为了"使人兴感怡悦"的"不用之

---

① 鲁迅，《坟·论睁了眼看》，《鲁迅全集》第二卷，中国文联出版社 2013 年版，第 451 页。
② 参见鲁迅：《坟·再论雷峰塔的倒掉》，《鲁迅全集》第二卷，中国文联出版社 2013 年版，第 416 页。
③ 鲁迅：《二心集·"硬译"与"文学的阶级性"》，《鲁迅全集》第四卷，中国文联出版社 2013 年版，第159 页。

用",后来坚持"为人生"的美学艺术观,坚持文艺具有对人生的改良作用,强调用文艺去解救苦难民族和民生。当革命高潮来临时,作为革命的先驱者,鲁迅一直坚持文艺的善和美,强调文艺要以善和美作用于革命人生。鲁迅后期转向马克思主义后,更是强调文艺的善和美,强调文艺审美性与功利性的统一。

鲁迅认为,善不是美,但美的事物一定是善的。鲁迅的美学艺术观与中国社会现实紧密联系。在鲁迅看来,要发扬文艺的善和美,就应当坚持文艺的战斗性,如他所言:"人固然应该生存,但为的是进化;也不妨受苦,但为的是解除将来的一切苦;更应该战斗,但为的是改革。"①从 1918 年到 1926 年,鲁迅发表了大量具有战斗色彩的文章:揭示北洋军阀"残虐险狠的行为"的反动本质;讽刺在国人头脑中根深蒂固的封建传统,打击与军阀、帝国主义勾结在一起的复古派;与偏袒军阀列强的现代评论派展开激烈论争;批评只是呻吟、叹息、哭泣和哀求的怯者,号召人们做"抽刃向更强者的"勇士。可以说,在鲁迅的著作中,他一直坚持文艺的革命斗争精神。

鲁迅认为,如果没有"受伤",文艺"没有苦痛和愉悦之歌",②就不能带来社会的变革和人类的进步。鲁迅分析了革命与文学的三种关系:大革命之前抒发痛苦和鸣不平的文学对革命并无裨益,唯有怒吼、奋起反抗的文学才蕴有力量;大革命时代没有文学,呼喊已经转为行动,革命的激荡使文学暂时静寂;大革命成功后会出现"对旧制度挽歌,对新制度讴歌"的文学。鲁迅认为,革命的最终结果会产生"平民文学";但他同时也认为,在中国并没有出现这样的文学,因为革命尚未成功。

在革命的发展中,鲁迅逐渐改变早期对文艺功用过分夸大的态度,他批判各种各样的所谓"革命文学",认为大多数"革命文学"的实质是维护国民政府的独裁统治。鲁迅认为,真正的革命文学家要用文艺促进革命和完成革命。在鲁迅看来,优秀的文艺作品是自然而然从人们心里涌出来的东西,真正的革命文学应当发扬善和美,文艺创作者要成为"从喷泉里出来的都是水,从血管里出来的都是血"③的革命人。鲁迅认为,只有这样的革命人创作出来的文学,才是真正的革命文学,"革命文学家,至少是必须和革命共同着生命,或深切地感受着

① 鲁迅:《花边文学·论秦理斋夫人事》,《鲁迅全集》第五卷,中国文联出版社 2013 年版,第 394 页。
② 鲁迅:《华盖集·马上日记之二》,《鲁迅全集》第三卷,中国文联出版社 2013 年版,第 289 页。
③ 鲁迅:《而已集·革命文学》,《鲁迅全集》第三卷,中国文联出版社 2013 年版,第 459 页。

革命的脉搏的"①。文学是革命的战斗武器，这是鲁迅对革命人的使命要求，也是他"为人生"的美学艺术观在革命运动中的体现。

转向马克思主义之后，鲁迅对文艺的功用性特征认识更加深刻，并深化了他早期"不用之用"的美学观。在鲁迅看来，没有善，就谈不上美，善需要通过美而感知。"在一切人类所以为美的东西，就是于他有用——于为了生存而和自然以及别的社会人生的斗争上有着意义的东西。"②同时，对善的接受需要通过美，"享乐着美的时候，虽然几乎并不想到功用，但可由科学底分析而被发现"③。在分析文艺的审美性与功利关系之后，鲁迅进而强调，文艺有其特有的美学特征和规律，"一切文艺固是宣传，而一切宣传却并非全是文艺，这正如一切花皆有色（我将白也算作色），而凡颜色未必都是花一样。革命之所以于口号，标语，布告，电报，教科书……之外，要用文艺者，就因为它是文艺"④。鲁迅在强调文艺功利性的同时也肯定了文艺的审美性，并且阐释了真、善、美的关系，认为艺术是真善美的和谐统一。

真善美的统一是鲁迅美学艺术观的灵魂，也是其实践"为人生"的文艺创作的基本原则，如唐弢所言，"在鲁迅看来，一件作品不能不是善的，同时也不能不是美的和真的。鲁迅不仅在论争里反复地申述了这个观点，并且还把这个观点应用到具体的文艺批评上"⑤。

四、"为人生"的文艺批评观

五四运动之后，各种文学社团和文艺流派涌现。鲁迅重视文艺批评，呼吁对文艺作品要展开批评与自我批评。鲁迅认为，批评可以帮助读者更好地欣赏作品，也可以帮助作家更好地进行创作。"必须更有真切的批评，这才有真的新文艺和新批评的产生的希望。"⑥

---

① 鲁迅：《二心集·上海文艺之一瞥》，《鲁迅全集》第四卷，中国文联出版社 2013 年版，第 229 页。
② 鲁迅：《苦闷的象征·序言》，《鲁迅全集》第十三卷，中国文联出版社 2013 年版，第 270 页。
③ 鲁迅：《苦闷的象征·序言》，《鲁迅全集》第十三卷，中国文联出版社 2013 年版，第 270 页。
④ 鲁迅：《三闲集·文艺与革命》，《鲁迅全集》第四卷，中国文联出版社 2013 年版，第 64 页。
⑤ 唐弢：《论鲁迅的美学思想》，《文学评论》1961 年第 5 期。
⑥ 鲁迅：《荆天丛笔（上）·〈文艺与批评〉译者附记》，《鲁迅全集》第四卷，中国文联出版社 2013 年版，第 507 页。

　　鲁迅强调文艺批评的必要性,但他同时认为不能胡批乱评。对作家和批评家的关系,鲁迅有一个形象的比喻:厨师和食客。厨师做出食品,食客要品尝,给出评价,要么好要么坏,也"必须坏处说坏,好处说好"①。鲁迅还以英雄和娼妇为例认为,批评英雄是娼妇,这是乱骂;而认为娼妇是英雄,则是乱捧,而更为糟糕的情况则是:被骂杀的少,被捧杀的多,腐烂被视为健康而被倡导。在鲁迅看来,批评家对艺术作品的评判要实事求是,在批评的同时也要扬其所长,不能掩嘴不说,也不能乱骂与乱捧。

　　鲁迅还提到批评家的另一个问题:漫骂。鲁迅认为,漫骂批评对天才来说是一种灾害,"能将好作品骂得缩回去,使文坛荒凉冷落"②。相反,漫骂对庸才反而是帮助,虽然极易使他们被漫骂所吓倒,却"能保持其成为作家"。③ 鲁迅强调:"批评家的职务不但是剪除恶草,还得灌溉佳花,——佳花的苗。"④批评家对青年作家应当更多鼓励,而不能过于漫骂、痛击、冷笑和抹杀。鲁迅反对掌握作家作品生杀大权,"灵魂上挂了刀"⑤的批评家,呼吁文艺界出现"坚实的,明白的,真懂得社会科学及其文艺理论的批评家"⑥。鲁迅还强调,对批评家同样也要批评,"批评如果不对了,就得用批评来抗争,这才能够使文艺和批评一同前进,如果一律掩住嘴,算是文坛已经干净,那所得的结果倒是相反的"⑦。

　　文艺批评是主观的,难免会发生批评家认为没有好作品,作家认为没有好批评家的情况。衡量作家以及批评家的标准是什么? 鲁迅认为,文艺批评有一定的圈子。"我们曾经在文艺批评史上见过没有一定圈子的批评家吗? 都有的,或者是美的圈,或者是真实的圈,或者是前进的圈。……我们不能责备他有圈,我们只能批评他这圈子对不对。"⑧在鲁迅看来,不瞒不骗,正视人生是真;引人向上,对社会有益是前进;内容充实,文法精湛是美。美、真实和前进既相互独立又和谐统一,这样的批评观才体现了真善美的统一。鲁迅认为,文艺作品是真善美的统一,文艺批评也应当符合这一点。

① 鲁迅:《南腔北调集·我怎么做起小说来》,《鲁迅全集》第四卷,中国文联出版社 2013 年版,第 405 页。
② 鲁迅:《花边文学·推己及人》,《鲁迅全集》第五卷,中国文联出版社 2013 年版,第 389 页。
③ 鲁迅:《花边文学·推己及人》,《鲁迅全集》第五卷,中国文联出版社 2013 年版,第 389 页。
④ 鲁迅:《华盖集·并非闲话(三)》,《鲁迅全集》第三卷,中国文联出版社 2013 年版,第 133 页。
⑤ 鲁迅:《而已集·读书杂谈》,《鲁迅全集》第三卷,中国文联出版社 2013 年版,第 378 页。
⑥ 鲁迅:《二心集·我们要批评家》,《鲁迅全集》第四卷,中国文联出版社 2013 年版,第 183 页。
⑦ 鲁迅:《花边文学·看书琐记(三)》,《鲁迅全集》第五卷,中国文联出版社 2013 年版,第 447 页。
⑧ 鲁迅:《花边文学·批评家的批评家》,《鲁迅全集》第五卷,中国文联出版社 2013 年版,第 351 页。

对于文艺批评的标准，鲁迅认为，艺术应当呈现出美感，否则就没有批评的价值；不真实的东西就不可能前进，更谈不上美。因此，批评应当先从作品是否美入手，再深入分析是否真实和是否有前进性等特性。应当说，鲁迅关于文艺批评的"三个圈子"的衡量标准，在今天仍然具有适应性。不管时代如何变化，真实都是文艺批评的生命，只有真实，才能唤起读者与作者的情感共鸣，使读者在情感共鸣中体验美感。

鲁迅认为，文学欣赏是文艺批评的重要组成部分。"文艺本应该并非只有少数的优秀者才能够鉴赏，而是只有少数的先天的低能者所不能鉴赏的东西。"[①]在鲁迅看来，大众有鉴赏文艺的要求和能力。文艺作品应当反映社会底层劳苦大众的生活，并唤起大众的斗争意识和革命精神。文艺应该大众化，追求通俗之美，而优秀的作者会尽量让自己的作品通俗易懂和合乎读者的艺术取向，使作品为更多的人所接受。鲁迅认为，欣赏者应该具有一定的接受能力，欣赏者的鉴赏能力应当与阅读能力相匹配。鲁迅看到，由于普通民众受教育程度较低，即使是白话文也不一定都能读懂，因而要求文艺立即为大众所接受和赏析是不可能的。虽然如此，但"应该多有为大众设想的作家，竭力来作浅显易解的作品，使大家都懂，爱看"，"若文艺设法俯就，就容易流为迎合大众，媚悦大众"[②]。在鲁迅看来，这不仅对大众没有助益，而且对文艺也是一种迫害。

鲁迅还提到读者的欣赏体验对文艺接受的影响，认为："文学虽然有普遍性，但因为读者的体验的不同而有变化，读者倘没有类似的体验，它也就失去了效力。"[③]鲁迅强调，共同的经验对文艺接受来说尤为重要，这是读者能接受与否的前提。作者应当描述真实的社会生活和抒发真情实感，以此引起读者共鸣。鲁迅认为，艺术的真实性在文艺欣赏中相当重要，如果文艺作品远离现实，读者就不会因为作品联想到自身真实生存的社会生活，因而无法产生共鸣，作品的艺术感染力也会大打折扣。

鲁迅描述了不同读者阅读《红楼梦》的情形："经学家看见《易》，道学家看见淫，才子看见缠绵，革命家看见排满，流言家看见宫闱秘事……"[④]在鲁迅看来，

① 鲁迅：《荆天丛笔（上）·文艺的大众化》，《鲁迅全集》第六卷，中国文联出版社2013年版，第545页。
② 鲁迅：《荆天丛笔（上）·文艺的大众化》，《鲁迅全集》第六卷，中国文联出版社2013年版，第545页。
③ 鲁迅：《花边文学·看书琐记》，《鲁迅全集》第六卷，中国文联出版社2013年版，第433页。
④ 鲁迅：《荆天丛笔（上）·〈绛洞花主〉小引》，《鲁迅全集》第六卷，中国文联出版社2013年版，第299页。

每个读者都是独立的个体,有着各自不同的人生境遇和经验。对同一部作品,不同的人会有不同理解。只有重视读者的阅读需求和欣赏层次,立足于读者角度创作作品,作品的感染力才能得到彰显。

第二节　鲁迅的小说美学观

《中国小说史略》是鲁迅最具体系的小说研究成果。此外,鲁迅还在《中国小说的历史的变迁》《小说旧闻钞》《唐宋传奇集》等文本和其他序跋、书信札记中论及了小说美学思想。鲁迅自幼便对"言情谈故刺时志怪"的中国古典小说情有独钟,幼年时期的兴趣爱好和阅读经历,使鲁迅对小说艺术有着不同于常人的艺术感受力和研究兴趣。无论是对中国古典小说的梳理和批评,还是对中国现代小说的开创和探索,抑或是对西方小说的研究和借鉴,鲁迅都展示出他在小说艺术研究方面的深刻造诣。

一、 《中国小说史略》的古典小说美学观

1912 年,鲁迅应蔡元培之邀到北京工作。在教育部当金事期间,鲁迅的业余时间大部分都用在古籍文物的整理和研究上。鲁迅编纂和校辑多本古籍,并整理出版三本编著。《古小说钩沉》是鲁迅所辑录的唐代之前的 36 种古小说轶文,后成为《中国小说史略》前 7 篇的素材;《唐宋传奇集》收集了明清刊印的唐宋时期的 45 篇传奇小说,并在附录中对每篇小说的源流及版本情况均有说明;《小说旧闻钞》是鲁迅在北京大学教授"中国小说史"时的讲义,内容涉及 37 种小说的出处、版本情况,并附有鲁迅自己的评论。

鲁迅的《中国小说史略》运用西方小说理论研究中国古典小说美学,将小说置于一个广阔的背景中,描绘出了中国古代小说从神话、传说到清末谴责小说的发展线索,重点讨论了古典小说的讽刺性、真实性和现代性等特征。在《中国小说史略》中,鲁迅将"讽刺派"视为清末小说的四派之一,并对其源流和讽刺美学观展开了论述。鲁迅认为,中国古代小说中批判讽刺之风始于晋唐,明代的人情小说尤盛,并在清代以《儒林外史》为代表的讽刺小说中得到集中体现。

　　鲁迅认为，小说内含讥讽之风在晋代和唐代就已经出现，而清代的《儒林外史》可以看作是古代讽刺小说的绝响。鲁迅辟专章对《儒林外史》中的讽刺美学思想进行了深入分析，提出了讽刺艺术的审美标准："迨吴敬梓《儒林外史》出，乃秉持公心，指摘时弊，机锋所向，尤在士林。其文又戚而能谐，婉而多讽：于是说部中乃始有足称讽刺之书。"①鲁迅提炼出古代讽刺小说"公心讽世"和"旨微而语婉"的美学特征，认为唯有满足这两个特征才算得上是优秀的讽刺小说。

　　鲁迅对讽刺小说与谴责小说的不同艺术风格展开了比较研究。鲁迅认为，将小说变成污蔑他人工具的做法可追溯到唐代，清朝末年谴责小说盛行，使这种风气达到了高潮。鲁迅还另辟一章论述了清末的谴责小说，认为特点是"辞气浮露，笔无藏锋"。②针对古代小说中宣泄私怨和诬蔑他人的不良风气，鲁迅提出"公心讽世"的讽刺小说艺术标准。在鲁迅看来，以毁谤攻击为目的的小说，都不能称为真正意义上的讽刺。鲁迅将《儒林外史》称为"讽刺之书"，指出吴敬梓能够站在公正的立场来针砭时弊，而非出于私怨或人云亦云。鲁迅认为，像《儒林外史》这样"公心讽世"的小说在当时是难能可贵的，后来却很少有了。

　　鲁迅的讽刺小说美学标准要求"旨微而语婉"，追求一种含蓄而深刻的讽刺美。他在《清末小说之四派及其末流》中指出："讽刺小说是贵在旨微而语婉的，假如过甚其辞，就失了文艺上底价值。"③"旨微而语婉"即指用含蓄的形式来表征深刻的思想内容。鲁迅认为，《儒林外史》呈现出"戚而能谐，婉而多讽"的艺术特性。在他看来，能用幽默的语言来叙述悲惨的故事，用委婉的议论来批判社会的黑暗，才能称得上真正意义上的讽刺艺术。

　　鲁迅在批判传统小说"瞒与骗"的弊病以及"溢美"和"溢恶"的缺点时，强调小说创作内容的真实性，视真实为艺术的生命。通过整理与研究古代小说，鲁迅认为"瞒和骗"是中国传统文化国民性弱点的一种表现，并对此展开了深刻有力的批判。鲁迅对《红楼梦》给予了很高评价，认为其艺术价值在一切人情小说之上，是中国古代小说史上不可多得的佳作，是"三百年中创作之冠冕"。《红楼

---

① 鲁迅：《中国小说史略·清之讽刺小说》，《鲁迅全集》第十七卷，中国文联出版社 2013 年版，第 173 页。
② 鲁迅：《中国小说史略·清末之谴责小说》，《鲁迅全集》第十七卷，中国文联出版社 2013 年版，第 228 页。
③ 鲁迅：《中国小说的历史的变迁·清小说之四派及其末流》，《鲁迅全集》第十七卷，中国文联出版社 2013 年版，第 275 页。

梦》"敢于如实描写,并无讳饰,和从前小说叙好人完全是好,坏人完全是坏的,大不相同,所以其中所叙的人物,都是真的人物"①。在鲁迅看来,《红楼梦》具有"不虚美,不隐恶"和"爱而知其丑,恨而知其善,善恶必书"的批判精神,这使其与某些小说的虚假内容形成了鲜明对比。

鲁迅对"瞒和骗"的批驳,也是其现实主义美学艺术观的集中表述。在《论睁了眼看》中,鲁迅指出:"中国人向来因为不敢正视人生,只好瞒和骗,由此也生出瞒和骗的文艺来,由这文艺,更令中国人更深地陷入瞒和骗的大泽中,甚而至于已经自己不觉得。世界日日改变,我们的作家取下假面,真诚地、深入地、大胆地看取人生并且写出他的血和肉来的时候早到了;早就应该有一片崭新的文场,早就应该有几个凶猛的闯将!"②鲁迅评价清末谴责小说:"虽命意在于匡世,似与讽刺小说同伦,而辞气浮露,笔无藏锋,甚且过甚其词,以合时人嗜好,则其度量技术之相去亦远矣,故别谓之谴责小说。"③在鲁迅看来,谴责小说较之讽刺小说来说,显得过于直白和浮露,有时甚至为了迎合读者的需求过分夸张和言过其实。

鲁迅强调小说创作的客观性和真实性原则,认为仅仅表达作家一家之言的作品有失客观公允,起不到针砭时弊的作用。在点评清代人情小说时,鲁迅提出"溢美"和"溢恶"的批评观念。他对《青楼梦》《海上花列传》和《九尾龟》为代表的描写妓女的小说展开了比较分析,并在总结中提出:"作者对于妓家的写法凡三变,先是溢美,中是近真,临末又溢恶,并且故意夸张,谩骂起来;有几种还是诬蔑、讹诈的器具。"④鲁迅还在点评《二十年目睹之怪现状》时评论道:"惜描写失之张皇,时或伤于溢恶,言违真实,则感人之力顿微,终不过连篇'话柄',仅足供闲散者谈笑之资而已。"⑤在这里,鲁迅批评了谴责小说的"溢恶"倾向,认为其过分渲染官场和社会的黑暗,只不过为了迎合当时读者的审美趣味,难免有

---

① 鲁迅:《中国小说的历史的变迁·清小说之四派及其末流》,《鲁迅全集》第十七卷,中国文联出版社2013年版,第278页。
② 鲁迅:《坟·论睁了眼看》,《鲁迅全集》第二卷,中国文联出版社2013年版,第450页。
③ 鲁迅:《中国小说史略·清末之谴责小说》,《鲁迅全集》第十七卷,中国文联出版社2013年版,第228页。
④ 鲁迅:《中国小说的历史的变迁·清小说之四派及其末流》,《鲁迅全集》第十七卷,中国文联出版社2013年版,第279页。
⑤ 鲁迅:《中国小说史略·清末之谴责小说》,《鲁迅全集》第十七卷,中国文联出版社2013年版,第233页。

失真实性。鲁迅提倡小说美学的现实主义精神和真实性，反对"瞒和骗"以及"溢美"和"溢恶"的美学倾向，认为作家的主观情感也应具有真实性，在他看来，不真实地表达作者的主观情感，故意夸大情感或表达虚情假意的小说作品缺乏艺术感染力，也不能引起读者的共鸣。

西方现代小说观念从晚清传入国内，到五四时期得到广泛宣传，对近代中国文学的历史进程产生了深远影响。鲁迅在对中国古典小说的整理和研究中，探索着适合中国小说史研究的理论体系和批评方法，寻求着中国古典小说独特的现代性意识和特性。

鲁迅以文学现代性的视角梳理中国古典小说的源流，研究和总结古典小说的创作特色和风格，体现出鲜明的文学现代性意识。《中国小说史略》是对中国古代小说的历史梳理，但鲁迅在梳理的同时也强调立足当下。虽然鲁迅在《中国小说史略》中并未在严格意义上讨论现代小说，全书中也没有出现"现代"一词。但从鲁迅对"小说"一词的理解与运用，以及重溯中国古典小说的起源和建构中国古典小说的体系构架，都是立足于现代小说的观念基础之上。

《中国小说史略》从现代性角度对小说创作的虚构性特征展开了深入论述。鲁迅在论述传统小说观念时，提出小说需要"创作"或"独造"的观点："《汉志》乃云处于稗官，然稗官者，职惟采集而非创作，'街谈巷语'自生于民间，固非一谁某之所独造也，探其本根，则亦犹他民族然，在于神话与传说。"[1]鲁迅重视小说的虚构性特征，认为小说创作需要融入作者的主观体验和艺术加工，而非只对故事进行简单采集和记录。在鲁迅看来，晋唐两代小说的不同之处在于唐代小说能刻意为工，并有意识地加以发挥"幻设"，使之"作意好奇，假小说以寄笔端"。[2] 此外，《中国小说史略》散见于各章的"幻设""尽幻""构想之幻"等词语，也就是"虚构"与"想象"的另一种表述。可以说，鲁迅对小说"虚构"和"独造"的论述，丰富了近现代中国小说现代性文体的理论建构。

《中国小说史略》里渗透着鲁迅的国民性批判观念，这也是其小说现代性社会批判意识的隐性体现。鲁迅曾说："在中国，小说不算文学，做小说的也决不能称为文学家，所以并没有人想在这一条道路上出世。我也并没有要将小说抬

---

[1] 鲁迅：《中国小说史略·神话与传说》，中华书局 2016 年版，第 6 页。
[2] 鲁迅：《中国小说史略·唐之传奇文〈上〉》，《鲁迅全集》第十七卷，中国文联出版社 2013 年版，第 52 页。

进'文苑'里的意思,不过想利用他的力量,来改良社会。但也不是自己想创作,注重的倒是在绍介,在翻译,而尤其注重于短篇,特别是被压迫的民族中的作者的作品。"①鲁迅研究具有批判意识的古典小说,为现代文学史上"新小说"的创作提供了理论资源。在这个意义上,探寻鲁迅中国古代小说批评中的现代性意识,不仅是探寻鲁迅古代小说美学观的新视角,而且有助于我们从另一个角度理解和阐释鲁迅的中国现代小说观念。

二、 鲁迅的现代小说美学观

在中国现代文学史上,小说的地位得到显著提升,逐渐成为中国现代文学的主流。小说被推到文学革命前端,这是新文学倡导者实现其文化主张,力图建立新的文化与文学秩序的需要。在这样的语境中,鲁迅呼吁通过启蒙实现小说的疗效作用,并提出现代小说创作的现实主义典型观。

鲁迅希望通过文艺启蒙来改造国民精神,他在早期呼吁通过诗歌实现启蒙的疗效作用,主张以诗去"美善吾人之性情,崇大吾人之思理",改变中国国民的劣根性状态。鲁迅的小说往往带有社会隐喻性,寓意着现代生活的某一个侧面,是中国社会文化结构中的深层次心理意识的呈现。鲁迅后期更侧重强调通过小说进行国民性批判和民众精神启蒙,认为小说的意义在于揭示时代的苦难和弊病,引起疗救的注意,最终实现启蒙目的。

鲁迅在《我怎么做起小说来》中写道:"说到'为什么'做小说罢,我仍抱着十多年前的'启蒙主义',以为必须是'为人生',而且要改良人生。我深恶先前的称小说为'闲书',而且将'为艺术的艺术'看作不过是'消闲'的新式的别号。所以我的取材,多采自病态社会的不幸的人们中,意思是在揭出病苦,引起疗救的注意。"②在鲁迅看来,小说应当实现改良人生和社会这一目的。

鲁迅的小说创作也实践着"为人生"的小说美学观。他的第一篇白话小说《狂人日记》,就蕴涵着"为人生"的美学艺术观。《狂人日记》的创作并不是偶然的,它一方面是五四时代精神的反应;另一方面也是鲁迅长期以来对历史和现

---

① 鲁迅:《南腔北调集·我怎么做起小说来》,《鲁迅全集》第四卷,中国文联出版社 2013 年版,第 402 页。
② 鲁迅:《南腔北调集·我怎么做起小说来》,《鲁迅全集》第四卷,中国文联出版社 2013 年版,第 52 页。

实进行反思的结果。鲁迅运用象征手法塑造了一个外表披着"狂人"外衣,但内心却清醒无畏的反封建战士形象,巧妙地将"狂人"的狂姿与醒态交织在一起,从而深刻揭露封建家族制度和礼教对人性的毒害。

鲁迅"为人生"的小说美学艺术观是我国民主革命的一面镜子,不仅反映出那个时代的特殊国情和人生百态,也揭示和探讨了历史发展的必然规律。小说集《呐喊》体现五四反封建的思想启蒙精神,《彷徨》将社会人生百态通过深沉冷峻的笔调展示出来,均是体现"为人生"美学艺术观的典型文本。鲁迅通过小说剖析人物的灵魂深处,希望实现治疗国民劣根性的思想诉求。鲁迅肯定和主张文学艺术的功利性,认为文艺创作的目的是改造社会和改良人生。

现实主义的典型美学观是鲁迅现代小说美学思想的重要组成部分。虽然鲁迅没有专门论述典型问题的文章,但从 1923 年到 1934 年的 11 年里,鲁迅多次论及典型问题,生动而又不失深度。在《中国小说史略》中,鲁迅评《三国志演义》时写道:"至于写人,亦颇有失,以致显刘备之长厚而似伪,状诸葛之多智而近妖;惟于关羽,特多好语,义勇之概,时或如见矣。"[1]在这里,鲁迅讨论的是人物的典型特性,只是没有使用"典型"这个概念。在鲁迅看来,罗贯中小说中人物的塑造不真实,没有实现个性与共性的交融,而是有着"似伪"和"近妖"的特点。在评述《金瓶梅》中的西门庆形象时,鲁迅高度认同这一人物形象塑造的典型意义。"西门庆故称世家,为搢绅,不惟交通权贵,即士类亦与周旋,著此一家,即骂尽诸色。"[2]在鲁迅看来,西门庆身上体现了权贵、士类和搢绅等阶层的人物特性,具有典型性意义。通过西门庆这个特殊个体,表现了特定群体的普遍性。

鲁迅小说所塑造的一系列人物,在形象、行动、语言、心理和环境等方面,都与每个人所生活的典型环境有关,打上了时代和社会的印迹,是独特的"这一个"。如阿 Q 形象身上所体现的怕强欺弱、怕硬欺软、轻视妇女等性格特征,可以说表征了辛亥革命时期我国江浙一带农村的典型环境下的典型人物形象,同时也映射出当时中国半殖民地半封建社会的某些本质特性。又如祥林嫂这个

---

[1] 鲁迅:《中国小说史略·元明传来之讲史〈上〉》《鲁迅全集》第十七卷,中国文联出版社 2013 年版,第 99 页。

[2] 鲁迅:《中国小说史略·明之人情小说〈上〉》《鲁迅全集》第十七卷,中国文联出版社 2013 年版,第 140 页。

人物形象,其命运是与鲁镇这个典型环境联系在一起的,是一个受封建礼教这把杀人不见血的软刀所迫害的悲惨劳动妇女形象。

鲁迅在《我怎样做起小说来》中提到:"要极省俭的画出一个人的特点,最好是画她的眼睛。"①"画眼睛"就是通过抓主要特征的方式来塑造形象。鲁迅认为,"所写的事迹,大抵有一点见过或听过的缘由,但决不全用这事实,只是采取一端,加以改造,或生发开去,到足以几乎完全发表我的意思为止。"②在这里,"一端"就是暗藏在原型中的特征。"加以改造,或生发开去"是指作者对人物形象的特征化过程。如在《风波》中,辫子就是特征,是社会改革的象征,辫子难以彻底剪去,表明了革命的困难和不彻底性。《药》中"带血的馒头"、《祝福》中"捐门槛"、《狂人日记》中"吃人"、《阿 Q 正传》中"儿子打老子"等,都属于典型形象身上体现出来的重要特征。

在 1933 年的《准风月谈·二丑艺术》中,鲁迅使用了"类型"概念。"世间只要有权门,一定有恶势力,有恶势力,一定有二花脸,而且有二花脸艺术。······小百姓是明白的。早已使他的类型在戏台上出现了。"③这里的类型其实就是典型的另一种说法。同年,鲁迅在《致徐懋庸》的信中,第一次使用了"典型"概念。韩侍桁和苏汶等自称"第三种人",宣扬超阶级和超政治的艺术至上论。鲁迅指出,"倘如韩先生(指韩侍桁)所说,则小说上的典型人物,本无其人,乃是作者案照他在社会上有存在之可能,凭空造出,于是而社会上就发生了这种人物。"④时隔一年,在《且介亭杂文·答〈戏〉周刊编者信》中,鲁迅又对典型人物塑造的真实性问题展开了具体论述。

鲁迅对小说典型问题的论述是多方位的,如典型人物的创造、情节的典型化和环境的典型化等。鲁迅强调了作家的能动创造性,认为作家的创作虽然源于生活,要以生活为依托,但作家并不是生活的记录员,也不能完全按照现实进行创作,而必须对现实生活进行提炼和升华。在鲁迅看来,典型人物的塑造源于现实生活,不能凭空产生。典型虽然源于生活,但并非是对生活的机械反映和照抄,必须将生活真实进行典型化处理。

---

① 鲁迅:《鲁迅杂文集》,天津人民出版社 2013 年版,第 319 页。
② 鲁迅:《鲁迅杂文集》,天津人民出版社 2013 年版,第 317—318 页。
③ 鲁迅:《中国小说史略·清之拟晋唐小说及其支流》,《鲁迅全集》第十七卷,中国文联出版社 2013 年版,第 164 页。
④ 鲁迅:《致徐懋庸》,《鲁迅全集》第十卷,中国文联出版社 2013 年版,第 499 页。

三、 鲁迅小说美学观的实践

鲁迅小说体现出独特的美学意蕴，这是其小说美学思想的具体实践和文本表达。鲁迅的小说有着独具一格的悲剧美与喜剧美，通过虚实相生的叙事策略，呈现出独特的艺术韵味。

鲁迅的短篇小说内蕴深厚的悲剧意蕴，强调在寻常人生事态中呈现出悲剧意味，其悲剧观念和美学特征具有强烈的现代意义。在鲁迅看来，日常生活中的悲剧远比偶然事件或自然力量造成的悲剧更普遍、更平常，因而更令人感受到压抑。鲁迅在《几乎无事的悲剧》中认为："人们灭亡于英雄的特别的悲剧者少，消磨于极平常的，或者简直近于没有事情的悲剧者却多。"[①]"几乎无事的悲剧"是鲁迅晚年翻译果戈理的《死魂灵》时提出来的。"这些极平常的，或者简直近于没有事情的悲剧，正如无声的言语一样，非由诗人画出它的形象来，是很不容易察觉的。"[②]鲁迅发现，在"吃人"的旧社会里，这样的悲剧普遍存在，且无时无刻不在身边上演，人们的感受也因而会更深刻和深入骨髓。

鲁迅认为"悲剧是将人生的有价值的东西毁灭给人看"[③]，强调悲剧与现实、人生，尤其是启蒙之间的关系。他在《呐喊·自序》中将当时中国社会比喻成一间黑暗、令人窒息而又万难破毁的"铁屋子"。这一比喻源自鲁迅对当时社会现实的深刻感受与清醒认识。在他看来，中国几千年的封建专制形成了民族的奴性心理，面对麻木奴性的同胞，要强调启蒙教育，进而达到觉醒大众的目的。

鲁迅小说的悲剧性主要体现为悲剧人物的毁灭和弱者的"被吃"。如果说《狂人日记》《在酒楼上》等作品主要表现的是个性主义者在强大的社会黑暗面前的悲剧性，那么《孔乙己》《阿Q正传》等作品则通过表现社会对弱者的欺侮，揭示出个体价值的被践踏，从而传达出深沉的悲剧意味。孔乙己的死亡，阿Q被杀头，祥林嫂的毁灭都显示出生命的脆弱和微贱，是对残酷无情的"吃人"社会的深刻揭露。小说通过社会氛围的营造以及悲剧人物的刻画，使一种深沉而强烈的悲剧美感贯穿始终，进而起到了揭露社会黑暗和启蒙大众的作用。

---

① 鲁迅：《几乎无事的悲剧》，《鲁迅全集》第七卷，中国文联出版社 2013 年版，第 328 页。
② 鲁迅：《几乎无事的悲剧》，《鲁迅全集》第七卷，中国文联出版社 2013 年版，第 328 页。
③ 鲁迅：《坟·再论雷峰塔的倒掉》，《鲁迅全集》第二卷，中国文联出版社 2013 年版，第 417 页。

除了悲剧美,鲁迅小说语言营造了讽刺戏谑的喜剧意蕴,体现出独特的讽刺美。鲁迅没有创作过喜剧,也没有论述喜剧的专篇论文和理论著作,但他仍被看作是中国现代文学史上伟大的讽刺作家和讽刺理论家。喜剧艺术被注入现代美学特征,构成鲁迅小说美学风格的独特性。鲁迅认为:"喜剧是将那无价值的撕破给人看。讥讽又不过是喜剧的变简的一支流。"①在鲁迅眼中,喜剧将丑的事物揭露甚至毁灭,通过扬美贬丑的方式实现深层次"笑"的社会意义。对鲁迅而言,讽刺的本质是揭露和批判社会现实,体现了清醒的现实主义精神和人本主义精神。正是如此,从题材、语言、风格等不同角度,鲁迅小说展示出真实的讽刺艺术生活、生动的讽刺艺术形象和浓郁的讽刺艺术情感。

《肥皂》《风波》《鸭的喜剧》等小说是以单纯的喜剧形式出现的,《孔乙己》《阿 Q 正传》《离婚》等小说则是在喜剧中深隐悲剧意味。在《孔乙己》中,孔乙己在笑声中登场,最后又在笑声中走向死亡。"笑声"贯穿全篇,与孔乙己的不幸遭遇形成了鲜明对照。鲁迅通过以喜写悲的手法,不仅深刻揭露封建社会的黑暗和冷酷,同时也将群众的麻木表现得淋漓尽致。《阿 Q 正传》中的阿 Q 是一个典型的具有喜剧性的悲剧形象,作为其性格主要特征的"精神胜利法"包含了悲喜剧两种因素,丑陋的现实装点上美的外衣的种种做法表现出浓浓的喜剧效果。"精神胜利法"使阿 Q 丧失了对任何侮辱和打击的反抗意识,小说"哀莫大于心死"的悲哀气氛无疑制造出更加浓烈的悲剧色彩。可以说,叙述风格的喜剧性和故事情节的悲剧性有机结合,形成了小说悲喜交加的美学风格。

除了悲剧与喜剧的美学思想,鲁迅的小说还体现了虚实相生的叙事美。冲破"瞒和骗"的迷障,刻画中国现代社会的人生百态,记录现代生活的真实图景和展现时代的精神图景,是鲁迅小说创作的艺术诉求。鲁迅追求艺术的"真",在他看来:"只要写出实情,即于中国有益,是非曲直,昭然俱在,揭其障蔽,便是公道耳。"②只有这样,才能让读者在阅读中虚中求实,假中窥真。

在小说的艺术表现上,鲁迅时而强调故事情节真实的叙述和描绘,让读者感受到身临其境般的艺术效果;时而又隐去情节内容,形成空白和想象的艺术效果。在小说语言的运用上,鲁迅有时直抒胸臆,借小说人物之口道出内心所

---

① 鲁迅:《坟·再论雷峰塔的倒掉》,《鲁迅全集》第二卷,中国文联出版社 2013 年版,第 417 页。
② 鲁迅:《致姚克》,《鲁迅全集》第十一卷,中国文联出版社 2013 年版,第 15 页。

感所言；有时又故意含糊其词，不直接说明，让读者穿云入雾，去猜测和想象。在小说人物的描绘上，鲁迅有时用虚笔作幕后处理，在侧面描写中揭示其丑恶，如《药》中的夏三爷、《孔乙己》中的丁举人；有时又直接描写和勾画出谴责对象的行为举止，如《阿 Q 正传》中的赵太爷、《风波》中的赵七爷等。鲁迅把创作的视角置于底层社会，通过塑造小人物形象展其悲苦和哀其不幸。

鲁迅小说的故事时间大多始于辛亥革命前，终于五四运动后，故事背景以江浙为主，城乡混为一体。小说中人物形象极其丰富，如官绅、商人、士大夫、农民等，不同阶级的人物在社会大环境下演绎着各自的悲欢离合，呈现出一幅幅真实的历史画卷。小说人物爱憎分明的情感态度，以及小说虚实相生的叙事方式可以让读者产生强烈的代入感，而这也正是鲁迅小说的艺术魅力之所在。

第三节　鲁迅的散文美学观

鲁迅的散文功底深厚，题材和风格也十分丰富，有抒情优美的回忆性散文，也有轻松诙谐的喜剧性散文，还有深沉思辨的哲理性散文。在他的散文世界中，鲁迅既能将社会人生和风俗世态描绘得生动逼真，又能将内心深藏的感受和情感表达得充满意味和哲思。鲁迅的抒情叙事散文（五四时期与文艺性的政论杂文呈现出不同的风貌的美文），连同散文诗集《野草》《朝花夕拾》等，构成了其美学艺术观的另一道风采。

一、 鲁迅散文的生命美学观

19 世纪前期，德国浪漫派美学家施莱格尔关注精神的内在生命力，提出以心灵为核心的生命哲学观。1907 年，柏格森的《创造进化论》出版，进而在西方掀起了一股"柏格森热"。① 柏格森在书中思考了生命与意识的关系。在他看来，任何生命状态都是在时间中流动和变化的。柏格森认为："对于有意识的生

---

① 柏格森哲学的核心概念是"绵延"，根据他自己的看法，"绵延"就是运动、发展、变化的过程；就是"自我"或"自我意识状态"，是自我的基本生存方式。（参见柏格森：《时间与自由意志》，商务印书馆 1958 年版。）

命来说,要存在就是要变化,要变化就是要成熟,而要成熟,就是要连续不断地进行无尽的自我创造。"①鲁迅通过翻译《苦闷的象征》,逐渐形成了以生命哲学为思想基础的美学艺术观。

《朝花夕拾》与《野草》渗透着十分浓厚的生命意识,可以说是鲁迅生命美学观的文本实践。《朝花夕拾》是富有生活情趣的回忆性散文,在回忆与对现实的思索中表现出理想的人性关怀。以"朝花"和"夕拾"作为散文集名称,也表达了鲁迅对生命本真意义的思考和对自由的追寻。《野草》所收录的23篇散文是鲁迅最富灵感的作品,被称为"废弛的地狱边沿的惨白色小花"②。《野草》中无论是强调韧性战斗精神的颂歌,如《秋叶》《过客》等,还是心灵的自我解剖,如《影的告别》《死火》等,无不显示出独特的散文美学意蕴。

鲁迅在《苦闷的象征》译本引言中写道:"作者据柏格森一流的哲学,以进行不息的生命力为人类生命生活的根本,又从弗罗特一流的科学,寻出生命力的根柢来,即用以解释文艺,尤其是文学。…… 这在目下同类的群书中,殆可以说,既异于科学家们的专断和哲学家们的玄虚,而且也并无一般文学论者的繁碎。"③鲁迅在《生命的路》中写道:"生命的路是进步的,总是沿着无限的精神三角形的斜面而向上走,什么都阻止他不得。"④这句话可以看作是鲁迅生命美学的宣言,也可以看出柏格森的生命哲学思想对鲁迅的影响。鲁迅生命美学中追求创新、追求自由、追求个性解放的精神与柏格森的生命美学中生生不息的创造精神,对自由意志的孜孜以求,对向上的生命力的赞美是一脉相承的。

鲁迅在《野草》的"题记"中说:"过去的生命已经死亡。我对于这死亡有大欢喜,因为我借此知道它曾经存活。死亡的生命已经朽腐。我对于这朽腐有大欢喜,因为我借此知道它还非空虚。"⑤《野草》表现出一种关于绝望与反绝望的人生哲学,生与死是《野草》的重要主题,其中展现出情感世界的爱与哀愁、心灵深处的痛苦与反思、现实生活的孤独与寂寞感、未来生存的精神与力量等,都体现出独特的生命美学追求。竹内好认为鲁迅的作品体现了一种冲突和本质上的对立矛盾,如城市和农村、追忆和现实,这大概是种小小的表现,或许还有死

---

① [法]柏格森:《创造进化论》,肖聿译,华夏出版社第2000年版,第13页。
② 鲁迅:《二心集·〈野草〉英文译本序》,《鲁迅全集》第四卷,中国文联出版社2013年版,第272页。
③ 鲁迅:《苦闷的象征》,《鲁迅全集》第十三卷,中国文联出版社2013年版,第158页。
④ 鲁迅:《热风·生命的路》,《鲁迅全集》第二卷,中国文联出版社2013年版,第227页。
⑤ 鲁迅:《鲁迅全集》第一卷,中国文联出版社2013年版,第424页。

和生、绝望和希望等。① 竹内好所强调的鲁迅作品中的相互对立，最明显地存在于《野草》中，如生与死、希望与绝望、天上与深渊、梦与现实、爱者与不爱者等。《野草》展示了一个悲凉而不绝望的世界，凸显了人情世态彻骨的凉意，不仅表达了鲁迅对生存的痛苦感悟，也表现了他反抗的战斗精神，具有独特的审美意义。

鲁迅散文中的生命美学主题是丰富的，痛苦、苦闷、彷徨、孤独、绝望和抗争等，都是鲁迅对生命深刻体验的反映。在鲁迅的散文作品中，迷茫困顿、孤独苦闷等情绪在充满哲思的语言之中流露，绝望的抗争赋予生命以意义，显示出生生不息的顽强生命力量。

对生命的探索是鲁迅散文中的重要生命美学主题。《朝花夕拾》对往事的追述，流露出对传统封建思想压抑下生命形式的批判，并表现出对生命价值的肯定与对生命本真的思考。对生活在几千年封建传统制度下的国民来说，封建宿命论已深入骨髓，大多数人的生命意识都受到压抑。在鲁迅眼中，生命的本真是自由的，为唤醒国人，鲁迅的创作多以"立人"为理念，呼吁民众做自己命运的主人。

对生命的抗争也是鲁迅生命美学的重要主题，如《野草》中的《秋夜》就将这种锲而不舍的战斗情怀和抗争精神进行了寓意深远的书写。作品展示了一幅富有象征意味的深秋夜色图景，蕴含了深刻的现实意义。位于图景中央的是后院墙外的两株枣树，以及将霜洒在野花和草木上的秋夜的天空。两个尖锐对立的艺术形象同时呈现，形成一种对抗的景象。怪而高的夜空象征着黑暗、冰冷而又残酷的反动统治者，而两株枣树则象征着与这冷酷阴险的夜空相对抗的不屈不挠的战斗形象。在漆黑夜空下，枣树既不痛苦也不绝望，依然毫无顾忌地进行着战斗。"一无所有的干子，却仍然默默地铁似的直刺着奇怪而高的天空，一意要制他的死命，不管他各式各样地睐着许多蛊惑的眼睛。"②

痛苦、苦闷、彷徨的生命体验是鲁迅散文生命美学的另一主题。鲁迅生命的痛苦体验来自多方面，个人婚姻的不幸、与二弟的决裂、人生和社会理想的破灭，等等。《影的告别》写于 1924 年，是鲁迅解剖自我内心阴影的一篇作品。文

---

① ［日］竹内好：《鲁迅》，李心峰译，浙江文艺出版社 1986 年版，第 38—39 页。
② 鲁迅：《野草·秋夜》，《鲁迅全集》第一卷，中国文联出版社 2013 年版，第 427 页。

中"影的告别"是鲁迅在直面内心的这些阴影之后，决定要去除灵魂中的"毒气"和"鬼气"的一篇自白。此文写作时，鲁迅正陷于苦闷彷徨的时期，文中隐现着作者内心深处深深的矛盾与痛苦。此时的鲁迅一方面保持了所谓最清醒的现实主义，另一方面自我的怀疑精神又让他否定了未来的理想和期望。

此文全篇就是睡梦中的人告别时的细语。作品中的"影"是鲁迅内心思想矛盾的化身，散文诗以一个新奇别致的构思开篇："人睡到不知道时候的时候，就会有影来告别，说出那些话。"[1]文中晦涩难解的语词，表达了鲁迅内心深处想要告别但又彷徨虚无的心境。"有我所不乐意的在天堂里，我不愿去；有我所不乐意的在地狱里，我不愿去；有我所不乐意的在你们将来的黄金世界里，我不愿去。"[2]鲁迅憎恨苦难深重的地狱，但又并不向往现实中根本不存在的虚无缥缈的天堂，而对于未来的"黄金世界"，他亦不敢轻信。如《影的告别》中"黑暗又会吞并我，然而光明又会使我消失"[3]的体验一样，在1925年五卅运动爆发前所写的《死火》中，鲁迅展现出自己那种进退维谷、矛盾苦闷的生命体验，流露出在现实斗争中所产生的矛盾和痛苦。

对生命的怜惜与赞美是《野草》生命美学的另一重要主题。对于生命的衰老和颓败，鲁迅有着深刻的体验。在他笔下，对生命的静观体验是孤独的，亦是壮美的。"我大概老了。我的头发已经苍白，不是很明白的事么？我的手颤抖着，不是很明白的事么？那么，我的灵魂的手一定也颤抖着，头发也一定苍白了。"[4]这种青春已逝，老之将至的迟暮情绪让鲁迅感到深层次的悲凉，最后"只得由我来肉搏这空虚中的暗夜了"[5]。《腊叶》中作者看到夹在书中的腊叶，联想到他自己的生存境况，不由悲从心生。《好的故事》讲述作者梦到一个好的故事："这故事很美丽，幽雅，有趣。许多美的人和美的事，错综起来像一天云锦，而且万颗奔星似的飞动着，同时又展开去，以至于无穷。"[6]这是孤独的抗战者怀着痛苦和疲惫的心灵对宁静、和谐和美的理想生活的追求，更是一种生命的审美体验。

---

[1] 鲁迅：《野草·影的告别》，《鲁迅全集》第一卷，中国文联出版社2013年版，第429页。
[2] 鲁迅：《野草·影的告别》，《鲁迅全集》第一卷，中国文联出版社2013年版，第429页。
[3] 鲁迅：《野草·影的告别》，《鲁迅全集》第一卷，中国文联出版社2013年版，第429页。
[4] 鲁迅：《野草·希望》，《鲁迅全集》第一卷，中国文联出版社2013年版，第439页。
[5] 鲁迅：《野草·希望》，《鲁迅全集》第一卷，中国文联出版社2013年版，第440页。
[6] 鲁迅：《野草·好的故事》，《鲁迅全集》第一卷，中国文联出版社2013年版，第446页。

《朝花夕拾》表现出强烈的生命之爱，流露出鲁迅对生命的尊重与肯定。鲁迅将这些书写旧时回忆的散文篇章看作是在纷扰中寻出的"一点闲静"，其中大部分也是鲁迅热爱生命与生活的真实写照。鲁迅认为生命的存在是人从事一切活动的前提和基础，这存在本身是一种美。《狗·猫·鼠》谈到仇猫的原因时，追忆了童年时救养的隐鼠遭到摧残的经历，强调这与人们"幸灾乐祸，默默地折磨弱者的坏脾气"相似，从而表达出对弱小生命的同情以及对暴虐行为的憎恶。《阿长与〈山海经〉》记叙了儿时与保姆长妈妈相处的情景，长妈妈身上虽有迷信愚昧和各种麻烦的礼节，但保存着朴实与善良，让鲁迅尊敬、感激。文末作者呼唤："仁厚黑暗的地母呵，愿在你怀里永安她的魂灵！"这表达了对已故之人的敬爱与怀念。《从百草园到三味书屋》更是用许多鲜亮的词语追忆了百草园中无忧无虑的生活，表现出童年生活的情趣。鲁迅将百草园视作他儿时的乐园：碧绿的菜畦、高大的皂荚树、火红的桑葚、长吟的鸣蝉和轻捷的云雀等，都饱含着童年生活的无限乐趣。无论是拍雪人、塑雪罗汉，还是扑鸟雀的百草园生活，都与三味书屋中的书塾生活形成了鲜明对比，表现出对童年生活的热爱与珍视。

二、 鲁迅散文的死亡美学观

作为生命美学观的一部分，鲁迅的散文体现出对死亡的美学思考。鲁迅强调对死亡的美学书写，这一方面来源于他自身经历的苦闷与彷徨体验；另一方面也源于他对生命与死亡的深刻哲学洞见。

鲁迅一方面坦然地面对死亡，一方面深感死之悲凉；一方面感叹死之虚无，一方面深感死亡的无处不在；一方面叹息死亡的不可避免，一方面肯定着向死而生的价值。在《朝花夕拾》中，对父亲的病痛与死亡感受，是鲁迅关于生命的最初体验，也让他对死亡产生恐惧与敬畏之感。在《野草》中，鲁迅有感于自身的衰老，因而对死亡的体验更为丰富而深刻。可以说，随着人生经历的不断增加，鲁迅对生命与死亡的体验和理解也在不断加深。

鲁迅的很多散文都呈现出生与死、明与暗的意象，如《野草》等。《野草》中描写了很多黑暗阴沉的故事及场景，以及各种灰暗、阴沉的意象，呈现出死亡美学意味。鲁迅散文中呈现出的这种死亡美学取向有其独特的原因，如《野草》中的黯淡情绪和苦难意识就与鲁迅写作时的心境有着密切关系。

1924 年到 1926 年是鲁迅人生中较为痛苦的时期,此时五四运动高潮已经退去。鲁迅视自己为一个在旧战场中徘徊的零余兵卒,他将自己的第二本小说集命名为"彷徨",杂文集命名为"华盖"。此外,父亲的病和死也影响了鲁迅,使鲁迅陷入一种苦闷抑郁的情绪之中,这种对死亡的强烈感受在《朝花夕拾·父亲的病》中有着集中体现。从中医怎样治病失败,再到父亲临死时场景的真实、细致描写,都可以感受到父亲的病与死给鲁迅带来的深刻心理体验。可以说,从青年的"我以我血荐轩辕"的豪壮,到中年《野草》中的死亡描写,再到暮年创作的《死》和《女吊》,死亡意识贯穿了鲁迅的整个创作生涯。

鲁迅赋予死亡以深刻的社会文化内涵,并将个人死亡意识与广大社会、民族存亡结合在一起,他散文中的死亡意识表现出鲜明的现代性表征。鲁迅在《野草》的世界里直面死亡,生与死的讨论贯穿《野草》,《题辞》更是鲁迅对命运和生命意义的深刻自省。在《写在〈坟〉后面》中,鲁迅表达了自己对生命终点的看法:"我只很确切地知道一个终点,就是:坟。"[1]鲁迅认为,生命的终点即死亡,死亡是人类无法逃避的终点和归宿。在《过客》中,鲁迅塑造了一个面向坟而又坚持不停地走过去的"过客"形象,展现了向死而行的生存方式。鲁迅将死亡视为生命的一部分,认为个体正是在走向死亡的过程中确证了生命的价值。在鲁迅看来,当个体面对死亡这一确定的终极命运时,无疑会思索生存的意义。

鲁迅对死亡的理解是丰富而深刻的,他肯定了人是"向死而生"的存在,认为这是个体无法逃避的现实。鲁迅对死亡的理解是一种对人生悲剧和残酷现实的冷峻洞察,是在生与死的夹缝间寻求生命的意义所在。《死后》描述了一个象征性的梦境,这个荒诞、象征的场景是鲁迅对个体死后状态的追寻和预测。鲁迅从个体死后的推衍中探求着生活的意义和生命的价值,在抛弃旧我、认识自我的过程中寻找着个体生命的存在位置和意义。生命中的个体"宛然目睹了'死'的袭来,但同时也深切地感受着'生'的存在"[2]。在鲁迅看来,死亡并不等于空无,死亡从另一个维度证明了生命的存在,确证了生命存在的意义和价值。

生命与死亡意识是鲁迅散文美学思想的重要组成部分。他的散文集中体

---

① 鲁迅:《坟·写在〈坟〉后面》,《鲁迅全集》第二卷,中国文联出版社 2013 年版,第 481 页。
② 鲁迅:《野草·一觉》,《鲁迅全集》第一卷,中国文联出版社 2013 年版,第 480 页。

现出的生命与死亡美学观,在某种意义上也是鲁迅的个体生命存在感悟,如《朝花夕拾》和《野草》从自身经历出发,强调对个体生命及其存在意义的理解。需要指出的是,无论是从个体出发的生命美学和死亡美学,还是从社会出发的"为人生"美学观,都是立足于"人"的美学探讨,体现出鲁迅对个体主体性的关注。

第四节　鲁迅的美术思想

鲁迅对艺术美学中的一系列问题发表了独到的见解,其中暗藏深刻的人生思索,并寄寓了强烈的人生观照和社会批判意识,闪烁着现实主义和人本主义的精神光辉。纵观鲁迅的美术生涯,他与漫画和版画有着密切的关联,有着难以割舍的情结。鲁迅在漫画和版画中寻求艺术旨趣,以期找到影射现实与慰藉精神的救赎之路。

一、 鲁迅的漫画思想

漫画是带有讽刺性、批判性和思想性的美术。在鲁迅看来,漫画亦即讽刺画,"漫"并不是"中国旧日的文人学士所谓'漫题''漫书'的'漫'。当然也可以不假思索,一挥而就的,但因为发芽于诚实的心,所以那结果也不会仅是嬉皮笑脸"。[1] 在鲁迅看来,漫画创作如果毫无目的,会导致讽刺和幽默功能的偏离,最终堕落为"嬉皮笑脸",丧失漫画的本质功能。

（一）鲁迅的漫画情结

鲁迅的漫画情结体现为他对漫画艺术的偏爱,同时也体现为他借助漫画探寻"立人"和"立国"的宏愿。在鲁迅眼中,漫画逐渐从单纯的审美愉悦演变为改造国民,反思和批判社会的工具。

童年时期,鲁迅便对"民间风俗漫画"相当喜爱,《八戒招赘》和《老鼠成亲》是少年鲁迅床头梦乡中的玩伴。鲁迅曾回忆他曾看的漫画《老鼠成亲》,认为这

---

① 鲁迅:《荆天丛笔(下)·漫谈"漫画"》,《鲁迅全集》第七卷,中国文联出版社 2013 年版,第 214 页。

幅画"自新郎新妇以至傧相、宾客、执事,没有一个不是尖腮细腿,像煞读书人的,但穿的都是红衫绿裤"①。鲁迅对这样的漫画很痴迷,这些饶有趣味的民间风俗漫画也带给童年鲁迅漫画艺术的启蒙。

鲁迅不仅喜爱民间风俗漫画,对漫画中的魔幻神奇世界同样着迷。在童年读过的《山海经》《西游记》《毛诗品物图考》等书中,鲁迅看到的是一个个充满魔幻色彩的神异世界。故事中"人面的兽,九头的蛇,三脚的鸟,生着翅膀的人,没有头而以两乳当作眼睛的怪物"②等奇幻事物使鲁迅全身"都震悚起来",这些无疑丰富了鲁迅的艺术想象力和感受力。在阅读过程中,鲁迅描摹他所看到的这些形象,以至"读的书多起来,画的画也多起来;书没有读成,画的成绩却不少了"③。可以说,童年的漫画阅读和绘画体验,使鲁迅对漫画产生了特殊情结,同时也极大地培养了童年鲁迅的审美感知能力,潜移默化地影响了他的审美意识,成为鲁迅后来介入和推崇漫画艺术的主要原因。

童年的大量漫画阅读为鲁迅的漫画情结奠定了基础,成年后的鲁迅希望通过文艺启蒙国民,疗治国人魂灵和改造社会,这是他致力于涵括漫画在内的新兴美术事业的现实基础。在鲁迅看来,五四运动并未拉近启蒙者与大众之间的距离,反而加深了启蒙者与大众之间的鸿沟。鲁迅有意淡化立意高雅的油画和水彩艺术,着重突显简便易懂、贴近生活的漫画、版画和连环画等美术。鲁迅积极推进漫画、版画、连环画、插画等中国新兴美术,呼吁艺术家创造适应大众的浅显易懂的作品。在他看来,漫画是一种通俗而又备受底层大众喜闻乐见的艺术形式。漫画的讽刺性使其能有效地展开社会批判和现实反思,因此具有揭露现实、启蒙大众的反思和批判功能。在鲁迅看来,对漫画的倡导和推进,可以反思启蒙,是消解启蒙者与大众之间鸿沟的策略。历史与现实语境是鲁迅选择漫画作为其救赎策略的客观前提,也是其漫画情结形成的重要原因。鲁迅以极大的热情和精力提倡和推进新兴漫画,毕生对漫画有着偏爱,体现出浓烈的漫画情结。

首先,尝试漫画创作。鲁迅童年就喜欢漫画创作,他曾"在院子里矮墙上画

---

① 鲁迅:《朝花夕拾·〈狗·猫·鼠〉》,《鲁迅全集》第二卷,中国文联出版社 2013 年版,第 11 页。
② 鲁迅:《朝花夕拾·阿长与山海经》,《鲁迅全集》第二卷,中国文联出版社 2013 年版,第 19 页。
③ 鲁迅:《朝花夕拾·从百草园到三味书屋》,《鲁迅全集》第二卷,中国文联出版社 2013 年版,第 45 页。

有尖嘴鸡爪的雷公,荆川纸小册子上也画过'射死八斤'的漫画。"①在北平任教时,鲁迅以许广平为原型绘制了一幅"刺猬撑伞图"。在中华艺术大学的演讲中,鲁迅随手创造一个左脚站在写有"革命"的葫芦上,右脚站在写有"文学"的葫芦上的人,②讽刺倾向不明的"革命人"。保存在《那怕你,铜墙铁壁!》里的"活无常图"是鲁迅较为满意,也是他唯一留世的漫画习作。漫画人物的举止中透露出仁义和抗争,寄予着鲁迅反抗黑暗现实的祈愿。留学日本时,鲁迅接触和研究从古希腊到十九世纪的欧洲艺术作品和艺术流派等,掌握了大量的外国美术知识和理论,并画过大量的人体解剖图,这也使得他的漫画创作有着深厚的艺术理论基础。

其次,发表漫画评论,翻译相关文献。五四运动前夕,鲁迅在《新青年》上发表《随感录四十三》《随感录四十六》和《随感录五十三》等与漫画相关的评论文章。在这些文章中,鲁迅探讨了漫画的社会功能,认为漫画所揭露和针砭的对象是"社会的锢疾"③和腐蚀人心、腐化思想的"劳什子"④。在鲁迅看来,漫画创作应有鲜明的阶级立场和社会属性,要对大众有益,而不能成为少数上流社会人士嬉笑怒骂的园地。1924年,鲁迅译介厨川白村的《为艺术的漫画》;1927年,鲁迅译介板垣鹰穗的《近代美术史潮论》,这些译著极大开拓了中国现代美术的漫画研究视域。晚年的鲁迅更是撰写专文论及漫画创作及其艺术特点,如《漫谈"漫画"》《漫而又漫画》《论讽刺》和《"滑稽"例解》等。

再次,收藏漫画作品。鲁迅一生收集了众多漫画书籍和画册,在他的日记中,提及的《漫画大观》和《川柳漫画全集》等与漫画相关的书籍就有近二十册。⑤鲁迅曾先后函托在外留学的友人代为广泛搜罗漫画书籍和画册,托请书店购买漫画画册,等等。鲁迅广泛搜罗这些漫画书籍和画册,希望以此扩展进步美术青年的艺术思维和审美视野,推动中国新兴美术的发展。

最后,关心漫画刊物发展。鲁迅积极支持漫画刊物的发展,《漫画生活》创

---

① 周作人:《鲁迅的青年时代·避难》,《周作人散文全集》第十二卷,广西师范大学出版社2009年版,第582页。
② 李乔:《不能忘记的声音》,朱金顺编,《鲁迅演讲资料钩沉》,湖南人民出版社1980年版,第134页。
③ 鲁迅:《热风·随感录四十六》,《鲁迅全集》第二卷,中国文联出版社2013年版,第190页。
④ 鲁迅:《荆天丛笔(上)·文艺的大众化》,《鲁迅全集》第六卷,中国文联出版社2013年版,第545页。
⑤ 据鲁迅的"书帐"记载,鲁迅分别于1928年购进《漫画大观》系列期刊九本,1930年购买《川柳漫画全集》系列画册四本,1931年购得《川柳漫画全集》系列画册五本,1932年购《川柳漫画全集》系列画册一本。(参见鲁迅:《日记》,《鲁迅全集》第十七卷,中国文联出版社2013年版,第53—302页。)

刊词上曾引用鲁迅的漫画理论。鲁迅极为重视这本漫画月刊,共为其写过三篇文章,同时还把该刊物介绍到国外去。鲁迅不仅关心漫画杂志,还经常引荐出版漫画插图,为待出版的漫画插图作说明和标注,积极扩大新兴漫画刊物的影响力。

(二)鲁迅漫画思想的旨归

鲁迅把漫画纳入到社会和文明中加以考察,他的漫画思想展现出对民众生存现状的思考,对人生的深切观照,对社会矛盾和黑暗现实的揭露,以及对社会痼疾的批判,等等。

鲁迅认为,以人生观照为旨归的漫画是具有真正社会意义和价值的作品。鲁迅认为,这种漫画"在中国的过去的绘画里很少见,《百丑图》或《三十六声粉铎图》庶几近之,可惜的不过是戏文里的丑脚的摹写;罗两峰的《鬼趣图》,当不得已时,或者也就算进去罢,但它又太离开了人间"。[①] 在鲁迅看来,《鬼趣图》组画是不得已而纳入的漫画,其原因在于虽然《鬼趣图》揭露了现实的黑暗和丑恶,却由于表达方式过于曲折和隐晦,作品偏离了对现实人生的关注和反思,不能有效地唤起民众的共鸣和体验。鲁迅强调漫画应当具有大众意识,他把目光聚焦到处于水深火热的劳苦大众的生存境遇上。同时,鲁迅介绍反映大众苦难生活的漫画作家,如西班牙的戈雅和法国的杜米埃等,促进中国漫画家画出真正有人生观照的作品,使漫画成为劳苦大众的艺术。

漫画思想中的人生观照是鲁迅"为人生"艺术观在漫画理论中的延伸和体现。在鲁迅看来,漫画要寄予对现实人生及其生存现状的观照。鲁迅不仅强调漫画应当反映大众的生活和要求,同时也要求漫画创作对人民大众有益。鲁迅指出:"为中国大众工作的,倘我力所及,我总希望(并非为了个人)能够略有帮助。"[②]鲁迅认为,真正的漫画艺术家应当自觉以人民大众的利益为立场,其漫画作品"不但欢喜赏玩,尤能发生感动,造成精神上的影响"[③],要达到疗救的功效。鲁迅极其重视漫画在人的精神方面的感召力,认为漫画作为一种绘画艺术,应

① 鲁迅:《荆天丛笔(下)·漫谈"漫画"》,《鲁迅全集》第七卷,中国文联出版社 2013 年版,第 214 页。
② 鲁迅:《书信·360802 致曹白》,《鲁迅全集》第十一卷,中国文联出版社 2013 年版,第 576 页。
③ 鲁迅:《热风·随感录四十三》,《鲁迅全集》第二卷,中国文联出版社 2013 年版,第 187 页。

当像木刻一样成为"引导国民精神的前途的灯火"①。

鲁迅强调漫画创作应当关注和呈现习以为常的社会生活,将"匕首和投枪"指向病态社会的脓包和痼疾,揭露和批判社会的罪恶和荒谬,使人们清醒地认识社会和反思现实。在鲁迅看来,漫画作为讽刺艺术的一支,要戳破隐藏在社会常态下,被层层包裹的丑恶的、无意义的虚假面目,通过深挖和揭发社会的痼疾,激起人们在快感和嘲笑中反思。鲁迅强调讽刺漫画的社会批判性,认为缺失了社会批判性,讽刺漫画就会陷入虚幻和低级的无意义泥沼中。漫画应当针砭社会的痼疾,要指出社会发展的正确方向和引导社会。在鲁迅看来,讽刺漫画要"表现些所见的平常的社会状态"②,寓批判于平凡当中,充当反映社会陋习的镜子。讽刺漫画要以怪趣来吸引读者,并以此影射人们的生存现状,要通过精炼的笔法挖掘平常事和平常话中的不平常之处,让读者在平淡无奇的社会常态中嘲笑和戳穿社会的丑,进而引发大众反思和实现社会批判效果。

鲁迅指出:着眼于生活,揭露和批判社会黑暗,应当是进步的漫画美术家的职责。"美术家固然须有精熟的技工,但尤须有进步的思想与高尚的人格。……我们所要求的美术家,是能引路的先觉,不是'公民团'的首领。"③在鲁迅看来,高尚的思想和进步的人格是评价漫画家能否自觉地拿起讽刺武器,挖掘社会症结和批判病态社会的重要尺度。鲁迅推崇漫画家勃拉特来和格罗斯,认为他们的漫画作品有着强烈的社会批判性而为世人瞩目。勃拉特来和格罗斯的作品所呈现出来的批判态度与鲁迅的现实启蒙思想不谋而合,都强调应当在漫画中置入批判精神,以此引起国民关注和唤起国民的觉醒。

鲁迅终其一生都保持着对漫画的钟爱,他把漫画置入对深邃的社会现实的考察中。他不仅在漫画的评论中暗含真切的人生观照和深刻的社会批判,而且通过漫画的实践创作,实现救赎人生的艺术功效。

（三）鲁迅的漫画创作思想

鲁迅提出了一系列深刻的漫画理论,这既是他漫画创作思想的核心,也是他面对中国社会现实而采取的一种艺术拯救策略。

---

① 鲁迅:《坟·论睁了眼看》,《鲁迅全集》第二卷,中国文联出版社 2013 年版,第 450 页。
② 鲁迅:《书信·350204 致李桦》,《鲁迅全集》第十一卷,中国文联出版社 2013 年版,第 292 页。
③ 鲁迅:《热风·随感录四十三》,《鲁迅全集》第二卷,中国文联出版社 2013 年版,第 187 页。

　　漫画作为艺术的门类之一,同样具备艺术的共性,离不开对客观现实的艺术再现,也离不开主观情感的融入,亦即主客观的真实与真情。鲁迅强调漫画创作的两种态度:客观的真实与主观的真情。在他看来,两种真实最终可归为漫画艺术的真实律问题,是漫画创作的根基所在。

　　鲁迅认为漫画作品本身就具有客观实在性,它是思想、情感物化的客观存在。他在《漫谈"漫画"》中指出:"因为真实,所以也有力。"[①]在鲁迅看来,真实是漫画作品注入精神力量和深层意旨的根源。在谈到讽刺漫画时,鲁迅又指出:"'讽刺'的生命是真实;不必是曾有的实事,但必须是会有的实情。"[②]在鲁迅眼中,漫画真实性要求也决定了漫画讽刺的内容。"其实,现在的所谓讽刺作品,大抵倒是写实。非写实决不能成为所谓'讽刺';非写实的讽刺,即使能有这样的东西,也不过是造谣和诬蔑而已。"[③]

　　依据漫画的真实性要求,鲁迅对漫画的"伪真实"展开了批判。鲁迅认为,漫画作为一门"笑"的艺术,幽默性是其重要艺术特性,但以林语堂为代表的一些人却主张以幽默遮蔽真实的社会丑,无意义、造作的滑稽和讥笑掩盖苦痛和奴役的生存现状,以笑的形式掩饰丑恶的现实和罪恶的社会,以此淡化大众对丑的、无价值的事物的愤恨以及大众对现实社会的批判反思。鲁迅指出,这种"幽默"在当时中国社会毫无根基可言,也无长期存在的可能性。在鲁迅看来,"笑"的目的在于超越表层嬉笑和狂笑形式,感悟其现实本真和意义,应该饱含着严肃的社会真理和人生要义,揭露社会的真实面目,避免堕入"'说笑话'和'讨便宜'"[④]的漩涡中。漫画应当把严肃性和幽默性有机地结合起来,在笑的过程中闪烁出真理和人性光芒,不但要引人发笑,更要引起人们对社会现象和人生问题的反思。

　　漫画真实律的另一个维度则是漫画家的真情,"无真情,亦无真相"。[⑤]在鲁迅看来,成功的漫画创作寄寓了作家的真挚情感和强烈爱憎,而一些随意而为、

---

① 鲁迅:《荆天丛笔(下)·漫谈"漫画"》,《鲁迅全集》第七卷,中国文联出版社2013年版,第215页。
② 鲁迅:《荆天丛笔(下)·什么是"讽刺"?》,《鲁迅全集》第七卷,中国文联出版社2013年版,第289页。
③ 鲁迅:《荆天丛笔(下)·论讽刺》,《鲁迅全集》第七卷,中国文联出版社2013年版,第249页。
④ 鲁迅:《伪自由书·从讽刺到幽默》,《鲁迅全集》第五卷,中国文联出版社2013年版,第36页。
⑤ 鲁迅:《书信·340430 致曹聚仁》,《鲁迅全集》第十一卷,中国文联出版社2013年版,第69页。

毫无真意的涂鸦和骂语脱离了"被画者的形体和精神"①，造成了主客观的双重失真。鲁迅认为："漫画的第一件紧要事是诚实，要确切的显示了事件和人物的姿态，也就是精神。"②在这里，"诚实"与"真情"相通，它既要求漫画作家不能脱离客观现实或创作对象的姿态和精神，更要在漫画中饱含艺术家自身的真诚态度和真挚感情。不仅如此，鲁迅对漫画家的创作还提出"形神俱似"的美学要求，强调漫画所塑的形象不仅要画出客观世界外在真实的"肉"，还要呈现出客观世界内在本真的"灵"。

鲁迅区分了漫画中讽刺与冷嘲、有趣和肉麻的界限，并以此告诫新兴漫画创作不能坠入虚情假意的深渊。鲁迅认为，有情的讽刺和无情的冷嘲只是一"情"之隔，后者毫无主观的真情与热情，而只为个人私利，把漫画变为人身攻击的工具。"讽刺作者虽然大抵为被讽刺者所憎恨，但他却常常是善意的，他的讽刺，在希望他们改善，并非要捺这一群到水底里。……如果貌似讽刺的作品，而毫无善意，也毫无热情，只使读者觉得一切世事，一无足取，也一无可为，那就并非讽刺了，这便是所谓'冷嘲'。"③鲁迅在《二十四孝图》中写道："讽刺和冷嘲只隔一张纸，我以为有趣和肉麻也一样。孩子对父母撒娇可以看得有趣，若是成人，便未免有些不顺眼。放达的夫妻在人面前的互相爱怜的态度，有时略一跨出有趣的界线，也容易变为肉麻。"④在鲁迅眼中，有趣和肉麻的界限取决于创作是否带有真情，前者因带有主体的真情实感，能通过艺术家的创造而最终形成艺术趣味性；后者因主观感情的失真，反而令人反感。

如果说真实与真情的创作态度体现了鲁迅对社会生活的审视和批判的话，那么漫画"一目了然"的创作形式则是鲁迅着眼于中国民众的社会生活，主张漫画亲近民众，实现漫画观照现实人生，以及实现对个体启蒙救赎的进一步探索。

20 世纪初，西方的现代派艺术进入中国，其荒诞和怪异的画风波及漫画和版画等新兴美术领域，造成了画坛上盲目崇拜与模仿的不良风气。很多漫画作品追求怪诞猎奇，使人费心于观赏与思索而往往不能理解。鲁迅虽然对一些表现主义画家十分推崇，认为现代派绘画在破坏旧制方面是革命者的同路人，但

---

① 鲁迅：《荆天丛笔（下）·漫谈"漫画"》，《鲁迅全集》第七卷，中国文联出版社 2013 年版，第 214 页。
② 鲁迅：《荆天丛笔（下）·漫谈"漫画"》，《鲁迅全集》第七卷，中国文联出版社 2013 年版，第 214 页。
③ 鲁迅：《荆天丛笔（下）·什么是"讽刺"？》，《鲁迅全集》第七卷，中国文联出版社 2013 年版，第 290 页。
④ 鲁迅：《朝花夕拾·后记》，《鲁迅全集》第二卷，中国文联出版社 2013 年版，第 82 页。

他对现代派艺术还是持批判态度。鲁迅认为现代派艺术远离现实，过于追逐形式的解放和内容的解体，引导了趋奇逐怪的画风。鲁迅指出，现代派绘画虽善于破坏，却败于怪异，因为"怪"并非艺术的正道，"一怪，即便于胡为，于是畸形怪相，遂弥漫于画苑"①。现代派艺术的致命伤在于"虽属新奇，而为民众所不解"②。基于此，鲁迅提出"漫画要使人一目了然"③的命题。

早在 20 世纪 30 年代初期，鲁迅在为连环图画辩护时就提出艺术要通俗易懂的要求。鲁迅认为，再伟大的艺术作品也要有人懂，倘要发挥启蒙的功效，懂才是紧要事。在鲁迅眼里，漫画、版画、连环画等中国新兴美术要使那些并无"观赏艺术的训练的人，也看得懂，而且一目了然。……是不可堕入知识阶级以为非艺术而大众仍不能懂（因而不要看）的绝路里"④。鲁迅指出，如一味地迁就大众，势必要形成低级化和庸俗化的审美风貌。鲁迅发现，当时低级庸俗的漫画席卷了大半个漫画市场，造成了极坏的影响。鲁迅强调漫画要"一目了然"，要求进步的漫画家的创作要在易懂的基础上，加以提炼和升华，发挥漫画艺术的独特艺术魅力，使漫画作品成为"标记中国民族知能最高点的标本，不是水平线以下的思想的平均分数"⑤。

鲁迅还提出"一目了然"（或"懂"）的标准和限度，认为"易懂"并不是迁就，而是要顾及普通大众，"迎合和媚悦，是不会于大众有益的"⑥。如果漫画家为了迎合大众的口味，甚至掩盖现实真相，最终会沦为误导和残害大众的"新帮闲"。在鲁迅看来，迎合和取悦的结果只会是更加远离大众，导致其自身艺术价值的丧失，进而走向衰败。鲁迅期望那些心怀大众的漫画艺术家远离低级趣味和庸俗化艺术倾向，使漫画作品成为启发和引导大众的利器。

鲁迅强调"一目了然"和对大众有益的漫画主张，不仅体现了他对漫画创作认识的透彻性和深刻性，同时也隐含着他对真善美的艺术追求。在鲁迅那里，漫画艺术是反映现实生活的明镜，它能推进社会发展和民众进步，使民众产生

① 鲁迅：《书信·340602 致郑振铎》，《鲁迅全集》第十一卷，中国文联出版社 2013 年版，第 102 页。
② 鲁迅：《荆天丛笔（上）·〈新俄画选〉小引》，《鲁迅全集》第六卷，中国文联出版社 2013 年版，第 550 页。
③ 鲁迅：《荆天丛笔（下）·漫谈"漫画"》，《鲁迅全集》第七卷，中国文联出版社 2013 年版，第 214 页。
④ 鲁迅：《书信·330801 致何家骏、陈企霞》，《鲁迅全集》第十一卷，中国文联出版社 2013 年版，第 426 页。
⑤ 鲁迅：《热风·随感录四十三》，《鲁迅全集》第二卷，中国文联出版社 2013 年版，第 188 页。
⑥ 鲁迅：《荆天丛笔（下）·文艺的大众化》，《鲁迅全集》第六卷，中国文联出版社 2013 年版，第 545 页。

审美愉悦和艺术快感。

在漫画创作方面,鲁迅提倡"夸张"与"廓大"的创作方法。在鲁迅看来,漫画"廓大"的是那些显现的、表层的、具体化的外在特征,这也是众多漫画家广泛采用的创作方法。鲁迅要求漫画家透过表面现象捕获对象的本质特征,通过夸张使其表现出来。鲁迅提过一个生动的案例:若讽刺对象是一位皮肤白皙、身材苗条的美女,就很难讽刺其形体上的特征。有些漫画家把她画作骷髅或狐狸,借以显示蛇蝎美人的魅惑及危害,其实这多半是无能的表现。而有创新意识的漫画家则用放大镜来照出美人粉饰和掩盖的褶皱,以此来讽刺她掩饰遮蔽、混淆事实的本质。

在描绘官僚作风的漫画佳作中,画家通过"廓大"那些"并非特点之处"的心理细节,塑造契合现实中官僚主义者心理的典型讽刺形象,可以达到与批判阿Q相似的讽刺效果。用鲁迅的话来说,就是"夸张了这个人的特长——不论优点或缺点,却更知道这是谁"①。这也使那些官僚主义者疑心这像在画自己,又像在画别人,起到了特殊的警示和讽刺的功效。鲁迅还举例指出,无缘无故地把毫无驴气息的讽刺对象画作一头驴,那是毫无效果的,但假使讽刺的对象自身带有驴气息,漫画家加以夸张的描绘,"那就糟了,从此之后,越看越像,比读一本做得很厚的传记还明白"②。鲁迅认为,漫画家抓住精神本质上的相似而加以夸张,则会起到鞭辟入里、切中要害的讽刺效果。

在这里,漫画创作的"廓大"是以外在真实为基础的,其目的是发现、突显和强化真实,贬丑而扬美,而不是扼杀和歪曲事实。鲁迅意在提供一种美学启示:漫画的夸张与真实保持距离的同时,也切不可全然抛离真实的现实依据,造成无限的虚空和不尽的虚幻。"廓大"是鲁迅为限制任意的和过度的夸张而提出来的,在他看来,漫画的夸张必须要有限度,且要合情合理。

鲁迅对漫画理论的深入探究和分析丰富了现代中国的漫画美学理论。在鲁迅眼中,只有基于主客观真实这一基础,漫画的夸张与廓大才能具有强烈的社会批判力量。漫画只有具有"一目了然"的创作形式,才能与个体达成共鸣,进而实现对人生社会的深切观照。鲁迅认为,漫画创作要实现主客观真实和真

---

① 鲁迅:《荆天丛笔(下)・五论"文人相轻"——明术》,《鲁迅全集》第七卷,中国文联出版社 2013 年版,第 339 页。
② 鲁迅:《荆天丛笔(下)・漫谈"漫画"》,《鲁迅全集》第七卷,中国文联出版社 2013 年版,第 215 页。

情的高度结合,需"一目了然"且要暗含深刻的旨意,要夸张且要拿捏自如和张弛有度。

二、 鲁迅的木刻与版画艺术观

除漫画艺术思想外,鲁迅的版画与木刻艺术思想理论亦十分丰富,并推动了我国现当代的美术创作。新美术运动作为新文化运动的一支,接受了西洋绘画的一些观点,以师法自然、写生实物为特点,提倡美术创作应以反映客观事物为基础。鲁迅对新美术的介绍和论述颇多,1913 年的《拟播布美术意见书》集中阐述了他早期的美术思想,是新美术运动的第一篇理论著作。鲁迅将美术作为对抗一切黑暗、落后、腐朽的武器,企图以此唤醒民众,改造国民精神。

鲁迅对传统书籍插画有着浓厚兴趣,《山海经》《荡寇志》《毛诗品物图考》都是鲁迅少年时为之着迷的书籍。他曾收集和描摹各种带精美插图的书籍和画谱。传统民间版画艺术在他心中扎了根,这是鲁迅版画美学思想形成的源头。与传统民间文化相融合的传统版画艺术让鲁迅对木刻版画有着一种自然的亲近感,这也是鲁迅大力推崇木刻版画的主要原因。

中国的木刻版画有着悠久的历史,唐代的《金刚经》木刻插图已展现出十分成熟的版画技巧。鲁迅从日本回国后,曾收集与整理金石造像拓本,这对他木刻版画美学思想的形成亦有重要影响。明清时期是木刻版画的辉煌时期,在文人、书商、刻工的共同努力下,木刻版画出现了各种流派。宗教版画在明代达到顶峰,观赏性版画在这一时期也得到广泛传播。明代的木刻版画不仅包括各种书籍插图,还有许多画家传授画技的"画谱"、制墨名家的"墨谱"、民间娱乐的"酒牌"等等,形式多种多样。汉代的石刻画像、唐人的线画、明清的书籍插画和民间年画等艺术,都是新兴木刻版画从中不断吸取营养的宝贵遗产。鲁迅收集的拓本多以汉代画像、魏晋墓志铭和唐代佛像为主,他强调新兴木刻版画应借鉴传统艺术风格,尤其是汉唐气度。在他看来,汉唐版画艺术大气磅礴,想象天马行空,充满着力之美。

对于传统木刻版画艺术的不足,鲁迅展开了深入分析。在他看来,一方面,传统木刻版画在内容上单一、缺乏创新,主要取材于传统文学,多为文学作品的插图,图画从属于文字而存在;另一方面,传统木刻版画主要用于书籍装饰,仅为娱乐和美化的作用，缺乏艺术独立性和形而上意义。这些不足使传统木刻版画虽然技艺成熟，但并无法获得独立的艺术地位。这也是木刻版画虽然很早出现，却中途逐渐衰退的主要原因。

1928 年，鲁迅为《奔流》杂志附上外国木刻版画作为插图，并于 1930 年在上海中华艺大做以"绘画杂论"为题的演讲。在这次演讲中，他首次将"新写实主义"（又称"革命写实主义"）一词应用于美术，并通过现场展示苏联木刻艺术，推崇可印刷的版画艺术。在对中国传统木刻版画分析的基础上，鲁迅提出借鉴和吸收西方版画艺术的现实主义精神来复兴传统木刻版画的艺术形式，进而探索新美术形式实践的道路。

鲁迅对西方现代版画的接触，可追溯到他留日期间对西方艺术的涉猎。鲁迅对西方现代版画的认识全面而丰富，在《近代木刻版画选集》的两篇引言中，他详细介绍了西方版画的发展历程和代表人数，并对木刻版画的创作方法进行了详细的介绍。其中，苏联木刻版画艺术朴实、严谨的表现手法，引起了鲁迅的特别关注。鲁迅出版了《新俄画选》（1930）、《小说士敏土之图》（1931）、《引玉集》（1934）、《苏联版画集》（1936）等一系列版画集，对苏联的现代版画艺术进行了系统介绍。鲁迅认为苏联现代版画"不像法国木刻的多为纤美，也不像德国木刻的多为豪放；然而它真挚，却非固执，美丽，却非淫艳，愉快，却非狂欢，有力，却非粗暴；但又不是静止的，它令人觉得一种震动——这震动，恰如坚实的步法，一步一步，踏着坚实的广大的黑土进向建设的路的大队友军的足音"①。鲁迅对苏联版画有着极高的评价，并对其写实主义风格作了充分肯定。

鲁迅认为，木刻版画是适合于现代中国的一种艺术形式。他在《木刻创作法》中论及了中外木刻的演变历史，将中国的现状与西方相对照，认为现代木刻版画必将在中国掀起热潮。鲁迅分析了木刻版画与社会发展的关系，对这一艺术形式的作用与地位进行了肯定。在他看来，中国现代木刻艺术应借鉴西方的创作模式，寻求艺术的社会性与独立性，使其成为真正影响大众、为大众所接受与喜爱的艺术形式。

---

① 鲁迅：《荆天丛笔（下）·记苏联版画展览会》，《鲁迅全集》第七卷，中国文联出版社 2013 年版，第 439 页。

　　鲁迅强调要在吸取我国传统艺术精髓的基础上,借鉴西方尤其是苏联版画的艺术技巧与写实主义风格,创作贴近中国现实和大众的现代木刻版画。鲁迅晚年花了大量的精力倡导新兴木刻版画运动,在 1931 年创办"木刻讲习会"之后的六年中,他一直致力于培养青年木刻艺术家,并从思想和艺术上对他们进行指导。在他有关木刻的众多文章和致木刻青年的一百多封信件中,鲁迅对木刻创作的问题发表了许多独到的见解,对当时的木刻艺术发展起到了巨大的推动作用。鲁迅的木刻创作理论为我国的现代版画理论奠定了重要的基础,他也因而被称为"中国现代木刻版画之父"。

第五节　鲁迅美学艺术观的影响

　　鲁迅希望通过文艺对人生和社会进行干预和改良,促发人本身及其生存状态的转变,实现文艺改良人生的目的,并形成了具有融汇现实剖析和人生关怀的美学艺术观。鲁迅"为人生"的美学艺术观不仅体现在他的文学创作上,也体现在他的绘画艺术中。鲁迅认为漫画能补文字之不及,即便是不通文墨的底层民众也易通晓,因而在启蒙大众方面提供了另一种可能性。鲁迅的美学艺术观不仅是其整体思想的重要组成部分,对其自身的文学创作有着独特的作用,而且对中国现代美学也产生了重要影响,留下了弥足珍贵的思想遗产。

　　鲁迅的美学艺术观对中国现代美学的影响不仅仅体现在他对中国现当代美学流派发展演变的推进,而且还体现在他有着具体的艺术创作贡献以及由此延伸出来的对中国现代美学史和艺术史的意义。在鲁迅的美学思想中,艺术观照人生所隐含的对"人之价值"的推崇和重塑,不仅是鲁迅终生所追求的艺术理想,也是其"为人生"观念在艺术创作领域的具体表现。

　　从鲁迅弃医从文伊始,他便以启蒙者的姿态坚持文艺观照人生,艺术为人生服务的意旨。鲁迅始终如一地坚持着他最初的理想,为追求人之价值、人的自主独立的最终实现而不懈努力。鲁迅终其一生都在审视和探索有理想的人性和完善的人格,他虽多次疑心不会存在尽善尽美的理想世界,但又"确信将来总有尤为高尚尤近圆满的人类出现"①。鲁迅强调对社会人生展开批判和反思，他不断地探求着人之价值的体现,在完善人的精神世界的同时寻求个体的"全灵魂"②,以帮助个体回归到本真的心灵家园。

强调文艺"为人生"的创作导向,新文化运动时期曾有过诸多讨论,如周作人就曾呼吁:"人生的文学实在是现今中国唯一的需要。"③茅盾也提出文艺"为人生"服务,认为文艺应融入现实和理想的精神,着眼于非特殊阶级的平民大众,以人生为对象,表现并指导人生。茅盾强调,文艺在呈现现实人生和揭示社会弊病时,要"指示人生向美善的将来"④。文艺应当"疗救灵魂的贫乏,修补人性的缺陷"⑤。周作人和茅盾的观点与鲁迅强调以文艺"引起疗救的注意"的思想主张基本一致。事实上,"为人生"的审美艺术观在鲁迅等一批文人的助推下,迅速成为 20 世纪中国美学发展史上的一条主线。

鲁迅自始至终都坚持着人的价值以及人的自主与解放,这也是他倾其一生所追求的理想目标。鲁迅的美学艺术观一直紧密围绕现存的客观世界,他倾心于揭露现实和批判社会,期望借助文艺揭露现实和照见人生的力量,使麻木的民众觉醒。在鲁迅看来,通过文艺可以促使人们从传统的封建精神枷锁中解放出来,从陈腐的思想困顿和意志压制的束缚中挣脱出来,生成自我意识和自主思想,进而追求个体的真实情感,获得自我价值的实现。

鲁迅关注现代人的内部价值世界的回归和重建,强调通过文艺去探寻现代人的主体精神和自我价值,希望探索出一条既合乎艺术内部规律,又适应中国革命现实需求的发展路径。可以说,鲁迅美学艺术观的理论建构与文艺实践,丰富和完善着五四时期"为人生"美学艺术观的内涵,对 20 世纪中国现代美学

---

① 鲁迅:《热风·随感录四十一》,《鲁迅全集》第二卷,中国文联出版社 2013 年版,第 181 页。

② 鲁迅:《集外集·〈穷人〉小引》,《鲁迅全集》第六卷,中国文联出版社 2013 年版,第 267 页。

③ 周作人:《新文学的要求》,转引自李玉珍等编:《文学研究会资料上·中国文学史资料全编现代卷》,知识产权出版社 2010 年版,第 54 页。周作人早年受日本现实主义文艺思潮和俄国民主主义文学的影响,首倡"为人生"的文艺观,作为"为人生"派的先锋代表人物为文学研究会起草宣言,在当时的文艺界享有盛誉,但他并未自始至终地坚持此种文艺主张。其实,鲁迅和周作人一样都曾在五四退潮之后疑心文艺的现实功用,不同的是鲁迅研读和吸收了很多外国的文艺理论,形成了鲜明的历史唯物主义思想观念,进一步介入和扶持了中国新兴美术运动,而周作人却苦于现实的挫败与思想的困惑,退隐文坛,躲进"文学店"的象牙塔里,其文艺观也在自我否认之后走向了"为人生"观的对立面,从追捧以人本主义和现实主义为主导的"为人生"观转向载个人之道和表现自我欲求的"为艺术"观。可以说,对"为人生"观念的不同态度是周氏兄弟感情破裂、各行其道的重要原因。

④ 茅盾:《文学者的新使命》,《茅盾全集》第十八卷,人民文学出版社 1989 年版,第 539 页。

⑤ 茅盾:《一年来的感想与明年的计划》,《茅盾全集》第十八卷,人民文学出版社 1989 年版,第 148 页。

史上"为人生"美学艺术观的演变和发展产生了较为深远的影响。

鲁迅对国民性的批判，对社会阴暗面的揭露和对传统文化的批判似乎已不再适应当下的中国现实。当下学界也开始出现对鲁迅的质疑和批判性反思，但不容置疑的是，对鲁迅的肯定仍是主流。钱理群认为，鲁迅所批判的社会弊病即便在今天也仍然存在，"他所攻击的时弊并没有随他而同时灭亡，不但病菌尚在，且大有繁衍之势"①。在钱理群看来，即便时过境迁，但鲁迅当年所批判的社会问题依旧存在。正是在这个意义上，鲁迅美学艺术观中的批判精神对当下现实仍然有着重要的意义。

当下，现代文明和科技理性已逐渐深入到个体的生存空间之中，物化和世俗化等趋势也使外在物质文化逐渐压制主体的内在精神文化，进而导致个体的精神危机和生存悲剧。鲁迅在新文化运动期间就诊断出现代人的生存现状，认为对"器械""功利"的追逐会带来个体的价值迷失和精神缺失危机。"盖浇季士夫，精神窒塞，惟肤薄之功利是尚，躯壳虽存，灵觉且失。"②鲁迅主张要"掊物质而张灵明，任个人而排众数"③。在鲁迅看来，应当高扬个体的精神价值立场，进而抵制异己物化世界的侵蚀，要以个性价值打破僵化固守的思维惯性和无意识束缚，最终实现个体的审美救赎。

虽然现代人的生存语境与鲁迅所描述的情境大有不同，但由于受制于现代物化的掌控，现代人日趋消极和孤独。思想虚无、个性压制和信仰滑落等，似乎已成为现代性精神萎缩的症候，现代人似乎被抛入了一个个无限的泡沫和幻影当中。只不过相对于鲁迅对封建文化的批判，前者受制于君，而后者受制于物。但不管如何，从深层的生存状态和社会语境来看，个体的精神价值始终都受外部异己力量的压制，个体依旧尚未脱离他者的制约。

个体价值的终极追求始终是文学和美学的主题，也是学界不断反复言说的话题。从对传统封建文化的反省和批判来看，鲁迅受到近现代西方文化和美学的影响，其美学与艺术观呈现出鲜明的现代性理念特性。正是这种相似的时代语境和生存困境，让我们继续探求鲁迅的美学艺术观有其合理性和必要性。文艺为人生服务，对人的价值的重塑和尊崇，是鲁迅所处时代的主题，也仍然是今

---

① 钱理群：《心灵的探寻》，北京大学出版社1999年版，第169页。

② 鲁迅：《人海杂言·破恶声论》，《鲁迅全集》第六卷，中国文联出版社2013年版，第24页。

③ 鲁迅：《坟·文化偏至论》，《鲁迅全集》第二卷，中国文联出版社2013年版，第305页。

天时代的主题,这也是鲁迅美学艺术观依旧具有现实意义的根本所在。而且,鲁迅对文学本土化和民族化的强调也应当引起我们的关注,特别是在全球化时代,文学世界性与民族性的问题更加突出,而这使我们对鲁迅的反思尤其具有现代性意义。

当然,对鲁迅在中国现代美学史上的地位,我们也应当辩证看待。在过去一段时间内,鲁迅往往被视为一个文化符号而出现在文学史或美学史上。其实,正是因为受到意识形态的符号化处理,鲁迅也不断被简化和改写,日益远离真实的鲁迅。在 20 世纪中国美学史上,鲁迅不应当,也不能被简化为历史或时代的符号化表征,简化为意识形态的话语体现。我们应当舍弃对鲁迅美学史意义的情绪表达或时代符号表达,回到真实的鲁迅或还原真实的鲁迅形象。

在某种意义上,符号化的鲁迅已成为 20 世纪中国美学史上的独特个案。鲁迅身上的矛盾也因而承载了现代中国转型期的文化印记或时代印记。或者说,成为符号化的鲁迅已不再是单一的个体,而是那个时代的知识分子群体镜像。因此,只有回归历史本身,将鲁迅置于 20 世纪新文化运动的时代文化和美学语境中予以考察,才能真正洞悉鲁迅,洞悉鲁迅的美学艺术观,以及洞悉那个时代的美学建构,正如竹内好所言:"中国文学只有不把鲁迅偶像化,而是破除对鲁迅的偶像化、自己否定鲁迅的象征,那么就必然能从鲁迅自身中产生出无限的、崭新的自我。这是中国文学的命运,也是鲁迅给予中国文学的教训。"①也只有这样,才能真实地窥见历史,促进文化的自由发展和进步。

需要指出的是,从鲁迅在 20 世纪中国现代思想史上的影响来看,他一直是作为一个"启蒙者"形象出现的。在启蒙语境下,鲁迅的影响力无疑是巨大的,这也因此造就了鲁迅的伟大。但随着历史的发展,当启蒙让位于救亡,鲁迅身上所赋予的启蒙意义也因而被消解。后期的鲁迅更强调社会现实批判,矛头指向现实生活和社会体制中的种种不合理性,而非前期所批判的思想层面的国民劣根性,正如他自己所言:"仅仅有叫苦鸣不平的文学时,这个民族还没有希望,因为止于叫苦和鸣不平……至于富有反抗性,蕴有力量的民族,因为叫苦没用,

---

① ［日］竹内好:《鲁迅》,李心峰译,浙江文艺出版社 1986 年版,第 38—39 页。

他便觉悟起来,由哀音而变为怒吼。怒吼的文学一出现,反抗就快到了。"①

从当时的社会语境来看,鲁迅无疑是作为启蒙话语的呐喊者而存在,有着诸多的不自由或身不由己,正如他自己所言:"既然是呐喊,则当然须听将令的了,……我所遵奉的命令,是那时革命的先驱者的命令,也是我自己愿意遵奉的命令,决不是皇上的圣旨,也不是金元和真的指挥刀。"②在鲁迅看来,"主将是不主张消极的",因而"删削些黑暗,装点些欢容,使作品比较的显出若干亮色"。③鲁迅后期批评朱光潜把"静穆美"视为美的极境,其实也是强调文学革命立场的一种体现,他认为文艺要发挥战斗性作用,不能成为日常闲适趣味的反映。

从鲁迅与20世纪中国文学和美学的关联来看,他是以一个特殊的符号参与到中国现代文学和美学的建构历程中的。鲁迅更多表征着新文化运动时期的启蒙精神,是五四新文化运动时期知识分子启蒙过程中的群体化映象表征。这在中国现代美学史上,是其他学者所无法比拟的,也是鲁迅伟大和有着深远影响的原因之所在。当然,鲁迅不是神,也不是完美的存在,将鲁迅视为完善的神,是对鲁迅形象的误读。正是在这个意义上,学界对鲁迅的评价毁誉参半,支持启蒙者视鲁迅为神,而诟病启蒙者则将鲁迅拉下神坛,甚至批判鲁迅为现代文学史上的启蒙幻象。当然,无论怎么批判鲁迅,我们都不能否认或因此抹杀他对20世纪中国美学建构的独特意义。特别是将鲁迅视为民族化的符号参与到世界文学的建构中时,还原和反思真实的鲁迅,无疑就显得更加重要。

---

① 鲁迅:《而已集·革命时代的文学》,《鲁迅全集》第三卷,中国文联出版社2013年版,第354页。
② 参见鲁迅:《呐喊》自序,《鲁迅全集》第一卷,中国文联出版社2013年版。
③ 鲁迅:《南腔北调集〈自选集〉自序》,《鲁迅全集》第四卷,中国文联出版社2013年版,第360页。

第二章

现代派艺术的美学建构

现代艺术的美学探索与建构是 20 世纪中国美学史建构的重要一维。这里的"现代"并不是传统意义上作为历史分期的时间概念,"现代艺术"亦不同于 20 世纪流行于欧美的西方现代主义艺术流派,而是一个概括中国现代艺术发展情境的概念,特指这一时期探索和学习国外现代艺术的艺术家群体创作的艺术。具体而言,是指 20 世纪上半叶一批受西方现代美学思潮和先锋艺术探索精神影响的艺术家,在创作中融合西方现代美学和艺术观,并自觉进行本土化的转换吸收。中国现代艺术家群体的创作基本上涵盖了文学、戏剧、电影、美术和音乐等各种艺术形式。虽然创作主体多元,创作类型多样,且具有不同的美学和艺术探索方向,但现代艺术家群总体上是在中国传统艺术精神的基础上借鉴西方现代美学思潮和先锋艺术理念。他们通过具体的艺术实践和理论探索,结合中国艺术发展的现实语境,建构了中国现代艺术的美学话语。

第一节 现代艺术的美学探索

西方现代艺术和美学思潮能够在中国生根发芽，是五四运动之后中国知识分子向西方学习、寻求改造中国文化思想的需求的产物，也是西方现代美学艺术思想与中国社会现实文化融合的结果。20世纪之初的中国文化和社会语境为西方现代美学思潮提供了合适的植根土壤，一批现代知识分子引介西方美学和艺术思潮，并展开本土化的思考与实践。他们吸收西方现代美学和艺术思想，以此来改造中国艺术现实，探索中国现代艺术的发展方向。西方现代美学思想受到现代艺术家群体的青睐，成为中国现代艺术发展的理论基础，如对康德非功利审美思想的探究，试图克服传统文化"文以载道"思想的影响；对叔本华意志论、尼采超人哲学和伯格森生命哲学的引介，回应的是当时的个人主义思潮，等等。现代艺术家们的探索，一方面推动了西方现代美学思潮东渐的进程；另一方面也建构了中国现代派艺术的独特美学话语。

一、 现代艺术家群体的形成

鲁迅曾描述过五四时代的知识青年情境："那时觉醒起来的知识青年的心情，是大抵热烈，然而悲凉的，即使寻到一点光明，'径一周三'，却是分明的看见了周围的无涯际的黑暗。摄取来的异域的营养又是'世纪末'的果汁：王尔德，尼采，波特莱尔，安特莱夫们安排的。'沉自己的船'还要在绝处求生，此外的许多作品，就往往'春非我春，秋非我秋'，玄发朱颜，却唱着饱经忧患的不欲明言的断肠之曲。"①现代艺术家群体正是鲁迅所言的这类知识青年群体，他们感受到时代与社会的无垠黑暗，试图寻找光明来进行救赎。但在五四退潮之后，尤其在五卅惨案之后，不同于五四先驱者们的文艺创作呈现出的积极战斗风格，他们的斗争意志逐渐消沉，对社会现实的无力感、苦闷感和颓废感占据上风，对文学艺术本身的兴趣甚于对文化思想的关注，更多地回归到对自我世界的观照

① 鲁迅：《且介亭杂文二集·〈中国新文学大系〉小说二集序》，万卷出版公司2014年版，第17页。

当中。从某种程度上讲，他们主要致力于汲取异域的现代主义营养，来实现改造社会现实、疗救中国国民精神的目的。在当时的现实语境中，他们既想另辟蹊径探索救赎之道和文艺发展路径，但又对时代与社会感到苦闷和无力。西方现代艺术和美学的先锋探索主张恰好契合了他们此时的精神需求，因而成为他们汲取的主要异域理论资源。

20 世纪初的西方现代艺术和美学思潮的中国化经历了传播期和成熟期两个阶段。随着 20 世纪初的一批艺术家对西方现代艺术和美学思潮的吸收借鉴，他们在创作中探索和践行西方现代美学思想，并结合中国现实语境和传统艺术形式，进行本土化的实践探索，由此形成独具特色的中国现代艺术家群体。

在西方现代艺术和美学思潮的传播期，中国现代艺术的理论和实践探索主要集中在诗歌艺术中。中国最具代表性的现代主义艺术流派是以李金发为代表的象征主义诗派。五四运动期间，《新青年》等杂志开始介绍西方现代主义诗人，虽然周作人、徐志摩、鲁迅等人也译介过西方现代主义的相关作品，但并未形成系统推广和广泛实践。李金发身体力行地践行着象征主义的创作理念，创作了大量现代主义诗作。创造社的王独清、穆木天和冯乃超等人也各自阐发了象征主义理论，并借用西方浪漫主义和中国古典诗歌传统，对李金发的诗歌创作展开了批判与反思。蓬子、胡也频、侯汝华等人受李金发影响较大，探索并创作了大量象征派诗歌。戴望舒汲取东西诗学的精髓和诗艺，创作出《雨巷》等现代主义诗作，标志着中国象征主义诗歌走向成熟。以胡适、徐志摩、闻一多、梁实秋等人为代表的新月派，站在"纯诗"立场，坚持审美的非功利性，提倡诗歌的自我表现功能，积极表现情感，是对西方唯美主义和浪漫主义思想的借鉴。以戴望舒为代表的一群人更是在 30 年代以《现代》杂志为阵地，形成了后来被称为"现代派"的诗歌团体，并在创作实践中进一步推动了西方现代美学思潮在中国的传播。

到了成熟期，随着中国现代派诗歌理论和创作实践的持久发展，西方现代美学思潮逐渐拓展和延伸到其他艺术创作领域，涌现出一大批受西方现代主义思潮影响的艺术家。

在诗歌艺术方面，以曹辛之、辛笛、穆旦、袁可嘉等人为代表的九叶派影响巨大。他们既反对逃避现实的唯艺术论，也反对艺术的唯功利论，认为"人的文学""人民的文学"和"生命的文学"应该综合起来，现实和艺术也应当平衡。在创作中,他们将西方现代主义、现实主义和浪漫主义等美学思想进行了融合吸收。

在小说艺术方面,以施蛰存、刘呐鸥、穆时英为代表的新感觉派风靡一时,他们以新视觉、新方法来书写现代都市生活,描写手段和叙述方法等多借鉴西方电影的蒙太奇手法和意识流手法,影响较大。

以欧阳予倩为代表的话剧团体"春柳社"强调向欧美戏剧学习,重视戏剧演出的艺术性。闻一多、余上沅等留洋学生归国后提倡"国剧运动",主张纯艺术,反对问题剧和易卜生主义,倡导"由中国人将中国材料去演给中国人看的中国戏"的主张。田汉在早期戏剧创作中强调美的诉求,显示出唯美主义倾向。曹禺的民主主义戏剧美学致力于探讨人性的丰富与复杂。可以说,以上都是西方现代主义思想在中国戏剧艺术中的典型表现。

电影作为舶来品,其在中国的兴起与发展更是受到西方现代美学思想的影响。从任庆泰拍摄第一部电影《定军山》,到张石川和郑正秋联合导演第一部民族故事片《难夫难妻》,再到30年代中国电影第一次兴盛期的夏衍、郑伯奇、钱杏邨等人所领导的"左翼电影运动",现代电影艺术的效果和功能开始告别单一、简陋,逐渐讲究分镜、蒙太奇、场面调度运镜等摄影技巧。他们进一步融合了西方的现代电影创作艺术和审美思想,使中国的现代电影艺术更具现代性。

在美术方面,刘海粟提倡在发展东方艺术的同时研究西方艺术。林风眠偏爱中国古典素材,同时对西方表现主义、象征派艺术手法等相当熟稔,呈现出强烈的现代先锋探索意识。徐悲鸿向西洋画学习,融合东西绘画技艺和艺术实践。邓以蛰以黑格尔美学思想为基础,在书画艺术中探索形式和意境的关系。丰子恺以超功利的审美心态去关照审美对象。李叔同吸收西洋技法,同时坚守中国绘画传统。潘天寿坚持艺术的独立性,认为独特的风格是保持艺术审美价值的关键。这些艺术家们通过对西方绘画艺术的考察与反思,对比中西美术差异,进而探索中国现代绘画艺术的出路,具有重要的现代性探索意义。

在音乐方面,以赵元任、萧友梅、王光祈、刘天华、黎锦晖等为代表的五四音乐家群,借鉴西方的音乐技法和表演形式,重视音乐的科学审美内涵和美育实践,为中国现代音乐理论和实践做出了巨大贡献。此后,以聂耳、田汉、吕骥、冼星海等为代表的左翼音乐艺术家群,倡导新音乐运动,深入推进并实践现实主义和马克思主义等音乐美学思想。

二、 现代艺术家群体的美学倾向

从理论来源上看，现代艺术家群体主要受到西方现代主义的直接影响，但他们又不局限于对西方现代主义的接受，而是主张融合西方思潮和中国传统艺术理论，其美学主张呈现出杂糅性表征。从理论界限上看，现代艺术家群体之间不同流派的艺术创作理念并没有泾渭分明的理论边界，而是呈现出互相弥合和渗透的杂糅样态。新月派的创作中杂糅了英美浪漫主义、唯美主义和中国古典美学中的"和谐均齐"思想。九叶派关注人内在精神世界的复杂性，以及个体精神与外部世界的平衡，这是与西方现代主义最直接和最深刻联系的体现。同时九叶派还倡导现实主义与浪漫主义的结合，表现出极大的包容性和杂糅性。

这种杂糅性究其根源，是现代艺术家群体既对西方现代艺术的先锋探索寄予厚望，又质疑其是否能够实现其理论承诺，继而多方探索寻觅，多维审视纠结的结果。这种异于西方现代派艺术的创作，事实上却是中国艺术自身发展对西方现代派艺术的一种本土化操作。客观上讲，西方现代艺术的理论主张和艺术技法，因其生成语境和形式上的异质性，未必能够完美契合中国艺术的现实发展，必须要加以甄别和选择。现代艺术家群体以一种主动选择的姿态寻求中国艺术的生存发展策略，他们将西方现代主义的理论主张作为主要指导思想和基本原则，通过对中国古典艺术和西方不同艺术流派的美学理论和创作技巧的吸收借鉴，进而探索出适合中国艺术发展现实的艺术理论和创作技法。

（一）以西方现代主义思想为主

西方现代艺术表现出荒诞、晦涩和变异等审美表征，在内容上强调对丑陋现实的揭示和对理性的质疑，呈现出非理性色彩。这种思想传入中国后，明显难以扮演启蒙的重要角色，因而在五四时期并未成为主流思想，只能通过标新立异的艺术表现手法和非理性的创作风格来曲折反映现实生活和外部世界。中国现代艺术家群体主要兴起于"五四"退潮之后，尤其是五卅惨案的发生，刺激到相当一部分知识分子，他们基于强烈的社会责任感和个人精神危机，对艺术的价值和社会作用产生了深深怀疑，更对自我的价值认同产生了迷茫。作为经历过五四的知识分子,他们在思想上表现为一种独立与自由意识的觉醒与增强,并试图唤起人们对人自身生存价值和人生观问题的探索。当他们面对复杂惨淡的现实社会,自我的惶惑不安、孤独痛苦、茫然失措成为主要的心理焦点,而西方现代主义思想恰逢其时,成为其首要选择。

从中国现代艺术家群体的形成过程可以看到,不管是哪种艺术形式,它们或是对传统文化进行彻底批判,或是表现现实的荒诞性,或是表达战士的孤独感,都或多或少在创作实践中践行了西方现代主义的思想和艺术技法,打上了现代主义的烙印。而且,这种对西方现代主义思想的汲取并非浅尝辄止,而是广泛运用到各种艺术形式的革新上。从诗歌象征主义创作手法到电影蒙太奇拼接技法,从借鉴现代主义绘画技法到建立中国现代音乐体系,都能看到现代主义的影子。象征派诗人李金发,受到西方象征主义思潮"以丑为美"美学观念的影响,在其诗歌中将社会的阴暗面作为表现的对象,尽力去挖掘生活中的丑和恶。他把生活丑陋和不美好的一面,通过诗歌中病态的意象这样一种反常规的形式宣泄出来。李金发将意象打上病态的丑恶的印记,这与西方现代主义所表现的异化主题是契合的。李金发通过荒诞、变形、丑陋、扭曲的形象来揭示现代社会的荒谬,进而实现艺术"以丑为美"的震惊效果。

(二)对西方其他美学思想的借鉴

中国现代美学和艺术的发展是一个不断继承和革新的过程。中国现代艺术家群体作为一群探索者,他们对于西方各种美学思想的态度是兼收并蓄。在中国当时的艺术现实语境中,但凡能够对中国艺术发展和社会救赎产生作用,几乎都被吸收和借鉴过来。他们既受到五四前期推崇的西方现实主义和浪漫主义等思潮的影响,又认识到五四后期的西方现代主义思潮更契合复杂的社会现实和苦闷的内心情绪。虽然西方现代主义思潮明显更契合当时的语境,成为他们主要的借鉴对象,但是他们也并未放弃对其他西方美学思想的借鉴和实践。

梁实秋是新月派的代表,提出"理性节制情感"的美学原则,强调用理性去克制内在的欲望和冲动。这里的理性是一种自我情感的克制与束缚,它不是情感的直接抒发,更不是情感的泛滥成灾。这种"理性节制情感"的美学原则是艺术自主性在文学中的体现。田汉在早期戏剧创作中,受西方艺术纯粹性思想影响,其戏剧艺术对美的追求占主导地位,显示出唯美主义倾向。新感觉派的代表作家施蛰存用弗洛伊德心理分析方法深入人物的内心世界,将触角深入到人物隐藏的深层意识领域,强调本我和超我,即性本能和道德矛盾冲突的主题。

这段时期思想上的解放带来的是审美自主意识的彰显,而自主意识让艺术有了保持自身纯粹性的可能。在这种思想的引导下,现代艺术家的审美观体现出独特的形式美,这主要包括对称平衡、和谐均齐、调和对比、比例、节奏韵律和多样统一。在新月派诗人眼中,诗歌要满足"和谐"与"均齐"的特点。为实现诗歌的审美化,新诗需要格律化,如闻一多在诗歌中追求以音乐、绘画和建筑的美为内涵的"三美"原则。"和谐均齐"的美学观和"三美"的审美原则是新月派诗歌在追求形式美方面做出的重大的尝试,也是借鉴西方唯美主义和浪漫主义思想的新艺术探索。

（三）对中国古典美学思想的继承融合

大多数现代派艺术家都是外出留洋的知识分子,他们一方面对中国传统文化有着深刻的认识和了解,另一方面也经历了外来美学思潮的影响。在他们的作品中,体现出传统和现代相融合的特点:既有对西方现代美学思想的追求,也不乏对中国传统古典美学思想的融合。

徐志摩的诗歌受西方浪漫主义的影响很深,但他骨子里对"东方主义"是热爱的。他的诗歌美学中既有对唯美主义的发展,又有对"和谐"与"均齐"形式美的追求,是东西方融合的产物。戴望舒在诗歌创作中将本土文化传统和西方象征主义的艺术经验结合,他从中国古典诗词中汲取养分,摄取古典诗词的神韵和感伤情怀,将二者结合在一起。戴望舒的诗歌作品寻求的是一种内在灵魂深度的隐藏性传达,体现出民族性很强的现代审美原则和艺术追求。九叶派的诗歌美学追求一种平衡的状态,是对西方现代主义的借鉴与创新,也是对中国诗歌传统的继承和发扬。中国现代话剧受到西方话剧史上众多派别的影响,如现实主义和浪漫主义等观念都被引入到国内,戏剧作家在其作品中体现出来的美学思想也杂糅了西方的现代化追求和中国的本土化倾向。随着西方绘画美术理论的引入,现代美术学家在传统国粹与外来思潮的双重影响下寻找自身的生存与发展空间。现代电影美学也存在中西融合的痕迹,并在此基础上实现对时代和生活的折射。

第二节　现代诗歌和小说的美学探索

五四运动的爆发为中国诗歌和小说的发展开启了一条新的道路,文坛上呈现出繁荣景象。新月派、象征派和九叶派等诗歌流派的革命性审美突破以及新感觉派小说的审美诉求,构建了 20 世纪中国美学发展的独特审美风采。

一、 新月派诗人的美学探索

在郭沫若的《女神》为新诗的发展开辟道路以后,诗歌的创新与变革对中国传统的诗歌形式造成了极大的冲击。新诗出现了散乱化发展状态,因而对内容和形式和谐统一的规范显得迫在眉睫。

1923 年,胡适、徐志摩、闻一多、梁实秋等人成立新月社,倡导新诗的规范化与格律化。新月诗派以 1927 年为界限分为前后两个时期,在中国现代文学史上产生了重要影响。诗派前期的核心成员有徐志摩和闻一多等,以北京《晨报副刊·诗镌》为主要阵地。早期新月派成员一方面深受中国传统文化影响,对传统文化有着深厚的情感;另一方面他们大都留学欧美,学习西方文化,他们的诗歌主张和美学观可以说是中西结合的产物。新月派后期阵地由北京转移到上海,强调诗歌应当蕴含情感,注重内心世界的表达。新月派坚持诗歌创作上的"健康"和"尊严"原则,坚持审美的非功利性,认为诗歌不应沦为世俗的功利之物,提倡诗歌的自我表现功能,强调站在纯诗立场,创作出纯粹表现情感的诗歌艺术。而且,新月派的诗歌美学观念建立在资产阶级自由民主思想的基础上,他们试图通过文艺的美学作用达到改良社会的目的。

新月派强调诗的内容和形式美,"理性节制情感"是新月派诗人的一个重要美学主张,由梁实秋首先提出来。梁实秋针对诗歌中情感的过度抒发,强调用理性去克制内在的欲望和冲动,有节制地表现情感。新月派诗人所说的理性,是一种自我在情感上的克制与束缚,而不是情感的直接抒发,更不是情感的泛滥成灾。在他们看来,情感表达若不加制,便会演变为空洞的赞颂或情绪的表达。

梁实秋反对情感的过度抒发，强调作家的情感应受到理性力量的束缚。他认为诗歌作为一种艺术，应该在情感上保持一定的平衡。在他看来，文学要有纪律，这样文学才能保持一种健康的良性状态，而这种纪律便是理性。梁实秋所说的理性，并不是绝对意义上的极端理性，而是一种适度的理性。在他看来，适度的理性才是正常的人性。梁实秋从中国古典主义中汲取养分，主张诗歌的各个成分之间应当保持一种和谐的状态，他提出"中庸"观念，试图寻求一个中间点，这与中国传统道德内在要求吻合，同时也把诗歌艺术的审美导向一条伦理的道路。

新月派诗人强调"理性节制情感"，认为不能一味沉浸在感情的漩涡里，否则诗歌便会空洞无物。新月派诗人创造了客观抒情诗，将直接表达情感的方式转变成主观情感的客观化，努力在诗和诗人之间拉开一定的距离。新月派反对无谓的感伤主义和情感放纵，反对诗人在诗歌中过度表现情感，反对诗人毫无节制地直抒胸臆。在他们看来，主观情感客观化的做法，能使情感的表现不再赤裸裸，可以给读者留下一定的想象空间，激发他们参与审美再创造。另外，在诗歌中，叙事成分的增加也能使诗歌更加理性。诗人应当将主观情绪掩藏，尽可能置身事外，不过度表露情感，要以旁观者的姿态体现客观化倾向。对超出理性和伦理之外的情感倾向，新月派诗人认为需要通过一定的方式加以规范。在他们看来，"理性节制情感"的美学观是对个体精神世界的治愈，也是对中国传统美学"乐而不淫，哀而不伤"抒情模式的继承。

在诗歌的形式方面，新月派主张诗的形式格律化，扬起"和谐均齐"的旗帜。这面旗帜是新诗最重要的审美特征，力图表现出一种整齐与规范的效果，尤其以闻一多的新诗格律化主张为突出代表。留学美国的闻一多虽然受到西方文化的熏陶，但他的骨子里对东方文化有着割舍不掉的感情。"我个人同《女神》底作者底态度不同之处是在：我爱中国……尤因他是有他那种可敬爱的文化的国家。"而"东方底文化是绝对地美的，是韵雅的，……是人类所有的最彻底的文化"①。对东方及其文化的热爱，让闻一多在诗歌美学的追求中专注"和谐均

---

① 闻一多：《闻一多全集》第三卷，湖北人民出版社 1994 年版，第 121 页。

齐",强调诗歌的形式美。

在《格律底研究》中,闻一多明确提出抒情的作品应该具有"齐整"的特点,"中国艺术中最大的一个特质是均齐,而这个特质在其建筑与诗中尤为显著。中国底这两种艺术底美可说就是均齐底美——即中国式的美。"①中国传统美学讲求对称和齐整,纵观古今建筑、雕塑、绘画等艺术门类,大都要求对称和齐整,如此方能和谐,才能体现出美感。中国这种传统的审美观念,是对形式美的追求。这种追求投射在诗歌中,便要求诗歌在形式上能够呈现出整齐与和谐的效果,给人形式上的审美愉悦感。为了达到诗歌艺术在形式上的美感,闻一多提出了诗歌要遵循"三美"的原则,即音乐美、绘画美和建筑美。

闻一多提出的诗歌"三美"原则是对"新诗格律化"主张的响应。"三美"是一种外在形式上的美,也是对新诗形式美的积极实践。音乐美在艺术形式美中处于一个重要的位置,所谓音乐美,是听觉的美,是传递到耳朵里的无违和感,只有诗歌达到节奏上的和谐方可。诗歌能够给人一种强烈的节奏感和韵律感,达到音乐的审美效果。绘画美是指诗歌在词藻的运用方面要追求色彩和美丽,使诗歌实现一种视觉形象的美感。闻一多是画家出身,对色彩有特殊的亲近感,他在诗歌中对色彩感比较强的词语表现出一种偏爱,强调诗歌中明艳的色彩搭配与对比,主张诗歌应和书画一样五彩斑斓。建筑美是指诗歌要达到建筑一般的匀称,给人以空间上的美感。对建筑美的追求,是新月派诗歌形式美探索中非常重要的方面。从诗的外在形态上来看,诗歌排列起来要像协调的建筑,前后节之间没有悬殊的差距,行与行之间要均齐,且各行的差距不能太大,不能破坏整体的和谐感。在新月派诗人看来,一首诗歌如能达到"三美"要求,不论内容如何,这首诗从形式上来看就是美的。

"和谐均齐"的美学观和"三美"的审美原则是新月派诗歌在追求形式美方面做出的重大尝试,是新月派诗人融合中国古典美学,使新诗形成形式规范的艺术美存在。但需要指出的是,虽然闻一多受到西方唯美主义思想的影响,其诗歌艺术重视形式上的美感,但这也并不意味着他摒弃了诗歌的内容,这一点与王尔德为代表的西方唯美主义的主张是不同的。

在新月派的发展过程中,无论是前期还是后期,徐志摩均做出了重要贡

---

① 闻一多:《闻一多全集》第三卷,湖北人民出版社1994年版,第121页。

献。徐志摩受西方浪漫主义的影响很深，英国剑桥的留学生活对徐志摩人生观和艺术观的塑造作用更是巨大。爱、美和自由是他热烈追求的对象，人与自然的和谐也是他的追求目标。徐志摩在追求诗歌形式美的同时，也追求美的内容和形式的统一。徐志摩擅长用优美的形象来表达自身情感，实现人与自然的完美融合，人生雅趣凝聚在徐志摩笔下，融合成唯美主义的审美境界与趣味。

徐志摩爱情诗强调以巧妙的构思和新颖的意象打动人。在《雪花的快乐》里，他写道："假如我是一朵雪花，翩翩的在半空里潇洒，我一定认清我的方向——飞扬，飞扬，飞扬，——这地面上有我的方向。"①作者选取"雪花"这一美好的意象自比，表达出对爱情和理想的颂扬。这一灵动的意象，呈现在读者面前的是天空中飞扬着的美丽。洁白的外形、轻盈的姿态，使得诗歌的境界更加空灵澄澈。徐志摩择取这些富有美感的意象作为抒发情感的载体，给人无尽的想象空间，进而营造诗歌的空灵美感。徐志摩使用一系列的手法，如反复、排比、对偶等，不仅在音乐上给人一种美感，像是在聆听一首动人的歌曲；同时也营造出一种境界，仿佛漫天的雪花充盈在人们的眼前，动感的美让人愉悦，让人心情舒畅。不可否认，徐志摩运用语言的能力十分娴熟，在他的笔下，冰冷的词语变得鲜活起来，他赋予词语以生命力，如"翩翩的"和"潇洒"这两个简单的词语，让雪花由无生命力的事物瞬间变为活泼的个体。徐志摩通过意象选取和意境营造，不仅丰富了新诗的艺术世界，同时为新诗注入了一种美感，一种形式和内容的和谐统一美感。

新月诗派发展后期，社会局势更加动荡不安。"尊严""健康""超功利"等字眼在新月派诗人笔下频繁出现，他们开始寻求艺术的独立地位，追求一种健康自然的状态。新月派追求"尊严"，强调诗歌作为一门艺术的自由和独立精神，认为只有这样，诗歌才能保持尊严。虽然新月派在审美上仍然追求古典主义美学，在规范上也追求一种相对的自由和尊严，但他们追求的健康属于伦理学的善或人性的善，即诗歌中要有道德感的存在。新月派诗人中，受过西方浪漫主义思潮影响的人占很大比重，他们呼吁诗歌艺术乃至文学艺术不应沦为表现社会功利性的产物。他们不希望诗歌被打上功利的烙印，沦为社会世俗的奴隶。

---

① 徐志摩：《徐志摩诗集》，四川人民出版社1981年版，第3页。

他们采取一种相对缓和的折中策略:抛弃直接表现生活的方式,将美好的艺术形象作为中介,以此表现自然现实,抒发感情。这样,艺术获得了一种独立的地位,艺术不再为现实功利所蒙蔽,进而变得纯粹和唯美。

新月派诗歌"和谐均齐"的美学观,既是针对早期诗歌反韵律、反格律而出现的散文化倾向的审美重建,也是对诗歌发展规律的尊重。新月派诗人从理论到实践为丰富新诗的格律及其表现力做出了贡献,他们既借鉴西方格律体诗歌,又从中国古典诗歌艺术中吸纳养料,这是对早期新诗创作散乱自由的局面的改善,新诗的地位因为形式上的规范而得到了一定程度的巩固。综而观之,新月派追求"理性节制情感""和谐诗学观""唯美主义"等审美境界,以及"三美""健康""尊严""超功利"等审美原则,是对中国古典美学追求形式与内容统一原则的继承。

二、 象征派诗人的美学探索

20世纪上半叶,中国社会处在新的历史转折时期,知识分子普遍感觉苦闷,表现出颓废和感伤等情绪。中国象征诗派也正是兴起于这一时期,以李金发在1925年出版诗集《微雨》为标志。象征诗派兴起之时,正是法国象征主义风靡全球之际。国内很多刊物开始翻译象征派文学作品,介绍象征主义诗人,如波德莱尔、马拉美等。法国象征主义文学反对传统和理性,在中国,象征派诗人表达情感的方式是暗示与象征,他们希望通过这种方式为情感表达找到栖身场所,代表人物有李金发、戴望舒、卞之琳、冯至等。一方面,中国象征派诗人促进了中国新诗的发展,在借鉴西方文学思潮的同时也在诗歌中注入了颇具中国特色的意象;另一方面,他们的探索也使新诗朝着现代性的方向迈进。

李金发留学法国期间深受象征派诗人影响,波德莱尔的《恶之花》以及马拉美、魏尔伦等法国象征派诗人及其诗歌作品对李金发的诗歌创作影响深远。通常来说,美或美的事物是诗人歌颂和表达的对象,但波德莱尔却反其道行之,认为丑中包含着美的存在,他讴歌现实生活中的丑恶事物。波德莱尔在《恶之花·序》中如此定义恶与美的关系:"长久以来,杰出的诗人已瓜分了诗歌领域中最为灿烂的题材,而让我感到满意,甚至愉悦的是,从恶中发觉美成为更加艰巨的任务。"①对此，萨特评论认为："波德莱尔是在有意识地作恶时，而且通过他在恶中的意识依附善的。"②雨果在致函波德莱尔时也写道："你给艺术的天空带来说不出的阴森可怕的光线，你创造出新的战栗。"③可见，象征派诗人眼中的美丑观念与世人截然相反，其他人认为美的事物，象征派诗人却认为是丑的；其他人认为丑的，象征派诗人却认为是美的。

波德莱尔的《恶之花》提倡"以丑为美"的美学观，李金发的诗歌创作也深受这种美学观念的影响，他的《夜之歌》描述了枯草、朽兽、泥污和死尸等一系列丑陋的事物和现象，以表达作者对现实的悲愤之情。在诗人眼中，人生不是永恒，丑也可以转化为美。李金发对死亡的认知与歌颂，对丑的事物的礼赞，与他受波德莱尔的影响是分不开的。在李金发的诗里，我们可以感受到波德莱尔笔下的忧郁、感伤等情绪，也可以看到波德莱尔等象征派诗人对通感、暗示、跳跃、意象等艺术手法的运用。

李金发目睹现实生活中理想生活与美好现实的幻灭，他在创作中并没有歌颂美和善，而是"以丑为美"，将社会的阴暗面作为表现的对象，尽力去挖掘生活中的丑和恶。审丑与死亡是李金发诗歌的重要主题，他看到生活中的丑陋，众多情绪郁结在心中，因而通过一种反叛的方式将此情绪表达出来，通过死亡的恐惧和歌颂表现他的复杂心态。他的《寒夜之幻觉》描述了很多丑陋的意象，他笔下的塞纳河，飘着无数人和动物的尸体，让读者惊悚和产生非美的情绪反应。需要指出的是，李金发的"以丑为美"，表现丑恶并非他的终极目标，他希望通过对丑陋与恶毒的描写，激发人们对善与美的追求。

为了实现"以丑为美"的美学观念，李金发采用的是一种美和丑的强烈对比方式。两个极端的存在，让读者更能直观把握所表达的内容，对主题的理解也会更加深刻。李金发虽然表现的是丑和恶，但是他想抒发的是美和善的理想与追求。在诗作《温柔》中，屠夫猎杀生命的时候，眼睛里是冷冰冰的，凶残中人性已被泯灭，而在情人眼中，却充满了爱怜之意。在李金发的诗中，美与丑形成强烈的对比，美以一种特殊的方式呈现出来。他的诗歌表现出"以丑为美"的审美特征，他被当时文坛称为"诗怪"。

---

① ［法］波德莱尔：《恶之花》，郭宏安译，广西师范大学出版社 2002 年版，序言。
② ［法］萨特：《波德莱尔》，施康强译，北京燕山出版社 2006 年版，第 44 页。
③ ［法］波德莱尔：《恶之花》，郭宏安译，广西师范大学出版社 2002 年版，引言。

李金发的诗歌呈现出感伤和颓废的情绪,他的诗歌意象怪诞、诡异、新奇。李金发深入到个体的深层体验和潜意识领域,以一种阴柔的方式将感伤和颓废扩散于诗作中。他借鉴法国象征主义诗歌表现手法,在诗歌中营造出一种朦胧和神秘色彩的氛围和意境,以一种特殊的艺术方式冲击着人们的审美体验。李金发的诗歌意象怪诞、诡丽、新奇,结构灰色、朦胧,对新诗审美意蕴的开拓具有重大的意义。死亡、悲哀等消极的意象是李金发的主要表现对象,他的诗歌以神秘、死亡、悲哀为主题,呈现出悲观主义色彩,中心意象是表现生与死的忧伤以及对现实的迷茫,弥漫着对世界和人生的悲观与失望,以及对梦幻现实的不懈追求。

在李金发的诗作中,很难见到太阳、明月等色彩明艳的意象,大多是寒夜、残月、落叶、坟墓等冰冷意象。在他的笔下,灵魂是"荒野的钟声",生命是"死神唇边的笑"。他的诗以忧郁和感伤为美,他的诗作中大多是一些灰色的意象,充盈着浓郁的死亡气息。作品所选取的形象有着共同的情感色彩,大都能激发感伤、颓废和忧郁的情绪。在《弃妇》中,第三节"弃妇之隐忧堆积在动作上/夕阳之火不能把时间之烦恼/化成灰烬/从烟突里飞去/长染在游鸦之羽/将同栖止于海啸之石上/静听舟子之歌"。诗呈现出来的是黑色的基调,见不到任何明亮的色彩。

李金发不仅选取的意象怪诞诡异,不同于寻常,表现的主题也以抑郁为主,呈现出"病态美"和"忧郁美"。这种不同于常人的声音,也让其诗作有着特殊的思考空间,进而表达对现代都市异化文明的批判意识。一般来说,艺术家应该去积极追求美的事物,表现和歌颂美好的事物。以丑为美,以忧郁为美的审美追求,与中国传统诗歌的审美趣味不相符合,也与早期白话新诗的审美观念差距悬殊。但需要指出的是,虽然"以丑为美"的美学观挑战了传统的主流审美趣味,但李金发所描述的并非是畸形的审美,也可以说是特定环境下现代人审美意识和观念的体现,可谓新诗艺术探索的大胆革新与尝试,在很大程度上丰富了新诗的创作主题,传达出特殊的审美体验。

除了李金发主张"以丑为美"的美学观外,象征派诗人还强调诗歌的朦胧美感。为了表现朦胧美,象征派诗人运用隐喻、象征、通感等手法,实现情绪的意象化。在象征派诗人笔下,难以捉摸的情绪幻化为具体可感的事物,如有"雨巷诗人"称谓的戴望舒追求含蓄的朦胧美。戴望舒在诗歌中多运用象征性的形象和意象,来表现内心世界的复杂与微妙,他通过情绪意象化的方式,将隐蔽自己和表现自我巧妙地结合在一起。

戴望舒一方面提倡诗歌艺术表现的朦胧美,同时也追求诗歌艺术表现的感伤美。在他看来,诗歌是用来自我表现的载体,但由于现实生活的黑暗,现代个体深感苦闷彷徨,无处消解,无处排遣,只能从诗歌中寻求寄托和安慰。在戴望舒笔下,知识分子拥有一颗感伤的心,感伤的情绪时常缠绕在心头,并被转换成诗歌中的感伤美。在戴望舒的《雨巷》里,"撑着油纸伞/独自彷徨在悠长、悠长又寂寥的雨巷/我希望逢着一个丁香一样地/结着愁怨的姑娘/她是有丁香一样的颜色/丁香一样的芬芳/丁香一样的忧愁/在雨中哀怨/哀怨又彷徨"。[①]《雨巷》是一首有着古典美的现代诗。诗歌语言和音节的优美让人向往,一系列意象营造出令人神往的境界,朦胧的气氛中夹杂着淡淡的哀愁,浓重的失望和彷徨情绪在诗间盘旋萦绕。

戴望舒诗歌所体现出的朦胧美,既有语言上的含蓄委婉,也有事物处理上的象征化,还有情感表现上的隐蔽曲折。从语言到意象再到情感,无不体现出缥缈含蓄、隐约朦胧和意境深远的特点。戴望舒的诗歌从形式上打破了传统诗歌的表达,他的诗歌通过朦胧飘忽的形象,巧妙地表现复杂而不确定的主题。诗歌流露出的是忧郁、迷惘与悲伤等情绪,甚至是诉说不尽的感伤。

戴望舒偏爱法国后期象征主义的作品,加上戴望舒自我人生的失意与苦闷,法国象征主义诗歌中的感伤情绪对他的影响不容小觑。同时戴望舒还从中国古典诗词中汲取养分,摄取古典诗词的神韵,将二者很好地结合在一起。戴望舒追求诗歌韵律所带来的音乐美感,强调形象的生动性,诉求主题的朦胧美。戴望舒的诗歌寻求一种内在灵魂深度的隐藏性传达,在展现民族性的同时体现出很强的现代性审美探索和艺术追求,其诗歌所营造的朦胧美和感伤美也对现代新诗美学的发展产生了较大影响。

三、 九叶派诗人的美学探索

1947 年 7 月,曹辛之等人在上海创办诗歌刊物《诗创造》,周围聚集着一大

---

① 戴望舒:《戴望舒诗集》,四川人民出版社 1981 年版,第 28 页。

群青年诗人,他们以探讨现代诗艺美学为宗旨,寻找新诗现代化的途径,后来发展为中国现代文学史上有名的"九叶诗派"。《中国新诗》的创办是九叶诗派正式形成的标志,核心成员有曹辛之、辛笛、穆旦、袁可嘉等九个人。

九叶派诗人对社会现实怀有一种强烈的责任感,他们对中国新诗的发展有着清醒认识:"中国新诗虽还只有短短二十年的历史,无形中却已经有了两个传统:就是说,两个极端,一个尽唱的是'梦呀,玫瑰呀,眼泪呀',一个尽吼的是'愤怒呀,热血呀,光明呀',结果是前者走出了人生,后者走出了艺术,把它应有的将人生和艺术综合交错起来的神圣任务,反倒搁置一旁。"①九叶派诗人反对逃避现实的唯艺术论,也反对扼杀艺术的唯功利论,认为"人的文学""人民的文学"和"生命的文学"应该综合起来,现实和艺术也应该平衡。

九叶派诗人生活的年代正是时局动乱之时,但不同于新月派诗人和象征派诗人对革命持逃避态度,九叶派诗人面对现实时更多选择了积极回应,将诗歌与政治、社会和时代结合起来。九叶派诗人对诗歌与现实政治的结合持肯定态度,但他们也认为诗歌与现实应该达到平衡的和谐状态,认为诗歌不能成为为政治歌功颂德的工具,沦为政治的附庸。九叶派诗人希望通过诗歌本身艺术的锤炼,平衡诗歌与现实之间的关系。九叶派诗人强调诗歌应当拥有独立的生命,主张诗歌表现真实的生活和反映现实人生。

"平衡"是九叶派诗人处理诗歌与现实关系的基本准则。在九叶派诗人的创作实践中,他们始终把追求诗歌艺术与现实的"平衡"之美当作自己的目标。他们"不许现实淹没了诗,也不许诗逃离现实,要诗在反映现实之余还享有独立的艺术生命,还成为诗,而且是好诗"②。在他们看来,诗歌艺术和现实之间要达到一定程度的平衡状态。诗歌艺术一方面要反映人生,与现实相结合,反映人生的现实性;另一方面诗歌作为一门艺术,自身的独立性必不可少。诗歌具有自身的生命,它不是任何附属品,诗歌应当有艺术的自由想象空间。

九叶派诗人强调现实与内心世界的平衡,注重内部自我世界与外部世界的沟通。他们关注个体的精神生活和内心世界的丰富复杂性,寻求自我世界与外在世界的平衡,这也是九叶派与西方现代主义最直接和最深刻的联系。九叶派

---

① 陈敬容:《真诚的声音》,《诗创造》,星群出版公司1948年版。
② 袁可嘉:《论新诗现代化》,三联书店1988年版,第220页。

诗人注重挖掘自我世界的微妙变化与细小情绪，但也不忽视现实世界的千变万化与错综复杂。这样，感性的世界内化为心灵的触动，理性和感性进而达到一种平衡。九叶派诗人将题材范围延伸到城市生活的内部，通过描写人们的心理状态去表现社会现状。由此，诗歌联通了内心小世界与外部的大世界，内心变化折射出世界的现状，达到一种内外世界的平衡姿态。九叶派诗人在表现社会重大问题时，也不忘抒发胸臆和表达个人情感。他们在通过诗歌表现社会和人生时，也会对个体进行哲学层面的理性思考。

在诗歌艺术上，九叶派诗人对浪漫主义感伤缠绵的美学观持反对态度。他们反对浪漫主义诗人的主观抒情，将笔触从外部客观世界转移到人的内心世界，倡导现实主义与浪漫主义相结合，让诗歌融汇现实、象征和玄学等因素。九叶诗派强调诗歌在哲理上要具有思辨性，希望通过对情感的升华来展现隐喻意义。在这里，玄学指的是情感和智慧的不经意流露。九叶派诗人对玄学的提倡与他们追求内外部世界平衡的美相照应，同时与他们在诗歌中诉求感性与理性的探讨目的也是一致的。

九叶派诗人提出诗歌展现"玄学"思想，这涉及诗与哲学的关系，即诗歌艺术中理性和感性的关系。九叶派诗人袁可嘉在评价冯至的诗时说："冯至作为一位优越的诗人，主要并不得力于观念本身，而在抽象观念能融于想象，透过感觉、感情而得着诗的表现……十七世纪玄学派诗人及受他们影响的现代诗人，都不时提醒我们，抽象观念必须经过强烈的感觉才能得着应有的诗的表现，否则只有粗糙的材料，不足以产生任何效果，他们成功的诗作即足以证明所言不虚，《十四行集》的作者也令人羡慕地完成了发自诗底本质的要求，其中观念被感受的强烈程度都可从意象及比喻得着证明，这些诗哲理性的观念不是裸体直陈，而是从想象的渲染，情感的振荡，尤其是意象的夺目闪耀给死的抽象观念以活的诗的生命。"[1]在袁可嘉眼中，诗歌艺术是感性的存在，而哲学是理性的存在，理性与感性的统一就是哲学和诗的统一。要实现这样的效果，在表达抽象的概念之时，应当将富于想象的感觉和感情融入其中。感性与理性的融合不仅需要对现实进行模仿或者再现，同时也需要主体发挥自身能动作用，积极从事心智创造。

---

[1] 袁可嘉：《论新诗现代化》，三联书店1988年版，第76页。

　　九叶派诗人大多对西方文化比较了解,他们研读和翻译西方文学作品。九叶派诗人受到新文学诞生以来的各种各样文学思潮的熏陶,还有西方文学思潮的影响,他们"本着诗人的社会良知和自身的诗学原则……主动地借鉴外国诗歌,尤其注重横移现代西方诗歌的艺术精神和表现手法。他们根植在中国现实的土壤里,以双重的传统生命(古典诗歌传统和新诗的优秀传统)去融化他们,同时表现出一种新的自觉,试图创作出具有现代诗美的中国新诗"①。可以说,九叶派的美学追求以现代主义为主导,同时也杂带有现实主义和古典主义风格。

　　九叶派诗人追求兼顾中西诗歌技艺,古典与现代相结合的"平衡"美学观,他们强调艺术与现实,内心世界与外部现实的多重平衡。九叶派诗人不仅推动了中国新诗的现代化进程,他们对西方现代主义的融汇与创新,以及对中国诗歌传统的继承和发扬,有着重要的现代文学史和美学史意义。

四、 新感觉派小说的美学探索

　　中国新感觉派小说一方面受到日本新感觉派的影响,另一方面也受到法国都市文学的影响。新感觉派以都市空间为文学的审美对象,致力于描绘都市形态,将快节奏的都市生活凝聚于笔触,捕捉都市中新奇和光怪陆离的感觉。新感觉派借鉴了电影蒙太奇手法和西方意识流手法,表现都市生活的快节奏和都市繁华的稍纵即逝,飞机、电影、高楼大厦等表征都市现代性的事物受到新感觉派的青睐。这些现代化事物一方面表现了现代物质生活的丰富,另一方面也展示了现代人内心深处的孤独和寂寞。

　　新感觉派的主要代表是施蛰存,他的小说主要受到精神分析学家弗洛伊德的影响。精神分析学派认为,人的首要需要是本能需要,但在文明社会里,太多的东西阻碍了原始本能的满足,本能因而受到压抑,得不到释放。弗洛伊德认为:"在文明的进展中,这类弃绝原是缓慢进行的,一步一步地因宗教加以神圣化了。个人牺牲其本能的满足,奉献于神明,由此得到的公众利益自然是神圣不可侵犯的。某些人也许冲动特别强烈,压制不住自己的本能,不能适应社会

---

① 王圣思:《九叶之树常青:"九叶诗人"评论资料选》,华东师范大学出版社 1994 年版,第 143 页。

的要求,他就变成一个罪犯、一个恶徒。"①伴随着社会文明的进步,阻碍人的本能快乐的因素反而越来越多,社会和家庭都可以成为压抑机制的执行者,而文明进程所带来的压抑也深刻地影响着现代人的内在心理。

施蛰存以敏锐的知觉去透视他人潜在的情感,揭示个体的潜意识。在《将军底头》中,主人公唐代将军花惊定奉命征讨吐蕃,在途中遇到了一位漂亮的女子,受到美色诱惑,成为情感欲望的承担者。但花惊定的身上承载着军令,道德感和责任感压抑着他的情欲。带着这种矛盾心理,他仍然走上了战场,不幸却在战场上被杀了头。小说通过精神分析法来剖析本我和超我的矛盾,展现了道德和情欲的激烈冲突。作者展现了民族命运与爱情的冲突,前者是道德的束缚,后者是本能的快感。在小说中,作为性本能的爱欲遇到了现实的道德,本我让位于超我,超我具有传承价值的事物得以传承下来。

作为 30 年代海派中有着较大影响力的小说流派,新感觉派小说促进了现代都市文学的发展,丰富了现代小说的表现手法。但新感觉派的一些作品在暴露现代都市生活的病态时,并没有表现出鲜明的决裂和否定态度,反而流露对颓废都市生活的留恋,因而也受到了不少批判和诟病。

第三节　现代戏剧和电影的美学探索

戏剧在中国有着悠久的历史与传统,早在周朝和秦朝的时候就已经开始萌芽,宋元时期杂剧的出现更是将戏剧艺术推向灿烂繁荣的高峰阶段。在中国戏曲艺术漫长的历史演变过程中,一系列优秀的剧作家和戏剧艺术家涌现出来,成为中国传统文化的有机组成部分。作为戏剧的一种形式,话剧起源于欧洲,在 20 世纪伊始的时候被引进我国,并逐渐走向成熟。自近现代以降,中国戏剧在接受西方戏剧思想的过程中,不断充实和发展自己,造就了一系列优秀的剧种和优秀的剧作家,发展充实着传统的戏剧美学思想。1905 年,《定军山》的演出揭开了中国电影发展的序幕,随后,电影呈现出不同的审美诉求。在 20 世纪,戏剧和电影面临着来自外来文化与本土文化的冲突和张力。

---

① ［奥地利］弗洛伊德:《爱情心理学》,林克明译,作家出版社 1986 年版,第 170 页。

一、现代戏剧的美学探索

清朝末期,西方启蒙思想传入中国,晚清的剧作家们致力于西方启蒙思潮的传播和普及工作,有的传奇剧和杂剧甚至直接采用欧洲启蒙时期的人物与事件为故事原型。由于职业演员对"新戏剧运动"的倡导,西方话剧也逐渐传入中国。

20世纪初成立的春柳社是中国现代文学史上最早的话剧团体,以李叔同、曾孝谷、欧阳予倩等为代表。春柳社提出向欧美戏剧和日本新派戏剧学习,演出了《茶花女》《黑奴吁天录》等话剧。其中《黑奴吁天录》这部由中国人创作和表演的戏剧成为文明新戏的开端。春柳社强调新的戏剧样式应当与中国传统戏剧有区别,他们在内容和形式上借鉴西方戏剧,试图改变中国传统戏剧以歌曲和舞蹈为表现形式的方式,主张让言语和动作成为戏剧的主要表现手段,以此表现人物的性格和命运。他们在戏剧创作中采用分幕制,要求有完整的剧本和一系列的排练,重视戏剧演出的艺术性。在他们看来,这样的戏剧才能适应现代文明发展的需要,跟上现代文明的步调。从春柳社开始,中国现代话剧艺术开始走上自觉探讨与自我创造的美学探索道路。

早期的话剧开创了一种新的创作与演出模式,但也强调戏剧的教育和感化功能,并以此作为抨击封建统治的武器和政治宣传的工具。随着辛亥革命的失败,话剧受时局影响慢慢走向衰落。五四时期,话剧开始复兴,但再次复兴的话剧面临着来自各方的质疑,如关于新剧和旧剧哪一个更优、更善、更美,更是让一大批学者争论不休。

1917—1918年,傅斯年、胡适和周作人等人以《新青年》为阵地,发表文章抨击中国传统戏剧。在他们看来,中国传统戏剧的儒家和道家思想印记太深,旧戏剧遵循的大团圆式结局是一种封建性和迂腐性思想的表现,对人的思想戕害极深。在对旧戏剧的批判以及与旧戏剧理论家的论战中,《新青年》同仁要求废旧立新,改革封建的旧戏剧模式,创新西洋式的新戏剧。在这种语境下,对外国戏剧理论的译介和传播蔚然成风,如现实主义、自然主义、唯美主义、未来主义等戏剧创作理论涌入中国,对中国传统戏剧理念带来了一波又一波的冲击。

傅斯年提倡现实主义戏剧,要求戏剧在现实社会中取材,表现"每日的生活"，描写"平常的普通人"。① 1919年，胡适模仿易卜生社会问题剧《娜拉》创作并演出《终身大事》，现实主义戏剧逐渐在现代戏剧史上占据主导地位。胡适反对中国戏剧、小说的大团圆结局，否定这种非现实的合家欢结局，强调悲剧对社会的道德净化和陶冶功能，这在当时引发了一些学者的反驳。反驳者认为中国旧的戏曲不可完全废除，中国的传统戏曲，无论是文戏还是武戏都有一定的审美价值，其艺术价值不应该完全被否定。

陈大悲出版的《爱美的戏剧》是中国现代戏剧史上第一本成体系的戏剧理论专著。"爱美"是音译，意思是非职业的、业余的。陈大悲提倡"爱美剧"，将批判的矛头指向传统旧戏和文明戏。同时，他还提出戏剧改革的主张，提倡翻译介绍西方话剧，借鉴西方话剧的内容形式与表现手法。在陈大悲看来，应当建立一种新的戏剧观念，用来传播各种各样思想，达到改善社会和人生的目的。

1926年，闻一多、余上沅等留洋学生提倡国剧运动，反对易卜生的社会问题剧。他们倡导演给中国人看的中国戏。在他们看来，社会问题剧试图将社会的矛盾解决置于戏剧中的做法是不实际的，其结果只会使得戏剧不像戏剧，社会矛盾也没有得到合理的解决，反而毁坏了戏剧本身的艺术性。② 在这场国剧运动中，余上沅提出要建立中国新戏剧，认为应当从中国旧戏剧中汲取营养，进而整合和利用旧的戏剧元素。传统戏曲基本上是纯艺术的，具有自身的独立性。余上沅等人亦认为这种追求纯粹艺术性的主张是可取的，他们认为戏剧不应该成为宣传政治和社会现实的工具。

对于五四时期推崇的易卜生主义，国剧运动者反对将戏剧作为一种社会教化的工具，他们希望在东方和西方的戏剧文化之间架起一座桥梁，融合东西方戏剧文化的精髓。但这种主张后来被一些学者斥为"形式主义复古逆流"而受到强烈批判。客观地说，国剧运动希望构建具有本族文明特色的戏剧，希望在传统的写意和现代的写实之间连接一根纽带，从而使中国戏剧具有鲜明的民族特色。他们倡导通过中西戏剧艺术的比较来思考中国戏剧的发展，这种思路基本上是可取的。

自西方戏剧进入中国，本土戏剧的发展可谓一波三折，自五四时期的被批

---

① 傅斯年：《论编制剧本》，《中国新文学大系·建设理论集》，上海文艺出版社1981年版，第390—391页。
② 周安华：《戏剧艺术通论》，南京大学出版社2005年版，第86页。

判与全面否定，到国剧运动期间重新被提及，本土剧被极大推崇。本土剧主张纯艺术，学习传统戏剧，反对易卜生主义等。本土戏剧之所以会有如此波折，是戏剧工作者在中国话剧遭到西方戏剧冲击时的不同选择，同时也是中西方文明受到冲击时的矛盾反映。五四时期反对传统文明的美学价值，推崇外来主义，而国剧运动是推崇本土文明，反对外来文明。在中国传统与西方文化的交流碰撞过程中，中国现代戏剧美学观念的探索也在不断发生着变化。

在这段时期，中国话剧受到西方话剧发展史上众多派别的影响，如现实主义、浪漫主义、象征派、表现派等。王尔德、奥尼尔、斯特林堡、梅特林克等一大批国外戏剧理论家思想的引进，促进了中国现代文学史上多元化的戏剧创作格局的初步形成。正是在多元化的戏剧创作格局之下，出现了田汉、曹禺等一批优秀的剧作家和理论家，带来了戏剧美学思想的多元发展。

大革命失败后，中国左翼作家联盟成立，田汉提倡戏剧艺术的真善美，中国戏剧创作逐渐从革命浪漫主义走向现实主义，从感伤主义走向革命理想主义。田汉1920年创作第一个剧本《梵峨嶙与蔷薇》，其中"梵峨嶙"是音译小提琴，象征着艺术，而"蔷薇"代表的是美好爱情。谈到剧本的创作方法，田汉说："此剧是通过了现实主义熔炉的新浪漫主义剧。"[1]在这里，现实主义体现出对中国社会的关照和对社会改革的迫切希望，新浪漫主义则是指西方的现代主义艺术，强调象征和抒情的艺术方法。对美的追求是田汉早期剧作中重要的主题，他经常在剧作中设置一些离奇的情节，渲染一种可以为了美抛弃一切的神秘情调。此外，传奇性和神秘性也是田汉早期剧作重要的艺术特征，他吸收西方浪漫主义与现代主义的艺术理论，剧作的主观性和抒情性特征比较明显。

20世纪30年代，民族矛盾和阶级矛盾日益激化，在革命作家的参与推动下，整个文艺界发起了一场"革命文学"运动，"左联"也在此阶段成立。受此影响，田汉认为浪漫主义作品并不利于时代的发展进步，转而朝着革命现实主义的戏剧创作方向发展，作品呈现出很强的现实主义风格。田汉既有对现代文明的追求，也注重从传统文化中获取能量，这种现代性的追求和本土化的倾向，是其戏剧艺术美学探索的鲜明表征。学习西方戏剧的精华，体现了现代化的追求，而对传统戏剧元素的承继，这是戏剧本土化的需求。戏剧要发展，需要不断

---

① 田汉等:《三叶集》，上海亚东图书馆1920年版，第81页。

丰富其美学内涵和价值,需要充分吸收中外文化的精华为其所用。

需要指出的是,戏剧艺术有其自身的审美要求,这是其作为艺术独立性的先决条件。戏剧艺术如何在不毁坏自身艺术性的同时去表现社会现实,艺术与现实的关系问题也确实是一个值得探讨的问题。事实上,这个问题涉及艺术审美和现实功利的关系。中国文学在走向现代化的道路中,有关文学功用的探讨历来有两种声音:一种声音认为文学是唯美的,艺术有着其自身的生命力;另一种声音认为文学艺术反映社会现实与人生,是表现现实的工具。这两种对立的观点在不同时期有着不同表现,由此也反映出文学发展的时代语境及其轨迹。在现代戏剧艺术的美学探索中,田汉前后期戏剧美学观念的变化,也正体现了不同的艺术与现实关系观。田汉早期戏剧对美的追求占主导地位,显示出唯美主义的倾向。在后期创作中,田汉的戏剧创作开始和政治现实相结合,强调艺术审美性和社会功利性的结合。

曹禺原名万家宝,他从小就接触了中国传统戏剧,在清华大学西洋文学系读书的时候,广泛接受了西方莎士比亚、易卜生、契诃夫等人的戏剧艺术思想。《雷雨·序》和《日出·跋》是曹禺戏剧美学探索的代表作,也是中国现代戏剧美学的重要篇章。曹禺积极探讨人性的丰富性和复杂性,刻画各种各样的人生,努力让观众看到舞台上人物的复杂性和真实性。

谈起《雷雨》的创作动机,曹禺写道:"写《雷雨》是一种情感的迫切的需要。我念起人类是怎样可怜的动物,带着踌躇满志的心情,仿佛是自己来主宰自己的命运,而时常不能自己来主宰着。受着自己——情感的或者理解的——捉弄,一种不可知的力量的,——机遇的,或者环境的——捉弄……在《雷雨》里,宇宙正像一口残酷的井。落在里面,怎样呼号也难逃脱这黑暗的坑。自一面看,《雷雨》是一种情感的憧憬,一种无名的恐惧的表征……所以《雷雨》的降生,是一种心情在作祟,一种情感的发酵,说它为宇宙作一种隐秘的理解,乃是狂妄的夸张。但以它代表个人一时性情的趋止,对那些'不可理解的'莫名的爱好,在我个人短短的生命中是显明地划成一道阶段。"①在曹禺看来,创作源泉是一种情感的需要和抒发,并在戏剧中找到了喷薄而出的缺口。因为洞见了社会的千姿百态,尤其认识到个体卑微到无法主宰自己的命运,曹禺主张悲剧的作用

① 曹禺:《曹禺作品精选珍藏版》,长江文艺出版社 2012 年版,第 5—6 页。

是使人的情感得到陶冶和疏泄,即亚里士多德意义上的净化。在曹禺看来,戏剧具有道德净化和情感陶冶的双重功能,情感抒发也成了他戏剧创作的主要动因。曹禺以极大的兴趣去探究社会中人的命运,尤其是对现实中黑暗面的观察,他的戏剧创作呈现出极大的人文终极关怀色彩。

在《雷雨·序》中,曹禺受西方表现主义风格的影响,注重内部的主观世界,强调情绪和情感的抒发。在表现说那里,艺术所表现的情感一是创作主体的情感,二是观众从艺术作品中体会到的情感。艺术表现指艺术家将自己内心的感情或是情绪通过一定的方式宣泄出来。在曹禺的戏剧中,他强调情感的表现,认为借戏剧作品去表现内心的情感,观众亦能感受到这种情感的表达。曹禺的《雷雨》展示了一幕幕家庭生活的场景,其中的人物形象具有各自的性格特征,从不同的角度展示着命运的深刻性。周萍作为家里的长子,出身于一个封建色彩十分浓厚的资产阶级家庭。周萍因为内心巨大的精神压力而走向毁灭,其性格上的劣根性让他表现出自私与软弱的一面,但同时他又痛恨父亲的冷漠与残酷,渴望自由和真爱。曹禺刻画这一个人物,表达了他对封建家庭继承人命运的情感,暗示着封建大家庭灭亡的必然性。

曹禺戏剧创作中的关照对象是社会现实、人生和社会中人的命运。《雷雨》通过人物的安排和情节的设置,用戏剧中人物的性格命运去表现现实。同时,《雷雨》还用更深的笔触去探寻隐藏在现实背后的人生和人性问题。继《雷雨》之后,曹禺创作了《日出》,展现出更加宽阔的社会生活画面。曹禺将戏剧创作的笔触伸向了上流社会和下层社会的各个片段,使得戏剧的冲突尽可能与生活本身相贴近。在主题上,曹禺对造成生活黑暗的恶势力发起控诉,将整个社会制度的腐朽面暴露在公众面前,表达出对光明和美好生活的憧憬与向往。

曹禺在《日出·跋》里写道:"我应该告罪的是我还年轻,我有着一般年轻人按捺不住的习性,问题临在头上,恨不得立刻搜索出一个答案。苦思不得的时候便冥眩不安,流着汗,急躁地捶击着自己,如同肚内错投了一服致命的药剂。这些年在这光怪陆离的社会里流荡着,我看见过多少梦魇一般的可怖的人事,这些印象我至死也不会忘却。它们化成多少严重的问题,死命地突击着我,这些问题灼热我的情绪,增强我的不平之感,有如一个热病患者。我整日觉得身旁有一个催命的鬼,低低地在耳边催促我,折磨我,使我得不到片刻的宁贴。"①正是因为发现了社会中的诸多问题，曹禺才想通过戏剧艺术创作的形式，表现内心的情感，进而表现人生和人性的丰富复杂。曹禺在《日出》中刻画了众生百态，他把这些人分为"不足者"和"有余者"，形成两个对立的世界和价值观，以此来批判现代都市中"损不足而奉有余"的现象。在曹禺的笔下，小人物往往具有高尚的品格，与大人物形成强烈的对比和反差。

曹禺的《雷雨》《日出》和《原野》等作品在中国现代戏剧发展史上有着重要的影响和意义。曹禺丰富了现代话剧的美学史意义，他极具想象力的创作为中国现代话剧的发展开辟了一片广阔的发展空间。曹禺的创作也是中西融汇结合的产物，显示了中国传统戏剧与西方戏剧艺术的融合，是中国传统诗学与西方象征主义的融合，也是艺术写实主义与写意主义的融合。《雷雨》的"序"和《日出》的"跋"均是中国现代戏剧美学史上的重要篇章，曹禺强调艺术反映现实和表现人生，进而使情感得到净化和陶冶。在曹禺看来，戏剧创作要努力刻画人物形象，表现人生的千姿百态，控诉黑暗人生和抨击不公正命运，表达内心深处对光明和自由的渴望。

二、 现代电影的美学探索

在中国电影界，一般将 1949 年之前的电影分为初创时期（1905—1932）、转折时期（1932—1937）、抗战时期（1937—1945）和解放战争时期（1945—1949 年）四个阶段。由于受到西方文艺思潮的影响，电影在不同时期呈现出不同的审美风格和诉求。中国人第一次看真正意义上的电影，是在 1896 年 8 月 2 日晚上上海徐园"又一村"的游艺活动上，当时电影作为一种舶来品，被称为"西洋影戏"，游客们只需花上二角小洋就可以欣赏到这种影戏。随后，电影放映活动逐渐在上海、北京、天津、广州这样的大城市兴起，放映内容一般都是一些尺寸短小的西洋风光、戏法和滑稽片，主要由外国文化商人主持。

1905 年，丰泰照相馆的老板任庆泰拍摄了中国第一部电影《定军山》，由京剧谭派艺术创始人谭鑫培主演。《定军山》是中国民族电影以独立形象出现的开端，它的内容（戏曲）、形式（记录式）以及简单的镜头表达方式是中国电影在

---

① 曹禺:《曹禺论创作》,上海文艺出版社 1986 年版,第 30 页。

相当长的时期所承袭的基本方式。此后,任庆泰与其他名伶合作,拍摄了《艳阳楼》《青石山》《金钱豹》《白水滩》《收关胜》等戏曲纪录片。虽然这批短片的视觉效果并不理想,但由于是本土传统艺术内容与外来新兴娱乐形式的首次结合,对于中国观众来说,已经足够新奇了。1913 年,张石川与郑正秋成立新民公司,联合创作导演了第一部民族故事片《难夫难妻》。《难夫难妻》是中国第一个具备情节的故事短片,而且有了事先写好的剧本,并且有专门的执导人,这在中国电影史上具有跨时代的意义。

20 世纪 20 年代是中国电影发展的尝试与摸索期。在这一时期,中国的无声电影迅猛发展。电影与戏曲进入独立创作的阶段,形成了中国电影史上第一个热潮。娱乐性是 20 年代早期电影从业者的追求,以电影为商品来取悦观众和赢取利益,在小篇幅中极尽插科打诨之技巧。这些电影在思想上并没有什么可取之处,但拍摄技巧在这一时期却逐渐成熟。随着西方社会改良思潮和启蒙思想涌入,故事片逐渐代替短篇,电影的教化功能逐渐增长,出现了一批社会问题片和家庭伦理片,如郑正秋的《孤儿救祖记》(1923 年)、孙瑜的《故都春梦》(1930 年)等。整体来说,爱国主义的现实批判意识和富于正义情怀的人道主义精神,是这一时期电影创作的主要潮流。与此同时,也有一些商业性质很强的影片逐渐衍生,产生了"古装片"(多为一些"才子佳人"和"英雄救美"的故事,如取材于《三国演义》的《美人计》等)和"武侠片"(多脱胎于坊间流传的传统侠义小说,如《大侠甘凤池》《儿女英雄传》《方世玉打擂台》和《夜光珠》等)。武侠片和古装片在 20 年代后期的流行,在客观上丰富了电影的技巧和形式,为中国电影的发展留下了可贵的经验。

20 世纪 30 年代是中国电影的第一次兴盛与高潮时期。30 年代初,在瞿秋白的倡议下,由夏衍、郑伯奇、钱杏邨等人组成电影领导小组,当时的左翼作家如阳翰笙、王莹、沈西苓等人也都参与电影创作和评论活动,史称左翼电影运动。左翼电影运动对中国电影的影响巨大,它不仅改变了电影创作的倾向,也在确立电影现实主义创作方向的同时提高了电影创作的质量。在这段时间内,《三个摩登女性》《狂流》《城市之夜》和《都会的早晨》等一大批新兴电影接连问世,这些影片从不同侧面暴露和批判现实,获得了较好的票房。1934 年公映的《姐妹花》和《渔光曲》取得了空前的社会反响,《渔光曲》获得了 1935 年莫斯科国际电影展览会荣誉奖,成为中国电影在国际电影节的第一部获奖影片。此外,这段时间内"国防电影"开始兴起,以反映在帝国主义军事侵略和经济侵略下的各种现实生活和社会问题,如《新旧上海》《迷途的羔羊》《十字街头》《马路天使》和《壮志凌云》等。

1937 年抗日战争全面爆发,形成国统区、租界区、沦陷区和共产党根据地四个大的电影创作区域。在国统区,自 1937 年年末到 1938 年年初,进步电影人士成立了中华全国电影界抗敌协会,中国电影制片厂拍摄完成战时第一部故事片《保卫我们的土地》。在 1938 年 10 月武汉沦陷前的短短数月,抗战影人先后拍摄了 3 部故事片,50 多部新闻纪录片和卡通宣传片。在艰苦抗战期间,大后方的电影人克服种种困难,拍摄了 21 部故事片(其中两部未完成)和近百部抗战宣传影片。租界区的电影主要阵地在香港和上海,被称为"孤岛"现象。租界区的电影人士借助特殊的政治地理环境,所拍摄的影片有较多商业竞争的成分,同时也将一些忧国伤时的情怀寄寓在影片中。沦陷区的电影主要集中在长春和 1941 年被日军占领的上海。这两个地区的电影主要为侵华战争服务,突出娱乐功能。这段时间抗日根据地虽然没有故事片产出,却也有《延安和八路军》和《南泥湾》等一批纪录片,留下了大量珍贵的影像资料。总体而言,抗战时期是中国电影的特殊时期,这一时期的电影已经不可能再单纯地作为一种艺术或是娱乐工具而立足于世,它与现实社会不可避免地联系到一起。

抗战结束后,中国电影格局又有了新的变化。在 1946 年"中美商约"签订之后,美国影片汹涌流入中国市场,民族电影的生存空间被严重挤压,面临着前所未有的生存危机。在这段时期,民族电影克服重重困难,拍摄了《八千里路云和月》《一江春水向东流》《万家灯火》和《小城之春》等一大批银幕佳作。战后电影由于饱受民族苦难,批判的力度和揭露的深刻性都更加明显,宏大的历史眼光和视角使这一时期的电影既批判社会和记录时代,又对银幕语言进行了大胆创新。电影不再局限于个人悲欢,而是将目光投向民族灾难、时代变迁和家庭离合。三者有机结合在一起,构成了这一时期电影的现实主义创作风格,民族电影开始逐渐走向成熟。

首先,中国现代电影的美学探索体现在时代性上。时代性在这里主要指不同时期电影带有本身所在时代的印记,如主题、情感和独有的技术元素等。电影在最初传入中国时被称为"西洋影戏",既然是戏,自然会令人联想到中国的传统戏曲,因此观众最初看到的都是用极为原始的方式拍摄的一些戏曲纪录片。第一部故事片《难夫难妻》是郑正秋根据家乡广东潮州的社会旧俗构思改编而成的，批判和讽刺了落后的封建婚姻制度。《庄子试妻》在世俗眼光普遍视伶人为戏子、"下九流"的时代，导演黎民伟让自己的妻子在片中扮演角色，随他一起投身电影事业，可以说是对世俗旧观念的一个有力冲击。1923 年张石川与郑正秋创作拍摄的《孤儿救祖记》，其目的就是为了教化社会，并开创了国产片自有电影以来的最高卖座纪录。作为刚刚起步的中国电影，虽然并没有改造社会的宏大叙事和理想，但电影中所蕴含的教化理念已经出现了萌芽。

由于中国革命的特殊性，左翼电影的农村题材自然而然地带有革命与斗争色彩。"在二十世纪三十年代，左翼电影工作者对农村题材的电影格外关注，因为这里面蕴含着他们对中华民族前途命运的思考和对中国社会矛盾的解释。"[1]左翼电影工作者不仅拍摄农村题材影片，同时也批判没有通过革命方式来教育民众和解决社会问题的电影，如《狂流》《丰年》《铁板红泪录》《重婚》《春蚕》《狼山喋血记》等，引起了社会的较大反响。1932 年淞沪战争爆发，电影体现出强烈的民族主义色彩，如《共赴国难》《上海之战》《抗日血战》《上海浩劫记》《十九路军血战抗日》等有关战争的影片以及《十九路军抗日战史》《暴日祸沪记》《淞沪抗日救亡将士追悼会》等新闻纪录片。

1937 年，抗战全面爆发，以国共合作为基础，抗战电影在这一时期大量涌现，"中国电影制片厂"与"中央电影摄影场"（前者属于国营，后者属于国民党党营）所拍摄制作的电影都与抗战密切相关。导演史东山指出，抗战电影"必须选择当前情势中亟待反映的现实，或亟待提出讨论的问题以为主题"[2]。这一时期出现如《保卫我们的土地》《好丈夫》《还我故乡》等电影，同时还诞生了《胜利进行曲》《保家乡》《东亚之光》《日本间谍》《中华儿女》和《青年中国》等抗战故事片和纪录片，体现出鲜明的时代性诉求。

其次，中国现代电影的美学探索体现在传奇性上。以情节取胜是这个时期电影的主导模式，如 1923 年公映的《孤儿救祖记》。身怀六甲的守寡儿媳余蔚如遭到侄子杨道培的诬陷，被有钱的公公杨寿昌赶出家门，此后的十年，余蔚如含辛茹苦独自将孩子余璞养大，还送他到学校接受教育。此时公公却晚景凄

---

① 杨远婴：《中国电影专业史研究·电影文化卷》，中国电影出版社 2006 年版，第 164 页。
② 史东山，《关于〈胜利进行曲〉的摄制》，《国民公报》1941 年 4 月 20 日。

凉，杨道培觊觎他的财产并起了谋财害命的歹心。最后真相大白，余蔚如洗清沉冤，祖孙三代相认团圆。余蔚如为报答学校的教育之功，将所继承的财产一半捐了出来，兴办义学，惠泽乡里。《孤儿救祖记》之所以能够如此打动观者，与故事本身柳暗花明、峰回路转的情节发展不无关系。之后的《十字街头》《姐妹花》《夜半歌声》《桃李劫》《马路天使》等影片都故事曲折，情节生动，带有传奇色彩。

在中国早期的电影制作中，传奇性削弱了个体在电影作品中的主体地位。在绝大多数影片中，人物并不是描写的中心，而是把故事推向传奇性情节的桥梁。当然，这也使电影在追求情节猎奇的同时掩遮了人物内心活动的表现，削弱了作品的思想高度。

再次，中国现代电影的美学探索体现在对比性上。对比手法在早期电影中运用较多，如《姐妹花》通过一对孪生姐妹完全不同的人生遭遇来鞭挞军阀统治的腐朽和黑暗。为了强化两姐妹的对比度，特意由当红影星胡蝶一人分饰两角。此外，影片情节的安排充满巧合，善恶对比尤为明显，贫富阶层尖锐对立。《马路天使》侧重于性格对比。影片中结拜兄弟老王和小陈虽亲密无间，性格却是一个老成、内向，一个活泼、开朗；小云和小红虽是姐妹，但年龄、生活经历与性格也是相差很大。此外，《一江春水向东流》选择夫妻展开对比，《八千里路云和月》选择亲戚展开对比，《天堂春梦》选择朋友展开对比，《渔家女》选择情人展开对比，等等。

除了人物形象和性格的对比之外，对立原则在这段时期的电影语言中也有鲜明体现。以《天堂春梦》为例，为抗战做过贡献的设计工程师丁建华为寻找工作四处奔走，双脚在泥泞中艰难前行。此时的大汉奸龚某却在家中花天酒地，一双乌黑锃亮的皮鞋在打蜡的木质地板上起舞。在《一江春水向东流》中，李素芬在敌占区吃尽苦头的场景和张忠良在大后方和黄丽珍鬼混，拼命投靠买办资本家的场景，两组画面交替放映，对比尤为强烈。可以看出，这个时期的电影更多是从社会、家庭以及伦理道德的善与恶、好与坏、是与非的对比中安排人物和情节，进而揭示人的本性以及独属于那个时代的一些本质，这种对比也标志着中国早期电影运用艺术语言表达思想感情的成熟。需要指出的是，虽然强调对比在特殊的政治时代具有战斗和净化民心的作用，但若过分强调，势必会弱化艺术本身的特点，使艺术变为说教文艺，也会使概念僵化，这是我们在考察中国早期电影时不能忽视的问题。

最后,中国现代电影的美学探索体现在技术性上。从诞生到发展,电影始终是一门与现代科学技术紧密结合的艺术形式。技术的发展和进步对电影语言的创新,以及对电影美学观念的演变都有着不容小觑的巨大影响力。巴赞认为,"外部世界的影像第一次按照严格的决定论自动生成,不需人加以干预,参与创造,摄影师的个性只是在选择拍摄对象、确定拍摄角度和对现象的解释中表现出来,这种个性在最终的作品中无论表露得多么明显,它与画家表现在绘画中的个性也不能相提并论"。[①] "摄影的客观性赋予影像以令人信服的,任何绘画作品都无法具有的力量,不管我们用批判精神提出多少异议,我们不得不相信被摹写的原物是确实存在的。它是确确实实被重现出来,即被再现于时空之中的。摄影得天独厚,可以把客体如实地转现到它的摹本上。"[②] 巴赞所说的客观性,就是指电影的记录功能,即电影技术层面的再现功能。

技术的发展对电影来说有着基础、直接和重大的影响。最初的电影都是无声的,人们称之为默片,声音的引入是电影史上的一次技术革命。电影从此有了台词,观众可以听见演员的对话。电影中也出现了音乐,以烘托气氛和渲染情感,以插曲或者背景音乐的形式使观众对影片的感知更加强烈,对故事的理解也更加深刻。除声音外,随着技术的不断革新,影像设备的效果和功能开始告别单一、简陋,逐渐讲究分镜头、蒙太奇、场面调度运镜等摄影技巧。电影故事的叙事更加生动,越来越富于生命力和创造性,更受观众喜爱和欢迎。

现代电影以一种新的姿态汇入到中国现代美学的建构中,和诗歌、小说、美术等艺术形态一起构成了中国现代美学探索的主体。中国现代电影美学讲究写实性和奇幻性的结合,通过荧幕上图像与声音的结合,以一种新奇的方式再现生活。电影作为一种新的传播方式和艺术表现形式,为中国现代美学的艺术形式探索注入了新鲜活力。

---

① [法]巴赞:《电影是什么》,崔君衍译,江苏教育出版社 2005 年版,第 16 页。
② [法]巴赞:《电影是什么》,崔君衍译,江苏教育出版社 2005 年版,第 7 页。

第四节　现代美术的美学探索

在中国现代美术史上，随着西方美术绘画理论的引入，现代艺术家在传统美术思想与外来思潮的影响下探索自身的生存与发展空间。在中国现代美术的美学探索中，一部分艺术家主张将东西方的绘画理论和技艺结合起来，引进西方现代美术思想来改革中国美术；另一部分艺术家虽然也受到西方现代美术思想的影响，但更多致力于传统美术基础上的创新。这两部分艺术家都受到了西方现代前卫美术思想的影响，只是受影响的程度不同罢了。

一、 革新派美术的美学探索

在中国现代美术的发展中，一直存在着革新派与传统派之间的论争。革新派看到西洋画法的先进性，认可西方美术技法，主张接受西方美术思想，将中西艺术融合起来，创造出符合时代发展的新美术艺术，如刘海粟、林风眠、徐悲鸿和邓以蛰等艺术家都提倡中西美术的融合。

刘海粟是中国近代美术教育事业的奠基人之一，是提倡中国新美术的开山之人。在美术思想上，刘海粟提倡发展东方艺术，研究西方艺术。刘海粟创办了中国第一所正规的美术学府——上海图画美术院，反对束缚艺术个性，认为青年学生应实现思想上的解放。刘海粟以超常人的勇气和精力去深刻考察中国和西方的绘画艺术，他对东西方的绘画潮流有着深刻的研究。在《国画苑》中，刘海粟认为："故近数十年来，虽西学东渐之潮流日甚，新思想之输入如火如荼，艺术上亦开始容纳外来情调，惟无鉴别、无抉发，本末不具，派别不明，一味妄从其形式，故少新机运之开拓。愚生于此种'艺术饥荒'之时代，冥思苦索，发愿一面尽力发掘吾国艺术史固有之宝藏，一面尽量吸收外来之新艺术，所以转旋历史之机运，冀将来拓一新局面。"[1]如何对待东西方艺术，刘海粟提倡"穷古

---

[1] 朱金楼、袁志煌：《刘海粟艺术文选》，上海人民美术出版社 1987 年版，第 303 页。

今东西各派名家之画,而又努力冲决其樊篱,将一切樊篱冲决矣"①。他一方面认为要发掘本国艺术的精华,另一方面也强调借鉴吸收西方现代前卫艺术经验,将东西方绘画艺术融合起来。

刘海粟是中国第一个使用人体模特的人。在当时的艺术家眼中,人的身体是不可向外人展示的。1920 年 7 月 20 日,刘海粟在上海成立了中国历史上第一个人体画室,他对真善美的追求都反映在他对人体的喜爱上。在他看来,只有人体的美感才能真正体现形式与内容上美的一致。刘海粟看到了人体之美,强调人体的张力美和生命力。在他看来,人体创造了生命,也能体现美的真正意义所在。人体模特的出现可以引导国人高尚纯真的人格,并从中感悟出美好的事物从而达到自我救亡的目的。但当时国人受中国传统文化思想影响,不能完全接受人体模特,而刘海粟对人体美的追求也引起了社会的争议,并长达十年之久。

刘海粟追求人体美,其主要目的在于推进当时美术教育的革新。刘海粟一生都在为美术教育而奋斗,他认为真正的审美趣味是在写生中不断发现美的事物,强调在表现日常生活时要加入自己的主观情感。可以说,刘海粟对美的追求、理解和感悟,推动了中国美术的进步。

刘海粟对待东西方美术文化,并不是简单地抛弃其中一种而选择另外一种,他将中西艺术的精华结合起来,将国画和西洋画的研究结合起来。刘海粟看到了西方美术的审美价值,主张吸收外来精髓为其所用,他将东西方艺术思想融会贯通,具有强烈的革新性。

与刘海粟一样,林风眠也深受西方现代艺术思想的影响。林风眠在欧洲留学时受到西方绘画艺术的熏陶和影响,并因此确立了他自己的艺术发展方向。林风眠将中西绘画理论结合在一起,呈现出既有中国画特色,又有西方绘画风格的艺术新风格。在北京国立艺专和杭州国立艺专任校长时,林风眠在探索西方现代艺术经验时大力提倡新美术思想,推动艺术运动和艺术教育。

林风眠有着较为自觉的现代性意识,主张借鉴西方现代艺术经验来促进和发展中国现代新美术。他强调艺术创作中的自由精神,主张在中西艺术精神相互沟通的前提下,建构有时代性和民族性的中国新艺术。在林风眠看来,绘画

---

① 朱金楼、袁志煌:《刘海粟艺术文选》,上海人民美术出版社 1987 年版,第 303 页。

艺术并没有中西之分,只要回归到绘画本身,就是真正的艺术。林风眠不仅强调技艺上的进步,也强调艺术突显其审美本质。在他看来,要了解艺术品传达出来的情感,必须有丰富的主观情感投入,而不能靠单纯的技艺提升,美术改革并不要"无为"的艺术。

林风眠关注艺术情感,他的艺术表现形式更接近于凡·高和蒙克。在林风眠的艺术作品中,他注重自我情感的表现,"中国现代艺术,因构成之方法不发达,结果不能自由表现其情绪上之希求;因此当极力输入西方之所长,而期形式上之发达,调和吾人内部情绪上的需求,而实现中国艺术之复兴"①。林风眠具有强烈的艺术先锋意识,他在创作材料上不断创新,大胆运用新型材料,在中国画创作中不再局限于水墨与丹青,而是加入了节奏、风格等西方元素和艺术形式。他反思中国现代艺术的发展,试图融合西方现代艺术风格来调和中国现代艺术。

林风眠受西方象征派艺术的影响较大,他采用象征化的形象语言,通过美与丑的冲突,彰显崇高的审美意象。在《人道》《人类的痛苦》《死》《悲哀》等作品中,这种倾向尤为明显。《人类的痛苦》挤满了受苦受难的人体,"从正、背、站、俯、仰、欹、侧各个角度,表现出各种内心强烈痛苦的情状。色彩以灰黑为主,有的女人体作了绿色"②。林风眠选择一系列怪诞诡异的意象,通过美和丑的对比与冲突,揭露残酷的社会现实,表现内心的痛苦情绪。林风眠在绘画艺术中表现出的"以丑为美"和李金发诗歌创造中的"以丑为美"有着共通的性质。二者的题材来源均是生活中的残酷和黑暗面。这种看似反叛的美学观,实际是作者对现实的揭露和反抗。在林风眠看来,表现丑陋并不是最终目的,而是通过丑所带来的反差,引起人们的关注和思考,进而让人们去追求美和善。

林风眠的作品有着独特的艺术风格,他在创作中将西方现代艺术元素,与陶瓷、壁画、皮影、剪纸、戏曲等中国传统艺术融合在一起,丰富了中国现代派艺术的创作风格。如潘公凯所言,林风眠"流连于中国铜器、漆器、汉砖、皮影、剪纸、磁州窑、壁画、青花瓷之间,在丰富的形式因素中寻觅表现符号,同时糅进塞尚式的风景、马蒂斯式的背景、莫迪里阿尼式的人体、毕加索式的立体分割处

---

① 林风眠:《东西艺术之前途》,《东方杂志》1926 年第 10 期。
② 郑朝、金尚义:《林风眠论》,浙江美术学院出版社 1990 年版,第 101 页。

理"①。林风眠对美术的责任感使他在绘画表现形式上不断创新,他的艺术实践也为中国画的发展引领了新的方向。

林风眠对中国美术所做的贡献是毋庸置疑的,他一生都在追求创新,不断尝试新的元素和材料来丰富中国美术。在他看来,美术改革始终要回到绘画本身中去,绘画作品不仅要表达创作者的主观思想,也要体现出绘画本身的审美性。受蔡元培影响,林风眠一生致力于美术教育事业的发展。他用画家之眼传递审美,在西方绘画与中国传统艺术的结合道路上开创了新的方向。赵无极、吴冠中、朱德群等一大批艺术家,正是沿着林风眠开创的现代派艺术风格,在中西融合的基础上致力于民族绘画的探索和创新。

徐悲鸿受过系统的西方绘画艺术训练,他主张融合东西方艺术,既吸收中国传统画的精髓和精神,也学习西方绘画的科学技法。徐悲鸿认为中国画和西方画均是文明的产物,具有各自的价值,但由于中国画技艺逐渐衰败,因此向西洋画学习,融合东西方技艺是很有必要的。

徐悲鸿倡导写实,认为艺术与生活有密切关联。艺术要以生活为题材,不能脱离生活而存在。徐悲鸿认为应该仔细观察自然,观察宇宙间一切事物的神态。在谈到中国近代艺术时,徐悲鸿说:"从古昔到现在我国画家都忽略了表现生活的描写,只专注意山水、人物、鸟兽、花卉等,抽象理想,或模仿古人的作品,只是专讲唯美主义。当然艺术最重要的原质是美,可是不能单独讲求美而忽略了真和善,这恐怕是中国艺术界犯的通病吧。……要把艺术推广到大众里去。"②在徐悲鸿眼中,艺术不是简单地模仿生活的外部形态,更应当表现生活的内在精神。艺术应该是大众的艺术,艺术要进入大众,就得表现与人们生活息息相关的题材,缩小艺术与大众的距离,体现大众的美好精神品质。

虽然强调艺术的写实性,但徐悲鸿也认为,过于强调真实也会使绘画作品丧失美感,不符合自然境界。"吾所谓艺者,乃尽人力使造物无遁形;吾所谓美者,乃以最敏之感觉支配,增减,创造一自然境界,凭艺以传出之。艺可不借美而立(如写风俗、写像之逼真者),美必不可离艺而存。艺仅足供人参考,而美方足令人耽玩也。"③在徐悲鸿眼里,美不能离开艺而单独存在,美和艺要达到一定

① 潘公凯:《中国现代美学之路》,北京大学出版社 2012 年版,第 235 页。
② 徐悲鸿:《徐悲鸿论艺》,上海书画出版社 2010 年版,第 105 页。
③ 徐悲鸿:《徐悲鸿论艺》,上海书画出版社 2010 年版,第 11 页。

的和谐与平衡。美离不开艺，美和艺结合，才能达到艺术的最高境界。

基于写实的美学观，徐悲鸿提倡要改良中国画。"画之目的，曰'惟妙惟肖'，妙属于美，肖属于艺。故作物必须凭实写，乃能惟肖。待心手相应之时，或无须凭实写，而下笔未尝违背真实景象，易以浑和生动逸雅之神致，而构成造化。偶然一现之新景象，乃至惟妙。然肖或不妙，未有妙而不肖者也。（前曾作美与艺可参阅之）妙之不肖者，乃至肖者也。故妙之肖为尤难。故学画者，宜摒弃妙袭古人之恶习，（非谓尽弃其法，）——按现世已发明之术。则以规模真景物，形有不尽，色有不尽，态有不尽。趣有不尽，均深究之。"①在徐悲鸿看来，绘画要达到惟妙惟肖的效果，既要呈现出美感，又要表现出艺术真实。一方面，作为绘画艺术的模仿要以客观自然为表现对象，而惟妙惟肖和模仿说均要求艺术品与原物有一定的相似性，只不过惟妙惟肖更注重神态表现上的形神兼备；另一方面，艺术内在的审美属性也不可少，艺术品应当具有一定的审美价值。

除了写实性，徐悲鸿的绘画还体现出很强的时代性风格。徐悲鸿擅长采用颜色拼接，并通过对色块的层次过渡来突破中国画的固有表现形态和丰富中国画的表现内容。徐悲鸿提倡美术改革，认为"欲救目前之弊，必采欧洲之写实主义"②。"美术应以写实主义为主，虽然不一定为最后目的，但必须用写实主义为出发点。"③徐悲鸿是学院派写实主义的捍卫者，在他的作品中不仅能看到他的写实功底，还可以体验画中形象所要表达的意境。他的作品并不是纯粹技法上的追求，而寄寓着那个时代的精神追求。

徐悲鸿对真善美的要求是源于他对社会和时代的责任感以及对绘画和美术教育的热爱。徐悲鸿追求真，追求写实主义，但并不仅仅是形式上的简单拷贝和复制，而是强调形神兼备，强调形式与内容的统一。徐悲鸿对中国画的改良做了很多贡献，他不仅将写实主义与中国现有的绘画技法相结合，还在创作题材上加入了现实问题，把美术和革命真正融合在一起。潘公凯曾评论说："徐悲鸿推出'新七法'作为其改良中国画的具体方法，并意欲取代谢赫六法。这七法为：一、位置得宜；二、比例正确；三、黑白分明；四、动态天然；五、轻重和谐；六、性格毕现；七、传神阿堵。'新七法'立足于西方造型系统的基本功训练法，

---

① 沈鹏、陈履生：《美术论集第四辑》，人民美术出版社1986年版，第64页。
② 徐悲鸿：《美的解剖》，《上海时报》1926年3月19日。
③ 徐悲鸿：《对〈世界时报〉记者谈话》，《徐悲鸿文集》，上海画报出版社2005年版，第73页。

徐悲鸿视其为培养'健全之画家',尤其是健全之中国画家的准绳。"①可以说,"新七法"在今天的美术教育中仍有着广泛的适用性。

徐悲鸿是中国现代艺术的先锋探索者,他改良中国画,不仅用西方写实画法进行创作,同时在细节上保留了中国画中工笔画的边线和构图留白。在徐悲鸿大量的素描作品和油画作品中,都能发现中国画的笔墨韵味。徐悲鸿主张从西方绘画艺术中汲取养分,用一种科学写生和写实的方式,拯救中国早已衰落的绘画艺术。在他看来,国画只有在保留旧的形式的同时加入新的精神,才会彰显时代性和民族性。

在力主革新的现代美术家当中,还有一个人的名字不得不提,那就是邓以蛰。邓以蛰早年留学日本和美国,其代表作有《艺术家的难关》《书法之欣赏》和《画理探微》等。邓以蛰是五四新文化运动的拥护者和新艺术思想的传播者,他受黑格尔影响较大,同时对中国传统书画美学也有着深入研究。

邓以蛰的《艺术家的难关》以黑格尔的美学思想为基础。在他看来,"艺术家的难关"是一个普遍存在的问题。他肯定艺术存在的价值,认为艺术有一种力量,这股力量能够让人超脱自然,获得圆满安宁的心境,艺术并非像柏拉图所说的那样只是自然的影子。邓以蛰认为艺术只有攻克这个被误解的难关,为艺术的真实身份正名,才能有良性的发展。

在邓以蛰看来,艺术与人生的关系很近,艺术很容易与生活混淆,从而使艺术的表现力受到影响。艺术家要竭尽全力去对抗生活中的常规和习惯,创造出有特色的艺术,"艺术正要与一般人的舒服畅快的感觉相对筑垒呢!它的先锋队,就是绘画与雕刻(音乐有时也靠近),因为这两种艺术最易得同人类的舒服畅快的感觉与肤泛平庸的知识交绥的。……但是人事上的情理,放乎四海而皆准的知识,百世而不移的本能,都是一切艺术的共同的敌阵,也就是艺术家誓必冲过的难关"②。邓以蛰认为,有的艺术有很高的造诣,但是因为没能引起情感的愉悦,价值因而被抹杀掉。因此,艺术的价值不能简单按照这个标准去评判,这是艺术家需要攻克的难题。艺术家如果被情理和本能包围,便会陷入生活的藩篱,不自觉地去表现本能性的事物,因而缺乏创造性。

---

① 潘公凯:《中国现代美术之路》,北京大学出版社 2012 年版,第 233 页。
② 邓以蛰:《邓以蛰全集》,安徽教育出版社 1998 年版,第 43—44 页。

邓以蛰集中研究了书体和书法，认为书体可以归纳为形式和意境两种。邓以蛰发现，魏晋之时，承载书法的工具主要为纸墨，书法进入了美术领域，讲求入神。在他看来，飘逸的行草书体是书法形式意境美的代表。在论及书体的意境时，邓以蛰认为："意境出自性灵，美为性灵之表现，若除却介之凭借，则意境美为表现之最直接者。……摆脱一切拘束，凭借，保得天真，然后下笔；使其人俗也则其书必俗，使其人去俗已尽则其书必韵。书者如也，至此乃可谓真如。"①在邓以蛰看来，意境来源于人的性灵，是性情和心灵之物的结晶，美即是性灵之物外化的结果。艺术品和人本身有很大的相连，创作者的人品和艺术作品的风格有着内在一致性。在他看来，风格即人，一个俗人难以创作出高雅的作品。

邓以蛰认为书法的形式和意境不可分离。书法不仅需要具备字的形式，还需要一种美的成分，即意境。"意境亦必托形式以显。意境美之书体至草书而极；然草书若无篆笔之筋骨，八分之波势，飞白之轻散，真书之八法，诸种已成之形式导之于前，则不能使之达于运转自如，变化无方之境界，亦无疑也。故曰，形式与意境，自书法言之，乃不能分开也。"②在邓以蛰眼里，书法是意境和形式和谐统一的艺术，意境的表现需要一定的形式作为载体，如草书的飘逸变幻就能将书法的意境阐释得淋漓尽致。

"气韵生动"最早出现在南朝画家谢赫的《古画品录》中。所谓"气韵"，不仅仅表现出人的精神面貌和品格，还同外部的环境息息相关，关涉到宇宙的元气和艺术家的生命力和创造力。邓以蛰从艺术发展的角度考察"气韵生动"的由来，论述了"气韵生动"与艺术的关系及其哲理价值。邓以蛰认为，心本来是没有行迹的，胸襟、意境、诗意等通过一定的方式表现出来，即气韵或者神韵。神韵来源于生动，没有生动的描写，神韵便难以表现出来，生动将本是无行迹的事物在绘画艺术中体现出来。"神韵出于生动……生动尚有形迹可状，神韵在心，无形迹可状也。然形迹非全为有生动者，如无生命之图案花纹或初唐以前之山水画；生动亦非全有神韵，如仅得禽兽飞动之形似者。但形迹既可有生动，则生动亦可有神韵。有神韵之生动，谓之人物。神韵为无形迹可见之物而可托生动

---

① 邓以蛰：《邓以蛰全集》，安徽教育出版社 1998 年版，第 167 页。
② 邓以蛰：《邓以蛰全集》，安徽教育出版社 1998 年版，第 168 页。

以见,则凡无形迹可见之胸襟、意境、诗意、古意、逸格、人格之得表出于画者,皆属于神韵及生动矣。"①在邓以蛰看来,气韵与物体外在形式的关系不大。如果艺术作品符合气韵生动的要求,形式上也应当符合形似的特点,但若只有外在形式的相似,这并不意味具备了内在的神韵。邓以蛰将气韵归结到"理"的层面,"艺术不因与气韵不相容而失其存在,而气韵则超过一切艺术,即形超乎体,神或意出于形,而归乎一'理'之精微。此其所以为气韵生动之理,而为吾国画理造境之高之所在也"②。

邓以蛰认为"气韵"与艺术家的创作也有着密切关系。作家在进行艺术创造时,需要充分发挥自身主观能动性去表现宇宙的内在生气,探求宇宙人生的奥妙和玄理。"人为飞动之伦,能观天地之大,岂曰以大观小?以大观小仍就艺术之规律与义法而言,若乃画理,则当立于艺术之外观吾人之明赏、妙得可也。赏者何?得者何?曰:气韵而已矣。"③"气韵"着眼的是整个宇宙、人生和历史大境界,更多是表现整个宇宙和人生,强调艺术品要蕴含宇宙元气。如果说西方的模仿说强调的是对外部客观自然的再现,那么气韵不仅需要对客观自然的认真观察,更需要内在情感的表现,艺术创作者的元气要和整个宇宙的元气达到和谐统一的状态。

二、 传统派美术的美学探索

与革新派不同,在中国现代美学史上,有一批坚持传统艺术审美风格的艺术家。他们坚守传统,宣传中国古典美术的风格和价值,如丰子恺、潘天寿和李叔同等。他们虽然也受西方现代艺术的影响,但更多在坚守和维护着中国传统的艺术精髓,在现代美学的探索中发出了自己的独特声音。

丰子恺将东方和西方的美学思想融会贯通,引进西方美学思想来实现其本土化的目标,并以此来推动中国现代美学的发展。在中国现代美术史上,丰子恺的美学探索主要体现对情趣、苦闷和绝缘等范畴的提出与阐释上。

丰子恺曾留学日本,他所提倡的"情趣说"受到了日本夏目漱石的"余裕"说

---

① 邓以蛰:《邓以蛰全集》,安徽教育出版社 1998 年版,第 210 页。
② 邓以蛰:《邓以蛰全集》,安徽教育出版社 1998 年版,第 217 页。
③ 邓以蛰:《邓以蛰全集》,安徽教育出版社 1998 年版,第 224 页。

影响。"余裕"说强调对生活的观察和反映，它反对灰暗琐碎地描写生活，主张以一种新的态度去观照人生，给人一种美的感觉。丰子恺主张艺术创作要有情感投入，艺术的作用就是书写和排遣感情。丰子恺认为，将自己的感情投射到对象身上，与自己的对象共喜共悲，暂时进入"无我"之境。丰子恺的观点与立普斯的移情说有所相似，也与康德的审美非功利性思想大致相同。在丰子恺看来，艺术家应该具有感性情怀，要去感受对象身上的趣味，然后把这种情趣表现出来。

丰子恺认为，趣味属于画家感兴的范畴，"趣味即画家之感兴也。一画家之感兴，不当与凡众相同……所谓中国之洋画家者，皆逞其模仿之本领，负依赖之性质，不识独立之趣味为何物，直一照相器耳(有远近法、位置法等都不顾到者，则反不如照相器)，岂可谓之画家哉！予不敢自命画家，但自信未入歧途"①。在丰子恺看来，趣味独立是画家的一个重要的素质。绘画艺术中不能缺少独立的趣味，独立的趣味能够带来意志、身体和时间的自由，如果在绘画艺术中缺少趣味，便会坠入粗鄙。丰子恺批评西洋画照相机似的画法，认为这只是追求艺术品与原物模仿的相似程度，使绘画失去了艺术应有的独立趣味，因而不是真正的绘画艺术。丰子恺反对这种照相机似的绘画艺术，提倡捕捉和表现趣味。

丰子恺对儿童教育十分关注，认为儿童的天真烂漫是极其美好的，小孩的童真和童心在大人眼里便是一种趣味。艺术家也应该具有孩童般的趣味，在对现实和自然进行审美关照和艺术创作时，应有博大的胸襟，不要受到现实功利因素的困扰。在丰子恺看来，趣味是艺术审美内涵中一个相当重要的因素，是艺术区别于他物的重要特征，艺术家通过对趣味的表现使创作成为真正的艺术。

丰子恺提出"苦闷说"，其理论主要来源于厨川白村。丰子恺受厨川白村影响，认为："生命力受抑压而生的苦闷懊恼便是文艺底根柢，又文艺底表现法是广义的象征主义等意见。"②丰子恺认为，随着年龄的增长，孩童时期的自由奔放的情感被压制，年纪的增长所带来的是人生的苦闷和对现实的无奈。"孩子渐渐长大起来，碰的钉子也渐渐多起来，心知这世间是不能应付人的自由的奔放

---

① 丰子恺：《丰子恺集》，东方出版社 2008 年版，第 203 页。
② ［日］厨川白村：《苦闷的象征》，丰子恺译，商务印书馆 1925 年版，第 16 页。

的感情的要求的,于是渐渐变成驯服的大人。……我们虽然由儿童变成大人,然而我们这心灵是始终一贯的心灵,即依然是儿时的心灵,不过经过许久的压抑,所有的怒放的、炽热的感情的萌芽,屡被磨折,不敢再发生罢了。这种感情的根,依旧深深地伏在做大人后的我们的心灵中。这就是'人生的苦闷'的根源。"①在丰子恺看来,苦闷的根源是被压制的自由感情,当情感得不到疏泄,便会导致苦闷和抑郁。

对于人生的苦闷,丰子恺认为并非不可消解。在他看来,艺术具有排遣苦闷的作用和效果,能将心中郁结的感情通过一定的方式表达出来。"我们的身体被束缚于现实,匍匐在地上,而且不久就要朽烂。然而我们在艺术的生活中,可以瞥见生的崇高、不朽,而发现生的意义与价值了。"②丰子恺认为,艺术具有永恒的价值,能引导人走出人生的苦闷和彷徨,由此可以看出艺术对人生的教化作用。丰子恺充分认同艺术的教育作用,强调通过艺术引导个体走出人生苦闷。在这个意义上,"苦闷"的疏泄和亚里士多德的"净化说"具有一定的相通性,即都强调艺术具有排遣压抑情绪的功效。

丰子恺提出"绝缘说","所谓绝缘,就是对一种事物的时候,解除事物在世间的一切关系、因果,而孤零地观看……绝缘的眼,可以看出事物的本身的美,可以发现奇妙的比拟。"③丰子恺认为,天真烂漫的儿童对人生自然所采取的态度具有绝缘的性质。"绝缘"不同于实用的或者是科学的态度,它要求一种纯粹的眼光去欣赏艺术,强调审美的非功利性态度。在丰子恺看来,注重事物本身审美经验和注重实用功利的日常经验是两种截然不同的态度。审美经验应当是一种绝缘的态度,即以超越功利的审美心态去看事物,断绝各种实用的功利联系,即"绝缘"。"绝缘"要求破除一切相关的利害关系,直接用直觉去感受形象,获得最真切的审美感受。审美主体要排除功利实际的占有欲,用一种超功利的审美态度去观照审美对象,如此才能获得最本真的审美体验。

丰子恺在《艺术教育的原理》中指出:"科学是有关系的,艺术是绝缘的,这绝缘便是美的境地——吾人达到哲学论究的最高点,因此可以认出知的世界和

---

① 丰子恺:《丰子恺文集》(2),浙江文艺出版社、浙江教育出版社1990年版,第225—226页。
② 丰子恺:《丰子恺文集》(2),浙江文艺出版社、浙江教育出版社1990年版,第226页。
③ 丰子恺:《丰子恺文集》(2),浙江文艺出版社、浙江教育出版社1990年版,第250页。

美的世界来。"①对于艺术家而言，如果要对事物进行审美观照，一方面需要破除实用的功利方法，另一方面需要破除科学上的求真和求实方法。在丰子恺看来，只有抛弃世俗功利的感知方式和科学求真的认知方式，不执着于求利和求真，才能进入到对人和事物等的审美观照。要达到这种绝缘的艺术效果，关键是要拥有一颗儿童般的超凡脱俗的心。保持纯粹之心，在看待事物时便会"绝缘"，便不再因为世俗的功利化而丧失艺术本质。显然，丰子恺所论及的"绝缘"其实是一种审美非功利性态度，即强调艺术的纯粹性和自主性。

除了丰子恺，李叔同与潘天寿等人也立足于中国美术传统，对现代美术的发展进行了积极探索。李叔同肯定艺术的审美作用和功能，认为艺术不仅能陶冶人的情操，也具有实际的功用性。在《图画修得法》中，李叔同肯定图画的效用和力量，认为图画能够弥补语言文字穷尽的遗憾，对于文化的传承有着重大意义。李叔同特别提到图画的优势，"图画者，为物至简单，为状至明确。举人世至复杂之思想感情，可以一览得之。挽近以还，若书籍、若报章、若讲义，非不佐以图画，匡文字语言之不逮。效力所及，盖有如此"②。此外，李叔同在《音乐小杂志》的序中，专门论述了音乐对人情感的陶冶作用，充分肯定了音乐艺术的审美价值，"繄夫音乐，肇自古初……盖琢磨道德，促社会之健全；陶冶性情，感情神之粹美。效用之力，宁有极矣"③。

李叔同主张在吸收西洋技法的基础上，形成自己独特的美学观。在《中西绘画比较谈》中，李叔同谈到中国画和西洋画由于文化传统等各方面的原因存在差异，他认为西洋画在一些方面比国画具有优越性，中国画需要吸收西洋画的优秀之处，"中画虽不拘泥于形似，但必须从形似到不拘形似方好；西画从形似到形神一致，更到出神入化……观察事物与社会现象作描写技术的进修，还须与时俱进，多吸收新学科，多学些新技法，有机会不可放过"④。不难看出，李叔同在对现代美术的美学探索中，不仅受到中国古代美学思想的影响，同时也受到了西方现代艺术思想的影响。

潘天寿同样认为艺术创作必须有独特的风格，艺术应保持其独特性，不可

---

① 丰子恺：《丰子恺文集》(2)，浙江文艺出版社、浙江教育出版社 1990 年版，第 15 页。
② 李叔同：《李叔同谈艺》，陕西师范大学出版社 2007 年版，第 19 页。
③ 李叔同：《李叔同谈艺》，陕西师范大学出版社 2007 年版，第 236 页。
④ 李叔同：《李叔同谈艺》，陕西师范大学出版社 2007 年版，第 23 页。

失去自身的原则,一味地复制和模仿也不是长久之计。对于绘画艺术来说,东西方绘画体系可以相互吸收对方的长处以供学习,但不能漫无原则。"漫无原则的随便吸收,决不是一种有理的进取。中国绘画应该有中国独特的民族风格,中国绘画如果画得同西洋绘画差不多,实无异于中国绘画的自我取消。"①在潘天寿眼里,真正优秀的艺术家应该是民族风格的体现者。民族风格需要不断继承与发展,才不会脱离时代的精神和要求。潘天寿强调,独特的风格应当具有以下三点:"一要不同于西方绘画而有民族风格,二要不同于前人面目而有新的创获,三要经得起社会的评判和历史的考验而非一时哗众取宠。"②潘天寿追求绘画艺术的独特风格,实际上是对艺术独立性的坚持与追求。在他看来,只有独特的风格才能使绘画艺术拥有真正的审美价值和意义。

三、 革新派与传统派的美学论争

20 世纪初,西方艺术和美学理论的传入对中国传统文化形成了冲击。在这种情况下,保守派选择坚守传统的阵营,力求将传统的艺术精髓发扬光大。而改革派在接受西方理论之后,强调借用西方理论探索和构建中国艺术。保守派关注中国传统,强调发展传统艺术精华的理念;改革派更多关注西方绘画理念,强调以此来激发中国传统绘画精华。

绘画中保守派与改革派的论争,更多源于西洋画引入时知识分子心理上的失衡。面对西方的技术和文化的冲击,如何对待中国传统文化成了一个问题,也因而产生了中国文化和西方文化的优劣比较。在绘画领域,产生了中国画和西洋画哪一个更为优秀的论争。在中国绘画现代转型的历史时期,改革派看到了西洋绘画的优势,认为西洋画注重求真求实,是一种讲求科学的艺术。改革者对中国传统绘画提出批评和否定,倡导学习科学画法的西洋画。在这种情形下,不少人质疑中国传统绘画,进而否定中国传统绘画的价值。

在中西绘画艺术的论争中,康有为、梁启超、陈独秀、徐悲鸿等都纷纷表达

---

① 沈鹏、陈履生:《美术论集》第四辑,人民美术出版社 1998 年版,第 119 页。
② 沈鹏、陈履生:《美术论集》第四辑,人民美术出版社 1998 年版,第 121 页。

他们的观点,他们否定中国传统的文人画,批评中国传统文人画不求形似的特点,主张学习西洋画求真求实的精神。在这场论证中,还有一部分人反对学习西洋画的求真求实,提倡保留传统画,代表人物有金城,他充分肯定文人画的价值。

在这场论争中,也形成了保守派与改革派两派画家,虽然他们都主张学习西方绘画理论,但是对待绘画的具体态度有所区别。保守派坚持中国传统艺术审美品格,坚守中国的传统,如丰子恺就坚守中国传统的艺术精髓,强调情趣、苦闷、绝缘等美学观。丰子恺擅长将东方和西方的美学思想融会贯通,他引进西方美学思想主要是为了实现其本土化目标,以此来推动中国现代美学的发展和进步。此外,李叔同和潘天寿也主张艺术创作要有自己的鲜明风格,不应该为了复制和模仿而失去艺术创作的原则。

与保守派不同,改革派要求融合西方的绘画理念去革新中国的传统绘画,改革派关注西方绘画艺术,希望实现中西融合的效果。改革派的代表人物有刘海粟、林风眠、徐悲鸿、邓以蛰等。刘海粟主张学习西方绘画艺术,发展中国绘画艺术。林风眠介绍了西方的艺术,在整理中国艺术的基础上,创造出新时代的艺术。而受过系统西画教育的徐悲鸿,主张中西融合的绘画艺术。徐悲鸿倡导建立一种写实的美学观,认为艺术应该去表现生活,艺术的表现从生活中观察取材。徐悲鸿认为应该去仔细观察自然,观察宇宙间一切事物的神态,以此作为绘画的表现对象。徐悲鸿认为中国近代艺术普遍存在的问题便是因求美而失去了对真的追求,"从古昔到现在我国画家都忽略了表现生活的描写,只专注山水、人物、鸟兽、花卉等,抽象理想,或模仿古人的作品,只是专讲唯美主义。当然艺术最重要的原质是美,可是不能单独求美而忽略了真和善,这恐怕是中国艺术界犯的通病吧"①。因此。徐悲鸿主张学习西洋绘画的那种写实主义精神,充分吸收西洋画的科学技法。

无论是改革派抑或是保守派,他们都希望为中国绘画的发展谋求出路,改良或者是创新都是希望借鉴西方的绘画艺术理论,以此促进中国绘画理论和绘画艺术的发展,推动中国美术的现代化进程。面对西方文化的冲击,两个派别的侧重点不同,保守派更多倾向于立足中国传统,发扬中国传统文化,试图将传

---

① 徐悲鸿:《徐悲鸿论艺》,上海书画出版社 2010 年版,第 105 页。

统文化发扬光大。改革派则强调立足于中西融合来发展中国现代艺术。二者的论争,其实也是中国传统文化在面对外来文化冲击时所采取态度的区分。

在这场论争中,西方的绘画美术理论给中国传统文化的发展提供了新鲜的血液,面对西方绘画艺术,中国现代绘画艺术应持一种开放的心态,不要闭关自守。但在学习和借鉴西方的同时,中国现代绘画艺术也要对自身实际情况有着清醒认识,不能盲目借鉴和吸引。中国绘画艺术应该在借鉴的基础上,自主选择与建构,而不能在外来思潮的冲击下迷失自我。

第五节　现代音乐的美学探索

舒巴尔特在《论音乐美学的思想》中首次提出"音乐美学"的概念。音乐美学真正意义上独立出来成为一门学科是在里曼《音乐美学的要义》的出版之后。在中国现代美学史上,20 世纪上半叶是中国音乐美学发展的关键时期,中国音乐在半个世纪内的不同阶段,体现出不同的审美风格。

随着新文化运动的兴起和一批留学归国的音乐家投身到中国新音乐文化的建设中,作为新文化运动重要组成部分的新音乐取得了初步发展。因为五四运动的影响和推动,中国的音乐事业从此进入了一个新的发展阶段。从 20 世纪 20 年代开始,西方音乐技法和形式传入国内,艺术歌曲、合唱歌曲、歌舞剧、钢琴曲与小提琴曲乃至管弦乐,都开始出现在新文化运动时期的舞台上,新音乐的内涵也得到了极大丰富。五四时期的中国音乐呈现出四个方面的美学内涵,即强调民主与科学的审美尺度;突显音乐与革命的审美交织;深化音乐的美育维度;彰显音乐学科的学术自觉。

首先,强调民主与科学的审美内涵。音乐的民主性审美主要体现在追求自由和个性解放这两个方面,如赵元任的歌曲作品就是其代表。五四运动之后,白话文和新诗创作呈现出良好的发展势头,而新诗尤其能较好地反映出人们追求自由和个性解放的积极心态。赵元任洞察到新诗中所蕴含的这一强大的生命力,促成了新诗与音乐的结合。赵元任选择了许多适合歌唱的新诗谱成乐曲,其中具有代表性的有《卖布谣》《他》《瓶花》《上山》《自立立人歌》《海韵》和《教我如何不想他》等。赵元任通过音乐与诗歌的巧妙结合,使五四以后的音乐传达出了追求自由和个性解放的审美新风貌，拓宽了音乐题材来源的新领域。

音乐的科学性审美内涵主要体现在音乐家们的学术研究上。萧友梅对中国音乐有着很深的研究，1916 年他在德国完成了《17 世纪以前中国管弦乐队的历史的研究》博士论文，之后陆续发表《中西音乐的比较研究》《对于大同乐会拟仿造旧乐器的我见》《普通乐学》等论著。王光祈对音乐进行过深入研究，论著有《欧洲音乐进化论》《东西乐制之比较》《音学》《东方民族之音乐》《各国国歌评述》等。王光祈对中外音乐文化的差异有着自己的理解，在论及欧洲近代关于音乐定律的方法时指出："古代希腊定律系纯用'五阶定律制'。与我们中国所谓'音以八相生'者相同。到了近代欧洲更于'五阶定律制'之外采取'三阶定律制''八阶定律制'两种。所有各律皆用此三种方法定出。"①由此可见王光祈对中外音乐历史的熟悉程度。此外，青主、刘天华、黎锦晖也曾对音乐的学理性问题进行过研究。通过音乐家们从学科的专业性视角切入音乐研究，这一时期的音乐呈现出科学性的审美内涵。

其次，突显音乐与革命的交织。五四运动促进了思想的解放，此后，革命运动和社会改革的呼声也加速了音乐创作与社会革命的结合。音乐突显出反映社会现实，表达爱国情感和传递革命呼声的内涵。1926 年，赵元任在"三一八"事件后，愤然创作《呜呼！三月一十八》。"呜呼！三月一十八，北京杀人如乱麻。养官本是为卫国，谁知化作豺与蛇，高标廉价卖中华，甘拜异种做爹妈，愿枭其首藉其家。"②这首歌曲一方面描述了"三一八"事件，表达了赵元任对牺牲学生的同情；另一方面强烈谴责了当时北洋军阀政府的恶劣行径，体现了作者的爱国情怀。赵元任还创作了《村魂歌》《黄花歌》等具有革命内涵的作品。

萧友梅的音乐创作也传达出强烈的革命思想和爱国热情。1928 年发生了"五卅惨案"后，萧友梅谱写了《国耻》和《国难歌》。其中《国耻》的歌词写道："五卅惨案血未干，五三国耻又失节。日本占我济南杀我民众，阻我北伐想将我国灭！亲爱的同胞呀！我们要夺回济南雪尽国耻！铲除我国贼！经济绝交把伊粮缺！奋斗！牺牲！战胜一切！努力！努力！我们有犀利的枪炮！我们有鲜红的热血！"③萧友梅在面对国仇家恨的形势时并没有丝毫退缩，而是毅然号召

---

① 王光祈：《东西乐制之研究》，音乐出版社 1958 年版，第 222 页。
② 赵元任：《呜呼！三月一十八》，《赵元任音乐作品全集》，上海音乐出版社 1987 年版，第 32—33 页。
③ 萧友梅：《萧友梅作品选》，人民音乐出版社 1984 年版，第 57 页。

同胞们进行革命斗争,以争取雪尽国耻和铲除国贼。同年,萧友梅创作《国民革命歌》,歌曲激昂、雄壮,唤醒了广大同胞们的民族危机感,进一步激发了同胞们为国家振兴和民族进步而进行革命斗争的决心和斗志。此外,萧友梅还谱写了《五四纪念爱国歌》《民本歌》《问》等具有爱国情怀的乐曲,产生了积极的影响。

再次,重视音乐的美育维度。自 20 世纪初的音乐教学和研究过程中透露出音乐的美育性审美启蒙之后,美育维度得到了音乐家们的重视和深化。但是,对人们进行音乐的审美教育需要长期的努力,如刘天华所言:"要说把音乐普及到一般民众,这真是一件万分渺远的事。而且一国的文化,也断然不是抄袭些别人的皮毛就可以算数的,反过来说,也不是死守老法,固执己见,就可以算数的,必须一方面采取本固有的精粹,一方面容纳外来的潮流,从东西的调和与合作之中,打出一条新路来,然后才能说得到'进步'两个字。"①刘天华一方面积极促成"国乐改进社"的成立,另一方面还创作出了二胡曲、丝竹合奏曲以及琵琶曲多部,有效推进了中国的音乐教育事业。

青主的音乐美学观点集中体现在他的《乐话》和《音乐通论》中,他指出:"我们知道音乐是一种能够直达人们的灵魂的语言,那么,要治理人们一切灵魂上的毛病,最好是莫如音乐。"②冯长春肯定青主的音乐美学思想在 20 世纪上半叶占有核心地位,认为"青主音乐美学思想的实质是表现主义,确切讲,是融会浪漫主义音乐美学思想加以嫁接、改造的表现主义"。③黎锦晖认为音乐美育不应该忽视孩童,他的音乐美学思想主要体现在他的儿童歌舞音乐方面。在 20 年代,黎锦晖创作了儿童歌舞剧十多部,谱写了《好朋友来了》《老虎叫门》《努力》等具有广泛影响的儿童歌曲。王光祈认为:"欲使中国人能自觉其为中华民族,则宜以音乐为前导。何则盖中华民族者,系以音乐立国之民族也。"④在王光祈看来,音乐不仅对人们进行审美教育,它还包含着一层更高的追求,即实现人们的梦想。

在推进音乐美育的过程中,上海国立音乐院所发挥的作用功不可没。1927年上海国立音乐院(1928 年改名国立音乐专科学校)的建立,是中国近代新音乐

---

① 刘天华:《国乐改进社缘起》,《刘天华全集》,人民音乐出版社 1997 年版,第 185 页。
② 青主:《音乐通论》,商务印书馆 1933 年版,第 76 页。
③ 冯长春:《青主音乐美学思想的表现主义实质》,《音乐研究》2003 年第 4 期。
④ 王光祈:《东西乐制之研究》,音乐出版社 1958 年版,第 10 页。

文化发展中具有划时代意义的事件。尽管此后全国又成立了不少专业音乐教育系科，但国立音乐院在专业音乐教育中的龙头地位却是毋庸置疑的。它的建立不仅揭开了中国近代专业音乐教育史的新篇章，而且为当时的新音乐教育、新音乐创作和音乐学研究提供了阵地。依托这一阵地，一批留洋归国的专业音乐家担负起了新音乐文化建设与发展的重任。

最后，彰显音乐学科的学术自觉。一门学科的自觉应当追溯到学科概念的提出和界定上，但这种最初的提出和界定往往是某个时期个别音乐家的个人行为，并不能视为普遍意义上的学科自觉。如果某一学科的名称不断出现于同时期不同学者的理论视域中，并有意识地对此学科的相关概念进行界定和论述，那么也就意味着该学科有了真正意义上的学科自觉。音乐美学这个学科概念也正是在这一时期，频繁出现在音乐学者的论著中：

> 音乐美学与演奏论亦是必要的科目，前者乃欣赏音乐之指南针，后者即批评演奏者之法规。[1]

> 这些问题往深里研究起来，非常有趣，但涉入'音乐美学'的专科了，深奥的乐理这里从略了。[2]

特别是在王光祈的音乐学论著中，音乐美学已经成为一个常用概念：

> 希腊大哲学家柏拉图，以音乐为治心治世之手段，近世学者呼之为"音乐伦理学"。到了大哲亚里斯多德，于是乃有"音乐美学"之创立。[3]

> 对于音乐各要素（如主调、谐和、节奏、轻重涨缩、乐器音色之类）之表情方法，一一加以研究。西洋讨论此事之书籍，多属于"音乐美学"一类。[4]

---

① 柯政和：《音乐的欣赏法》，王宁一、杨和平主编《二十世纪中国音乐美学（文献卷）》第一卷，现代出版社 2000 年版，第 177 页。

② 黄伯申：《音乐的形式》，王宁一、杨和平主编《二十世纪中国音乐美学（文献卷）》第一卷，现代出版社 2000 年版，第 359 页。

③ 王光祈：《中西音乐之异同》，冯文慈、俞玉滋选注《王光祈音乐论著选集》，人民音乐出版社 2009 年版，第 203 页。

④ 王光祈：《通信》，冯文慈、俞玉滋选注《王光祈音乐论著选集》，人民音乐出版社 2009 年版，第 49 页。

在中国古代,伦理观念代替了音乐美学。[1]

中国的音乐由于吸收了外来因素而得到极大的丰富。但其音乐感和音乐美学却始终保持着中国的特色。[2]

西洋在古代希腊之时,关于"音乐美学",即有"形式"与"内容"两派之争。[3]

通过上述引文可以发现,音乐美学这个概念的使用在当时已经变得相当普遍。王光祈关于音乐美学的使用,表明了他对音乐美学学科属性、范畴、研究对象、研究方法以及学科史的清晰把握。音乐美学学科概念的广泛使用,也从一个侧面反映了音乐美学已经开始拥有明确的学科身份。

一个学科创立伊始,总是会面临着学科结构模糊、研究方法缺失、研究范畴不明、言说语言匮乏等具体问题。建立在传统音乐思想断裂和西方音乐文化强势输入语境之下的中国音乐美学,更是面临着这样的问题。新音乐的不断发展,使音乐美学在传统的古代思想资源中无法汲取到学科发展所需的学术营养,也缺乏足够坚定的理论基础对传统音乐美学资源进行整合和重建。因此,与学习西方音乐语言一样,音乐美学学科建设的理论资源与方法论参照的视线不可避免地投向了西方。于是,译介国外对应学科的理论就成为一种学科建设的迫切需求,这种迫切性恰恰反映出了学科的自觉程度。

缪天瑞在音乐美学理论的转译方面做出了突出贡献。他所主编的音乐期刊《音乐教育》是当时刊载音乐译文的主要阵地。当时的音乐译文有90％左右是发表于《音乐教育》,内容涉及音乐基本理论、音乐作曲理论、音乐美学以及西方音乐家与音乐生活等诸多方面,体现出对西方音乐文化较为全面的引入与介绍。其中涉及音乐美学的译文占据译文总量的1/3以上,内容涉及音乐美学学科内涵、对象范畴、研究方法等诸多方面。[4] 缪天瑞翻译了德国学者塞西·格

---

[1] 王光祈:《论中国古典歌剧》,冯文慈、俞玉滋选注《王光祈音乐论著选集》,人民音乐出版社2009年版,第84页。

[2] 王光祈:《千百年间中国与西方的音乐交流》,冯文慈、俞玉滋选注《王光祈音乐论著选集》,人民音乐出版社2009年版,第211页。

[3] 王光祈:《西洋音乐史纲要》,冯文慈、俞玉滋选注《王光祈音乐论著选集》,人民音乐出版社2009年版,第232页。

[4] 参见李文如编:《二十世纪中国音乐期刊篇目汇编》,文化艺术出版社2005年版。

雷、雨果·黎曼和日本学者门马直卫、小泉洽等人的音乐美学论著。通过缪天瑞以及同时期其他音乐学者的文献翻译,我们可以清晰地感受到音乐学科自觉意识的诞生与成长。没有这些音乐美学思想的译介,很难有与当时新音乐创作发展相对应的美学话语,新的音乐美学学科也就缺乏元理论的支撑与方法论的参照。

学科的自觉必然带来理论研究的深入发展。黄伯申《音乐的形式》、张洪岛《和声美的追求》、黄自《音乐的欣赏》和《调性的表情》、唐学咏《音乐的社会作用》、萧友梅《音乐的势力》、王光祈《音乐与时代精神》、马采《音乐与世界观》、吴瑞娴《音乐表现与音乐感受》、柯政和《音乐的欣赏法》、健人《关于音乐欣赏》等文章的不断发表,标志了这一时期中国的音乐美学研究取得了引人注目的成果。就研究方法而言,哲学、心理学和社会学的方法,已经走进了当时学人的视野;就研究范畴而言,已经涉及音乐本体、本质、功能、价值以及音乐实践的各个环节,这些内容迄今依然是音乐美学研究的基本方法与范畴。难能可贵的是,这一时期的音乐美学在没有专业研究队伍的条件下,初步实现了学科建设的理论阐述与初期的学术实践,为此后音乐美学的发展奠定了初步的学科基础。遗憾的是,抗战的全面爆发和随后的国内战争,没有为音乐美学的发展留下足够的空间。立脚未稳的音乐美学学科,在战争的硝烟中开始了又一次转向。

进入 20 世纪 30 年代,伴随着"九一八"事件的爆发,中日两国的民族矛盾逐渐升级为主要矛盾。随着中华民族的抗日救亡浪潮不断高涨,在当时的音乐界也掀起了"左翼"音乐运动。以"左翼"音乐运动为标志,中国的音乐创作和研究开始步入了一个新的重要阶段。音乐美学的价值评判标准也逐渐与革命和抗战紧密联系起来,如居其宏所言:"自 30 年代初期共产党人以崭新姿态登上中国乐坛以来,我国'新音乐'的理论与实践便从曾志忞、萧友梅、赵元任、刘天华等人以启蒙、美育为主要主题的'新音乐'发展为以抗日救亡为主要主题的左翼'新音乐运动'。"[①]在这种历史语境中,音乐的社会功能问题迅速凸显。从近代学堂乐歌以来就带有鲜明社会功利性色彩的新音乐文化,在经历了短暂、局部性的学科自觉发展后,义无反顾地投身到以抗日救亡为根本诉求的音乐文化建设中。抗日救亡成为"左翼"音乐的主旋律,音乐为社会和人生服务的功能得到了突显与强化。

---

① 居其宏:《战时左翼音乐理论建构与思潮论争》,《中国音乐学》2014 年第 2 期。

第三章

宗白华的美学与艺术观

宗白华(1897—1986),美学家、哲学家、诗人。原名之櫆,字伯华,生于安徽安庆,祖籍江苏常熟。在安庆成长至八岁后就学于南京模范小学。1916年入同济大学医科预科学习,1919年被五四时期广有影响的文化团体"少年中国学会"选为评议员,并成为《少年中国》月刊的主要撰稿人,积极投身于新文化运动。同年8月受聘上海《时事新报》副刊"学灯",任编辑、主编,其间该刊成为"五四"时期四大著名副刊之一,诗人郭沫若等即经由此刊崭露头角。1920年赴德留学,先后在法兰克福大学、柏林大学学习哲学和美学。1925年回国,任南京东南大学、中央大学哲学系教授。抗战期间随校西迁重庆,抗战胜利后返回南京继续任教。1952年改任北京大学哲学系美学史教授直至逝世。①

---

① 参见宗白华《自传》,《宗白华全集》第三卷,安徽教育出版社1994年版,第598—599页;林同华《宗白华生平及著述年表》,《宗白华全集》第四卷;王德胜《宗白华生平及学术年谱》,《美学散步:宗白华美学思想新探》,河南人民出版社2004年版。

第一节　宗白华的生生美学

宗白华传承中国的易儒释道文化,结合西方新兴的生命哲学,融会中西,提出了他自己的生生美学。

本书不拟采用对宗白华美学常见的"生命美学"命名,如此命名也有其合理性,一则宗白华确实受到了现代西方生命哲学的影响;二则他在著作中频频用到了"生命"一词,他的美学在很大程度上是围绕着"生命"的关键词而展开。在他的诸多论述中,可以时常看见"生生""生命"两词的交替使用,甚至有时就将其作为可以替代的同义词。但本书以为,在宗白华的美学中,实际上存在着"生生"与"生命"概念之间的内在张力:除了表面上的动态、静态意义的差别之外;"生生"源自易道中的"天地之大德曰生",一个本体论、存在论意义上的概念,表征着天地大道的本体性存在变化状态,所谓的"生生不息"即此之谓也。"生生"是一个具有浓厚中国文化哲学色彩的概念,宗白华也常常自觉不自觉地使用这一概念。而"生命"一词,则更偏向于西方近现代哲学、生物学的发明,是主客论框架下对于动植物、微生物等大自然生物属性的认识,包括据其所建构的生命美学,具有强烈的科学论、人本主义色彩。

宗白华并没有明确意识到"生生"与"生命"之间的关联有些类似于海德格尔所谓的"存在"与"存在者"之间的关系:"生生"奠立了"生命","生生"是基础性的"生命"存在,是"生命"之所以诞生的本体性前提,"生生"的敞开生发了"生命";"生命"则是"生生"的展开,是"生生""存在"的"存在者化";"生生"是不可像"生命"那样感性认识、理性把握的,甚至不能是在主客观念下的感悟与体验,[①]而只

---

① 将"体验"概念用于中国式的"悟道""开悟""证道"经验显得扞格不入,至少不很恰当,后者应该是"感通",而不是主客对立范畴的"体验"。"感通"强调人天不分的浑整感应,天地人都是易道宇宙的未(不)分化的本体和表征,人之"悟道"是人早已经(向来是,always ready)在道之中的"悟道",道不是客体,不是体验的对象,不是在道之外的"体道",所谓"道不远人",道在人中。虽然宗白华也讲了对于"道"的"体验",他也似乎感受到了用"体验"一词去描述"体道"的局限性,比如,在说到艺术家进入"舞"的虚空神妙的意境时,他强调了"沉冥入神""行神如空"的特性,颇近于"体道"的真切描述,但最终并没有自觉意识到用"体验"去描述"体道"的不相宜。可参见:"艺术家在这时失落自己于造化的核心,沉冥入神,'穷元妙于意表,合神变乎天机'(唐代大批评家张彦远论画语)。'是有真宰,与之浮沉'(司空图《诗品》语),从深不可测的玄冥的体验中升化而出,行神如空,行气如虹。在这时只有'舞',这最紧密的律法和最热烈的旋动,能使这深不可测的玄冥境界具象化、肉身化。"(宗白华:《美学散步》,上海人民出版社1981年版,第79页。)

能是在存在意义上的"思"与"悟"，是前主客关系中的共在。

因此，"生生"包纳了"生命"，"生生美学"包含了"生命美学"，前者可以生发出后者，反之则不行，"生生"是本体论上的，"生生"是宗白华美学体系的根本，是其美学形上学的本体。说宗白华的美学是"生命美学"显得偏狭片面，如果易之以"生生美学"，则更为全面深刻，且能凸显其对于中国美学与文化的真实特质的论述旨趣。

那么，"生生哲学"何以转换成"生生美学"呢？其实，这不需要进行一般所谓合法性的逻辑论证，而是自我论证成的，它根本上来自中国人对大自然的生生不已、生命脉动的感受与体验。《周易·系辞上》曰："日新之谓盛德，生生之谓易。"我们知道，宗白华在学术成熟期特别重视《易经》。宗白华最早在发表于1934 年的《论中西画法的渊源与基础》一文中提出了他的"气本论哲学"："中国画所表现的境界特征，可以说是根基于中国民族的基本哲学，即《易经》的宇宙观：阴阳二气化生万物，万物皆禀天地之气以生，一切物体可以说是一种'气积'（庄子：天，积气也）。这生生不已的阴阳二气织成一种有节奏的生命。"①

宗白华认为中国艺术境界是奠基于易道的宇宙观之上的，而"一阴一阳谓之道"，阴阳二气生生不已化生成万物，万物各具有节奏的生命，宗白华的"气本论哲学"是综合了《易经》与道家的气本论而提出来的，"道"即气也，所谓"道生一，一生二，二生三，三生万物，万物负阴而抱阳，冲气以为和"。十年后，他又在《中国艺术意境之诞生》中提出"道"就是"宇宙真体的内部和谐与节奏"②，道家、易学和儒家之"道"的"生生的节奏是中国艺术境界的最后源泉"③。而"中国哲学境界和艺术境界的特点"在于"中国哲学是就'生命本身'体悟'道'的节奏"，"道"表现在生活、礼乐制度，尤其是"艺"中："艺"赋予"道"以"形象和生命"，"道"给予"艺"以"深度和灵魂"。④"艺"与"道"的结合就是非无非有、不曒不昧，境相之"象"与虚幻之"罔"相结合，也可以说是虚实相生，艺术家"创造虚幻的境相以象征宇宙人生的真际"，而生命就是这宇宙的真际。⑤ 哲学境界和艺术境界都"诞生于一个最自由最充沛的深心的自我"，而这充沛的自我，需要空间超脱

---

① 宗白华：《美学散步》，上海人民出版社 1981 年版，第 131—132 页。
② 宗白华：《美学散步》，上海人民出版社 1981 年版，第 79 页。
③ 宗白华：《美学散步》，上海人民出版社 1981 年版，第 78 页。
④ 宗白华：《美学散步》，上海人民出版社 1981 年版，第 80 页。
⑤ 宗白华：《美学散步》，上海人民出版社 1981 年版，第 81 页。

自在的活动。

宗白华在另一篇差不多同时的文章《中西画法所表现的空间意识》中也表明了这一点，"《淮南子》的《天文训》首段说：'……道始于虚霸（通廓），虚霸生宇宙，宇宙生气……'这和宇宙虚廓合而为一的生生之气，正是中国画的对象。而中国人对于这空间和生命的态度却不是正视的抗衡，紧张的对立，而是纵身大化，与物推移。中国诗中所常用的字眼如盘桓、周旋、徘徊、流连，哲学书如《易经》所常用的如往复、来回、周而复始、无往不复，正描出中国人的空间意识"①。他在《介绍两本关于中国画学的书并论中国的绘画》（1934）中则进一步说"中国人感到这宇宙的深处是无形无色的虚空，而这虚空却是万物的源泉，万动的根本，生生不已的创造力。"②

宗白华一以贯之地认定，哲学和艺术的最高境界都是"道"——生生之道。宗白华的美学并不是一般意义上的易道哲学与美学，而是更为强调易道之气化生的生生不息及其生命节奏，故为"生生美学"。当然，"生生美学"是根源于"气本论"易道哲学，二者有着根本精神上的一致性。

"生生"之下的"生命"还与"自然""精神"紧密相连，"艺术是精神和物质的奋斗……艺术是精神的生命贯注到物质界中，使无生命的表现生命，无精神的表现精神。……艺术是自然的重现，是提高的自然"③。宗白华自承其自幼的人生观和自然观就是"创造的活力是我们生命的根源，也是自然的内在的真实"。他相信自然中到处都是"生命""活动"，都是"优美光明"，"大自然的全体"就是"理性的数学""情绪的音乐""意志的波澜"，这"宇宙的图画是个大优美精神的表现"。后来认识到这个世界不再是"已经美满的世界"，乃是"向着美满方面战斗进化的世界"。大自然对抗"冷静的、无情的、对抗的物质"和"悲惨的、冷酷的、愁闷的、龌龊的现状"，因此，宗白华认为，"自然无往而不美"，因为自然中有生命，自然就是生命，而"一切有机生命"能够推到"为我们自我表现、意志活动的阻碍"，"皆凭借物质扶摇而入于精神的美。大自然中有一种不可思议的活力，推动无生界以入于有机界，从有机界以至于最高的生命、理性、情绪、感觉。

---

① 宗白华：《美学散步》，上海人民出版社1981年版，第143—144页。
② 宗白华：《美学散步》，上海人民出版社1981年版，第148页。
③ 宗白华：《看了罗丹雕刻以后》（1920年），《美学散步》，上海人民出版社1981年版，第268页。

这个活力是一切生命的源泉,也是一切'美'的源泉"。①

"自然"皆美,在于自然有活力,就是有"精神"。自然是"一切艺术的范本"。艺术之美就是要表现这种精神与活力。相较于"图画",照片则不美,就是因为后者只是摄取了自然的表面,"而不能表现自然底面的精神故"。"自然"物皆"动","物即是动,动即是物","物"与"动"须臾不可分离,艺术的要旨在于写出"动者""动象","动者"是"生命之表示,精神的作用"。因此,艺术表现动象,才能表现精神、表现生命。"艺术最后目的"就是这种"动象的表现",是将瞬息变化、起灭无常的"自然美的印象"借着图画、雕刻的作用,"扣留下来,使它普遍化、永久化"。②

宗白华提出生生哲学、美学观,一方面固然出于文化与社会的需要,反思启蒙运动以来片面发展的工具理性、人类中心主义以及资本市场体制下日趋流行的实用主义等弊端,另一方面也有着存续、认同、光大、创新中华传统文化从而施于实践改造世界的旨趣。他在作于 1944 年的《中国艺术意境之诞生》一文中就说:"现代的中国站在历史的转折点。新的局面必将展开。然而我们对旧文化的检讨,以同情的了解给予新的评价,也更重要。就中国艺术方面——这中国文化史上最有世界贡献的一方面——研寻其意境的特构,以窥探中国心灵的幽情壮采,也是民族文化的自省工作。希腊哲人对人生指示说:'认识你自己!'近代哲人对我们说:'改造这世界!'为了改造世界,我们先得认识。"③

宗白华的生生哲学与美学受到了以康德为代表的德国古典理性主义哲学终结后的叔本华、尼采的人生、生命哲学以及法国柏格森生命哲学的巨大影响。宗白华早在其第一篇哲学论文《萧彭浩(今译叔本华)哲学大意》(1917 年)中即谈到叔本华的唯意志人生哲学:"继康德而起者多人,而萧彭浩最为杰出。造《世界唯意识论》,人谓此书,集欧洲形而上学之大成,其义尤与佛理相契合,阅者自明,今不强解。其言曰:唯物唯心,皆坠独断,盖心外无物,物外无心,心物二者,成此幻相,心不见心,无相可得,不生心则无自相(此皆译述《世界唯意识论》首篇大意)。而超乎心物两者之上,立于两相之后,发而为心(按此心字,当识字义),因而见外物者,厥维意志。此意志为混沌无知之欲,所欲者,即兹生存

---

① 宗白华:《看了罗丹雕刻以后》(1920 年),《美学散步》,上海人民出版社 1981 年版,第 269 页。
② 宗白华:《看了罗丹雕刻以后》,《美学散步》,上海人民出版社 1981 年版,第 270 页。
③ 宗白华:《美学散步》,上海人民出版社 1981 年版,第 68—69 页。

（所谓生存者，即现此世中）。"①宗白华承认读到叔本华著作时"抚掌惊喜"，以为"颇近于东方大哲之思想"②，他借此表达了自己的宇宙人生观："无限之同情，悲悯一切众生，为道德极则。此其意志中已觉宇宙为一体。无空间中之分别。"③他认为"柏格森的创化论中深含着一种伟大入世的精神，创造进化的意志，最适宜做我们中国青年的宇宙观"，而且认为其"人类智慧具有机器观之天性"的主张是一句"极精"的话，因为它将"机器观"同"究竟观"（即目的观）虽似相反而实不能相离的关系讲透了。④

宗白华所发现和创立的生生哲学美学吸收了叔本华、柏格森等西方近代生命哲学，⑤但并非亦步亦趋、照单全收，而是有所扬弃的。他批评了叔本华的悲观论，"盖宇宙一体，无所欲也，再进则意志完全消灭，清净涅槃，一切境界，尽皆消灭，此其境界，不可思议矣"⑥。

第二节　宗白华的意境理论

宗白华的意境理论是其生生美学的重要组成部分，意境的根源是生生之天道，意境也是生生天道的表现。宗白华主要从意境研究的意义、意境创造与客观山水、意境创造与人格修养的关系、意境的三层次、中国艺术意境的结构特点

---

① 宗白华：《宗白华全集》第一卷，安徽教育出版社 1994 年版，第 3 页。
② 宗白华：《宗白华全集》第一卷，安徽教育出版社 1994 年版，第 5 页。
③ 宗白华：《宗白华全集》第一卷，安徽教育出版社 1994 年版，第 8 页。
④ 宗白华：《读柏格森"创化论"杂感》（1919 年），《宗白华全集》第一卷，安徽教育出版社 1994 年版，第79 页。
⑤ 作为意境说的最后总结者的王国维也是把生命力的"弥满"、生命节律的颤动看作是"意境-境界"说的核心，他所讲的生命力观念不但来自古代的"气韵生动""生气远出"的理想，更重要的是吸收了德国生命哲学的精神。王国维对于叔本华、尼采的意志欲望理论很是推崇，十分熟悉德国的生命哲学，还曾写过《叔本华与尼采》等论文。他正是把中外关于"生命力"的思想熔铸于意境理论中，并强调只有鲜活的、充溢着生命活力的情景世界，才可能具有意境，否则便无。（参见童庆炳《"意境"说六种及其申说》，《东疆学刊》2002 年第 3 期）不同的是，宗白华的生生美学较王国维的更为全面系统。与宗白华同时的方东美也提出了生生美学的系统性主张，二者的比较，可看看宛小平《简论方东美宗白华时空意识与西方时空意识的异同——兼论方宗两先生以时空为形而上的艺术哲学》，《中华美学学会第五届全国美学会议论文集》，1999 年；汤拥华《方东美与宗白华生命美学的"转向"》，《江西社会科学》2007 年第 1 期；姜勇《宗白华美学与现代新儒学》，吉林大学博士论文，2008 年；张泽鸿、吴家荣《方东美与宗白华艺术学思想之比较》，《美与时代（下）》2012 年第 1 期；张泽鸿《宗白华与现代新儒家美学思想考论》，《美与时代旬刊》2014 年第 6 期。
⑥ 宗白华：《宗白华全集》第一卷，安徽教育出版社 1994 年版，第 9 页。

(道、舞、空白等)等维度全面论述了意境的内涵特征，构成了其相对完整的意境美学体系。

宗白华意境理论有着深厚的中西文化背景，林同华曾在《哲人永恒，"散步"常新——忆宗师白华的教诲》一文中写道："宗先生的青年时期，则爱读那优美的《华严经》，视'圆融无碍'为认识的最高境界。又喜爱庄子、康德、叔本华、歌德的思想和王、孟、韦、柳等人的绝句，闲和静穆的境界，天真自然的态度，寓秾丽于冲淡之中的审美情趣，禅宗的不立文字，直指人心，见性成佛，一闻言下大悟，顿见真如本性的顿悟超感性论，叔本华的直观中浸沉，物我交融，主客为一和忘情于无意志的审美直观，魏晋玄学主张得意忘象、得意忘言，这些思想均为相通。"①

宗白华在《中国艺术意境之诞生》(1943年)中第一次较为系统地提出了中国艺术意境理论，作为其《论中西艺术的写实、传神与造境》的第三部分，作者率先说明研究中国艺术"意境的特构"的意义：中国艺术是"中国文化史上最中心最有世界贡献的一方面"，借此研究，可以"窥探中国心灵的幽情壮采"，也是"民族文化的自省工作"。也就是说，出于中国民族文化的自我认识与身份辨认及其认同建构，这是宗白华提出意境论的出发点。

宗白华的"意境论"是奠基于其人生境界论、艺术境界论之上的。他按照人与世界之间关系层次的不同提出五种境界说，依次为：主于"利"的功利境界、主于"爱"的伦理境界、主于"权"的政治境界、主于"真"的学术境界和主于"神"的宗教境界。他认为主于"美"的艺术境界介于学术境界和宗教境界之间。而"艺术境界"具体指"以宇宙人生的具体为对象，赏玩它的色相、秩序、节奏、和谐，借以窥见自我的最深心灵的反映；化实景而为虚境，创形象以为象征，使人类最高的心灵具体化、肉身化"。② 宗白华在此已经道出了"艺术境界"的主客观合一的特性，但是更为强调主观的一面。宗白华还指出这些不同层级境界奠基在实用的礼乐教化之上："中国哲人则倾重于'利用厚生'之器，及'观其会通以行其典礼'之器之知识。由生活之实用上达生活之宗教境界、道德境界及审美境界。于礼乐器象征天地之中和与序秩理数！使器不仅供生活之支配运用，尤须化

---

① 宗白华：《宗白华全集》第四卷，安徽教育出版社1994年版，第774页。
② 宗白华：《宗白华全集》第三卷，安徽教育出版社1994年版，第357—358页。

'器'为生命意义之象征,以启示生命高境如美术,而生命乃益富有情趣。"①

宗白华之所以重视并提出自己的境界论,根源于对现实社会与近代哲学以来的功利主义和唯理思潮的不满,意欲借中国意境文化匡正时弊,以实践社会和自身的审美人生。他说,中国哲人"不似近代人与无情无表现,纯理数之机器漠然,惟有利害应用之关系,以致人为机器之奴。更进而人生生活机械化,为卓别林之《摩登时代》讥刺之对象"②!

无独有偶,很多中国现代美学家哲学家都提出了各自的境界论,更早的有王国维提出著名的"有我之境"和"无我之境";冯友兰在著名的"贞元六书"之一的《新原人》(重庆商务印书馆1943年初版)中根据人对外界事物"觉解"程度的不同,将人生境界由低到高划分为四个境界:自然境界、功利境界、道德境界、天地境界。③ 方东美则提出了"人生六境界"说:物质境界、生命境界、心灵境界、艺术境界、道德境界、宗教境界。唐君毅在其晚年巨著《生命存在与心灵境界》中建构了一个以"心之本体"为终极指向的"一心三向九境"("生命三向与心灵九境"或一心通三界[客观、主观、超主客观三界]、心灵九境说)的道德理想主义哲学体系。诸如此类,不一而足,现代思想家们如此热衷于境界论,固然出于中国传统哲学、美学有着论境界的传统影响,还同宗白华一样,面临着相同的时代焦虑而导致了以境界拯救心灵的共通情感结构。

那么何为"意境"呢? 宗白华明确指出,意境是"情"与"景"(意象)的结晶品,"艺术家以心灵映射万象,代山川而立言,他所表现的是主观的生命情调与客观的自然景象交融互渗,成就一个鸢飞鱼跃、活泼玲珑、渊然而深的灵境;这灵境就是构成艺术之所以为艺术的'意境'"④。主客相融,这是生命与自然的融合,因此意境自生。情景交融,情更深,景更晶莹,"在一个艺术表现里情和景交融互渗,因而发掘出最深的情,一层比一层更深的情,同时也透入了最深的景,一层比一层更晶莹的景;景中全是情,情具象而为景,因而涌现了一个独特的宇宙,崭新的意象,为人类增加了丰富的想象,替世界开辟了新境"⑤。

艺术意境,因人因地因情因景的不同,现出种种色相,"影映出几层不同的

---

① 宗白华:《宗白华全集》第一卷,安徽教育出版社1994年版,第592页。
② 宗白华:《宗白华全集》第一卷,安徽教育出版社1994年版,第592页。
③ 参见冯友兰:《冯友兰文集第五卷·新原人》,长春出版社2008年版。
④ 宗白华:《美学散步》,上海人民出版社1981年版,第70页。
⑤ 宗白华:《美学散步》,上海人民出版社1981年版,第72页。

诗境"，宗白华大略将"意境"分为四类："一主气象"（函盖乾坤的宏大气概）、"一主幽思（禅境）"（迥绝世尘的幽人境界）、"一主情致"（风流蕴藉、流连光景）和"主于咏物"（偏于赋体）。前三者侧重内在情思气概，最后一种偏于外在描写敷陈，宗白华对此似乎评价稍低："偏于赋体，诗境虽美，主于咏物。"宗白华艺术感悟深邃细致，运用独特的例举启悟式的论述书写方式，但是这四种"意境"分类并不全面也不十分周延，而且他贬抑"主于咏物"的意境也并不太公正。

关于"意境"的"创构"，宗白华主要从两个方面进行了说明：在客体方面主要以山水为对象，在主体方面则奠基于"人格涵养"之上。艺术意境的创构，主要使"客观景物作我主观情思的象征"，而我人心中万千情思，"不是一个固定的物象轮廓能够如量表出"，"只有大自然的全幅生动的山川草木，云烟明晦，才足以表象我们胸襟里蓬勃无尽的灵感气韵"[1]。因此，山水成了中国诗人画家抒写情思的对象和媒介，这和西洋自希腊以来拿"人体"做主要对象的艺术途径迥然不同。

"意境"微妙境界的实现，在主观上，既需要艺术家平素的精神涵养，又有赖于"在活泼泼的心灵飞跃而又凝神寂照的体验中突然地成就"[2]。所以，艺术境界对于山川景物的显现，不是纯客观地临摹，"须凭胸臆的创构，才能把握全景"[3]。意境是艺术家的独创，是主客合一的产物，是主体的深厚素养与瞬间感悟的产物：从他"最深的'心源'"和'造化'接触时突然的领悟和震动中诞生的"[4]。

艺术意境"不是一个单层的平面的自然的再现，而是一个境界层深的创构"。艺术意境的创构分为三个层次："直观感相的模写""活跃生命的传达""最高灵境的启示"。宗白华是根据蔡小石《拜石山房词·序》里对"词"的三层境层的"极为精妙"的形容中总结出来的，这三层境界又是另一位批评家江顺诒所说的："始境，情胜也。又境，气胜也。终境，格胜也。"宗白华对此作了进一步解释："'情'是心灵对于印象的直接反映，'气'是'生气远出'的生命，'格'是映射着人格的高尚格调"[5]。它实际上也是"写实""传神"到"妙悟"的三层境界。不

---

① 宗白华：《美学散步》，上海人民出版社 1981 年版，第 72—73 页。
② 宗白华：《美学散步》，上海人民出版社 1981 年版，第 73 页。
③ 宗白华：《美学散步》，上海人民出版社 1981 年版，第 74 页。
④ 宗白华：《美学散步》，上海人民出版社 1981 年版，第 79 页。
⑤ 宗白华：《美学散步》，上海人民出版社 1981 年版，第 75 页。

过"写实""传神"和"妙悟"三层境界的说法在此只是顺带提及,《中国艺术的写实精神——为第三次全国美展写》(1943)进一步提出:"但写实终只是绘画艺术的出发点,从写实到传达生命及人格之神味,从传神到创造意境,以窥探宇宙人生之秘,是艺术家最后最高的使命。"①该文是作者《论中西艺术的写实,传神与造境》的第三部分,在此宗白华的三境界说法有了少许变化:第三层境界从"妙悟"变为了"造境"。而在《中国艺术三境界》(1945)中,宗白华则明确系统地提出了"写实或写生""传神"到"妙悟"或"玄境"三境界说。②

艺术意境在具体内涵上,还有其深度、高度、阔度。一如既往,宗白华并没有对深度、高度、阔度进行严格的概念定义,而是以李、杜诗境界为例,加以体验式的说明,并对李、杜境界作了比较:李白"情调较偏向于宇宙境象的大和高";杜甫则"更能以深情掘发人性的深度";但不管是李、杜境界的高、深、大,还是王维的"静远空灵","都植根于一个活跃的、至动而有韵律的心灵"。③

在此,宗白华罕见地运用"以中释西"的"格义"法,将上述中国的意境三境层理论用于解释西方主流艺术思潮。"西洋艺术里面的印象主义、写实主义,是相等于第一境层。浪漫主义倾向于生命音乐性的奔放表现,古典主义倾向于生命雕象式的清明启示,都相当于第二境层。至于象征主义、表现主义、后期印象派,它们的旨趣在于第三境层。"④这种比附,多扞格不通,显然离双方的特质都相去甚远。宗白华揭示了中国自六朝以来"意境"追求的特质,与西方不同,"意境"的"理想境界"是对于"禅境"的"澄怀观道"(南朝宋画家宗炳语),"在拈花微笑里领悟色相中微妙至深的禅境"。

宗白华认为,"禅"是中国人接触、体认佛教大乘义且深入发挥的哲学与艺术境界,是动与静的结合。"禅是动中的极静,也是静中的极动,寂而常照,照而常寂,动静不二,直探生命的本源。……静穆的观照和飞跃的生命构成艺术的两元,也就是禅的心灵状态。"⑤宗白华引用"白云山头月,太平松下影。良夜无狂风,都成一片镜"(白云演和尚)来加以说明。本书以为,宗白华绝非是有学者

---

① 宗白华:《宗白华全集》第二卷,安徽教育出版社 1994 年版,第 325 页。
② 宗白华:《宗白华全集》第三卷,安徽教育出版社 1994 年版,第 382—387 页。还可参见邹士方:《宗白华评传》,北京西苑出版社 2013 年版,第 257—260 页。
③ 宗白华:《美学散步》,上海人民出版社 1981 年版,第 87—88 页。
④ 宗白华:《美学散步》,上海人民出版社 1981 年版,第 75 页。
⑤ 宗白华:《美学散步》,上海人民出版社 1981 年版,第 76 页。

认为的仅仅只是推崇"安详静穆的审美意境"①，正如唐代韦应物所说"喧静两皆禅"（《赠琮公》）。尽管禅诗的意境更偏于静穆观照，尚清静虚空，透显出空寂渺远的韵味，但骨子里却是动静相宜，有无相生。禅宗六祖临终留偈曰："但识自本心，见自本性，无动无静，无生无灭，无去无来，无是无非，无住无往。"清人杨益豫早在《方外诗选序》中描述了作诗与参禅的相似性："当夫冥心取影，入瓮捻须，木然兀然，入无声无臭而不知者，诗境也，抑禅象也；当夫水流花放，悟彻慧通，融然杳然，至于不生不灭而不知者，禅象也，抑诗境也。"

更进一步说，在道禅的动静结构中，"静"是"道"的根本，"静"是"动"的源泉，"动"是生命之"道"、"道"之生命，生命之"动"是静照之"道"的具体表现，"深沉的静照是飞动的活力的源泉。反过来说，也只有活跃的具体的生命舞姿、音乐的韵律、艺术的形象，才能使静照中的'道'具象化、肉身化"②。本书认为，老子早有言，"有生于无"，"无"趋于"静"，"有"则与"动"相通，在此也暗示着"无""静"比"有""动"更为根本，"无"的"寂静""静默"中蕴含着动力与生机；庄子说："虚室生白""唯道集虚"，较之"实"，"虚"看来更为根本。后来，宗白华还引入佛禅"空"的范畴，认为"空寂中生气流行，鸢飞鱼跃，是中国人艺术心灵与宇宙意象'两镜相入'互摄互映的华严境界"③。由此，"无""静""虚""空寂"较之"有""动""实""生气"具有本体性的地位。故而苏轼有言："欲令诗语妙，无厌空且静。静故了群动，空故纳万境。"（《送参寥师》）

在《介绍两本关于中国画学的书并论中国的绘画》（1934 年）④一文中，宗白华认为，在中国绘画里所表现的"最深心灵"就是"深沉静默地与这无限的自然，无限的太空浑然融化，体合为一"，"它所启示的境界是静的，因为顺着自然法则运行的宇宙是虽动而静的，与自然精神合一的人生也是虽动而静的。它所描写的对象，山川、人物、花鸟、虫鱼，都充满着生命的动——气韵生动。但因为自然是顺法则的（老、庄所谓道），画家是默契自然的，所以画幅中潜存着一层深深的静寂。就是尺幅里的花鸟、虫鱼，也都像是沉落遗忘于宇宙悠渺的太空中，意境旷邈幽深。至于山水画如倪云林的一丘一壑，简之又简，譬如为道，损之又损，

---

① 宗白华：《宗白华全集》第四卷，安徽教育出版社 1994 年版，第 779 页。
② 宗白华：《美学散步》，上海人民出版社 1981 年版，第 80 页。
③ 宗白华：《美学散步》，上海人民出版社 1981 年版，第 85 页。
④ 宗白华：《美学散步》，上海人民出版社 1981 年版，第 149 页。

所得着的是一片空明中金刚不灭的精萃。它表现着无限的寂静，也同时表示着是自然最深最后的结构"。① 宗白华的艺术感悟精妙深邃，深契其论述对象"旷邈幽深"的意境之道，由此可见一斑。这里中国画里的"最深心灵"其实就是最高意境的表现，其本质仍然是"虽动而静"的"气韵生动"，是生生之道的体现。

宗白华动静美学的辩证法揭示了中国艺术和文化以静为本、"以静制动"的深层本质意蕴。②"所以中国艺术意境的创成，既须得屈原的缠绵悱恻，又须得庄子的超旷空灵。缠绵悱恻，才能一往情深，深入万物的核心，所谓'得其环中'。超旷空灵，才能如镜中花，水中月，羚羊挂角，无迹可寻，所谓'超以象外'。色即是空，空即是色，色不异空，空不异色，这不但是盛唐人的诗境，也是宋元人的画境。"③就是说，中国艺术意境的创成，既要有"得其环中"之"实"，又要有"超以象外"之"虚"，即空即色、即色即空，要动静相宜，既能缠绵悱恻，又须超旷空灵，方能达致艺术、哲学的最高意境——禅境。

宗白华还探索了中国艺术意境结构的特点。"道""舞""空白"之间的关系如下：宗白华认为庄子对于艺术境界的阐发"最为精妙"，受其影响，宗白华认为"道"是艺术意境的"形而上原理"，"道"和"艺"能够体合无间。"道"的生命进乎技，"技"的表现启示着"道"。④"道"的生命和"艺"的生命，游刃于"虚"，莫不中音，合于桑林之"舞"，乃中经首之会。⑤ 如此，在意境之中，"道"是根本，"道"在"空白"之"虚"中作生命之"舞"，"舞"是"道"的象征，这应该就是宗白华意境的内在结构。

深邃幽冥之"道"只有活跃的贝体的生命舞姿才能表现。而"舞"是"高度的韵律、节奏、秩序、理性，同时是最高度的生命、旋动、力、热情，它不仅是一切艺术表现的究竟状态，且是宇宙创化过程的象征"。⑥ 艺术家进入"舞"的状态，就"失落自己于造化的核心，沉冥入神……从深不可测的玄冥的体验中升化而出，行神如空，行气如虹。在这时只有'舞'，这最紧密的律法和最热烈的旋动，能使这深不可测的玄冥的境界具象化、肉身化"⑦。

---

① 宗白华：《美学散步》，上海人民出版社 1981 年版，第 147—148 页。
② 宗白华还在《凤凰山读画记》(1944 年)一文中表达了相似思想，参见《宗白华全集》第二卷，第 377—378 页。
③④ 宗白华：《美学散步》，上海人民出版社 1981 年版，第 77 页。
⑤ 宗白华：《美学散步》，上海人民出版社 1981 年版，第 78 页。
⑥⑦ 宗白华：《美学散步》，上海人民出版社 1981 年版，第 79 页。

"舞"是道"最直接、最具体"的自然流露,于是,"舞"成了"中国一切艺术境界的典型"。①

既然"天地是舞,是诗(诗者天地之心),是音乐(大乐与天地同和)"②,中国绘画(艺术)境界的特点就是这音诗合一的天地之舞,生命之舞的空间由"空白"来表象,"画家解衣盘礴,面对着一张空白的纸(表象着舞的空间),用飞舞的草情篆意谱出宇宙万形里的音乐和诗境"③。"空白"于是成为艺术生命意境的基础性结构。"空白在中国画里不复是包举万象位置的轮廓,而是溶入万物内部,参加万象之动的虚灵的'道'。画幅中虚实明暗交融互映,构成飘渺浮动的氤氲气韵,真如我们目睹山川真景。此中有明暗、有凹凸、有宇宙空间的深远,却没有立体的刻画痕;亦不似西洋油画如可走进的实景,乃是一片神游的意境。因为中国画法以抽象的笔墨把捉物象骨气,写出物的内部生命,则'立体体积'的'深度'之感也自然产生,正不必刻画雕凿,渲染凹凸,反失真态,流于板滞"。④

宗白华在更早的《介绍两本关于中国画学的书并论中国的绘画》(1934)中说中国人感到"宇宙的深处是无形无色的虚空,而这虚空却是万物的源泉,万动的根本,生生不已的创造力"。老、庄名之为"道""自然""虚无",儒家则名之为"天"。"万象皆从空虚中来,向空虚中去。所以纸上的空白是中国画真正的画底。"⑤中国哲学用"太空""太虚""无""混茫""大象无形"等"来暗示或象征这形而上的道,这永恒创化着的原理"⑥。宗白华没有点明"空"乃是佛家的最高境界,代表中国文化精神的儒释道三家的宇宙观都是以"虚空"为根本,"虚空"并非一无所有的真空,而是万物化生之地。

看来,中国艺术的"空白"无非是宇宙"虚空"的表现而已,意境就奠立在这"虚空""空白"之上。"中国画家面对这幅空白,不肯让物的底层黑影填实了物体的'面',取消了空白,像西洋油画;所以直接地在这一片虚白上挥毫运墨,用各式皱文表出物的生命节奏。(石涛说:'笔之于皱也,开生面也。')同时借取书法中的草情篆意或隶体表达自己心中的韵律,所绘出的是心灵所直接领悟的物态天趣,造化和心灵的凝合。自由潇洒的笔墨,凭线纹的节奏,色彩的韵律,开

---

① 宗白华:《美学散步》,上海人民出版社 1981 年版,第 81 页。
②③ 宗白华:《美学散步》,上海人民出版社 1981 年版,第 82 页。
④ 宗白华《论中西画法的渊源与基础》(1936),《美学散步》,上海人民出版社 1981 年版,第 122—123 页。
⑤ 宗白华:《美学散步》,上海人民出版社 1981 年版,第 148 页。
⑥ 宗白华:《美学散步》,上海人民出版社 1981 年版,第 115 页。

径自行,养空而游,蹈光揖影,抟虚成实。"①庄子说:"虚室生白""唯道集虚",中国诗词文章里都着重这空中点染、抟虚成实的表现方法,使诗境、词境里面有空间,有荡漾,和中国画面具同样的意境结构。② 中国人对"道"的体验,是"于空寂处见流行,于流行处见空寂",唯道集虚,体用不二,这构成中国人的生命情调和艺术意境的实相。③

在后来的《中国诗画中所表现的空间意识》(1949 年)一文中,宗白华还进一步从庄子"瞻彼阙(空处)者,虚室生白"一语提炼出"虚白"的美学概念,似于苏辙《论语解》"贵真空,不贵顽空"的命题中的"真空"。庄子的"虚白"是"创化万物的永恒运行着的道","白"是"道"的吉祥之光,"虚白"不是几何学的空间间架,即死的空间——顽空。庄子的"体尽无穷而游无朕"即体现了"虚白"的意味:"体尽无穷"是已经"证入生命的无穷节奏,画面上表出一片无尽的律动";"而游无朕",即是在中国画的"底层的空白里表达着本体'道'(无朕境界)"。④

宗白华的"虚白"也即是苏辙所谓的"真空""虚空",与"顽空"对立(苏辙"贵真空,不贵顽空……皆自虚空生"。《论语解》)。"道"是"虚灵"的,是"出没太虚自成文理的节奏与和谐"⑤。"中国画中所表现的万象,正是出没太虚而自成文理的。画家由阴阳虚实谱出的节奏,虽涵泳在虚灵中,却绸缪往复,盘桓周旋,抚爱万物,而澄怀观道。"⑥"以追光摄影之笔,写通天尽人之怀",这两句话表出中国艺术的"最后的理想和最高的成就"。⑦ 中国诗词、绘画、书法、建筑都有空间,有生气,"具有同样的意境结构"。⑧ 中国山水画上空间境界的表现法在于虚实相生、明暗相形,"我们画面的空间感也凭借一虚一实、一明一暗的流动节奏表达出来。虚(空间)同实(实物)联成一片波流,如决流之推波。明同暗也联成一片波动,如行云之推月。"⑨"我们宇宙既是一阴一阳、一虚一实的生命节奏,所以它根本上是虚灵的时空合一体,是流荡着的生动气韵。"⑩

---

① 宗白华:《美学散步》,上海人民出版社 1981 年版,第 82 页。
② 宗白华:《美学散步》,上海人民出版社 1981 年版,第 82—83 页。
③ 宗白华:《美学散步》,上海人民出版社 1981 年版,第 83 页。
④ 宗白华:《美学散步》,上海人民出版社 1981 年版,第 114 页。
⑤ 宗白华:《美学散步》,上海人民出版社 1981 年版,第 116 页。
⑥ 宗白华:《美学散步》,上海人民出版社 1981 年版,第 116 页。
⑦ 宗白华:《美学散步》,上海人民出版社 1981 年版,第 84 页。
⑧ 宗白华:《美学散步》,上海人民出版社 1981 年版,第 83 页。
⑨ 宗白华:《美学散步》,上海人民出版社 1981 年版,第 110 页。
⑩ 宗白华:《美学散步》,上海人民出版社 1981 年版,第 114 页。

意境的"空白"问题实际上是"虚实"问题的一个表现，二者有着内涵上的统一性。宗白华还对这一重要的"虚实"问题进行了专题论述。

对于艺术意境中的"虚""实"问题，宗白华在《论文艺的空灵与充实》(1943)、《中国艺术表现里的虚和实》(1961)等论文题目中就明确提出这样的论题，而《中国美学史中重要问题的初步探索》(1979)则将其作为重要的专题进行了研究。其实，在他几乎所有的论艺术和意境的文章中都或多或少涉及这一问题。

对于中国思想"虚""实"问题的产生，宗白华主要在《中国美学史中重要问题的初步探索》[①]一文中进行了探讨。在中国思想史上，先秦《考工记·梓人为笋虡》章"已经启发"了虚和实的问题，"在这里艺术家创造的形象是'实'，引起我们想象是'虚'，由形象产生的意象境界就是虚实的结合"。

这种"虚实结合"的思想，主张"以虚带实，以实带虚，虚中有实，实中有虚，虚实结合"，它是中国艺术的一个特点，也是中国美学思想中的"核心问题"。比如中国画很重视空白，中国画的线条之间就是"空白"；中国书家也讲究布白，要求"计白当黑"；中国戏曲舞台上也利用"刁窗"等"虚空"；中国园林建筑更是注重布置空间、处理空间。

宗白华明确指出，"虚""实"的问题关涉"哲学宇宙观"，实际上是说中国"虚""实"问题的哲学基础就是易道"宇宙观"。这种"宇宙观"又可以分为两派：孔孟与老庄。老庄认为"虚"比真"实"更真实，它是后者的原因，没有"虚空"存在，"万物就不能生长，就没有生命的活跃"。儒家思想则从"实"出发，孔子讲"文质彬彬"、孟子所谓"充实之谓美"就是说的"实"，但孔孟也并不停留于实，而是要"从实到虚，发展到神妙的意境"，孟子"圣而不可知之之谓神"，"神"就是"虚"。《易经》是儒家和道家的共同经典，孟子与老庄并不矛盾，他们都认为宇宙是虚和实的结合，"也就是易经上的阴阳结合"。易系辞传："易之为书也，不可远；为道也，屡迁。变动不居，周流六虚"，所以老子说："有无相生"，"虚而不屈，动而愈出"。

这种宇宙观表现在艺术上，就要求艺术也必须"虚实结合"，才能真实地反映有生命的世界。

如何做到"虚实结合"的艺术创造？宗白华认为主要手段是"化景物为情

---

① 宗白华：《美学散步》，上海人民出版社 1981 年版，第 38—43 页。

思"，是"化实为虚，把客观真实化为主观的表现"，就是通过"逼真的形象"表现出内在的精神，即"用可以描写的东西表达出不可以描写的东西"。在这里是"虚""实"分别被解释为"主观""情思"（内在情感、思想、见解等）等"不可描写的东西"和"客观""景物"等"可以描写的东西"。"化景物为情思"也是对艺术中虚实结合的"正确定义"。要"化实为虚"，不能虚实相离，"以虚为虚，就是完全的虚无；以实为实，景物就是死的，不能动人；唯有以实为虚，化实为虚，就有无穷的意味，幽远的境界"①。

略有不足的是，宗白华只是强调了"化实为虚""以实为虚"的问题，而未能明确讲到"化虚为实"。

总之，宗白华的意境理论实际上综合了中国主流文化儒释道特别是道禅的思想传统，从"道""实""生""虚""无""空"等重要范畴着眼，揭示了意境中的阴阳、动静、虚实相互结合融为一体的根本特质，还依循意境的意义、创构、产生根源、表现和结构等方面，第一次全面深入阐释了中国艺术意境的理论体系。

第三节　宗白华的艺术人生观

宗白华的人生观、人生与其艺术观达到了和谐的统一，他的人生是其观念的践履，其观念是其人生的映射。就如"天人合一"的哲学观一样，他的人生及其人生观是道器不二、内外通达、无所滞碍、周流圆转的，是一而二、二而一的，是通体的明净、乐生、旷达，有着魏晋风骨的流风遗韵。宗白华的人生也是美的人生，正如其在晚年（1982 年 10 月）所说的："美学的内容，不一定在于哲学的分析，逻辑的考察，也可以在于人物的趣谈、风度和行动，可以在于艺术家的实践所启示的美的体会与体验。"②

宗白华在五四时期发表的《说人生观》（1919 年）一文中完整系统地提出了自己的人生观。在该文中，他主张建立在"真实宇宙观"之上的"真实人生观"："（一）依诸真实之科学（即有实验证据之学），建立一真实之宇宙观，以统一一切

---

① 宗白华：《美学散步》，上海人民出版社 1981 年版，第 41 页。
② 宗白华：《〈艺苑趣谈录〉序》，《宗白华全集》第三卷，安徽教育出版社 1994 年版，第 604 页。

学术;(二)依此真实之宇宙观,建立一真实之人生观,以决定人生行为之标准。"他提出并概括分析了"乐观""悲观"和"超世人世观"等三种人生态度,分析了哲人、诗人、政治家、社会学家、普通人等不同情况。在三种人生态度中,每种人生观又细分为三个类别,"乐观"派分为乐生派、激进人世派和佚乐派;"悲观"派又分为遁世派、悲愤自残派和消极纵乐派;"超然派"又分为超世入世派、旷达无为派和消闲派。总体上,宗白华对于各派都有体贴入微的辩证考察,陟罚臧否,使之各得其所。其中,宗白华批评"乐观"和"悲观"两种人生观,而主张超越二者的作为"超然派""正宗"的"超世入世"人生观,"不为无识之乐观,亦非消极之悲观。二观之病,皆能永离。是以超世入世之派,为世界圣哲所共称也"。其他八派都各有偏执,要不就是过于超然、悲观、遁世,趋于无为、寂灭,要不就是过于乐观、堕于激进,最后导致败落绝望,都未臻圆融之境。"超世入世"人生观首先是超然物外,秉持高洁情怀,以平常心作入世事业,这样才能做到矢志不渝、百折不挠,其"大勇猛,大无畏,其思想之高尚,精神之坚强,宗旨之正大,行为之稳健,实可为今后世界少年,永以为人生行为之标准者也"。因之,"超世"而"入世","超世""绝非遁世","超世"与"入世"之间要保持动态的平衡与张力。

宗白华在《说人生观》中表达了特别欣赏有老庄之风的陶渊明式的乐观旷达:"乐观之辈,视宇宙如天堂,人生皆乐境,春秋佳日,山水名区,无往而非行乐之地……明理哲人,神识周远,深悉苦乐,皆属空华。栖神物外,寄心世表,生死荣悴,渺不系怀。……乐观云者,即是心中意中,以为宇宙美满,人生无憾,纵时事有困难窳败之点,而以为此种现象,适所以砥砺磨炼,以成将来美满之果。……乐观诗人,徜徉天地间,惊自然之美,叹造化之功,歌咏之,颂扬之,手之舞之,足之蹈之,誉宇宙为天堂,为安乐园,人之生世,在此大宇长宙间,山明水秀,鸟语花香,无往而非乐境也。此派乐观诗人,因惊宇宙之美,遂忘人世之苦,固属偏见,而自然界现象之宏伟壮丽,亦人类所共认也。……又有一类隐逸诗人,旷达高士,如陶渊明其人者,田园幽居,东窗啸傲,陶然自得,藜藿自甘,自食其力,不待给于社会,亦欣欣然有乐生之意,而旷达为怀,斯乃由旷达而生乐观者也。列之乐生派中,而高风邈矣。"①

---

① 以上参见《说人生观》,《宗白华全集》第一卷,安徽教育出版社 1994 年版,第 17—25 页。

　　在此基础上,他在稍后的《新人生观问题的我见》一文中又提出所谓的"艺术的人生态度"就是"积极地把我们人生的生活,当作一个高尚优美的艺术品似的创造,使它理想化,美化"。"艺术创造"和"人生创造"联系紧密,在手段和作用上具有极大的相似性,"艺术创造的手续,是悬一个具体的优美的理想,然后把物质的材料照着这个理想创造去。我们的生活,也要悬一个具体的优美的理想,然后把物质材料照着这个理想创造去。艺术创造的作用,是使他的对象协和、整饬、优美、一致。艺术创造的目的是一个优美高尚的艺术品,我们的人生目的是一个优美高尚的艺术品似的人生。这是我个人所理想的艺术的人生观"。不仅是"艺术的人生观",宗白华还提出了"科学的人生观"的建构,前者从主观方面弥补了后者仅从客观方面建设新人生观的不足。

　　宗白华提出新的科学和艺术人生观建构,并不仅仅是出于个人修养,目的更在于对社会责任的自觉承担,"是要替中国一般平民养成一种精神生活、理想生活的'需要',使他们在现实生活以外,还希求一种超现实的生活,在物质生活以上还希求一种精神生活"。他批评当时社会一般民众"几乎纯粹是过的一种机械的、物质的、肉的生活",而"我们的文化运动"必须建基于这样的"需要"之上,在如何替平民造出这种需要的"第一步的手续"则是"替他们造出一个新的正确的人生观",超越根源于孔孟和老庄哲学流弊的两种中国旧式人生观:"现实人生主义"和"悲观命定主义",要从"科学的"和"艺术的"两种途径创造新的人生观。[1] 这可以说是那个时代典型的启蒙主义精英人生观。有趣的是,宗白华在此处提出"科学的人生观"和"艺术的人生观",约三年后,张君劢在清华大学作了题为"人生观"的演讲,对"科学万能"的科学主义提出批评,引发了历时两年的"科玄论战"(1923年2月至1924年底)。

　　与一般人不同,宗白华的生生美学并非只是纸上的学问,而是落实到自己的人生态度和生活实践中,使人生审美化,达致审美的人生。他1949年后的生活,一如其学生袁鸿寿所言,"……宗老是以行为及思想写美学的……他到北京后虽然没有发表过大文章,但是生活十分美,以其昭昭,使人昭昭,见似韬晦,实不韬晦。凡接触宗老的人,都有如坐春风之感"[2]。

─────────────

① 参见宗白华:《新人生观问题的我见》(1920年),《宗白华全集》第一卷,安徽教育出版社1994年版,第204—208页。
② 转引自邹士方:《宗白华评传》"原香港繁体字版自序",北京西苑出版社2013年版,第2页。

宗白华的审美理想与艺术理念来自其诗化的人生。在写于 1923 年的《我和诗》一文中,宗白华用诗一般的笔调深情叙述了他少年、青年时诗化的人生。他自承年少时就"酷爱"自然山水,"天空的白云和覆成桥畔的垂柳,是我孩心最亲密的伴侣"①。古城南京的湖山清景映现着"各样境界",滋养着他诗人般的灵性,激发他审美的幻想,带给他生命的快乐;十七岁扶病去青岛求学半年,纤弱灵敏的神经更是感受到大海的拨动,他的生命世界全面苏醒,"青岛海风吹醒我心灵的成年。世界是美丽的,生命是壮阔的,海是世界和生命的象征"。"青岛的半年没读过一首诗,没有写过一首诗,然而那生活却是诗,是我生命里最富于诗境的一段。青年的心襟时时像春天的天空,晴朗愉快,没有一点尘滓,俯瞰着波涛万状的大海,而自守着明爽的天真。"后来到了上海求学,更是受到《华严经》和王、孟、韦、柳等人诗歌的深刻影响:感动于《华严经》"词句的优美""音调高朗清远有出世之慨";而唐人的绝句,"境界闲和静穆,态度天真自然,寓秾丽于冲淡";还有声调"苍凉幽咽,一往情深",引起"一股宇宙的遥远的相思的哀感"的泰戈尔园丁集诗,这都极大地影响了(尽管宗白华自己说"泰戈尔的影响也不大")后来宗白华的小诗创作。此时,哲学也进入了他的视野。庄子、康德、叔本华、歌德等相继"在其精神人格上留下不可磨灭的印痕"②。

不仅仅是自然、佛经、哲学和诗歌,更有生命中的爱使宗白华的生命得以升华,人生得以诗化,并在其学思生命中形成了微渺深静的境界论的因子。宗白华两次寒假在浙东万山之中的小城度过,"纯真的刻骨的爱和自然的深静的美在我的生命情绪中结成一个长期的微渺的音奏,伴着月下的凝思,黄昏的远想"③。

1920 年宗白华出国,更加对德国浪漫派、歌德小诗、罗丹的造像生发无穷兴趣,并激发起创作《流云小诗》的诗兴。人生诗化、诗化人生,这是宗白华青少年时期切实的生命历程,也是其后来人生的基本状况。宗白华很尊崇"世界诗人"歌德,钦佩其人生的艺术化,"歌德与其他世界文豪不同的地方,就是他不只是在他文艺作品里表现了人生,尤其在他的人格与生活中启示了人性的丰富与伟

---

① 宗白华:《美学散步》,上海人民出版社 1981 年版,第 279 页。
② 宗白华:《美学散步》,上海人民出版社 1981 年版,第 280—281 页。
③ 宗白华:《美学散步》,上海人民出版社 1981 年版,第 282 页。

大。所以人称他的生活比他的创作更为重要，更有意义。他的生活是他最美丽最巍峨的艺术品"①。可以说，这也是他的夫子自况。

宗白华的艺术人生观念受到了中西生命文化的共同影响。他崇尚自由的生命，他最神往的时代应该是魏晋和"文艺复兴"时期。他认为，虽然汉末魏晋六朝是中国"政治上最混乱、社会上最苦痛"的时代，尽管"文化衰堕"，却是"精神史上极自由、极解放，最富于智慧、最浓于热情"的一个时代，因此也就是"最富有艺术精神"的一个时代，它是"强烈、矛盾、热情、浓于生命彩色"的一个时代，使他联想到西欧16世纪的"文艺复兴"。不同的是，后者的"艺术（建筑、绘画、雕刻）所表现的美是秾郁的、华贵的、壮硕的"，而以晋人书法为代表的魏晋人则"倾向简约玄澹，超然绝俗的哲学的美"。②"总而言之，这是中国历史上最有生气，活泼爱美，美的成就极高的一个时代。"③

宗白华详细研究了以《世说新语》为代表的魏晋人乃至"中国人的美感和艺术精神的特性"。其一，一般知识分子多半超脱礼法观点直接欣赏"人格个性之美"，"尊重个性价值"；在生活上格上持守"自然主义"和"个性主义"，解脱了汉代儒教统治下的礼法束缚。④ 其二，"晋人向外发现了自然，向内发现了自己的深情"。⑤ 晋宋人发现了山水美，他们欣赏山水，"由实入虚，即实即虚，超入玄境"。⑥ 他们拥有"风神潇洒，不滞于物"的"优美的自由的心灵"。⑦ 其三，晋人艺术境界造诣高超，原因不仅是他们"意趣超越，深入玄境，尊重个性，生机活泼"，更主要的还是他们的"一往情深"，无论对于自然、友谊还是析理都有至深的热爱。其四，因为魏晋时代人是"最解放""最自由的"，其精神因而是"最哲学的"，充满了近代哲学上所谓"生命情调""宇宙意识"。其五，晋人形成一种如"竹林之游，兰亭楔集"的"高级社交文化"，其主要内容在于"玄理的辩论"和"人物的品藻"，其审美成效是形成了"空前绝后"的"隽妙"谈

---

① 宗白华：《〈歌德评传〉序》，《宗白华全集》第二卷，安徽教育出版社1994年版，第42页。
② 宗白华：《美学散步》，上海人民出版社1981年版，第208—209页。
③ 宗白华：《美学散步》，上海人民出版社1981年版，第219页。
④ 宗白华：《美学散步》，上海人民出版社1984年版，第209页。
⑤ 宗白华：《美学散步》，上海人民出版社1981年版，第215页。
⑥ 宗白华：《美学散步》，上海人民出版社1981年版，第210页。
⑦ 宗白华：《美学散步》，上海人民出版社1981年版，第212页。

吐措词并影响及于晋人书札和小品文。其六，晋人之美在神韵，神韵即"事外有远致"，"不沾滞于物的自由精神"。其七，晋人的美学是"人物的品藻"，拿自然界的美来形容人物品格的美。其八，晋人的道德观与礼法观："超然于礼法之表追寻活泼的真实的丰富的人生。"①晋人能摆脱礼法的虚伪和顽固，"从性情的真率和胸襟的宽仁建立他的新生命"，而且其道德教育也"以人格的感化为主"，实施"德教"。②

对于李泽厚曾经提到过的宗白华"极少写作"的问题，本书以为，这可能也是他践履诗化人生、审美人生的一个切实体现——不为写作这样的外物"役使"，用心去真实地生活。其实真正想透人生、生命、艺术等安身立命的大问题，只需三言两语，不必重章叠句地言说书写，余下的就是去体验和创造人生（至多，学术、写作只是生命的一个部分）。宗白华正是这样做的，"述而不（少）作"正符合他诗人的、艺术的古典化活泼泼的生命意趣，这对于人心激皴的今日社会和发表主义盛行的当今学术界，不能说不具有警醒启发的意义。

宗白华在《美学散步·小言》中说："散步是自由自在、无拘无束的行动，它的弱点是没有计划，没有系统。""散步的时候可以偶尔在路旁折到一枝鲜花，也可以在路上拾起别人弃之不顾而自己感到兴趣的燕石。""无论鲜花或燕石，不必珍视，也不必丢掉，放在桌上可以做散步后的回念。"③这些有关散步的话，既是他悠然随意的日常生活的一个写照，也是其生活化写作的一个隐喻：他没有将写作看成是脱离了生活的什么"伟业"或"盛事"，他没有将其意义加以拔高，也不是将其贬低，而是以平常心看待，"不必珍视，也不必丢掉"，将写作看作是"散步后的回念"。由此，"美学散步"的写作与日常生活的"散步"水乳交融，真正达到了他自己所称的中国人"悠然意远而又怡然自足""超脱的，但又不是出世的"（冯友兰称作"极高明而道中庸"）人生至境。

---

① 宗白华：《美学散步》，上海人民出版社 1981 年版，第 222 页。
② 宗白华：《美学散步》，上海人民出版社 1981 年版，第 224—225 页。
③ 宗白华：《美学散步》，上海人民出版社 1981 年版，第 1—2 页。

第四节　宗白华的美学成就、影响与缺憾

冯友兰曾认为宗白华是现代中国最早建立中国美学体系的人。[①] 宗白华确实以生生美学为基石，以意境理论为核心，提出了诸多重要的美学命题比如"气韵生动""生命节奏""阴阳""动静""时空"，贯穿了从诗歌、绘画、建筑到音乐、舞蹈、书法甚至考古文物鉴赏等几乎所有的中国艺术门类，并落实到其艺术人生观上，全面系统地总结了中国传统美学的特质，建构起了一个较为完整的理论体系。

李泽厚则认为宗白华"直观式地牢牢把握和强调"了中国美学的"精英"和"灵魂"："'天行健，君子以自强不息'的儒家精神、以对待人生的审美态度为特色的庄子哲学，以及并不否弃生命的中国佛学——禅宗，加上屈骚传统，我以为，这就是中国美学的精英和灵魂。宗先生以诗人的锐敏，以近代人的感受，直观式地牢牢把握和强调了这个灵魂（特别是其中的前三者）。"[②]基本上，我们认可这样的判断。

宗白华的理论体系并不是刻意建构的，只是潜在的话语体系。宗白华的美学话语有着自己鲜明的特点。首先它是"散步"式的，多采用笔记式的书写方式。尽管宗白华有着中西哲学的深厚修养，也毫不缺乏把握鸿篇巨制的能力（比如《形而上学——中西比较》《美学》《中国近代思想史纲要》《西洋哲学史》和《中国哲学史提纲》诸篇），但宗白华的重要美学论文大都采取的是感悟而非严格逻辑论证的方式。就像他认识到的那样，传统的一些文人笔记和艺人的心得，"虽则片言只语，也偶然可以发现精深的美学见解"[③]，他自己的文章语体上也颇似于古代文人笔记的心得体会，用语颇多四字句，典雅幽致，深邃自然，看似不成系统的感悟中常常蕴含深刻的见解；其行文"轻灵飞动，宁谧安详"，[④]与其所主张的动静相宜的生生美学完美谐和。宗白华深谙中国艺术，自觉继承了

---

① "早在40年代，中国现代哲学家冯友兰，曾对当时担任《哲学评论》的业余编辑冯契说过，中国真正构成美学体系的是宗白华。"（林同华：《宗白华美学思想研究》，辽宁人民出版社1987年版，第14页。）
② 宗白华：《美学散步》"李泽厚序"，上海人民出版社1981年版，第3页。
③ 宗白华：《宗白华全集》第四卷，安徽教育出版社1994年版，第776页。
④ 邹士方：《宗白华评传》，北京西苑出版社2013年版，第242页。

汉民族模糊的直觉思维传统和随笔体的书写方式，而刻意排斥特别强调系统性、逻辑性、抽象性的西方哲学思维方法，这在中国现代美学史上虽不能说是独树一帜（另外诸如梁启超、王国维，甚至包括朱光潜也都具有相似的特征）的，但却具有其鲜明的特色：以中国思维话语讲中国意境和美学，他实际上参与并较为成功地塑造了中国古典美学进行现代性转换的一个话语传统，这种感悟式的话语系统与当时流行的逻辑话语的美学体系（比如与宗白华命意相似的方东美之"生命美学"）并趋而行，共同为中国美学话语的现代化进程做出了贡献。

其次，宗白华的美学话语融会了广博深刻的艺术体验，它并不仅仅是从书本到书本的概念推演，而是奠基于切身的艺术体验上，他喜欢结合艺术品来谈中国美学的意境，对于中国传统各项艺术门类如国画、书法、建筑、戏曲、舞蹈、音乐，乃至考古文物都有着深厚广泛的把握与感悟，并都围绕着其生生美学（哲学）而展开论证，思路圆融活泛，明净透彻。作为一位诗人，他还偶尔在论证中引用自己的诗歌，比如，在论述"传达中国心灵的宇宙情调"时，就引用了自己的《柏溪夏晚归棹》作例证：

> 飙风天际来，绿压群峰暝。
>
> 云罅漏夕晖，光写一川冷。
>
> 悠悠白鹭飞，淡淡孤霞迥。
>
> 系缆月华生，万象浴清影。[1]

再次，宗白华生生美学在方法上广泛运用了令人瞩目的中西比较法。宗白华很早就对于新文化建设的路径应该建立在中西文化结合基础上有着明确的看法："保存中国旧文化中不可磨灭的伟大庄严的精神，发挥而重光之，一方面吸收西方新文化的菁华，渗合融化，在这东西两种文化总汇基础之上建造一种更高尚更灿烂的新精神文化。"[2]后来，在 1920 年刚到德国留学不久给友人的信中更具体地说到实施办法："我预备在欧几年把科学中理、化、生、心四科，哲学中的诸代表思想，艺术中诸大家作品和理论，细细研究一番，回国后再拿一二十

---

① 宗白华：《美学散步》，上海人民出版社 1981 年版，第 87 页。

② 王德胜编：《中国现代美学家文丛·宗白华卷》，浙江大学出版社 2009 年版，第 20 页。

年研究东方文化的基础和实在，然后再切实批评，以寻出新文化建设的真道路来。我以为中国将来的文化决不是欧美文化搬了来就成功。中国旧文化中实有伟大优美的，万不可消灭。"①通观宗白华的一生学术，基本上践行了他的类似主张。宗白华主要是以西方作为参照系，常见的是援西入中平行比较，而援中入西则很少见到；另外还有中学的内部比较。宗白华的很多中西艺术比较显示了其深厚的中西学功底和敏锐眼光，极富学术思想价值，往往成为不刊之论：如中西绘画雕刻建筑的总体特性比较；②中西画法中的空间意识及其渊源与基础、中西艺术的无穷空间观之比较③、中西戏剧比较④等等，都是例子。这些在前文多已述及，此不赘。

极而言之，宗白华在二十世纪中国美学史上具有开创性的意义，他对于中国艺术特性与本质的论断深入腠理，可以说，他运用审美现代性的话语第一次对中国艺术特性与本质做出了整体而适切的总结。这些理论成果在根本的意义上影响了后世学者在此一领域的探索，具有奠基性的意义。宗白华的美学在1980年代被重新发现后，立即获得了轰动性的效应，对以后的中国美学研究产生了巨大的影响。对此，有学者认为："《美学散步》一经问世，就风靡美学乃至整个人文学界。……可以毫不夸张地说，80年代后一批批致力于中国美学研究的学子，正是在《美学散步》的熏陶和启示下成长起来的，至今仍然活跃在这一领域笔耕不辍的学者，也是不断从中汲取营养一步步走过来的。"⑤

不仅如此，时至今日，随着中国综合国力的显著提升，中国文化地位的不断加强，富有浓厚"中国性"的宗白华美学，在全球化的背景下，日益获得了中国人更深的文化身份认同，也逐步引起了世界美学更多的垂注。随着全球化的深入展开，可以预料，宗白华美学及其所涉及的中国传统美学，其影响还在持续，并将进一步加深。

但是，宗白华美学也有其不可忽视的缺憾。

宗白华的个别论断存在问题，比如讲到中国平民旧式的人生观，认为一般人大半还没有人生观可言，其盛行的"现实人生主义""大半由孔孟哲学不谈天

---

① 王德胜编：《中国现代美学家文丛·宗白华卷》，浙江大学出版社2009年版，第71页。
② 参见《宗白华全集》第四卷，安徽教育出版社1994年版，第784页。
③ 参见宗白华：《美学散步》，上海人民出版社1981年版，第102、112—113页。
④ 宗白华：《漫话中国美学》，《宗白华全集》第三卷，安徽教育出版社1994年版，第392—393页。
⑤ 张锡坤、姜勇、窦可阳：《周易经传美学通论》，北京三联书店2011年版，第505页。

道,不管形而上问题"。①实际情形是:孔孟哲学并非不谈天道,不管形而上问题,如果说《论语》时期的孔子特别重视人文而比较忽视天道,那么在晚年天道则成为其思考的中心问题。

宗白华时常还将西方思想比附于解释中国,不免"反向格义"的局限。② 比如,在论及晋人酷爱精神自由,追求精神解放,"接受宇宙和人生的全景"时,他就附会西方"近代哲学上所谓'生命情调''宇宙意识',遂在晋人这超脱的胸襟里萌芽起来(使这时代容易接受和了解佛教大乘思想)"。(《论〈世说新语〉和晋人的美)》③

还如,在他说到陶渊明、谢灵运等晋人的山水诗"那样的好",是将山水"虚灵化"了,也"情致化"了,且对自然"有那一股新鲜发现时身入化境浓酣忘我的趣味",因而他们"随手写来,都成妙谛,境与神会,真气扑人"。这些都是不刊之论,但他却说谢灵运的"池塘生春草""也只是新鲜自然而已","然而扩而大之,体而深之,就能构成一种泛神论宇宙观,作为艺术文学的基础"。④ 一旦将中国山水意境联系上具有浓厚西方特色的泛神论宇宙观(尽管中国也不乏泛神论)的框架,宗白华所论就显得有些枘凿不入、削足适履了:中国山水诗呈现的是人与天道相契相合的自然清新的天人合一境界,自然"虚灵化"(此"灵"应该是"灵性"而非"神灵")"境与神会"(此"神"应该是与"形"对举之"神"而非"神灵"),这里没有什么人格神,也没有丝毫泛神论的意味,就像宗白华在另一处说到陶渊明"则从他的庭园悠然窥见大宇宙的生气与节奏而证悟到忘言之境"。⑤ 宗白华的言下之意是,"池塘生春草"的境界还赶不上泛神论宇宙观,顶多是后者的初级形态,这就流露出其隐含的西方中心论倾向。而且不知何故,既然宗白华在前文都肯定了陶谢之诗是"那样的好",何以在此独独拈出"池塘生春草"一句加

① 宗白华:《新人生观问题的我见》(1920 年),《宗白华全集》第一卷,安徽教育出版社 1994 年版,第 204 页。
② 有关"格义""反向格义"等,参见刘笑敢、张汝伦、陈少明等人的评论:刘笑敢:《诠释与定向——中国哲学研究方法之探索》,商务印书馆 2009 年版;张汝伦:《邯郸学步,失其故步——也谈中国哲学研究中的"反向格义"问题》,《南京大学学报》(哲学·人文科学·社会科学版)2007 年第 4 期;陈少明:《等待刺猬》,上海三联书店 2004 年版;陈少明:《经典世界中的人、事、物——对中国哲学书写方式的一种思考》,《中国社会科学》2005 年第 5 期。
③ 宗白华:《美学散步》,上海人民出版社 1981 年版,第 216 页。
④ 宗白华:《论〈世说新语〉和晋人的美》,《美学散步》,上海人民出版社 1981 年版,第 215 页。
⑤ 宗白华:《中西画法所表现的空间意识》(1949),《美学散步》,上海人民出版社 1981 年版,第 105—106 页。

以贬抑,众所周知(料宗白华也不会反对),"池塘生春草"句可是谢诗中的代表性名句,既如此,那么此句也应该符合他前边对于陶谢山水诗的判断,但在此处却趋于否定,这岂不矛盾? 如果说"那样的好"还是不及泛神论的"好",那么就有抑中扬西、厚此薄彼的问题;如果其中的"虚灵化""境与神会"真有"泛神论"的意味①,那么还是说明了中国山水诗"泛神论"的程度不够,或者仅仅只是"池塘生春草"句的"泛神论"意味不够,无论怎样,都显示出他潜在的西方式泛神论阐释框架。如果我们不满足于宗白华是随意无心之论的假设的话,那么宗白华的思想内部确实存在着不可忽视的矛盾,这可能还为他本人所不自觉。

最后要指出的是,由于身处后殖民式的文化语境,宗白华的一些艺术观念带上了强势西方话语下的二元对立特征,其艺术论题及其参照体系的设置也潜在受到西方话语霸权的规制,总体上,他是在西方霸权话语框架局限下努力争取中国文化与美学的独立身份,从而带上了那个时代的烙印。宗白华的艺术话语与论题设置呈现出与西方唯一参照框架对应、拮抗乃至对立的特征。另外,可资借鉴的是,与同时代的书写《中国文化要义》的梁漱溟相比,宗白华的这一西方中心主义限制下的话语框架特征尤其明显:因为前者在西方之外,还引进了印度文化作为参照系,从而极大弱化乃至消解了后殖民语境的负面效应。由此可见,即使在同一后殖民文化语境之下,因为论述者在文化视野上的差异,不同后殖民主体在寻求自身民族文化的主体性及其身份认同上,也呈现出不同甚至相反的意趣。

我们在此指出宗白华美学思想的局限,并不是对其缺乏同情的理解,讲而苛责前贤,而是要吸取其经验教训,着眼于未来,以有启于来者。指出这一点,至少可以为今日更为纯粹(当然不可能绝对纯粹)的"就中国论中国"的本土文化追寻与身份认同塑造提供一种美学方法论的历史镜鉴。

① 不过本书以为,以宗白华之深厚古典修养,当不会有此之误。

第四章

朱光潜的美学与诗学观

朱光潜(1897—1986)，安徽桐城人，中国现代著名美学家和文艺理论家。朱光潜有深厚的古典文化底蕴，多年的留学生活让他能直接接触到大量西方理论，其美学与诗学观呈现出中西交融的特点。朱光潜早期代表作有《文艺心理学》《悲剧心理学》《变态心理学派别》《变态心理学》和《诗论》等，他吸收西方现代心理美学家克罗齐、布洛、立普斯和谷鲁斯等人的美学思想，与中国传统美学相结合，建构了独具特色的美学与诗学理论。朱光潜的美学与诗学观追求"人生的艺术化"，这不仅是他人格理想的体现，也是其美学与诗学观的诉求目标，是贯穿朱光潜学术生涯的一条主线。

第一节　朱光潜美学思想的渊源

朱光潜出生于文化底蕴深厚的安徽桐城,幼时就读于桐城中学,1918 年进入武昌高等师范学校中文系,1919 年到香港求学。毕业后,朱光潜在吴淞中国大学、浙江春晖中学和立达学园工作。1925 年,朱光潜到英国留学,1933 年归国。朱光潜是较早将西方现代美学思想系统引介到国内的美学家,他以中国传统文化为连接线,实现了中西美学的融合汇通。朱光潜开创了一条独特的心理学美学建构路径,其美学思想的形成,主要有以下方面的来源。

一、 中国古典美学的影响

朱光潜的祖父和父亲都是经历过科举考试的文人,科举失败后都曾在家乡开设私塾。因为祖父和父亲的影响,朱光潜从小打下了良好的传统文化基础。[①]朱光潜家中藏书丰富,他从小就对阅读有着极大兴趣。在传统文化的熏陶中,朱光潜对中国儒家文化,特别是孟子思想比较偏爱,如他所言:"只有孟子的'尽性'一个主张,含义非常深广。一切道德学说都不免肤浅,如果不从'尽性'的基点出发。如果把'尽性'两字懂得透彻,我以为生活目的在此,生活的方法也就在此。"[②]

朱光潜的中学老师潘季野是宋诗派诗人,晚清诗坛风气的传承者。受潘季野影响,朱光潜对中国古典诗词产生了浓厚兴趣,这为他后来的诗学研究奠定了良好基础。季羡林在回忆听朱光潜的课时也提到:"他介绍西方各国流行的文艺理论,有时候举一些中国旧诗词作例子,并不牵强附会,我们一听就懂。对那些古里古怪的理论,他确实能讲出一个道理来,我听起来津津有味。"[③]

[①] 朱光潜在其自传中谈道:"我从六岁到十四岁,在父亲的鞭挞之下受了封建私塾教育,读过且大半背诵过四书五经、《古文观止》和《唐诗三百首》,看过《史记》和《通鉴辑览》,偷看过《西厢记》和《水浒》之类旧小说,学过写科举时代的策论时文。"正是幼时教育中对中国传统文化的涉猎,使得朱光潜的美学思想深涵中国的传统文化情怀。

[②] 朱光潜:《朱光潜全集》第一卷,安徽教育出版社 1987 年版,第 12 页。

[③] 陈云路:《听朱光潜讲美学》,安徽人民出版社 2012 年版,第 244 页。

除了家庭和老师的影响之外，桐城派发源地的桐城也潜移默化地影响着朱光潜的美学和诗学研究。在朱光潜的少年时代，桐城依旧保留着厚重的文化传统，这成为朱光潜早期教育的一部分，在朱光潜的《文艺心理学》等著作中，仍可以依稀看到桐城派文学和美学观念的影子。

如果说桐城的文化底蕴对朱光潜的美学与诗学研究产生了潜在影响，那么魏晋文人及其超越观念则是朱光潜学术研究中有意识的主观选择，这在他的《无言之美》中得到了充分彰显。相较于朱光潜的其他著作，无论是从文本的语言文字风格，还是文本的深层意义来说，《无言之美》显然受中国传统文化的影响更大。《无言之美》的名字源自《庄子》的"天地有大美而不言"和《论语·阳货篇》的"孔子：予欲无言"。朱光潜认为，日常生活的很多美学现象，特别是日常生活的审美是无法用言语表达的。人类的语言是有限的，与其用有限的语言去表达无限的美，不如无言。在朱光潜看来，在这种"无言之美"中，我们可以体验到"此处无声胜有声"的艺术境界。

"无言之美"同时也体现出朱光潜艺术化的人生态度：日常生活千头万绪，并不是所有的事情都能尽如人意。面对生活的不如意或无可奈何，与其强求，不如"无为"。在 20 世纪上半叶，中国内忧外患，动荡的社会局势影响着像朱光潜一样的大批文人。他们用手中的笔，宣泄着自己的情绪，并提出各种各样的救世之道，如鲁迅就以手中的笔为武器批判现实和社会的不合理。与鲁迅不一样，朱光潜选择了另一种方式，他希望从现实的压抑中超脱出来，获得精神上的愉悦，如他所言："我们处世有两种态度，人力所能做到的时候，我们竭力征服现实。人力莫可奈何的时候，我们就要暂时超脱现实，储蓄精力待将来再向他方面征服现实。超脱到那里去呢？超脱到理想界去。"[①]

朱光潜选择了暂时超脱现实的生存和处世方式，《无言之美》正体现了这样一种超脱观念。宗白华在《美学散步》中曾提到："汉末魏晋南北朝是中国政治上最混乱、社会上最痛苦的时代，然而却是精神史上极自由、极解放，最富于智慧、最浓于热情的一个时代。"[②]宗白华认为，魏晋文人雅士无望和困苦时，往往会寻求精神寄托和审美诉求。朱光潜强调超脱和静穆的美学精神，这种观念一

---

① 朱光潜：《朱光潜全集》第一卷，安徽教育出版社 1987 年版，第 67 页。
② 宗白华：《美学散步》，上海人民出版社 1982 年版，第 177 页。

方面受到中国时局的影响，另一方面也是魏晋风度在其思想中的体现。从 20 世纪上半期的社会情境来看，魏晋文人雅士的处世态度是中国文人的首要选择，朱光潜无疑也是如此。虽然这样的方式看起来有些消极，但是在当时的社会情况之下，却是大多数文人面对困境时的无奈选择。

出世以谋求精神超越的观念，其实不仅仅体现在魏晋文人身上，其源头可以上溯到老庄的道家思想。老子强调在"无为"的思想境界中获得自由、安乐和祥和。庄周梦蝶，不刻意去区分现实和梦境，而将人生当成一场梦，进而在精神上获得满足和自我实现。可以说，老庄思想的核心正是出世，提倡脱离现实，不要融入现实的纷争苦闷中，而谋求精神和思想上的宁静。

魏晋时期，陶渊明选择与山水为伴，希望以此超脱无奈的现实。朱光潜推崇和欣赏陶渊明的超越精神，他曾评述陶渊明："我们一般人的通病是囿在一个极狭小的世界里活着，狭小到时间上只有现在，在空间上只有切身利益相关的人与物；如果现在这些切身利害关系的人与物对付得不顺意，我们就活活地被他们扼住颈项，动弹不得，除掉怨天尤人以外，别无解脱的路径。渊明像一切其他大诗人一样，有任何力量不能剥夺的自由，在这'樊笼'以外，发现一个'天空任鸟飞'的宇宙。第一是他打破了现在的界限而游心于千载，发现许多可'尚友'的古人……他的诗文不断地提到他所景仰的古人，《述酒》与《扇画赞》把他们排起队来，向他们馨香祷祝，更可以见出他的志向。"①朱光潜认为，陶渊明正是通过对广阔精神世界的追求来实现对现实人生的超越。

从精神上超脱苦闷的现实世界，是朱光潜在中国传统文化影响下寻求精神安慰的救赎之路，也是朱光潜早期美学思想的精神品格之体现。不过，在当时的社会情境下，朱光潜的人生观也受到了鲁迅等人的批判。鲁迅批评朱光潜对陶渊明的理解是"摘句式"理解，只看到陶潜"见南山"的闲适，而不见其《饮酒》中的政治；只看到陶渊明诗歌的美，而不见其诗歌背后的现实。在鲁迅看来，静穆的人生观只不过是朱光潜逃避现实的方式，无疑消极作用大于积极作用。

---

① 朱光潜：《朱光潜全集》第三卷，安徽教育出版社 1987 年版，第 258 页。

二、 西方现代美学的影响

朱光潜对西学的接触，最早可以追溯到在香港大学求学时期。当时香港大学在很多地方都效仿英国本土的大学，在教学资源和方式上都模仿西方的教学模式。朱光潜进入香港大学就读，这让他有机会体验西方文化和西式教育。在香港大学期间，朱光潜阅读了梁启超的《饮冰室文集》，这应该是他了解西学的最早通道。梁启超的《饮冰室文集》不仅谈论了中国的时局与中国传统文化思想的变迁等问题，同时也介绍了中国与欧洲国家的思想差异，特别介绍了古希腊的思想文化，以及达尔文和康德等西方学者的经典理论。通过阅读梁启超的著作，朱光潜探索了一条迥异于中国古典美学的西方文化线索，为他后来系统学习西方美学和文化提供了理论基础。可以说，在香港大学的求学经历为朱光潜的美学研究打开了不同于中国古典美学的另一扇窗户。

深受传统文化熏陶的朱光潜在新文化运动中受了新的洗礼，并在梁启超的影响下开始接触西学。新文化运动为中国打开了一扇新的大门，它破坏中国传统文化中原有的许多观念，令深受传统观念影响的大批传统文人难以接受。朱光潜最初也对新文化运动持排斥态度："我是旧式教育培训起来的，脑里被旧式教育所灌输的那些固定观念全是新文化运动的攻击目标。……尤其是文言文要改成白话文一点我更有切肤之痛。"[①]虽然有排斥心理，但朱光潜也发现，必须打破思维的界限，实现中西思想的汇融，才能实现思想上的创新和变革。

在国外留学期间，朱光潜先后接触到柏拉图、黑格尔、康德和鲍姆加通等西方美学家的作品，并撰写了大量介绍西方美学思想的著作。这些著作，不仅为国人打开了视野，同时也为朱光潜形成系统的文艺心理学思想奠定了厚实的西学根基。在影响朱光潜美学思想发展的西方理论家中，有一些人我们无法绕过，如克罗齐、布洛、康德和谷鲁斯等。

朱光潜是第一个将克罗齐美学思想引介到国内的学者，他翻译了克罗齐的著作，并在自己的著作中大量征引克罗齐的美学理论。朱光潜高度评价克罗齐，认为："在现代一般美学家中没有一个人比得上他重要，无论是就影响还是

---

① 朱光潜:《朱光潜全集》第三卷，安徽教育出版社 1987 年版，第 444 页。

就实际贡献说。"①朱光潜认为，审美经验源自个体对外界事物的直觉感受，这种直觉是个体见到审美对象之后的第一反应，无关理性的思考。这种美学观源于克罗齐的审美直觉理论，它是朱光潜文艺心理学思想的直接来源。

除克罗齐之外，布洛的距离说也备受朱光潜推崇，成为朱光潜文艺心理学中距离理论的思想来源。布洛提出审美感知的"心理距离"概念，强调审美距离既不是时间距离，也不是空间距离，而是一种心理距离。布洛的距离说对朱光潜的影响很大，在讨论审美经验时，他强调需要一定的心理距离才能真正体验到事物的美。在讨论悲剧时，朱光潜开篇讨论悲剧中的心理距离。在讨论人生艺术化的审美艺术观时，也随处涉及审美心理距离理论。朱光潜认为现代与古代，东方与西方之间之所以会在审美上有差异，也正是由于审美心理距离的存在。

康德美学思想对朱光潜影响很大。在《判断力批判》中，康德认为对于美的鉴赏判断应该不带任何的利害关系，"每个人都必须承认，关于美的判断只要混杂有丝毫的利害在内，就会是很有偏心的，而不是纯粹的鉴赏判断了。我们必须对事物的实存没有丝毫的倾向性，而是在这方面完全抱无谓的态度，以便在鉴赏的事情中担任评论员"②。在朱光潜早期的美学思想中，他认为艺术是一种直觉性审美：一种以人的直觉感受为主的体验，一种将功利目的排除在外的审美体验。不难看出，这一思想与康德的审美非功利性思想极为契合。

除了上述学者的思想对朱光潜美学思想的影响，在阐释悲剧理论的时候，朱光潜还参照了西方的经典悲剧理论。朱光潜在接受西方美学思想时，强调要结合中国古典美学思想进行融汇创新，让西方美学成为美学理论建构的不可分割的元素。作为一个有着深厚中国传统思想基础，并且直接接触西学思想的学者，朱光潜比其他美学家更有融合中西文化思想的优势。中西思想的交融直接影响了朱光潜对美学问题的思考，也是朱光潜美学思想的主要特点。

在朱光潜的心理距离理论中，他一方面将心理学带入美学讨论中，将人的心理活动作为审美经验存在与否的一个重要评判标准，很自然地从心理学的角度切入美学思想的探讨；另一方面，朱光潜也结合中国传统文化思想来理解和

---

① 朱光潜：《朱光潜全集》第一卷，安徽教育出版社 1987 年版，第 353 页。
② ［德］康德：《判断力批判》，邓晓芒译，人民出版社 2002 年版，第 39 页。

阐释美学理论。在中国，儒家奉行中庸之道，强调思想和行为方式上的适度。朱光潜主张心理距离应当在一个相对适度的范围之内，应当留有余地，这样一种理解与他从小受到中国传统文化的熏陶不无关系。

从朱光潜对于中国古典艺术的讨论中，我们也可以看到中西美学思想交融的影子。新文化运动要求破除中国老旧的文化艺术传统，有着悠久传统的中国戏剧也岌岌可危。朱光潜认为，那些认为中国旧戏"不近人情"的人并没有了解中国传统艺术的真正含义，中国旧戏曲的珍贵之处恰恰在这种极度不近人情和抽象的地方。朱光潜认为，从美学的角度而言，要欣赏戏剧需要一个恰当的距离，倘若欣赏者太过沉醉于戏剧，将自我代入戏剧，便会陷入自身的功利目的，会厌恶剧中的恶人和同情剧中的受难者，这反而会使得欣赏者无法全心地感受整部戏剧带来的美感。而中国传统戏曲的不近人情，可以将戏曲与观众的距离隔开，使艺术与生活的距离拉开，从而使观众获得真正的审美体验。

朱光潜善于挖掘中西文化中相互补充的成分，通过融合，建构有自己特色的美学理论。《诗论》就是运用西方诗歌理论和方法，结合中国传统思想文化，对中国诗词展开分析，如朱光潜对"境界"的讨论。中国传统文化中有着大量关于意境的讨论，这些理论固然对朱光潜有着深刻的影响，但朱光潜在分析时融入西方审美元素，力图寻找中西诗歌理论上的相似之处，并以此来阐释中国诗歌的意境美。朱光潜吸收了克罗齐的直觉说、尼采的日神精神与酒神精神等美学思想，认为读者之所以能从诗歌意境中产生审美体验，实际上是立普斯的"移情"理论在发挥作用。

朱光潜的美学思想以西方美学理论为基础，并且融合中国传统美学和思想文化元素，他不仅将西方美学思想介绍到国内，还致力于使其与中国传统美学相结合，这对于阐释和理解中国传统文化的继承与发展问题有着有开创性意义。

三、京派文人圈的影响

谈到朱光潜美学与诗学思想的来源，还得提及朱光潜活跃其中的一个文人圈——京派文人圈。京派是一个活跃于 30 年代的文学流派，主要集中在京津两地，其中大多数成员都是在校任教的老师或者自由学者，如沈从文、胡适、林徽因、周作人和朱光潜等。与当时另一个相对激进的文学共同体"海派"不同，京派文人大多不参与直接的政治斗争与讨论，而是追求文学艺术自身的趣味性。他们不认同将文学艺术视为社会政治斗争工作的做法，也不赞同文学通过反映现实社会的黑暗与残暴来推动社会的发展。

朱光潜与京派文人圈的正式接触是在他从国外留学回来之后。当时，徐中舒将朱光潜推荐给北京大学文学院院长胡适。胡适在看过《诗论》初稿后对朱光潜大为赞赏，请他担任西语系教授，讲授《西方名著选读》和《文学批评史》，后来又开设《诗论》课程。在北大任教期间，朱光潜接受朱自清的邀请在清华大学讲授《文艺心理学》，并在授课讲义基础上完成《文艺心理学》的写作。朱光潜在《文艺心理学》序言中写道："在这四年中我拿它做讲义在清华大学讲过一年，今年又在北京大学的《诗论》课程里择要讲了一遍。每次讲演，我都把原稿更改过一次。只就分量说，现在付印的稿子较四年前请朱佩弦先生看过的原稿已超过三分之一。第六、七、八、十、十一诸章都完全是新添的。"①

1937年5月，京派文人创办《文学杂志》，朱光潜任主编。朱光潜谈道："编委会之中有杨振声、沈从文、周作人、俞平伯、朱自清、林徽音（因）等人和我。他们看到我初出茅庐，不大为人所注目或容易成为靶子，就推我当主编。"②京派文人圈致力于创办"一种宽大自由而严肃的文艺刊物"，认为这是"对于现代中国新文艺运动应该负有的使命"。③朱光潜在编辑刊物时强调艺术创作的"良心"，认为"没有'艺术良心'，决不会有真正的艺术上的成就。别人的趣味和风格尽管和我们的背道而驰，只要他们的态度诚恳严肃，我们仍应表示相当的敬意"④。

在京派文人圈中，胡适是领袖人物。在胡适周围聚集了一大批拥有留学背景的学者以及自由派文人，朱光潜很快也融入了这个圈子。朱光潜与京派文人的交往不仅仅是朋友间的单纯娱乐，他们在生活上相互包容，在学术上积极交流讨论，产生了一次又一次的思想碰撞。在20世纪30年代的社会动荡局势中，京派文人们颇有一种闲云野鹤般不问世事的悠然之态。他们以教学或者文化

① 朱光潜：《朱光潜全集》第一卷，安徽教育出版社1987年版，第197页。
② 朱光潜：《朱光潜全集》第三卷，安徽教育出版社1987年版，第438页。
③ 朱光潜：《朱光潜全集》第三卷，安徽教育出版社1987年版，第437—438页。
④ 朱光潜：《朱光潜全集》第三卷，安徽教育出版社1987年版，第437页。

交流为乐趣,避免对于政治的直接参与,而这正与朱光潜的信念不谋而合,可谓给了朱光潜人生观强大的信念支持。朱光潜在《给青年的十二封信》中专门提到他对人生超脱观念的推崇和对陶渊明的认同。可以说,朱光潜对待人生的态度是京派文人们所倡导的,他的静穆人生观也得到了京派文人的支持。

京派的大多数文人与朱光潜一样拥有欧美留学背景,对西方文学有一定了解,往往一起讨论和交流中西文化。当时,京派文人们经常在朱光潜与梁宗岱合租的小院里聚会,他们在一起读诗、论诗,讨论文艺与学术。朱光潜注重诗歌音律和节奏感,认为要通过诵读才能感受到诗歌的节奏。他在回国进入京派文人圈后,也开始自己举办读诗会。李醒尘在研究中发现,朱光潜从1933年起,"在家里经常举办文学沙龙,大约每月活动一次,朗诵中外诗歌和散文"①。朱光潜在回国前完成了《诗论》的初稿,而参加读诗会的文人,大多精通中西诗学理论,他们也给予朱光潜很多建议,帮助其完善《诗学》研究工作。除了《诗学》,朱光潜在《文艺心理学》的序言中提到朱自清对他的帮助:"这部书的完成靠许多朋友的帮助。第一是朱佩弦先生,他在欧洲旅途匆忙中替我仔细看过原稿,做了序,还给我许多谨慎的批评。第六章《美感与联想》就是因为他对于原稿不满意而改作的。"②可以说,京派文人圈对朱光潜许多著作的写作产生了较大影响。

鲁迅曾批评朱光潜等京派文人们的人生态度,认为这是一种消极避世态度,而他们将情趣当做信仰也存在问题。鲁迅强调文章应当介入社会现实,在《题未定草(七)》中,鲁迅批判朱光潜的静穆人生观,认为:"朱先生就只能取钱起的两句,而踢开他的全篇,又用这两句来概括作者的全人,又用这两句来打杀了屈原、阮籍、李白、杜甫等辈……其实是他们四位,都因为垫高朱先生的美学说,做了冤枉的牺牲……自己发出眼光看过较多的作品,就知道历来伟大的作者,是没有一个'浑身是静穆'的。陶潜正是因为并非'浑身是静穆',所以他伟大。"③

京派文人们虽然不过多介入政治与社会变革,但终究无法完全实现在象牙塔中享受"情趣"。抗日战争爆发以后,流离的生活使京派文人圈逐渐走向解散,抗战胜利后,京派文人圈也不复当初。但不管如何,与京派文人们的交往,

① 李醒尘:《朱光潜传略》,《新文学史料》1988年第3期。
② 朱光潜:《朱光潜全集》第一卷,安徽教育出版社1987年版,第200页。
③ 鲁迅:《荆天丛笔(下)·"题未定"草(六至九)》《鲁迅全集》第七卷,中国文联出版社2013年,第380页。

不仅稳定了朱光潜回国之后的学术发展和学术地位，也促进了朱光潜美学与诗学思想的形成与完善。

第二节　朱光潜的文艺心理学

《文艺心理学》与《悲剧心理学》是朱光潜文艺心理学研究的代表性成果。《文艺心理学》初稿完成于他就读于法国斯特拉斯堡大学期间，《悲剧心理学》是他留学期间的博士论文。这两本书不仅吸收了克罗齐、布洛、立普斯和谷鲁斯等西方现代心理美学家们的思想，同时也融汇了中国传统美学思想。文艺心理学是贯穿于朱光潜美学思想研究的主线，也是他后来《诗论》的理论基础。

一、审美直觉说

朱光潜的直觉理论源自克罗齐的直觉说。朱光潜对克罗齐美学直觉思想的偏好，一方面是因为克罗齐是当时西方艺术心理学理论的主流，另一方面也是因为克罗齐的思想与他所接受的中国古典美学思想的契合。

为了阐释直觉的内涵，朱光潜首先分析了美感经验的基础。朱光潜认为，当人们看到一朵美丽的花的时候，首先会感受到这朵花的形象，之后才会对花产生美感。朱光潜认为，最初感受花的形象的信息过程，便是直觉过程。"'美学'在西文原为 aesthetics，这个名词译为'美学'还不如译为'直觉学'，因为中文'美'字是指事物的一种特质，而 aesthetics 在西文中是指心感知物的一种最单纯最原始的活动，其意义与 intuitive 极相近。本书为了便利了解起见，仍沿用'美学'这个译名，不过读者须先明白本书所谓的'美感的'，和'直觉的'意义相近。'美感的经验'就是直觉的经验，直觉的对象是上文所说的'形象'，所以'美感经验'可以说是'形象的直觉'。这个定义已隐寓在 aesthetic 这个名词里面。"[1]朱光潜认为，美学一词的内涵就是直觉，而美感经验的基础是形象的直觉过程。在克罗齐那里，直觉是美感经验的基础，人通过直觉体验美。在直觉过

---

[1]　朱光潜：《朱光潜全集》第一卷，安徽教育出版社 1987 年版，第 208 页。

程中,人们所获得的是直觉对象的单纯意象,而不涉及其他。与克罗齐不同,朱光潜认为直觉虽然受到现实情境潜移默化的影响,但这种影响并不表现在直觉过程中,而个体对形象的感知过程也会受到主观因素的影响,如生活经验等。

克罗齐的核心论点是"直觉即表现"。① 朱光潜认为,对克罗齐来说,"每一个真直觉或表象同时也是表现……心灵只有借造作、赋形、表现才能直觉。若把直觉与表现分开,就永没有办法把它们再联合起来"②。"直觉的活动能表现所直觉的形象,才能掌握那些形象。"③克罗齐认为直觉是人们接受形象和感受事物的基础。朱光潜与克罗齐一样,都将直觉作为一种感受外界形象最原始的方式,是美感产生的重要因素。但朱光潜也强调,应当将直觉与知觉、概念等"知"的形式区分开来,美感经验就是"知"的最初部分,即直觉。朱光潜强调,在"知"的过程中,直觉最为简单和原始,是感受外物形象时获得的最初印象。

克罗齐认为直觉是一种不依赖概念的感受过程。④ 在克罗齐眼里,虽然个体的直觉不可避免地包含概念,但个体在直觉过程中不会明显地感受到概念,概念已消融在直觉中。在克罗齐的基础上,朱光潜强调直觉的独特性,以人对待事物的三种态度为例分析了直觉与概念的关系和差异。

朱光潜认为,个体对梅花的态度可以分为三种:当个体看到梅花的时候,想到梅花的名称、构成、生长等科学态度;看到梅花,想到梅花能用来做什么的实用态度;看到梅花,不会联想任何事物,只是纯粹地被梅花的形象所吸引的审美态度。朱光潜认为,在感受外物时,审美态度是一个相当自主的感觉过程,就是直觉,纯粹的直觉过程才是审美体验。一旦这种直觉形式夹杂了对于事物的其他思考,那么这种直觉态度就会转变为实用态度或科学态度,而不再是纯粹的直觉。朱光潜对直觉的阐释源于克罗齐,但也有康德的"审美无功利性"命题的

---

① 朱光潜在翻译《美学原理》时曾批注克罗齐的"表现"二字。他认为这里的表现与传统意义上的表现有很大的不同之处,在传统意义上,"心里有一个意思,把它说出来(用文字或用其他媒介)叫做表现",而克罗齐的表现是"事物触到感官(感受),心里抓住它的完整的形象(直觉),这完整形象的形成即是表现,即是直觉,亦既是艺术"。这里的表现指的是人们在感知一个形象时所感受到的最初的、不带理性思考的完整形象,而这就是克罗齐眼中的直觉。

② 朱光潜:《朱光潜全集》第十一卷,安徽教育出版社1987年版,第138页。

③ 朱光潜:《朱光潜全集》第十一卷,安徽教育出版社1987年版,第139页。

④ 克罗齐在《美学原理》中对知识的两种形式进行了区分。"知识有两种形式:不是直觉的,就是逻辑的;不是从想象得来的,就是从理智得来的;不是关于个体的,就是关于共相的;不是关于诸个别事物的,就是关于它们中间关系的;总之,知识所产生的不是意象,就是概念。"这里的意象是指直觉,就是对于外物的形象整体把握的过程,而概念指的个体对外物更为深层次的逻辑思维和推理。

内涵,强调美感不应当带有任何功利态度,只是纯粹关于对象形象的感受。

朱光潜在克罗齐理论基础上也提出了自己的理解。朱光潜认为,首先,直觉是审美经验的基础。个体对客观对象的感受便是一种直觉;其次,直觉是个体把握世界的一种方式,对于直觉的理解,关键在于审美过程中直觉与概念的先后对于审美经验的影响。面对对象时,牵扯到对象的概念是否就一定无法产生审美体验? 面对一株牡丹,是否当认出这是牡丹时,审美体验就结束了? 朱光潜强调,审美直觉是指感受美的事物的形象而产生的反应,无关于对象的概念。在个体熟知对象概念之后,如果依旧将全部精力用于对象形象的欣赏,同样也是一种审美直觉,因为此时个体感受到的依旧是纯粹的对象形象。

朱光潜不同意克罗齐对"美感的人"的单纯强调。在他看来,克罗齐"将整个的人分析为科学的、实用的(伦理的在内)和美感的三大成分,单提'美感的人'出来讨论。它忘记'美感的人'同时也还是'科学的人'和'实用的人'"①。朱光潜强调,一旦将美感经验作为单独存在,从个体的整个有机体中间抽离出来,就相当于否定了美感与个体实际生活以及抽象思想之间的各种牵连。朱光潜认为,这种割裂个体有机体的分析方式存在片面性,因为在具体审美过程中,无论是艺术家还是欣赏者,现实生活经历都会影响他对美的事物的体验。因此,虽然在分析审美直觉时可以将个体区分为美感的人、科学的人和实用的人,但现实社会与人生经历同样也是影响审美的主要因素,"任何艺术和人生绝缘,都不免由缺乏营养而枯死腐朽"②。

二、 心理距离说

朱光潜的距离理论源于布洛,他运用心理距离理论分析美学现象,如《悲剧心理学》用距离来分析观众的各种心理感受,《诗论》用距离分析情与景之间的关系,等等。

布洛的心理距离是一种审美心理距离,强调对象与主体功利性的分离。为了说明审美心理距离,布洛举了一个海上大雾的例子。"设想海上起了大雾,这

---

① 朱光潜:《朱光潜全集》第一卷,安徽教育出版社 1987 年版,第 360—361 页。
② 朱光潜:《朱光潜全集》第一卷,安徽教育出版社 1987 年版,第 362 页。

对于大多数人都是一种极为伤脑筋的事情。除了身体上感到的烦闷以及诸如因担心延误日程而对未来感到忧虑外，它还常常引起一种奇特的焦急之情，对难以预料的危险的恐惧。以及由于看不见远方，听不到声音，判别不出某些信号的方位而感到情绪紧张。"①虽然海上的大雾对海边的居民以及海上生活的海员们来说是"一种极为伤脑筋的事情"和"一场大恐怖"，但如果能与大雾保持一定的心理距离，海上的大雾也能够成为愉悦和欢乐的源泉。也就是说，如果我们暂时摆脱海雾的危险性情境，把注意力转向形成周围景色的种种景物，就能够欣赏海上雾景的那种非同寻常的美。

在布洛看来，当个体带着非功利性的眼光去看待外界事物时，仿佛是怀着旁观者的无动于衷的心情来注视着某种即将来临的灾祸。在这种注视中，个体不会感觉到危险，反而会感觉到一种痛感中的快感。布洛进而认为，在对象与主体利害关系的分离中，对象的某些方面反会引起主体的注意，成为一种"艺术的启示"。布洛的审美心理距离有其内在矛盾性：一方面，心理距离具有否定性和抑制性的一面，即"摒弃了事物实际的一面，也摒弃了我们对待这些事物的实际态度"；另一方面，心理距离也有肯定的一面，即"在距离的抑制作用所创造出来的新基础上将我们的经验予以精炼"。② 距离一方面使我们摆脱了对象的实际功利性考虑，另一方面又使主体在超越对象的功利性的同时获得了纯粹的审美感知。

朱光潜分析距离的积极与消极两个方面，其思想来源正是布洛。从距离的构成上看，朱光潜认为："'距离'含有消极的和积极的两方面。就消极的方面说，它抛开实际的目的和需要；就积极的方面说，它着重形象的观赏。它把我和物的关系由实用的变为欣赏的。"③其实，不论是强调距离的积极一面，还是强调距离的消极一面，都应该消除实际的目的和需要，要抛开个体对审美对象的实际功利态度。一旦个体对审美对象投射了实际的态度，那么就跳出了对象的形象直觉把握，就不是纯粹的审美活动了。因此，只有站在不同的角度，抛开对于对象的各种实际性联想，个体才能发现事物不平常的一面。"东方人徒然站在西方的环境中，或者是西方人徒然站在东方的环境中，都觉得面前的事物光怪

---

① 朱立元：《二十世纪西方美学经典文本》一，复旦大学出版社 2000 年版，第 352 页。
② 朱立元：《二十世纪西方美学经典文本》一，复旦大学出版社 2000 年版，第 354 页。
③ 朱光潜：《朱光潜全集》第一卷，安徽教育出版社 1987 年版，第 218 页。

陆离,别有一种美妙的风味"①。

　　在布洛眼里,距离不是越大或者越小就好,也不是不近不远就好,而是应该尽可能在缩短与审美对象距离的同时又不消解这种距离。朱光潜认为:"'距离'太远了,结果是不可了解;'距离'太近了,结果又不免让实用的动机压倒美感,'不即不离'是艺术的一个最好的理想。"②在布洛的分析中,距离是基于审美对象所能承受的最小距离,只要这种距离在审美活动中不消失,那么这就是合适的距离。而在朱光潜眼里,心理距离是一种不近不远的距离,要求主体在一个相对宽松的距离之内进行审美欣赏。在布洛看来,距离会随着个体的不同而产生变化,而朱光潜则强调审美活动中的距离变化是主观与客观的相互统一。高建平曾研究朱光潜与布洛理论的联系与区别,他讨论了朱光潜对布洛心理距离理论的接受,强调布洛距离说的影响主要归功于朱光潜的介绍,同时对朱光潜与布洛理论的区别进行了详细分析。高建平认为布洛思想中的距离作用包含两个意思:否定的、阻止性的方面和肯定的方面,而朱光潜对布洛的观点有所修正。③ 沿着高建平的分析,我们发现,相较于布洛,朱光潜将距离从一个个体的情感判断概念转变为了一个强调主客观统一的理性判断。

　　朱光潜将审美心理距离中的态度区分为科学态度与审美态度:科学态度超脱出自身之外,从纯粹的知识层面来看待和认知事物;审美态度则在超脱现实的同时关切到自身。朱光潜认为,距离的消极面与积极面是相互依存的整体,我们在超脱审美对象的实用目的时,要强调对对象本身的形象把握。也就是说,在审美直觉过程中,要暂时地忘却对象的功利因素,只关注对象的形象本身。

　　朱光潜认为,心理距离一方面是指审美距离;另一方面也指个体对待日常生活的一种人生态度。朱光潜曾讨论"看戏"与"演戏"两种人生理想,认为"看戏"与"演戏"是心理距离在人生态度上的不同体现。在人生态度上,朱光潜也强调一种审美心理距离,要求与人生保持一定的距离或远离,而不要过于介入其中、不能出来。这种人生态度不仅强调要站在现实之外,与现实保持一定距离,也可以说是中国传统文化中道家思想的体现。朱光潜欣赏老子和魏晋文

① 朱光潜:《朱光潜全集》第一卷,安徽教育出版社 1987 年版,第 219 页。
② 朱光潜:《朱光潜全集》第一卷,安徽教育出版社 1987 年版,第 221 页。
③ 参见高建平:《"心理距离"研究纲要》,《学人》第 15 辑,江苏文艺出版社 2000 年版。

人,希望通过与现实保持一定的距离,以超然物外的方式来逃避现世的丑陋和罪恶。这种思想在当时受到了来自左翼阵营文人们的否定,在 1949 年前后,更是受到大量学者的猛烈批判。

三、 物我同一说

朱光潜的文艺心理学思想还论及了"物我同一"命题,这是融合立普斯的移情说、谷鲁斯的内模仿说以及中国传统诗学"天人合一"理论而提出的一个新命题,是朱光潜对心理距离理论的补充和完善。朱光潜一方面强调距离,要求物与我在实用关系上相隔绝;另一方面又希望在物与我之间搭建联系。

朱光潜通过"移情"概念来解释物我之间的关系。钱念孙发现,朱光潜希望以此解释"为什么文艺家一面要和实际生活拉开'距离',一面又要和它保持'切身'的关系,则不得不进而讨论情感在审美活动中的特点和作用问题。于是,《文艺心理学》紧随'心理距离'之后,对'移情作用'作了探讨"[1]。朱光潜认为,移情过程就是物与我相互交融、相互作用的过程。个体将自我情感向外投射到对象身上,使对象带有人的各种情感或者意志,从而达到一种物我两忘的境界。[2] 在这个过程中,个体感受的对象身上的情感,实际上是主体自身的情感。朱光潜举例说:"看古松看到聚精会神时,我一方面把自己心中清风亮节的气概移注到松,于是松俨然变成了一个人;同时也把松的苍老劲拔的情趣吸收于我,于是人也俨然变成了一棵古松。"[3]在朱光潜看来,"物我同一"的移情作用不仅仅发生在对自然对象的欣赏中,同样也发生在文艺创作以及艺术欣赏中。在创作过程中,艺术家们将自身的情感投入到所创作的作品中,同时也受到作品的反影响。一些作家在创作小说的时候,会不由自主地受到小说情节的影响,或泪流满面,或惊喜欲狂;在艺术欣赏中,欣赏者也会不自觉地将艺术家投入作品中的情感与意志接收到自我的审美体验中,同时也会不自觉地将自我情感投到

---

① 钱念孙:《朱光潜出世的精神与入世的事业》,文津出版社 2005 年版,第 108 页。
② 在朱光潜看来,人们在面对审美对象的时候,通过直觉感受到对象形象,在不自觉中会将个人情感和意志投射到对象中,同时也接受对象本身所具有的特性。在这个过程中,主体将对象与自身结合到一起,这就是"物我同一";而在观照对象的时候,无论是主体还是观照对象,人们无法在意识上进行区分,所有的关注点都在审美感受上,忘却了物与我的存在,这就是"物我两忘"。
③ 朱光潜:《朱光潜全集》第一卷,安徽教育出版社 1987 年版,第 233 页。

艺术品身上。

在立普斯的理论中,移情是在联想的基础上产生的情感外射作用:个体将自我感情投射到对象上,使客体对象拥有个体的情感状态。立普斯发现,人们看到支撑房屋的石柱,觉得石柱的美在于向上的挺拔,而不是被房顶压迫下的弯曲姿态,是因为看到站立的石柱,想到自己在站立扛起重物时姿态也是向上的,从而产生石柱向上挺拔的体验。立普斯认为,移情作用之所以能带来美的感受,因为移情可以使原本禁锢在身体中的个体情感随物而动。立普斯的移情说是主体的情感外射到物,是一种单向的活动过程,对此,朱光潜解释说:"我们最原始、最切身的经验就是自己的活动以及它所发生的情感,我们最原始的推知事物的方法也就是根据自己的活动和情感,来测知我以外一切人物的活动和情感。"①

立普斯提出"类似联想"的概念:主体之所以会产生审美感受,是因为物的形态动作符合了主体在面对物体时所产生的类似联想。在面对多立克式石柱时产生的上腾或者下垂所带来的感受,就是因为主体在凝神观照石柱时,在主观上联想到自我上腾或下垂的感受,从而使主体与物达到了同一。"单从近代心理学说观点看,像'耸立''腾起''出力抵抗'一类的观念都是'运动意象'。在运动的意象复现于记忆时,以往运动经验至少也须有一部分复现出来。"②立普斯坚定地认为移情只涉及个体的主观意识,与生理感受无关。在他看来,一旦移情涉及生理因素,那么就表明个体对物的凝神关照不再纯粹,主体会因为自我意识增强而导致美感淡化。

为了强调物与我在审美活动中的互动性,朱光潜借用了谷鲁斯的"内模仿"说。"寻常知觉都要伴着若干模仿,不过谷鲁斯以为美感的模仿和寻常知觉的模仿微有不同。寻常知觉的模仿大半实现于筋肉动作,美感的模仿大半隐在内而不发出来。谷鲁斯把它称为'内模仿'。"③在谷鲁斯看来,模仿是寻常知觉感受所必有的,是感受世界的一种方式,幼儿最初对世界的理解就是基于模仿,然后才慢慢学会用知觉去感受世界。同样,美的感受也是建立在模仿之上,只不过寻常知觉的模仿牵动肌肉和身体,审美感受中的模仿却不一定,甚至某种渴

① 朱光潜:《朱光潜全集》第一卷,安徽教育出版社 1987 年版,第 244 页。
② 朱光潜:《朱光潜全集》第一卷,安徽教育出版社 1987 年版,第 265 页。
③ 朱光潜:《朱光潜全集》第一卷,安徽教育出版社 1987 年版,第 256 页。

望模仿美的对象的冲动也是一种模仿,这种模仿就是"内模仿"。谷鲁斯认为,审美活动会伴随有生理动作,"一个小孩子在路上看见许多小孩子在追逐一个同伴,站住旁观了几分钟,越看越高兴,最后也跟着他们追逐。在我看来,这几分钟的旁观就是对于那运动现象的最初步的美感的观赏。这里已经有'内模仿',不过它只是真的外模仿的准备……再如一个人在看跑马,真正的模仿当然不能实现,他不但不愿离开他的座位,而且他有许多理由不能去跟着马跑,所以他只心领神会地在模仿马的跑动,在享受这种内模仿所生的快感"①。在谷鲁斯眼中,即使这种模仿的动作有时候不明显,或者只是一种下意识的动作冲动,那也是人们在模仿对象时的生理性表现。

朱光潜在借鉴谷鲁斯观点的基础上,将审美主体区分为分享者和旁观者。分享者将自己的情感完全地投入对象中去,与对象分享情感。在观赏戏剧的时候,分享者的态度是将自己的情感投入到剧中,将自己化为剧中的某个角色或多个角色。当他们看到剧中的恶人做恶事,或好人即将有危险时,会不自觉地产生与剧中角色同样的情感,甚至会因代入太深不自觉地做出某些举动,这就是移情作用超过了原本应该有的审美距离。这种情况虽然使得观赏者有很强烈的切身感受,但这种感受不一定就是美感体验,因为他们将对象当成了自己,而不是视为审美欣赏的对象。朱光潜认为,分享者在审美过程中会因移情而无法把握对象与自身的距离,会将对象中的故事或者人生当做了自己的故事和人生,因而无法把对象作为艺术或者审美对象看待。

与分享者不同,旁观者是站在对象之外进行审美体验。旁观者们虽然在欣赏对象时不会产生移情,但仍然能在旁观过程中产生审美体验。旁观者在观赏戏剧的时候,把自己的位置放在戏剧之外,他们与对象保持一定的距离,进而体验剧中美感。虽然旁观者的审美体验看上去更为理性,然而相对于分享者,旁观者更能把握作品形象,自身的审美体验会更强烈。在朱光潜看来,因为旁观者站在适度的距离范围内观赏对象,不会因为距离太近而分不清对象和自身的关系,也不会因为距离太远而导致无法欣赏。

立普斯的移情说强调将个体的情感投向对象,谷鲁斯的内模仿说则强调将

---

① ［德］谷鲁斯:《动物的游戏》,转引自朱光潜《西方美学史》,《朱光潜全集》第七卷,安徽教育出版社1991年版,第283页。

物的姿态投射到主体身上。朱光潜调和了立普斯和谷鲁斯的观点,强调物我的双向移情和相互交融。"物我同一"理论既受到立普斯理论的影响,同时也有谷鲁斯理论的影子,是对"移情"说和"内模仿"说的融合。

四、 悲剧心理学

朱光潜的《悲剧心理学》是对悲剧与人们心理变化的研究,主要研究悲剧元素与悲剧美感之间的关系。朱光潜希望通过对西方悲剧心理美学的梳理和研究来解读悲剧所产生的特殊美感心理。

在对西方悲剧的研究上,学界大多针对悲剧某一特征所产生的审美心理或体验。悲剧的心理距离是朱光潜阐释悲剧时首先面对的一个问题,他想回答为何同样是悲剧,但现实悲剧让人痛苦,而艺术悲剧却能产生快感这个问题。朱光潜认为,因为现实悲剧是个体身临其境,这些悲剧事实直接对当事人产生伤害,因而会产生痛苦;然而在艺术悲剧中,主体处在一个安全的环境中,只会因为悲剧中人物命运的大起大落而产生情绪反应。一旦观赏者离开剧院,除了对悲剧情节进行回味而产生快感外,不会产生任何真实的悲剧事实。因此,现实悲剧和艺术悲剧会产生截然不同的心理反应,这也正是审美心理距离在悲剧中的体现。

朱光潜认为,西方美学史上对悲剧快感的讨论主要集中在"恶意说""同情说""怜悯与崇高"等几个层面。"恶意说"认为,欣赏者是从他者的悲剧中获得自己所需要的安全感,或者说在悲剧中感受自身超越他人的一种优越感,从而获得一种恶意般的快感。"同情说"认为,人们之所以会从悲剧中获得快感,是因为悲剧人物引发了观赏者的同情,观赏者在这种同情中获得自我满足,从而在悲剧欣赏中获得快感。除了"恶意说"和"同情说",还有学者将悲剧与崇高结合在一起,认为当悲剧中主人公面临着残酷命运和无奈现实等不可抗拒因素时,欣赏者也会随着剧情而感受到不可抗力所带来的无奈以及悲痛,会因这种不可抗力产生压迫感,进而获得一种审美快感。

朱光潜认为,"恶意说"混淆了艺术与现实的区别。在他看来,在观看戏剧的时候,个体与现实的联系实际上是分割开的,"一个人的道德天性和他对悲剧的喜爱之间并没有必然的联系。一个善良的人可以带着好奇的心情仔细观伊阿古的阴谋，一个邪恶的人也可以出于审美的同情为无辜的苔丝狄蒙娜之死而哭泣"①。朱光潜认为，一个人的本性无法影响他对悲剧的观看态度。如果悲剧产生快感的原因在于恶意的话，那么也就是说悲剧反映的是人性中残忍的一面，这样一来，悲剧的场面越血腥可怕是不是越能激起人们对于悲剧的欣赏？然而事实却不是这样，悲剧的目的并不在于展示事件的可怕或者恐怖，而是希望观看者通过悲剧事件或情节体验鼓舞和振奋等情感。

朱光潜认为，"同情说"与"恶意说"一样混淆了现实与艺术的区别。"恶意说"认为人性对艺术会产生重要影响，而"同情说"则将道德同情与审美同情混用了。在朱光潜看来，道德同情是人们基于现实道德对事物产生的一种悲悯情感，审美同情则是一种在审美欣赏过程中将自己与审美对象等同，进而感受对象情感的状态。"同情说"将道德同情与审美同情混淆了，没有区分它们的本质差别。朱光潜认为，即便是审美同情，也不是悲剧快感形成的全部原因，因为悲剧中角色众多，人们无法将自己与每个角色都建立同情关系。对欣赏者而言，从旁观者角度一般不会与悲剧对象建立同情关系。

在朱光潜的理论中，悲剧美感来源于两个方面：一是类似康德所言的崇高感；二是尼采的日神精神和酒神精神。朱光潜认为，悲剧美感与崇高感有一定的相似之处。首先，悲剧与崇高一样，都存在力量或者数量上的压迫感，如希腊悲剧中的英雄人物，拥有绝对的力量以及地位；其次，悲剧与崇高一样，其中的超越性力量或形象会使观看者感觉到自身的渺小，如希腊悲剧中的命运会使英雄人物无可避免地陷入悲剧境地，观赏者在命运面前也会感觉自身的渺小和无能为力；最后，悲剧中的痛苦与恐惧与崇高的痛感相似，都是达到目的的一种方式，其目的是让观看者通过痛感而获得美感，进而产生积极的抗争性情绪。

摩勒在研究中认为："根据《悲剧的诞生》，朱光潜觉得尼采的悲剧理论是某种超越叔本华悲观主义的乐观主义理论……我们目睹悲剧的时候就'能够暂时摆脱求生的意志'，而'悲剧快感和一般快感一样，都来自痛苦的暂时休止'。尼采乐观的悲剧理论正以酒神和日神之间的辩证关系来改变这种解释。在朱光潜看来，酒神象征悲剧中的困难，而日神象征悲剧中困难的美感式超越。"②显

---

① 朱光潜：《朱光潜全集》第二卷，安徽教育出版社 1987 年版，第 256—257 页。
② ［德］摩勒：《酒神和日神及否定的否定：评论朱光潜对于尼采哲学的解释》，文洁华主编《朱光潜与当代中国美学》，中华书局 1998 年版，第 56 页。

然,尼采的日神精神表征的是一种强烈而平静的情感,主要指造型艺术和史诗,这是一种静态的艺术;酒神精神代表一种迷狂状态或情感,强调放纵和狂欢,主要在音乐艺术中体现出来。

朱光潜和尼采都认为,不论现实如何变化,但生命本质依旧是美的。悲剧主角虽然失败或毁灭了,但悲剧的斗争精神和永恒生命之美却不会消失,因此观看者才能获得超脱性和自由性的审美体验。朱光潜的悲剧思想更多源于尼采,如他自己所说:"一般读者都认为我是克罗齐式的唯心主义信徒,现在我自己才认识到我实在是尼采式的唯心主义信徒。"①在朱光潜看来,悲剧快感是一种"玄思的安慰",是人们在经受现实的苦难之后所寻求的一种精神上的满足。

第三节　朱光潜的诗学观

朱光潜的《诗论》涉及中国古代诗和现代白话诗等,内容极其丰富。朱光潜对诗歌的起源,诗的本体,诗与散文、音乐、绘画的关系,诗歌的发展和诗的理想境界等问题展开了具体分析。朱光潜引用中西文献材料来发掘诗歌的本质,中西互释互证的方法贯穿了《诗论》全篇。他论述了诗歌与其他艺术形式的区别与联系,剖析了诗的节奏、声韵、顿等形式特点。

一、诗的文体论

朱光潜梳理了诗与散文、音乐、绘画的异同,《诗论》对诗的起源、类型特征、节奏声韵和诗律的形成等的分析,构成了朱光潜诗歌文体论的主要内容。

1. 诗的起源

《诗论》开篇就探讨了"诗是什么"的问题。② 朱光潜认为关于诗歌起源的历史学和考古学知识都不足为凭,他从文艺心理学的层面来发掘诗的起源,"诗的起源实在不是一个历史的问题,而是一个心理学的问题。要明白诗的起源,我

---

① 朱光潜:《朱光潜全集》第二卷,安徽教育出版社 1987 年版,第 210 页。
② 之所以将诗的起源说列入文体论,是因为诗的起源对它形成一种特定的文体具有决定性的作用。诗歌的起源、演变及其转化、兴替,都是诗歌文体"支配性语言规范"流变的一部分。

们首先要问:'人类何以要唱歌作诗?'"①"诗歌所保留的诗、乐、舞同源的痕迹后来变成它的传统的固定的形式,把这个道理认清楚,我们将来讨论实质与形式的关系,就可以省却许多误会和纠葛了。"②朱光潜发现,在重叠、迭句和衬字等的运用方面,诗与乐、舞有着共同源流的痕迹。

在论述诗的来源时,朱光潜认为谐、隐与文字游戏都是诗所借鉴的技巧,因此文字游戏可看作诗的源头之一。"写自己的悲剧,或是写旁人的悲剧。都是'痛定思痛',把所写的看成一种有趣的意象,有几分把它当作戏看的意思。丝毫没有谐趣的人大概不易做诗,也不能欣赏诗。诗和谐都是生气的富裕。不能谐是枯燥贫竭的征候。枯燥贫竭的人和诗没有缘分。"③可见,谐、隐和文字游戏是建构诗歌独特语言系统和体现其内在本质的规定性因素,这也是诗无法完美地译成其他语言,也无法通过散文表现其精妙神韵的关键性原因。

2. 诗的类型特征

朱光潜通过比较的方法来论述诗歌,"现在西方诗作品与诗理论开始流传到中国来,我们的比较材料比从前丰富得多,我们应该利用这个机会,研究我们以往在诗创作与理论两方面的长短究竟何在,西方人的成就究竟可否借鉴"④。朱光潜用中西互释的方法,层层剥茧阐述中国与西方诗歌的情趣、文体、韵律方面的异同。他将诗与散文、音乐、图画进行互相参照,梳理出它们的异同,以此彰显诗歌的类型特征和文体特征。

诗与散文同属于现代意义的文学类型,但二者又有明显差异。散文偏重叙事说理,它的风格直截了当,晓畅自然;诗偏重抒情遣兴,它的风格或华丽或平淡,但有其自身的特点。朱光潜认为诗与散文既不能单从形式(音律)上比较,也不能单从实质(情与理的差异)上比较,而要在实质和形式两方面同时进行比较。在朱光潜看来,诗的形式起于实质的自然需要,"就文学说,诗词比散文的弹性大;换句话说,诗词比散文所含的无言之美更丰富。散文是尽量流露的,愈发挥尽致,愈见其妙。诗词是要含蓄暗示,若即若离,才能引

---

① 朱光潜:《朱光潜全集》第三卷,安徽教育出版社 1987 年版,第 11 页。
② 朱光潜:《朱光潜全集》第三卷,安徽教育出版社 1987 年版,第 18 页
③ 朱光潜:《朱光潜全集》第三卷,安徽教育出版社 1987 年版,第 33 页。
④ 朱光潜:《朱光潜全集》第三卷,安徽教育出版社 1987 年版,第 4 页。

人入胜"①。

在诗与乐的关系上,朱光潜认为二者在历史渊源和性质上有着相似性。朱光潜分析了诗与乐的共同命脉——节奏,认为乐的节奏可谱,而诗的节奏不可谱;乐的节奏为纯形式的组合,诗的声音组合受文字意义影响,不能看成纯形式的。"诗是一种音乐,也是一种语言。音乐只有纯形式的节奏,没有语言的节奏,诗则兼而有之。这个分别最重要。"②朱光潜推崇格律,对现代新诗轻视格律的审美倾向表示出忧虑之情。

诗与画同是艺术,但二者在使用媒介、表现内容、创作方式等方面有着诸多差别,对此,朱光潜引入莱辛《拉奥孔》的诗画异质说来展开分析。莱辛认为,画只宜于描写静物,诗只宜于叙述动作。朱光潜认为,莱辛过于看重艺术的模仿性质而忽略了作者的情感与想象的作用。在朱光潜看来,中国画重意不重形,讲神似而不主形似,中国诗向来就不看重叙事,尤其西晋以后偏重景物描写,这与莱辛的学说恰恰相反。

3. 诗的节奏声韵

在《诗论》中,朱光潜从声、顿、韵三个方面分析了诗的节奏与声韵,从声、顿、韵等不同方面对中文诗、英文诗和法文诗展开了比较研究。

从诗的声音来看,朱光潜认为:"诗讲究声音,一方面在节奏,在长短、高低、轻重的起伏;一方面也在调质,在字音本身的和谐以及音与义的协调。"③音律的技巧就在于选择富于暗示性或象征性的调质,如韩愈《听颖师弹琴歌》:"昵昵儿女语,恩怨相尔汝;划然变轩昂,猛士赴敌场。"朱光潜认为,一系列双声叠韵词的运用可以见出"四声"的功用在调质,它能产生和谐的印象,并与音义形成配合。依照朱光潜的观点,"四声"最不易辨别的是它的节奏性,最易辨别的是它的调质和和谐性。对朱光潜的这个观点,张士禄提出了质疑。"'四声'的声,跟'声母'的声,绝对不可相混:前者是指字母的分别,后者是指字母起首的辅音。朱氏此书第八章论'声',讲到中国的'四声'问题,有几处不免与'音质'的问题相纠缠起来。"④"这里所说的'调质',明明说即是'音质',实在使读者很难了解

① 朱光潜:《朱光潜全集》第一卷,安徽教育出版社1987年版,第70页。
② 朱光潜:《朱光潜全集》第三卷,安徽教育出版社1987年版,第133页。
③ 朱光潜:《朱光潜全集》第三卷,安徽教育出版社1987年版,第168页。
④ 张士禄:《评朱光潜〈诗论〉》,《国文月刊》第58期,1947年7月。

朱氏所指的'四声'的分别，是属于语音上的哪种现象？是否可以跟'声母''韵母'上的辨别混为一谈？"①

从诗的"顿"来看，中国诗的节奏不易在"四声"上看出，这主要是"顿"的作用。朱光潜将"顿"与英诗"步"、法诗"顿"作比较，指出"步"可先重后轻，而中诗必须先抑后扬。在朱光潜看来，"顿"并不必真的停顿，只略延长、提高、加重，而法诗"顿"往往是确实要停顿的。中文诗到"顿"必扬，这使得中文诗的节奏首先表现在"顿"的抑扬上。据此，朱光潜认为："中国诗的节奏第一在抑扬上看出，至于平仄相间，还在其次。"②

从诗的用韵来看，朱光潜认为中国诗向来以用"韵"为常例，"韵"也是影响中国诗节奏的原因之一。"韵"的最大作用是把涣散的声音联络贯串起来，成为一个完整的曲调。朱光潜把"韵"比作贯珠的串子，认为在中国诗里串子必不可少。他尤其着重强调韵脚，即句末一字，认为这是全诗音节最着重的地方。若韵脚不和谐，诗读起来就如同一盘散沙。

4. 诗的音律

音律节奏是诗的命脉，也是朱光潜艺术生理学（审美筋肉论）的基础。朱光潜给诗下了"有音律的纯文学"的定义，可见他对诗歌音律的重视和强调。朱光潜对中国诗歌的音律节奏，及其对审美主体的筋肉运动的渗透展开了深刻论证。他纵向梳理诗歌格律进化的通例和中国诗歌最终走上格律化道路的规律，从史的角度对中国古代诗文进行了宏观把握和深入分析。

在中国诗歌史上，促使诗走上重视音律道路的是赋。自古以来，人们一直认为"赋自诗出"。刘勰《文心雕龙·诠赋》说："诗有六义，其二曰赋。赋者铺也。铺采摛文，体物写志也。"朱光潜将赋的特点归纳为三点：就体裁而言，赋与诗不可分割；就作用而言，赋是状物诗；就性质而言，赋可颂不可歌。诗和散文的骈俪化都起源于赋，但赋打破了诗和散文的界限，而且，经过魏晋文人曹植、谢灵运、鲍照等文人的运用，诗用赋的写法日见其盛。朱光潜认为："意义的排偶和声音的对仗都发源于词赋，后来分向诗与散文两方面灌流。散文方面排偶对仗的支流到唐朝为古文运动所挡塞住，而诗文排偶对仗的支流则到唐朝因律

① 张士禄：《评朱光潜〈诗论〉》，《国文月刊》第58期，1947年7月。
② 朱光潜：《朱光潜全集》第三卷，安徽教育出版社1987年版，第178页。

诗运动而大兴波澜,几夺原来词赋正流的浩荡声势。"①在朱光潜看来,排偶对仗是中国诗歌的内因所致,它是一个特点,也是一个优点。

朱光潜发现,声律研究盛于齐梁时代,其主因是赋的影响,但同时也受到佛教经典翻译和梵音研究的影响。朱光潜认为,乐府衰亡以后,诗转入有词而无调的时期,词从乐调独立出来,不再用于配合乐调。"音律的目的就是要在词的文字本身见出诗的音乐。"②诗与乐调分离,进入无调时期,实现了诗以音律表现重心的一次重大转移。

二、 诗的本质论

朱光潜诗的本质论可从诗的境界③和诗的表现两方面展开具体分析。"诗境"是《诗论》讨论的核心问题,也是朱光潜诗学理论的讨论重点。在朱光潜的理论中,诗的艺术性体现在"情趣"和"意象"的二元结构中。在王国维境界说的基础上,朱光潜对诗境的内涵、特征、构成要素展开了详细分析。在讨论诗的表现说时,朱光潜从克罗齐的直觉说出发,对诗境的传达问题进行了深入探讨。④ 可以说,《诗论》的诗学观与《文艺心理学》的美学思想相互呼应,交相辉映。

1. 诗的境界

朱光潜认为诗的艺术体现在"情趣"和"意象"的二元结构中,并用王国维的境界概念进行概括。"诗的境界是理想境界,是从时间和空间中执着一微点而加以永恒化与普遍化。"⑤

朱光潜将克罗齐的直觉概念引入诗学,认为诗的"见"(境界)必为"直觉",

---

① 朱光潜:《朱光潜全集》第三卷,安徽教育出版社 1987 年版,第 210 页。
② 朱光潜:《朱光潜全集》第三卷,安徽教育出版社 1987 年版,第 214 页。
③ 将境界归入诗的本质,是因为诗的本质并不是形式,语言文字等形式不过是一个载体。"诗境"在朱光潜诗学体系中则是情感的表达方式,诗歌的一切都是指向人生,而意象与情趣的结合(即诗的境界),是诗人与读者寄托情感的重要媒介。通过意境,诗的抒情功能才得以充分发挥,诗的本质才得以完整体现。
④ 朱光潜早期运用"意象"这一概念时,取其与"实在"相对的意义,强调美感经验和艺术活动不同于实在的独特法则。当他发现艺术活动与美感经验的不同之后,于是又在意象概念之外,使用了意境与境界的概念。朱光潜发现艺术与直觉不同,艺术可以传达情感经验,因为可以传达,艺术便必须诉诸语言,而语言又并非情趣和意象之外的附加物,而是可以与情趣和意象同时发生。诗境只有传达出来才能成为诗,必须经过语言文字把蕴藏在心中的境界表达出来,这个过程就是"表现"。
⑤ 朱光潜:《朱光潜全集》第三卷,安徽教育出版社 1987 年版,第 50 页。

诗的境界是用直觉"见"出来的。"一个境界如果不能在直觉中成为一个独立自足的意象，那就还没有完整的形象，就还不能成为诗的境界。"①在朱光潜看来，联想和思考可以促进对诗的境界的领会，但是联想和思考只是一种酝酿工作，直觉与名理（联想、思考）决不能同时进行。当人们产生审美直觉时，他通过心灵的综合作用，在欣赏的同时也在创造。

为了说明意象与情趣的契合，朱光潜借用了立普斯的移情说和谷鲁斯的内模仿说。在朱光潜看来，移情作用是凝神注视的结果，但直觉有不发生移情作用的，移情并不是直觉的必要条件。然而移情却是欣赏自然，在自然中发现诗的境界的一大要素。通过情趣的灌输，再通过诗意的文字表现出来，客观的审美对象才具有了生命力，它被诗人赋予丰富的情感和趣味，再通过诗句传达给欣赏者，再次被赋予意义。

按朱光潜的逻辑，诗境界的创造与欣赏，都与人的情趣与性格有密切关联。情趣源于人生，情趣不同则景象虽似而实不同。每个人所领略到的境界都是性格、情趣和经验的反映。朱光潜一直关注物与我的交融，认为美感经验中"心-物"的关系是"直觉-形象"关系，而在诗境的创造中，"心-物"的关系是"情趣-意象"关系。朱光潜从情趣与意象的结合角度将中国古诗的发展分为三个阶段：汉魏以前的因情生景或因情生文；汉魏时代的情景交融或情文并茂，至陶渊明达到巅峰；六朝时期的即景生情或因文生情。朱光潜认为，诗的好坏不能以绝对的标准去衡量，景富于情或情富于景的诗都有不少上乘之作，不可轻言哪种更好。

对境界理论中的"隔"与"不隔"两个概念，朱光潜解释为"显"与"隐"。在王国维看来，"隔"如雾里看花，"不隔"为"语语都在目前"。在王国维看来，陶渊明、谢灵运、苏轼的诗风是"不隔"的，而颜延年、黄庭坚、姜夔等诗风就是"隔"的。但以一人一词论，则每个诗人的具体作品中有"隔"，也有"不隔"。朱光潜高度评价王国维发现了这个"前人未曾道破的分别"。② 同时，他也认为，王国维只举事例，但没有具体说明理由，说服力不强。从情趣与意象契合的程度，以及这种契合程度在读者心中引发的心理效果上看，朱光潜认为，"情趣与意象恰相

① 朱光潜：《朱光潜全集》第三卷，安徽教育出版社 1987 年版，第 52 页。
② 朱光潜：《朱光潜全集》第三卷，安徽教育出版社 1987 年版，第 57 页。

熨帖,使人见到意象,便感到情趣,便是不隔。意象模糊凌乱或空洞,情趣浅薄或粗疏,不能在读者心中现出明了深刻的境界,便是隔"①。朱光潜批评王国维的境界说太偏重"显",在他看来,"显则轮廓分明,隐则含蓄深永,功用原来不同。说概括一点,写景诗宜于显,言情诗所托之景虽仍宜于显,而所寓之情则宜于隐"②。因此,"显"与"隐"的功用不同,不能要求一切诗都"显"。

朱光潜对诗的"显"与"隐"分析无疑有其合理性,但他以"隐"与"显"来阐释王国维的"隔"与"不隔",在学界也引起了一些争议。吴文祺和张世禄认为王国维所谓的"隔",并非排斥朱光潜所言的"隐"的表情法。叶朗认为,王国维对"隔"与"不隔"的区分,"并不是从'意象'与'情趣'的关系上见出,而是从语言与意象的关系中见出"③。当然,如我们立足朱光潜的分析逻辑,从情趣和意象的契合关系层面来分析"隔"与"不隔",在朱光潜眼里,这两者不仅不相悖,反而显示出整一性。

王国维将境界分为"有我之境"和"无我之境","有我之境,以我观物,故物皆着我之色彩;无我之境,以物观物,故不知何者为我,何者为物。无我之境,人唯于静中得之;有我之境,于由动之静时得之,故一优美,一宏壮也"④。朱光潜并不完全认同王国维的区分,他提出"同物之境"和"超物之境"两个概念。朱光潜写道:"王氏所谓'有我之境'其实是'无我之境'(即忘我之境)。他的'无我之境'的实例为'采菊东篱下,悠然见南山''寒波澹澹起,白鸟悠悠下',都是使人从冷静中回味出来的妙境(所谓'于静中得之'),没有经过移情作用,所以实是'有我之境'。与其说'有我之境'与'无我之境',似不如说'超物之境'和'同物之境',因为严格地说,诗在任何境界中都必须有我,都必须为我的性格、情趣和经验的返照。"⑤不难看出,朱光潜重视诗歌中主体因素的重要性,认为诗在任何境界中都必须有"我"的存在。

2. 诗的表现

朱光潜认为,诗意同思想一样,与诗的语言不能分开。诗意融合在语言中,和语言是同一个完整而连贯的心理反应的不同部分,不可以分离开来。同样,

---

① 朱光潜:《朱光潜全集》第三卷,安徽教育出版社 1987 年版,第 57 页。
② 朱光潜:《朱光潜全集》第三卷,安徽教育出版社 1987 年版,第 57 页。
③ 叶朗:《中国美学史大纲》,上海人民出版社 2005 版,第 619—620 页。
④ 朱光潜:《朱光潜全集》第三卷,安徽教育出版社 1987 年版,第 59 页。
⑤ 朱光潜:《朱光潜全集》第三卷,安徽教育出版社 1987 年版,第 59—60 页。

由于艺术家在想象时要借助于媒介,如诗的语言、绘画的线条和色彩等,所以诗的表现和传达同样不能分开。

在克罗齐的理论中,直觉＝表现＝创造＝欣赏＝艺术＝美,艺术即直觉,直觉即表现。朱光潜在解释"意象"概念时,取其与"实在"相对的意义,强调美感经验及艺术活动不同于实在的独特法则,认为意象是"个别事物在心中所印下的图影",是诗"创造个别的意境的基础"。① 朱光潜写道:"克罗齐的学说有一部分是真理,也有一部分是过甚其辞,应该分开来说。各种艺术就其为艺术而言,有一个共同的要素,这就是情趣饱和的意象;有一种共同的心理活动,这就是见到(用克罗齐的术语来说,'直觉到')一个意象恰好能表现一种情趣……每个艺术家都要用他的特殊媒介去想象,诗人在酝酿诗思时,就要把情趣意象和语言打成一片,正犹如画家在酝酿画稿时,就要把情趣意象和形色打成一片。"② 在朱光潜眼里,意境除了意象之外,还需有情趣和语言,意境是意象、情趣与语言的统一体。

依照克罗齐的观点,情趣与意象都与直觉同时发生,凡是能直觉的人便可以称之为艺术家。朱光潜并不认同这个观点,他认为艺术与直觉并不是一回事。艺术需要传达,必须诉诸语言,是"实有事物或想象事物的一种符号系统"。③ 朱光潜同时认为,语言并非情趣、意象之外的附加物,而是与情趣、意象同时发生之物。在克罗齐看来,"传达"无关于艺术创造(即直觉或表现),而朱光潜认为,"表现"(即直觉)和"传达"并非毫无关联的两个阶段。朱光潜批评克罗齐没有认清传达媒介在艺术想象中的重要性,而是把"表现"(直觉)和"传达"看成没有沟通衔接桥梁的两个阶段,没有分清创造性的"传达"(语言的生展)和无创造性的记载。④ 在朱光潜看来,诗境只有传达出来才能成为诗,这个过程就是表现。通过表现,诗人和读者的心灵交流才有可能。

在中国现代诗学史上,《诗论》不仅呈现出朱光潜西学理论的深厚,同时也有着中国诗学理论的积淀。《诗论》中西互阐的方法也开拓了诗学研究的视界,提供了诗学研究的可借鉴思路。朱光潜对诗学比较方法的运用,开拓中西比较

---

① 朱光潜:《朱光潜全集》第九卷,安徽教育出版社 1993 年版,第 369 页。
② 朱光潜:《朱光潜全集》第三卷,安徽教育出版社 1987 年版,第 94—95 页。
③ 朱光潜:《朱光潜全集》第九卷,安徽教育出版社 1993 年版,第 385 页。
④ 朱光潜:《朱光潜全集》第三卷,安徽教育出版社 1987 年版,第 96 页。

诗学的先河,而他对音律节奏以及诗歌形式发展渊源的探索,也为中国现代文学史上诗歌理论的发展提供了新的研究路径。

第四节　朱光潜论"人生艺术化"

艺术与人生是朱光潜美学理论中的核心话题,朱光潜将艺术与人生联系在一起。他一方面推崇艺术对人生的重要性,将人生艺术化;另一方面认为人生对艺术同样有着重要的影响,离开人生,艺术也不能再称之为艺术。

一、无言之美与人生艺术化

我们在日常生活中时常可以感受到无声之美的存在,朱光潜把这种美称为"无言之美"。在朱光潜看来,无言之美的主要特点是移情,即主体将自身的情感移注于外物,达到我与物的和谐交流。因此,强调审美移情的"无言之美"因而成为人生艺术化的存在形式:在静穆中观照自我,再将自身的情感投射到宇宙万物,外物亦成为主体自身的返照,共同体验世间的人情冷暖,从而达到物即是我、我即是物的境地。

"言有尽而意无穷"也是"无言之美"所表达的要义。在中国古典美学中,艺术的美在于含而不露,曲尽其妙。佛教中的"一花一世界,一叶一菩提",《诗大序》的"乐而不淫,哀而不伤",陶渊明的"此中有真意,欲辨已忘言",苏东坡的"相顾无言,惟有泪千行",柳永的"执手相看泪眼,竟无语凝噎",等等。这些名句充分说明了中国古典美学对"无言"境界的强调。朱光潜说:"我们可以得一个公例:拿美术来表现思想和情感,与其尽量流露,不如稍有含蓄;与其吐肚子把一切都说出来,不如留一大部分让欣赏者自己去领会。"①依朱光潜的理解,"无言之美"是一种强调内在体验的含蓄美,它不是通过逻辑推演与理性分析出来的实体美。"无言之美"强调情感体验性,认为美在体验境界中得以呈现。

朱光潜称赞陶渊明"打破了现在的界限,也打破了切身利害相关的小天地

---

① 朱光潜:《朱光潜全集》第一卷,安徽教育出版社1987年版,第66页。

界限,他的世界中人与物及人与我的分别都已化除,只是一团和气,普运周流,人我物在一体同人的状态中各徜徉自得,如庄子所说的'鱼相忘于江湖'。他把自己的胸襟气韵贯注于外物,使外物的生命更活跃,情趣更丰富;同时也吸收外物的生命与情趣来扩大自己的胸襟气韵。这种物我的回响交流,有如佛家所说的'千灯相照',互映生辉"①。朱光潜认为,过一世生活好比做一篇文章,因而艺术化的人生也应有上品诗文所具有的特征,而陶渊明堪称在做诗与做人方面"艺术化"的典范。在朱光潜看来,陶渊明打破了现在的界限,他在生活中把自己的人格涵养成一首完美的诗。

朱光潜的"无言之美"将中国儒家传统文化与西方美学相结合,包含了众多人生哲理方面的思考。朱光潜提倡超脱现实的"无言之美",是在五四运动到抗日战争期间。在当时的语境下,"无言之美"的艺术人生化处世态度也被不少人认为是一种逃避和忍让态度,是对日益高涨的革命热潮沉默、冷淡和消极避世态度的体现。

《谈美》写于 1932 年,较为集中地体现了朱光潜的"人生艺术化"美学观,是继《给青年的十二封信》之后的"第十三封信",朱光潜自述该书是《文艺心理学》的缩写本。朱光潜认为:"人生本来就是一种较广义的艺术。每个人的生命史就是他自己的作品。"②在《谈美》中,朱光潜讨论了美感态度和实用态度的区别,以及艺术和人生之间的关系,在他看来,"美是事物的最有价值的一面,美感的经验是人生中最有价值的一面"③。

朱光潜以对古松为例解释了人们对待事物的三种态度:实用态度、科学态度和美感态度。美感态度是朱光潜极力赞扬和推崇的态度,它要求观者注意力的集中,要求不计较实用,心中没有任何欲念,也不考察内在的关系、条理、因果等理性因素。"实用的态度以善为最高目的,科学的态度以真为最高目的,美感的态度以美为最高目的。"④"美感经验就是形象的直觉,美就是事物呈现形象于直觉时的特质。"⑤在朱光潜看来,美没有实际功利目的,它是人区别于其他动物的主要特点,美感经验就是一种超脱世俗的超功利感性经验。

---

① 朱光潜:《朱光潜全集》第一卷,安徽教育出版社 1987 年版,第 259 页。
② 朱光潜:《朱光潜全集》第二卷,安徽教育出版社 1987 年版,第 91 页。
③ 朱光潜:《朱光潜全集》第二卷,安徽教育出版社 1987 年版,第 12 页。
④ 朱光潜:《朱光潜全集》第二卷,安徽教育出版社 1987 年版,第 11 页。
⑤ 朱光潜:《朱光潜全集》第二卷,安徽教育出版社 1987 年版,第 11 页。

针对艺术与人生的关系,朱光潜强调主体应该站在适当的距离外观照人生百相。距离不能太近,也不能太远,艺术家在创作时,既要使接受主体获得对现实生活的解放和超越,同时也使主体能进入艺术去了解和欣赏。艺术家描述情感,如写一首悲伤的诗时,若诗人沉浸在悲伤情绪中不可自拔,就无法写出真正打动人心的诗句。艺术家应当将自己的情感客观化,从情感的亲历者转换为情感的观赏者。读者也是如此,若因为文本而推及自身,直接与实际的现实人生联系,便不能将注意力专注于文本的美感体验上,而只会停留在现实人生层面。

朱光潜指出:“美感经验即是人的情趣和物的姿态的往复回流。”[①]在他看来,人生艺术化的实质是审美移情,在移情中,“凭想象与情感的指使,人把自我伸张到外在自然里,从而冲破人与自然的隔阂”[②]。朱光潜称这种移情作用为“宇宙的人情化”,即主体在审美活动中把自身的情感移注在对象物身上,同时也把物的姿态融合到主体身上。我之情趣和物之姿态形成往复回流,从而进入“物我两忘”或“物我同一”的境界。

二、 艺术与人生的双重变奏

朱光潜将艺术放在人生的大背景下来剖析,同时也将人生放在艺术的维度上来考察。出世与入世、看戏与演戏,和谐并存于朱光潜的“艺术人生化”命题中。

在讨论悲剧美学时,朱光潜对人生的悲剧性展开了深入讨论,他认为悲剧并不等同于现实人生的困苦与灾难,而是现实人生的艺术提炼与升华:

> 我们所居的世界是最完美的,就因为它是最不完美的。这话表面看去,不通已极。但是实含有至理。假如世界是完美的,人类所过的生活——比好一点,是神仙的生活,比坏一点,就是猪的生活——便呆板单调已极,因为倘若件件事都尽善尽美了,自然没有希望发生,更没有努力奋斗的必要。人生最快乐的就是活动产生的感觉,就是奋斗成功而得的快慰。

① 朱光潜:《朱光潜全集》第二卷,安徽教育出版社 1987 年版,第 25 页。
② 朱光潜:《朱光潜全集》第七卷,安徽教育出版社 1991 年版,第 294 页。

世界既完美,我们如何能尝创造成功的快慰? 这个世界之所以美满,就在有缺陷,就在有希望的机会,有想象的田地。换句话说,世界有缺陷,可能性才大。①

朱光潜认为,人生正是因为有悲剧,才显得更有价值。悲剧是人生的一种缺陷体验,但因为这种缺陷,平凡的人生才显出庄严,黑暗的人生才能见出光彩。在朱光潜看来,这是一种超脱的境界,是超脱现实,实现个体"慰情"的途径。

"超脱"是朱光潜美学思想的核心观念,它不仅是一种人生态度,同时也是一种审美态度。在朱光潜看来,作为人生态度,"超脱"能实现对生命理想和人心的净化功能;作为审美态度,"超脱"能将有缺陷的现实世界通过艺术的方式呈现出来,进而在超越现实的基础上实现对理想世界的追求。在中国古典哲学中,"超脱"观念与道家思想有着密切联系,可以为现实世界中有缺陷的个体及其情感提供精神上的乌托邦。在朱光潜眼中,个体处世有两种态度:人力所能做到的时候,我们应努力克服困难征服现实;人力无可奈何的时候,我们可以暂时超脱现实来实现另一种审美生存。在朱光潜笔下,超脱的方向便是理想界,是由艺术所创造出来的理想化精神世界。

从渊源来看,朱光潜的"超脱"观一方面是五四以后苦闷时代氛围的反映,另一方面也受到了精神分析学说的影响。朱光潜在香港大学研究弗洛伊德的精神分析学说时提出"超脱"观,认为文艺是被现实压抑的"隐意识"发泄口,是现实中无法实现的理想和欲望的寄托处。

"超脱"观念也有着中国传统文化的痕迹。朱光潜一直实践"以出世的精神做入世的事业"的人生态度。他在纪念弘一法师的文中说:"弘一法师替我写的《华严经》偈对我也是一种启发。佛终生说法,都是为了救济众生,他正是以出世精神做入世事业的。"②朱光潜把"出世-入世"的人生态度作为自己的理想人生观,尤其是在《给青年的十二封信》中,涉及此方面的相关论述较多。朱光潜不仅有儒家学以致用、兼济天下的热肠和"君子以自强不息"的信念,同时也有

---

① 朱光潜:《朱光潜全集》第一卷,安徽教育出版社 1987 年版,第 71—72 页。
② 朱光潜:《朱光潜全集》第十卷,安徽教育出版社 1993 年版,第 525 页。

道家超然物外、虚静无为的心境。在《悼夏孟刚》中，朱光潜曾阐述他做"入世"事业的决心，他认为世界虽污浊，但既然自己已堕入苦海，却也不能眼睁睁地看别人跟着下水。他努力想把外在的社会环境完美化，使后人不再受他曾受过的痛楚。在他看来，"假如孟刚也努力'以出世的精神，做入世的事业'，他应该能打破几重使他苦痛而将来又要使他人苦痛的孽障"①。

"出世-入世"所形成的人生艺术化思考，也源自朱光潜对佛家思想的接受和解读。朱光潜认为释迦牟尼一生都是"以出世的精神，做入世的事业"。在朱光潜眼里，释迦牟尼形象是出世精神与入世事业的结合体。释迦牟尼对人生并不抱一种消极的态度，而是一种"绝我而不绝世"的"入世"和"出世"相统一的态度。这种态度被朱光潜看作是"知"（"出世"，即超脱现实的人生艺术化的观照）和"行"（"入世"，因为这种观照的根本目的还是普度众生）的统一。

1947 年，朱光潜发表《看戏与演戏——两种人生理想》，探讨了两种人生态度：看与演。在他看来，生来爱看戏的以"看"为人生归宿，生来爱演戏的以"演"为人生归宿，双方各有乐趣，各是人生的实现。"古今中外许多大哲学家，大宗教家和大艺术家对于人生理想费过许多摸索，许多争辩，他们所得到的不过是三个不同的简单的结论：一个是人生理想在看戏，一个是它在演戏，一个是它同时在看戏和演戏。"②朱光潜阐释了以日神与酒神为例的两种精神：日神是观照的象征，酒神是行动的象征。演戏实际上就是践行着酒神精神，而看戏则是践行着日神精神。在朱光潜看来，柏拉图、庄子、释迦、耶稣、但丁等人是看戏人，而秦始皇、大流士、亚历山大、忽必烈、拿破仑等人则是演戏人。

朱光潜推崇演戏的人生态度，"世界如果当成行动的场合，就全是罪孽苦恼；如果当作观照的对象，就成为一件庄严的艺术品"③。朱光潜将尼采"从形象中得解脱"的思想转换成"将酒神精神投入日神的怀抱"的人生态度和人生理想，即将可体验而不可直接描绘的情感，投影于可直接描绘但并不是任何人都可借以有所体验的意象。在朱光潜看来，"我们尽管有丰富的人生经验，有深刻的情感，若是止于此，我们还是站在艺术的门外，要升堂入室，这些经验与情感

---

① 朱光潜：《朱光潜全集》第一卷，安徽教育出版社 1987 年版，第 76 页。
② 朱光潜：《朱光潜全集》第九卷，安徽教育出版社 1993 年版，第 258 页。
③ 朱光潜：《朱光潜全集》第九卷，安徽教育出版社 1993 年版，第 261 页。

必须经过阿波罗的光辉照耀，必须成为观照的对象"①。朱光潜接受了尼采的艺术人生观，同时也结合了中国传统文化元素。在他笔下，看戏与演戏其实就是《中庸》提及的"知"与"行"的分别。儒家是演戏人的代表，认为人生的最终目的在行；而道家是看戏人的代表，认为"人生的目的在看而不在于演"②。

朱光潜强调人生艺术化，认为通过这样的方式，艺术才能给陷入烦恼苦闷、想要超脱到理想界的个体以心灵上的慰藉。在朱光潜眼中，艺术家如果沉迷于自己的情感，其作品便无法实现净化心灵的效果。在这个意义上，艺术是人生现实的返照，离开对人生的观照，艺术也很难生存。

三、 人生艺术化的旨归

朱光潜提倡人生艺术化，强调一种理想的人生境界和美学境界。在他看来，只有以艺术作为中介，才能让人生走向审美自由和超越。

在对人生艺术化的描述中，朱光潜强调自由的作用。他认为，人生的四大理想之一是艺术家的"胸襟"，"是在有限世界中做自由人的本领。有了这副本领，我们才能在急忙流转中偶尔驻足，作一番静观默索，作一番反省回味，朝外可以看出世相的庄严，朝内可以看出人心的伟大"③。朱光潜借鉴克罗齐的"物我"思想，希望通过他的美学思考寻求超越尘世生活与虚无精神之路，既可入世又可出世的自由生存路径。

朱光潜发现，人类真性情最初并不是以艺术的姿态显现，而是以游戏的姿态呈现。游戏正是因为呈现人类的真性情，才体现其存在的重要性。游戏是艺术的雏形，艺术中也常见出游戏的痕迹，如诗词中的重叠、排比和押韵等，都是从文字游戏中直接沿用而来。朱光潜认为，生命是"无所为而为的玩索"，强调把游戏和娱乐摆在一个重要的地位，他从人本主义出发，肯定艺术和美育的解放和自由性质。④ 在他看来，游戏与消遣并不是浪费时间，而是实现自由的途径。可以说，以游戏的态度践行人生，体现了朱光潜崇尚人文主义和自由境界

---

① 朱光潜：《朱光潜全集》第九卷，安徽教育出版社1993年版，第265页。
② 朱光潜：《朱光潜全集》第九卷，安徽教育出版社1993年版，第260页。
③ 朱光潜：《谈理想的青年：回答一位青年朋友的询问》，《朱光潜全集》第八卷，安徽教育出版社1993年版，第73页。
④ 朱光潜：《美感教育》，《朱光潜全集》第四卷，安徽教育出版社1988年版，第147页。

的审美艺术追求。

朱光潜强调，人生的艺术化也就是人生的情趣化。在"人生—情趣—艺术"三者之间，情趣是人生和艺术联系的中介环节，是人生艺术化活动的聚焦点。朱光潜在《消除烦闷与超脱现实》中援引王徽之的故事：有一晚雪后初晴，月亮照得非常清澈。王徽之忽然想去朋友处谈心。王徽之撑一小船，不多会儿到了朋友家门口，但忽然地又转身离去。别人问他缘故，他说："我乘兴而来，乘兴而返"，何足为奇？[①] 王徽之无功利和无目的的人生情趣备受朱光潜推崇，在他看来，情趣愈丰富，生活也愈美满。人生必须艺术化，艺术必须人生化，现实生活才能像诗、小说和戏剧那样充满诗情画意。

如何才能形成情趣化的人生态度？朱光潜指出，一个人如要具备文学修养，须做到三个方面：第一是人品的修养；第二是一般学识经验的修养；第三是文学本身的修养。[②] 在朱光潜看来，这三者是形成情趣化的人生态度的必要前提。艺术是人生情趣化的载体，通过艺术的审美，可以让个体的生命情趣得到自由张扬。

朱光潜认为，艺术情趣与生活情趣不同。一般人感受生活情趣时会被情趣所牵绊；艺术家感受情趣之后，却能冷静地进行观照和体验。朱光潜认为感受情趣应当在沉静中回味，朱光潜赞赏陶渊明，认为"许多自然诗人的毛病在只知雕绘声色，装点的作用多，表现的作用少。原因在缺乏物我的混化与情趣的流注。自然景物在渊明诗中向来不是一种点缀式陪衬，而是在情趣的戏剧中扮演极生动的角色，稍露面目，便见出作者的整个人格"[③]。朱光潜劝导青年人，强调人生第一桩事是生活，第二桩事才是做学问和做事业。在朱光潜看来，生活是享受和领略，是培养生机，如一味迎合社会需要而不顾自己的兴趣，便失去了学问和事业在人生中的真正意义与价值。

朱光潜一生都在追求艺术的性灵和情趣，认为艺术和欣赏艺术的趣味都要有创造性，艺术的功用也在于见出我们所不能见，能在我们日常认为平凡的地方感觉出新鲜有趣。这样，人生有了情趣，生命才会有生机和活力。朱光潜一再强调，离开人生便无所谓艺术，离开艺术也无所谓人生。完满的人生和真善

---

① 朱光潜：《朱光潜全集》第八卷，安徽教育出版社 1993 年版，第 94—95 页。
② 朱光潜：《朱光潜全集》第四卷，安徽教育出版社 1987 年版，第 167—169 页。
③ 朱光潜：《朱光潜全集》第三卷，安徽教育出版社 1987 年版，第 259 页。

美统一的人格理想是朱光潜人生艺术化思想的最终指向和归属。求知、想好、爱美，三者都是人类天性，真善美具备，人生才完美。

朱光潜强调"真—善—美"的融合。在他看来，真与善趋向极境时，便进入审美境界。"善与美不但不相冲突，而且到最高境界，根本是一回事。……从伦理观点看，美是一种善；从美感观点看，善也是一种美。"①柏拉图和亚里士多德认为至高的善是"无所为而为的玩索"（即对美的欣赏）。同样，真理在离开实用而成为情趣中心时就已经是美感的对象了，科学家去寻求科学真理的事实，他们有着震慑灵魂的效果，因此科学的活动也是一种艺术活动。在朱光潜看来，不但善与美是一体，真与美也并没有隔阂。

朱光潜分析了康德的"依存美"概念。"人是有机整体，审美功能不但不能脱离其他功能，取抽象的纯粹的形式而独立存在，而且必然要结合其他功能才好发挥它的作用：考虑到这个事实时，理想美就不能是'纯粹的'，就必然是'依存的'，必然是在于能表现道德精神的外在形体，这也必然就是人的形体。"②朱光潜将人生艺术化看作一个类似康德的理性观念的存在。在他看来，艺术化人格理想是人格的一种完整体现，是由真而善而美的递进。它们在最高层面统一于美，美即人生艺术化。真善美统一的人格理想是生命的至境，但唯有以艺术为情感中介，以审美为生命承载，才能最终实现真善美的统一。

朱光潜认为艺术与人生并无隔阂，他将尼采的酒神精神与日神精神很好地融到了"人生艺术化"命题之中。朱光潜早期的艺术美学实践是一种人生艺术美学，即在"人生艺术化"之旅中探索人生的美化或艺术化途径。朱光潜认为："人力莫可奈何的时候，我们就要暂时超脱现实，……超脱到哪里去呢？超脱到理想界去。现实界处处有障碍有限制，理想界是天空任鸟飞，极空阔极自由的。"③"美术家的生活就是超现实的生活，美术作品就是帮助我们超脱现实到理想界去求安慰的。"④在《谈美》中，朱光潜标举"人生艺术化"主张，该书最后一章"慢慢走，欣赏啊！"的副标题就是"人生的艺术化"。朱光潜认为："人生本来就是一种较广义的艺术。每个人的生命史就是他自己的作品。……知道生活的

① 朱光潜：《朱光潜全集》第四卷，安徽教育出版社1988年版，第146页。
② 朱光潜：《朱光潜全集》第七卷，安徽教育出版社1991年版，第50页。
③ 朱光潜：《朱光潜全集》第一卷，安徽教育出版社1987年版，第68页。
④ 朱光潜：《朱光潜全集》第一卷，安徽教育出版社1987年版，第72页。

人就是艺术家,他的生活就是艺术作品。"①"人生的艺术化就是人生的情趣化。"②当然,在当时的时局下,朱光潜提倡人生艺术化也有其自己的考虑,"坚信中国社会闹得如此之糟,不完全是制度的问题,是大半由于人心太坏"。要救治"人心",就需要"人生的艺术化","要求人心净化,先要求人生美化"。③

朱光潜强调人生艺术化,致力于在感性生命的基础上建立真善美三位一体的人生。他所提出"慢慢走,欣赏啊"和"无所为而为的玩索"等命题,都是为了在艺术中洗涤心灵,感受妙悟,追求灵魂自由,进而获得人性解放,达到和谐完整的艺术化审美生存。

第五节　朱光潜美学与诗学观的贡献

朱光潜从中国传统文化的堡垒安徽桐城走出,后受西方文化影响,将中西美学思想熔铸在一起,构建了一个独特的思想体系。朱光潜以中国传统美学为内在参照,借鉴西方近代美学思想,实现了中西美学的融汇。朱光潜的学术生涯是中国现当代美学发展的一面镜子,在 20 世纪中国美学史上有着相当重要的意义。

一、 中西美学的融汇

朱光潜被学界誉为中国现代美学的奠基者之一,也是我国现代审美心理学最具影响的代表性人物之一。朱光潜建构了一个极为复杂的审美心理学理论体系,在这个体系的网络交节点上有着克罗齐、布洛、立普斯、谷鲁斯、弗洛伊德、尼采、康德、黑格尔、维柯和马克思等学者的名字。

在朱光潜早期的艺术美学中,有着中西跨文化的对话特性。克罗齐和尼采论及直觉的美学理论直接构成了朱光潜美感经验描述的思想基础。即便如《无言之美》这样讨论中国艺术美学的著作,在文体和思想上也体现了中西文体要

---

① 朱光潜:《朱光潜全集》第二卷,安徽教育出版社 1987 年版,第 91 页。
② 朱光潜:《朱光潜全集》第二卷,安徽教育出版社 1987 年版,第 96 页。
③ 朱光潜:《朱光潜全集》第二卷,安徽教育出版社 1987 年版,第 6 页。

素和艺术思想的融汇与共通。如在讨论"无言之美"的根源时,朱光潜结合西方美学艺术的超现实功用理论来谈,进而探讨超现实与现实界的关系以及讨论"无言之美"在哲学、教育、宗教生活中的呈现。

朱光潜所提出的"无言之美"命题不仅有中国传统道家美学的影子,如"心斋""坐忘"等,同时也有康德美学"非功利性"观念的痕迹。《谈美》也受到康德美学和克罗齐直觉理论的影响。朱光潜认为:"美感的世界纯粹是意象世界,超乎利害关系而独立。在创造或是欣赏艺术时,人都是从有利害关系的实用世界搬家到绝无利害关系的理想世界里去。艺术的活动是'无所为而为'的。"①朱光潜把美感世界规定为无功利的意象世界,其中康德和克罗齐的影响相当明显。

朱光潜的美学与诗学观总体上坚守传统的"主客二分"模式,但在对审美活动进行具体分析的时候,他常常突破"主客二分"的模式,而趋向"天人合一"的模式。这种突破主要体现在朱光潜美学与诗学观所贯穿的另一条主线:人生艺术化。

"人生艺术化"是朱光潜美学经验分析的落脚点,他认为:"直觉活动只限于创造或欣赏白热化的那一刹那,而艺术活动并不只限于那一刹那,在那一刹那的前或后,抽象的思维,道德政治等等的考虑,以及与对象有关的种种联想都还是可以对艺术发生影响的。"②朱光潜把审美活动中"物我两忘而物我同一"的瞬间与艺术活动区分开来,强调物的形象包含有观照者的创造性,强调物的形象与观照者的情趣不可分离。

二、 多学科的融合

朱光潜到香港大学和西方留学,"前后读了五所大学,历时近十四年之久,由心理学、教育学进入文学、艺术、哲学、美学、历史,甚至符号逻辑、鲨鱼解剖等等多种门类、学科,无一不取得相当的成绩,而且又有随读随写的良好习惯"③。阎国忠认为,朱光潜美学观艺术观是一种社会学、心理学、生理学等相互综合而

---

① 朱光潜:《朱光潜全集》第二卷,安徽教育出版社 1987 年版,第 6 页。
② 朱光潜:《朱光潜全集》第五卷,安徽教育出版社 1989 年版,第 20 页。
③ 文洁华主编:《朱光潜与当代中国美学》,中华书局 1998 年版,第 238 页。

形成的观念。① 可以说,朱光潜美学思想中的多学科融汇使不同文化背景的思想能够相互交融,这对中国现代美学的发展产生了深远影响。

在朱光潜的美学与诗学观中,心理学占据了很大比重,"朱光潜在介绍、批评弗洛伊德的理论的同时,也自觉或不自觉地受到了其影响,他赖以建立自己的美学思想体系的逻辑起点并非哲学,而是心理学"②。朱光潜从心理学的角度分析审美距离,分析对象与主体的感受,如在《文艺心理学》中讨论生理产生的美是否就是人们直接感受到的美感问题,在《我与文学与其他》中以心理距离说为中国艺术辩护。可以说,朱光潜是从多学科中提取材料,实现其美学与诗学观的建构与发展的。

与朱光潜同时代的蔡仪偏向于美的客观说,从美的本质讨论美学;宗白华在讨论美的时候,更加偏向于中国传统文化,有更加深刻的古典韵味。朱光潜美学与诗学观的多学科融合特性在当时学界可谓独具一格。如李泽厚所言:"朱先生解放前后著述甚多,宗先生却极少写作;朱先生的文章和思维方式是推理的,宗先生却是抒情的;朱先生偏于文学,宗先生偏于艺术;朱先生更是近代的,西方的,科学的;宗先生更是古典的,中国的,艺术的;朱先生是学者,宗先生是诗人。"③在李泽厚看来,朱光潜注重中西结合的多学科发展,更偏向于西学,而宗白华坚持中国古典艺术观念,更具有中国本土的韵味。

朱光潜的早期美学思想,一方面使中国美学打破自身传统的束缚,开始接受西方理论,实现对中国传统美学的补充与完善;另一方面,朱光潜在中西融汇的基础上实现多学科并融,不仅使他的美学与诗学观富有建设性,拥有自身独特的学术特点,同时也让他的美学与诗学观能够为更多人所理解与接受。

① 阎国忠:《论朱光潜先生在美学上的贡献》,《学术月刊》1986 年 5 月 1 日。
② 王宁:《朱光潜与弗洛伊德》,《北京大学学报(哲学社会科学版)》1989 年 8 月 29 日。
③ 李泽厚:《宗白华〈美学散步〉序》,《读书》1981 年第 3 期。

第五章

左翼美学的建构

20 世纪 30 年代是世界文明发展史上一个重要的时代，这种重要性表现在经济运行、政治格局、社会发展和文化潮流等各个方面，诸如，初次爆发的严重的资本主义经济危机席卷欧美诸国，德意日法西斯政权登台并进行迅猛扩张和武力侵略，世界各国纷纷建立与调整抗战体制机制，东西方广泛掀起国际共产主义运动，民族主义情绪在全球范围内普遍高涨，以劳工运动和知识界力量勃兴为标志的民主运动此起彼伏，思想文化领域主张林立且时有交锋。

处身于跌宕起伏、风起云涌、交流争鸣的时代大背景，对于 20 世纪中国美学史而言，20 世纪 30 年代也是一个重要的发展阶段。在革命浪潮、社会形势、学术脉络的综合影响和多方作用下，20 世纪 30 年代的中国美学思想活跃，影响广泛，其中颇为醒目的当属左翼美学及其与其他流派、群体、个人的论争。在大撞击、大交流、大整合的社会背景下，在与新月派、"自由人"、"第三种人"、京派、海派等派别、阵营、个体的激烈论争中，左翼美学引进、吸收和消化域外美学理论资源，影响了 20 世纪 20 年代末至 30 年代中后期中国文艺界的审美实践与艺术创造，初步完成了理论建构和思想实践。用"阶级论"否定"人性论"，用"唯物论"批判"唯心论"，用"功利论"反对"超功利论"，用"反映论"颠覆"天才论"，用"社会主义"指责"人道主义"，推动了革命进程、社会发展和学术进步，进步意义明显，社会价值突出。但其"极左"的思想倾向、对社会历史批评方法的误植和机械运用，也带来了功利主义、关门主义、情绪主义、学理欠缺、思维绝对化等明显不足。

第一节　作为新型美学范式的左翼美学

作为一种美学流派，左翼美学在思想主张、话语方式和实践创作上具有鲜明特色。中国左翼美学的产生，既遵循学术发展的内在逻辑，又受到当时社会历史文化语境的外在影响。现代中国左翼美学的产生与发展过程，可以划分为多个阶段，产生了广泛而深远的影响。

一、几个关键概念的界定

在词语构成上，"现代中国左翼美学"包含三个关键词，即"现代中国""左翼""美学"。从字表上拆分"现代中国左翼美学"，绝非能指与所指滑动的文字游戏，而是为了对左翼美学的指称和构成进行必要的学术界定和历史规范。

在左翼美学体系中，"现代中国"既遵循中国现代历史学的一般性约定，在构成上可框定为 1919 年"五四运动"到 1949 年中华人民共和国成立这一时间段；同时，作为一种具体的美学形态，这里的"现代中国"对应的时间跨度可以进一步缩小为 1927 年大革命失败后至 1937 年中国全面抗日战争爆发这 10 余年的时间。本书之所以要进行这样的时间节点切割，主要基于如下思量：一方面，并非完全不考虑"五四运动"至 1927 年的左翼美学的准形态或者说萌芽形态，也不是没有注意到全面抗战时期解放区文艺、国统区文艺的左翼美学主张和实践，同样不是漠视抗战胜利后中国左翼美学在大陆、台湾、香港等的多种承载形态，甚至也没有忽视左翼文艺及其美学与今日中国特色社会主义文艺建设的内在关系，我们充分尊重思想潮流和审美实践的历史连续性、继承性和发展性；另一方面，需要开宗明义就厘清或者说约定的是，之所以进行这样的时间段划分，具有多方面的具体原因。将伴随 1927 年中国大革命失败而兴起的新社会科学运动、"革命文学"论争作为左翼美学的起点，主要原因在于，自此之后，左翼美学作为一种属性独特、影响骤增、"体量"迅速扩大的美学形态登上了中国历史舞台和学术殿堂；以 1936 年春"左联"及其他左翼文艺团体相继解散、1936 年底国共合作统一战线重新建立、1937 年中国对日全面抗战这三者作为左翼美学的终点,主要是因为,显性标志是"左联"的解体、抗战文艺对左翼文艺的取代,隐性事实是新社会科学运动、左翼学术风气及其论争实践的逐渐停歇,"左翼美学热"不断消减。正是基于上述这些考量,近二十年来国内外学术界便有"左翼十年"的通行说法,这种时间指涉显然长于 1930 年至 1936 年的"左联美学"(狭义"左翼美学")。作为时间发生学意义上的左翼美学所对应的"三十年代"(在现代文学史上,三十年代指涉为 1927 年至 1937 年),我们对其开展研究,旨在发现、挖掘被"革命幽灵""红色幽灵"缠绕的 20 世纪 30 年代中国的左翼美学形态及其学术生态。

"左翼"是"现代中国左翼美学"中的美学性质指涉关键词。按照现代汉语的词义解释,左翼包含"左边的翅膀""作战时处于正面部队左侧的部队""政党、派别、团体中的左派"这三层含义。显然,左翼美学中的"左翼"当取第三种含义。这种含义的"左翼"概念,又称"左派",具有鲜明的政治倾向指涉,最早来自法国大革命时期,当时通常指代在会场左边就座的议员,他们支持共和体制,主张扩大民众的政治权利、推动世俗化进程,希望变革旧有社会秩序和既定规则、在财富和基本权利分配上更为公平。而在 1848 年的六月革命中,第一国际视自己为法国大革命的左翼继承者,之后,"左翼"常常用于指涉全世界范围内的某些革命运动,尤其是社会主义、无政府主义和共产主义运动,有时也包括社会民主主义理论及其实践。在当代政治话语体系中,"左翼"通常指涉社会自由主义或社会主义,以区别于保守主义的"右翼"。当然,这种划分只是相对的,至今尚无一种确切性的一致定义,但在哲学观、社会观、历史观上,左翼普遍信奉"小民史观",关注底层民众的需求,强调社会公平,反对贫富差距过大,追求社会变革。"左翼"具备上述共有特征和指代内涵,在当代理论界和社会政治界,是没有多少争议的。可以这么说,左翼的上述意义指涉很大程度上决定了"现代中国左翼美学"的左翼色彩、革命调性、激进身份,但需要说明的是,作为一种美学形态的"左翼",与政治学、社会学的言说和指涉又是不尽相同的,或者说,在左翼美学当中,要特别注意政治立场、美学主张、文艺实践的矛盾冲突、内在纠结,它们或一致,或并向,或逆袭,共同构成了左翼美学的言说场域和艺术实践,这一点至关重要。由此更进一步,落实到"现代中国左翼美学"中的"左翼",其具体指涉可作这样的表述,左翼美学是中国现代文艺史上的一个特定概念,一般冠之以"普罗列塔利亚"(简称普罗)美学,实即由中国共产党领导、由革命文艺工作者参加、团结一切进步文艺力量的无产阶级美学,它既区别于国民党的右翼文艺,又有别于小资产阶级文艺,还区别于一般的民主主义文艺。[①]

"美学"是梳理"现代中国左翼美学"的学术旨归和研究指向。也就是说,全景呈现和细致扫描左翼美学产生、发展、成熟、衰落和转型的过程,不是为了凸显其中的阶级斗争史、社会革命史、政治主张史,而是站在 20 世纪中国美学实践和建设的高度,以"美学在中国"和"中国美学"为核心,兼用"旁观者式""介入式"的研究方法,做到审美实践(作品)、历史事件(史料)和概念范畴(史论)三者的有效对接,对左翼美学的历史贡献和局限不足进行理论研究和学术思考,旨在推动 21 世纪中国美学的发展和成熟。同时,本书以左翼作家、理论家、艺术家的思想建构与文本实践为核心梳理线索,关联社会主题、文化思潮、美学发展等宏观向度,致力于综合探讨左翼美学,不仅关注左翼理论家的美学主张与理念、植根左翼文艺当中的美学思潮,同时注重分析左翼文艺的审美实践、美学创造,考察范围较广,视角多维。

二、 左翼美学的产生背景

左翼美学的产生,紧密关联当时的革命氛围和社会语境,内在呼应国际性的左翼文艺运动,直接受到苏联文艺政策的启发和引导,拥有广泛的社会基础和大量的读者群体,其具体生成背景如下。

第一,大革命受挫,进步革命陷入低潮,"激情革命"转向"文艺抗争"成为全国性的风尚和热潮,左翼文艺运动的兴起,推动现代中国左翼美学登上历史舞台。

1927 年蒋介石发动"四一二"反革命政变,全国陷入白色恐怖,标志着北伐革命的失败,中国革命由此进入无产阶级单独领导的土地革命时期。鲁迅这样感知此种转型,"在找自己,觉得中国现在是一个进向大时代的时代。但这所谓大,并不一定指可必由此得生,而也可以由此得死"[②]。革命或大胜或惨败的高变数,昭示着时代的大变局,革命文艺的兴盛并非缘于革命大获成功而带来的

---

① 参见张大明、王保生:《三十年代左翼文艺大事记》,中国社会科学院文学研究所编《左联回忆录》,中国社会科学院出版社 1982 年版。

② 鲁迅:《〈尘影〉题辞》,《鲁迅全集》第三卷,中国文联出版社 2013 年版,第 461 页。

群情激奋及其大力推动,相反,是革命的失败和挫折激起革命文艺的雷霆气势和迅猛发展,革命受挫反倒成就了文艺的繁荣,社会革命与美学艺术呈现"辩证法"的"二律背反"之势。在这个时间节点上,自"五四运动"以来席卷中国社会的革命浪潮,仿佛遇到了新的问题、新的瓶颈,其不可遏止、眼花缭乱的革命形势突然被逆袭,向前、向好的革命"愿景"轰然崩裂,曾经象征力量、承载理想的革命惯性突然消失。斗争激情仍在,社会形势却迥异,现实革命的无力感、压抑感和革命激情的充沛感、爆发感,形成强烈反差,构成巨大冲突。在此种背景下,革命文艺便成为释放斗争激情、保持进步状态的替代性武器,功能顺承和逻辑转换色彩明显,革命文艺运动由此风起云涌、蔚成大潮。

关于革命文艺的这种生成状态和发展前景,有一批理论家、文艺家在当时都提到过。成仿吾指出,"革命的文学家,当他先觉或同感于革命的必要的时候,他便以审美的文学的形式传出他的热情。他的作品常是人们的心脏,常与人们以不息的鼓动"①,审美成为革命的先导和觉醒性力量,功能独特而富有巨大价值。长风强调:"把这些无穷的苦闷,与无尽的幻想,以艺术底手段,具体地表现于言语,动作,文字,声,色,以及一切的符号,便是文学,它把内心的振动去散播于他人,把曾经燃烧了自己的生命的东西去燃烧他人,同时接受的一方,他要甜蜜的安慰,他要壮厉的鼓励,而他恰恰可以从文学里得到,于是他就很热心地接受了。"②文艺的功用是如此强大,成为抒发苦闷、寄托理想和排遣压抑的绝佳工具。在革命文艺主张的言说逻辑中,表面上看是呼吁文艺应该具备更多的革命性,但关联大革命失败的社会现实语境,其内涵实质和实际效果却是投身革命行动向注重文艺实践的转变。当此之时,郭沫若、成仿吾、冯乃超、李初梨、彭康、朱镜我、蒋光慈、钱杏邨、阳翰笙等一批青年作家纷纷著文、激愤发声,寄望于"笔"与"剑"的内在共通,"一扫传统文人的沉沉暮气,以新世纪青年的崭新形象横空出世,一个充满自信的有着鲜活生命力的自我得以孕育,真正宣告了现代意义上的审美独立论思想的诞生"③,狂飙突进的革命文艺主张成为宣泄激情、实现理想的补偿性满足物。同时,"革命文学"论争结束后,为适应国内外革命斗争形势的变化,中共中央成立了文化工作委员会(简称"文委"),领导成立

---

① 成仿吾:《革命文学与他的永远性》,《创造月刊》第1卷第4期,1926年6月16日。
② 长风:《新时代的文学的要求》,《洪水》半月刊第3卷第27期,1927年2月16日。
③ 叶世祥:《20世纪中国审美主义思想研究》,商务印书馆2011年版,第113页。

了中国左翼文化界总同盟(简称"文总"),强化了党对左翼文化运动的思想领导、组织领导,也很大程度上推动了左翼文艺实践的迅猛发展。

第二,国际左翼文艺运动风起云涌,中国与国外著名左翼文化人士联系日益频繁,加上苏联社会形势和文艺政策的直接启发、国际革命作家联盟的号召,加快推动了左翼美学的建构进程。

20世纪20年代末至30年代初,国际左翼文艺运动的勃兴建立在对当时国际革命形势乐观估计的基础上。1929年世界范围内开始的经济危机,导致了资本主义世界的普遍困境,许多人认为全球无产阶级革命高潮就要到来,纷纷跃跃欲试,准备推翻资本主义制度,其中第三国际对革命形势的估计尤其乐观。国际左翼文艺运动作为世界无产阶级革命的重要组成部分,自然也就受到重视,尤以美、日、德等国掀起的左翼文艺运动为代表,声势浩大,影响空前。在此背景下,"中国对国际的亦步亦趋,既表现为政治的,更表现为组织的,尤其表现在思想、理论上"[1],这种紧跟、追随表现在文艺领域,便是国际左翼文艺运动成为左翼美学生成的重要外域资源与外源性因素。除日本福本主义、苏联"拉普"理论之外,马雅可夫斯基及其创作也对左翼美学的历史文化意识、艺术创作理念、主题话语诉求和审美精神气质产生过巨大影响,而拉法格和鲍狄埃的文艺活动和理念、辛克莱的创作实践和文艺主张对左翼美学的建构也都发挥过重要作用,左翼文艺运动与国际文艺界、理论界的紧密关联性、同步跟随性可见一斑。

在国际左翼文艺运动蔚成巨潮的大背景下,国内革命人士纷纷联络国际进步文艺人士,中国与苏联高尔基、法捷耶夫、绥拉菲靡维奇,法国罗曼·罗兰、巴比塞、古久利,英国萧伯纳,德国布莱希特、路特·维奇棱、珂罗维支、基希,美国史沫特莱、斯特朗、斯诺,日本小林多喜二、秋田雨雀、尾崎秀实,新西兰艾黎等众多进步作家或大批左翼记者,取得了直接联系,建立了深厚友谊。这些进步人士对中国革命的同情、对中国无产阶级底层的关注、对中国人黑暗生存状况的忧心,又进一步强化了国人学习国际左翼文艺人士以"笔"为武器进行抗争的决心和实践,中国左翼文艺运动在上述标杆人士的关心和感召下,加快了前行

---

① 张大明:《左翼文学与国际左翼文学思潮》,方全林主编《纪念中国左翼作家联盟成立70周年文集》,上海文艺出版社2000年版,第127页。

的脚步,尤其是获得了如宗教信仰般巨大的发展动力。

从 20 世纪 20 年代中后期开始,斯大林提出"文艺服务于经济建设"等口号,普罗文艺运动在苏联兴起,苏联文艺被视为世界进步文艺运动的先锋。当时中国革命反帝反封建的现实需要,进一步推动了文艺大众化观念在国内的迅速传播和重点倡导,而苏联大众文艺发展的现实,又以某种乌托邦幻象的方式激励国人,成为推动革命进步的重要动力和方向指引。基于此种逻辑,苏联文艺界无产阶级文化派、"拉普"文艺理论、苏联文艺政策及其具体做法等被迅速引入中国,高尔基、法捷耶夫等人的文艺作品常被提及,苏联文艺现实对接中国人的"苏联想象",在"对未来理想社会的自我美化"的情感认同和逻辑归属中,快速推动了现代左翼美学的中国式建构进程。

国际革命作家联盟的前身为"莫尔普",成立于 1925 年,旨在贯彻俄共（布）中央《关于党在文学方面的政策》的决议。1927 年 11 月,第一次革命作家代表大会在莫斯科召开,宣布成立革命文学国际局,制定了政治纲领,并决定出版机关刊物《外国文学通报》,强调凡是反对法西斯主义、帝国主义战争威胁和白色恐怖的作家都可以成为它的会员。1930 年 11 月,第二次国际革命作家代表大会在苏联哈尔科夫举行,决定改组为"国际革命作家联盟",会议讨论和肯定了资本主义国家在社会主义取得胜利以前有可能发展无产阶级文学和文化的观点,通过和发表了《致世界各国革命作家书》,号召他们联合起来反对帝国主义,并决定以俄、法、英、德 4 种文字出版机关刊物《世界革命文学》,以代替《外国文学通报》。此后,作为国际革命作家联盟的一个支部,中国左翼作家联盟开展活动。国际革命作家联盟的组织功能和理论主张,直接推动了左翼文艺运动的开展,尤其对后者的某些重大决策和关键性转向产生过直接影响,这一点从本章关于左翼美学生成过程的梳理中完全可以看出。

第三,左翼文艺运动恰逢政治文化氛围浓烈的时代语境,吻合社会大众尤其是青年"为政治上苦闷而追求文学,又从文学中找寻政治出路"的群体文化心理,具有广泛的社会基础和大量的阅读群,影响广泛而深远。

20 世纪 30 年代的中国社会,政治文化氛围浓厚,"政治焦虑"普遍存在,左翼文艺之所以广受欢迎,很重要的原因就在于其较多表达了社会大众关注的左翼政治思想及其价值取向,有效对接了当时左翼思想大行其道、知识界较为关注马克思主义的社会心理。这种情况在广大青年中表现得尤其明显,大家见面谈论得最多的往往是工作和政治,个人生活反倒很少涉及。左翼文艺成为排解政治郁结、释放政治激情的替代性工具,因而广为运用和备受关注,"那年头,青年为解脱思想苦闷,到处找文艺书读。对于无关痛痒的作品,厌弃不顾,专门找鲁迅、郭沫若、蒋光慈作品来读,从中寻求启示和刺激。只要有进步的名教授、名作家讲演,不管路程远近总要去聆听一通"①。当时的进步青年因为政治上的苦闷而寄情文艺,从文艺中探索政治出路,杨纤如的这段回忆生动复现了这一点。"一切文学,不管多么虚弱,都必定渗透着我们称之为一种政治无意识的东西,一切文学都可以解作对群体命运的象征性思考"②,对于身份低微、贫困潦倒、以"卖文"为生、饱含革命激情却深感报国无门、渴望改变现状、苦于寻找出路的许多青年人而言,尤其如此。当时许多作家和读者都希望文学反映现实政治,体现政治倾向,左翼思想比较流行。再加之,"一·二八"事变后,中国共产党被视为重要抗日力量而获得存在和发展的合法性,中间或中间偏右的许多报刊都欢迎左翼作家发表文章,左翼文艺更加兴盛。1933 年后,即便中国国民党加大了宣传控制,但上海几大主要报纸的副刊,如《申报·自由谈》《电影副刊》,晨报《每日电影》《时事新报》副刊等,几乎都由"左联"或"左翼"的人担任编辑,在郑振铎的努力下,商务印书馆甚至也愿意出左翼作家的作品。左翼思想在社会各界广泛流行、左翼刊物拥有巨大的受众市场等上述情况,无疑有助于左翼美学的勃兴和发展。

三、 左翼美学的形成过程

左翼美学的生成与左翼文艺运动具有大致的同步性、相似的阶段性,参考后者的标志性事件,综合考察美学发展的具体规律和时间节点,现代中国左翼美学的形成过程可以相对划分为以下五个阶段。③

第一,"革命文学"论争与左翼美学的产生,对应时间为 1927 年中至 1930 年初,这一时期的重要事件主要包括"革命文学"论争,对鲁迅和茅盾等人的批

---

① 杨纤如:《寿南北两"左联"六秩》,中国左联作家联盟成立大会会址纪念馆编《"左联"纪念集》,百家出版社 1990 年版,第 26 页。
② [美]弗雷德里克·詹姆逊:《詹姆逊文集》第二卷,王逢振等译,中国人民大学出版社 2004 年版,第192 页。
③ 以下归纳参考:马良春、张大明:《三十年代左翼文艺资料选编》,四川人民出版社 1983 年版。

判与联合，对论语派、新月派的批判等。

1927 年 5 月，由鲁迅、成仿吾等签名的《中国文学家对于英国知识阶级及一般民众宣言》发表，呼吁英国工人和进步知识界同中国人民一起打倒帝国主义，拉开左翼文艺运动的序幕，左翼美学随之开端。由此，"文学革命"发展为"革命文学"，"平民文学"蜕变成"无产阶级文学"，声势浩大的左翼文艺运动随之登上历史舞台。1927 年 9 月，茅盾《幻灭》在《小说月报》连载，后有《动摇》《追求》，合称"《蚀》三部曲"，以美学方式反映大革命失败前后小资产阶级知识青年的政治文化心理。1927 年 10 月 21 日，鲁迅发表《革命文学》，批判吴稚晖以"救护"国民党为名发起的"清党"运动，认为"在革命时代有大叫'活不下去了'的勇气，才可以做革命文学"；以苏联作家叶赛宁和梭波里为代表，认为"革命人"思维的获得是革命文学创作的基础。1927 年 11 月，上海泰东书局出版蒋光慈中篇小说《短裤党》，其政治思想和艺术修养获得较大突破，虽然小说中塑造的人物形象一直受到争论，但这是中国现代文学史上首部以中国共产党领导工人武装斗争为题材的小说，具有开创性价值。《短裤党》出版后，"光赤（即蒋光慈）的读者崇拜者，突然增加了起来"（郁达夫语）。1927 年 12 月，鲁迅写作《卢梭与胃口》《文学和出汗》，批判新月派主将梁实秋的"人性论"，强调文学描写的人性是变动的、具体的，人格平等是相对的、具有差异的。1927 年冬，泰东书局出版《革命文学论》（丁丁编），内收陈独秀、瞿秋白、邓中夏、郭沫若、沈雁冰、蒋光慈、郁达夫等人的文章 17 篇，从多个视角和侧重点，对革命文学的产生背景、基本主张、主要特征、创作成绩、存在问题和未来发展等进行了论述和建言，这本小册子初步表达了左翼美学的理论主张和思想追求。

1928 年 1 月，蒋光慈、钱杏邨、洪灵菲、孟超等组建太阳社并创办《太阳月刊》，郭沫若发表《英雄树》宣传无产阶级艺术，蒋光慈发表《现代中国文学与社会生活》论述文学与时代、生活的关系，创造社后期重要理论刊物《文化批判》创刊号登载冯乃超《艺术与社会生活》，批判文学研究会和鲁迅，左翼美学的激进色彩、狂飙突进风格更加凸显，同时显露斗争指向狭隘、主张与实践脱节、理论储备偏少等不足。1928 年 2 月，成仿吾《从文学革命到革命文学》、蒋光慈《关于革命文学》发表，宣扬革命文艺，强调革命文学的划时代价值；丁玲短篇小说《莎菲女士的日记》在《小说月报》发表，反映当时知识少女的苦闷与追求，摹写独特群体心理，表达左翼美学主张。同月，李初梨发表《怎样地建设革命文学？》强调

"一切的文学，都是宣传"，批评鲁迅、郭沫若、蒋光慈的相关观点；周作人继 1 月发表《文学的贵族性》后，又发表随感录《爆竹》，否认文艺的阶级性，与左翼美学界的普遍主张明显对立。1928 年 3 月，成仿吾发表《全部的批判之必要——如何才能转换方向的考察》，强调从经济基础和上层建筑关系角度认识文艺，为左翼美学提供更具深度、更为宏阔的理论资源和学术思想，左翼美学建构的学术含量明显提升；钱杏邨发表《死去了的阿 Q 时代》，严厉批评鲁迅的创作"没有现代意味"，过于强调左翼文艺的宣传功用，忽视文艺审美的独特作用和相对独立性。同月，《新月月刊》创立，徐志摩执笔《〈新月〉的态度》，倡导"健康"与"尊严"，反对无产阶级革命文艺；鲁迅发表《"醉眼"中的朦胧》，回应创造社的批评，大规模的"革命文学"论争由此开端；郭沫若发表《留声机器的回音》，强调以"辩证法的唯物论"批判"新月派"徐志摩的文艺观。1928 年 4 月，蒋光慈发表《论新旧作家与革命文学》，提出作家创作按"亲近生活""明白生活""生活态度"递进的"生活体验层次论"，倡导写出"时代生活的实感"，同时与茅盾辩论，强调新作家应该肩负建设革命文艺的重任；洪灵菲长篇小说《流亡》出版，进步（取材新倾向）与不足（文学技巧欠缺）并存；鲁迅发表《文艺与革命（并冬芬来信）》，讨论文艺与宣传的关系，强调"一切文艺固然是宣传，而一切宣传却并非全是文艺"；胡秋原发表《革命文学问题》，强调挖掘文艺的政治效用时，不可"破坏了艺术的创造"，"破坏了艺术在美学上的价值"。1928 年 6 月，梁实秋发表《文学与革命》，认为"伟大的文学乃是基于固定的普遍的人性"，否认无产阶级革命文学的存在；鲁迅所译苏联《文艺政策》在《奔流》连载。1928 年 7 月，彭康《什么是"健康"与"尊严"》、冯乃超《冷静的头脑》、冯雪峰《革命与智识阶级》发表，回应"新月派"的批评。1928 年 10 月，茅盾发表《从牯岭到东京》，重视文艺技巧，反对标语文学，对文学与社会环境的关系进行整体考察。1928 年底，周恩来、李立三、李富春指示停止批判鲁迅、结束"革命文学"论争；太阳社、创造社联席会议决定，"创造社、太阳社所有的刊物一律停止对鲁迅的批评，即使鲁迅还批评我们，也不要反驳，对鲁迅要尊重"①。1928 年 12 月，《文艺理论小丛书》开始出版，其中收录弗里契、日本左翼作家论文。

---

① 阳翰笙：《中国左翼作家联盟成立的经过》，中国社会科学院文学研究所编《左联回忆录》，知识产权出版社 2010 年版，第 50 页。

1929 年 3 月,蒋光慈《丽莎的哀怨》发表,引发华汉等人批评其政治思想错误;勺水(陈启修)发表《论写实主义》,创作方法问题日益被关注;不少刊物发表文章,介绍苏联文坛情况。1929 年 5 月,茅盾发表《读〈倪焕之〉》,肯定叶圣陶描写城市知识分子的重要价值;《科学的艺术论丛书》开始出版,其中包含普列汉诺夫、卢那察尔斯基、梅林等马克思主义美学家的重要论著。1929 年 6 月,胡也频长篇小说《到莫斯科去》出版,革命倾向鲜明。1929 年 8 月,鲁迅为柔石中篇小说《二月》作序,肯定小说的艺术成就。1929 年 10 月,中国共产党在上海成立了中央文化工作委员会,进一步加强党对文艺工作的领导;第一个左翼戏剧团体——艺术剧社在国统区宣告成立。1929 年 12 月,梁实秋发表《文学是有阶级性的吗?》《论鲁迅先生的硬译》,传播资产阶级人性论,批判革命文艺观,批评鲁迅翻译外国作品时主张的"硬译"法。1930 年 1 月,《萌芽月刊》刊登冯雪峰所译马克思《〈政治经济学批判〉导言》摘要,钱杏邨发表《中国新兴文学中的几个具体的问题》,回应茅盾批评有的普罗文艺作品存在"写标语""喊口号"等低层次的缺点;鲁迅写作《"硬译"与"文学的阶级性"》,阐述文学的阶级性,重视文艺工作者的思想改造。1930 年 2 月,冯雪峰发表译文《论新兴文学》,译介列宁《党的组织和党的文学》,夏衍发表译文介绍列宁的艺术观。

在这两年半的时间当中,左翼美学得以产生,这一阶段的基本特征主要表现在承载形式和资源取向这两个方面。

从承载形式来看,表现为一般社科理论著述、美学与文艺批判论著、文艺作品三种方式,这三者所发挥的作用各有差异。前者虽多为哲学、社会学、政治学、文化理论、革命史著述,数量并不大,但发挥风潮引领、思想支撑和宣传指导的重要作用,为美学论文研究和论证提供大前提和理论养分。中者是美学成果最为标准的呈现方式,具体涵括美学和文艺理论译作、著述两种形式,其中又以论文为主。著作主要是译著,涉及文艺与阶级、人性、时代、生活的关系,文艺与宣传的异同,革命文艺的特征、使命和创作状况等一系列重要问题。基于学术思想发轫时期常见的模糊属性,也因为所涉及问题的复杂性和变化性,这一时期的美学观点可谓主张林立、交锋不断,大阵线上左翼对新月派的批判自不待言,就是在小阵营里,既有在一段不短的时间内对鲁迅的猛烈批判及至统一要求的停止批判,亦有在我们今天看来同属左翼美学阵营内的互相批评与往来攻讦,诸如李初梨与郭沫若、蒋光慈的争论,蒋光慈与茅盾、华汉等人的分歧。从这种角度视之，这一时期，尤其是 1928 年底之前，"左翼美学的发端"实际指涉"革命文学的论争"。这是此时左翼美学最为突出的样态，讨论和争鸣、批判和攻讦，而不是成熟、定于一尊的思想表达。后者是美学主张的文艺作品承载形式，虽然这一时期左翼作品的数量并不多，但它具有开创性、先锋性的鲜明特色。虽然具有诸多不足，尤其是表现技巧不够高明、人物形象不丰满，但文艺作品以美学实践的鲜活方式，既宣传了左翼美学的主张，又反过来检验和修正左翼美学的若干偏激观点，以接受检验、对接社会反响的方式丰富、推动左翼美学的发展。

从资源取向来看，外域资源是左翼美学援用最多的思想文化资源，这种态势与 20 世纪前 30 年中国对世界文化广泛吸收的整体状况相匹配。在左翼美学发端这个特殊的时间节点上，外域资源引用与转换的具体情况又有其独特个性。就整体格局而言，左翼美学与其他阵营的论争与辩驳，所掘取和依赖的资源存在巨大差异，左翼所汲取的外域资源主要来自日本、俄苏，这种理论发生过程可称之为现代中国美学的"日本经验""俄苏经验"，而自由主义、纯艺术论者等其他阵营主要从欧美艺术界、思想知识界引入话语资源，大致对应现代中国美学的"欧美经验"。援用不同的外域资源基于选择主体的立场差异和需求区别，势必对论证前提、推导逻辑和所得结论产生巨大影响，这与双方的争议和攻击大有关系。就资源使用而言，左翼美学与对峙阵营都更为重视俄苏资源，俄苏资源愈发为双方理论言说和观点辩论所无法绕开：一方面，左翼美学阵营的外域资源汲取，从日本进步美学不断转向俄苏马克思主义美学，从阐释性、修正性的汲取变为经典性、正统性的吸收，虽然这种过程在此阶段未能完结，但瞿秋白、鲁迅等做了不少工作；另一方面，左翼阵营所依赖的主体资源依然是欧美自由主义的抽象人性论，但了解甚至是吸收俄苏资源亦成为他们主动或被迫的选择，与左翼美学不同，后者只是选取俄苏资源中"文化主义""艺术至上论"和"修正主义"的艺术主张和美学观点。"以俄为主"的外域资源汲取态势既呼应了时代大趋势，又生动展现了左翼美学发轫期的具体特征。

第二，"中国左翼文化界总同盟"各团体成立与左翼美学的发展，对应时间为 1930 年初至 1931 年底。这一时期的重要事件主要包括"左联"成立，"中国左翼文化界总同盟"成立，对民族主义文艺的批判，三次文艺大众化座谈会等。

1930 年 3 月，中国左翼作家联盟（简称"左联"）在上海"中华艺术大学"正式宣布成立,共有会员 50 多人,推选鲁迅、钱杏邨、夏衍三人为主席团成员,决定鲁迅、夏衍、冯乃超、钱杏邨、田汉、郑伯奇、洪灵菲七人为执行委员,周全平、蒋光慈为候补执行委员,通过了左联纲领和行动方案,成立了"马克思主义文艺理论研究会""国际文化研究会""文艺大众化研究会"等分支机构,宣布创办机关刊物《世界文化》杂志。在成立大会上,鲁迅发表题为《对于左翼作家联盟的意见》的著名演说,提出文艺应该与实际社会斗争相结合,"革命当然有破坏,然而更需要建设","战线应当扩大"等主张。同月,文艺大众化第一、二次座谈会召开,蒋光慈长篇小说《咆哮了的土地》开始连载,标志着蒋光慈革命小说走向成熟,这是左翼美学创作实践的重要成果。1930 年 8 月,左联执委通过《无产阶级文学运动新的情势及我们的决议》,虽然错误估计了当时中国的革命形势,但较为正确地认识了中国无产阶级文艺运动的发展趋势,对于推动左翼文艺运动的纵深发展具有重要指导作用。

1931 年 2 月,柔石、胡也频、殷夫、冯铿、李伟森五位革命作家(史称"左联五烈士")被国民党淞沪警备司令部残酷杀害。1931 年 4 月,鲁迅发表《黑暗中国的文艺界的现状》,揭露国民党对左翼文艺创作、出版的控制与污蔑,指出"来抵制左翼文艺的,只有诬蔑,压迫,囚禁和杀戮;来和左翼作家对立的,也只有流氓,侦探,走狗,刽子手了"。1931 年 6 月,瞿秋白开始领导"左联"。1931 年 8、9月,瞿秋白、茅盾等批判"民族主义文艺"主张及其实践运动,批评王平陵、朱应鹏、范争波、黄震遐等以所谓的"民族主义"为核心观念而攻击无产阶级文艺运动,揭露"民族主义文艺"的"为王前驱"和虚假性。1931 年 11 月,左联执委通过重要决议《中国无产阶级革命文学的新任务》,提出加强理论斗争、狠抓创作、推动大众化、实现文学的新任务。1931 年冬,左翼文坛第三次就文艺大众化问题展开大规模的专门讨论。

从以上对左翼美学第二个阶段所做的粗略回顾来看,进一步发展是其主要特征,并且发展的重点是实际工作组织的发动。一方面,这一时期左翼美学的主要成绩在于组织机构建设及其活动开展,核心工作是如何开展左翼美学实践,而重中之重是推进文艺大众化运动。不同于第一个时期流行与其他阵营的论争,即便此时曾批判"民族主义文艺",但学理介入的深度和广度远不及前一个阶段,当时成立左翼美学机构、明确人员分工、创办刊物、发表宣言、狠抓创作等组织行为如火如荼,左翼界非常看重声势巨大的发动工作,"论争"让位于"组织"。另一方面,与左翼做法对应,且不同于第一个阶段以理论为主,国民党政府此时采用武力或行政干预方式,屠杀"左联五烈士",发动"民族主义文艺"运动,缩减文艺作品出版,执行最严厉的书报检查制度,剥夺言论自由。严酷"打压"取代了第一阶段的"论争","探讨"让位于"控制"。双方都很重视组织发动工作,左翼致力于发动革命群众、团结统一战线队伍,士气高涨地推进文艺大众化运动,"化大众"和"大众化"并举,凸显包括左翼美学在内的进步文化战线所蕴涵的实际力量和积极因素。国民党政府以"全民抗战"的"民族主义"意识为幌子,对左翼施行高压、控制和打击的做法。二者组织行为直接对立,其实质焦点是争夺文化领导权。事实上,这是左翼十年最为核心的思想文化命题,理论争鸣、文化论战、宣传发动、氛围营造、激烈冲突、血腥镇压,形式多样,涉及广泛。

第三,与"自由人""第三种人"的文艺论争与左翼美学的高潮,对应时间为1931年末至1933年底。这一时期的重要事件主要包括对"自由人"胡秋原、"第三种人"苏汶的批判,瞿秋白与茅盾"大众文艺"论争,继续批判"民族主义文学",《子夜》出版,对《论语》杂志的批判等。

1931年12月,《文化评论》创刊号发表胡秋原《阿狗文艺论》,自称"自由人",认为"文学与艺术,至死也是自由的,民主的",批评左翼文艺运动;鲁迅作答沙汀、艾芜,谈作家世界观和创作的关系,总结八条创作经验。1932年1月,《北斗》第2卷第1期出版,讨论"文艺创作不振之原因及其出路";《文艺新闻》刊文批判胡秋原,与"自由人"论战。1932年4月前,瞿秋白编写《现实——马克思主义文艺论文集》,从俄文转译多篇马克思、恩格斯经典文学论文。1932年4月,苏联解散"拉普",指出其宗派主义、关门主义错误,强调唯物辩证法的创作方法已不适应新形势,成立全苏作家联盟;瞿秋白发表《普罗大众文艺的现实问题》,强调"要在思想上武装群众,意识上无产阶级化"。1932年5月,施蛰存主编的《现代》月刊创刊;瞿秋白发表《"自由人"的文化运动》,批判胡秋原"艺术至上"主义的思想。1932年6月,左联机关刊物《文学月报》创刊,瞿秋白发表《大众文艺问题》,强调大众文艺要新旧形式并用,提高艺术水平;茅盾写成著名短篇小说《林家铺子》。

1932年7月,苏汶发表《关于"文新"与胡秋原的文艺辩论》,自称"第三种人",强调"勿侵略文艺",文艺不能堕落为"政治的留声机",声援胡秋原;茅盾发表《问题中的大众文艺》,强调文艺大众化"技术是主","文字本身是末";《北斗》

第 2 卷第 3、4 期发表大量文章讨论文艺大众化问题；左翼电影刊物《电影艺术》创刊，推动左翼电影运动发展。1932 年 9 月，林语堂创办《论语》半月刊；苏联举行高尔基创作 40 周年庆祝活动，中国左翼文坛发表大量文章介绍高尔基及其文艺创作；苏汶发表《"第三种人"的出路》和《论文学上的干涉主义》，讨论文艺和政治的关系，批判左翼文艺运动。1932 年 10 月，瞿秋白发表《文艺的自由和文学家的不自由》，周扬发表《到底是谁不要真理，不要文艺？》，依据列宁反映论、文学党性原则，批判胡秋原、苏汶的文艺观；瞿秋白发表《再论大众文艺答止敬》，与茅盾商榷；《文学月报》发表评论，批判"民族主义文学家"黄震遐创作的小说《大上海的毁灭》。1932 年 10 月底至 11 月初，苏联提出社会主义现实主义创作方法，批判"拉普"唯物辩证法的创作方法。1932 年 11 月，鲁迅发表《论"第三种人"》，批判"第三种人"，阐述统一战线思想；茅盾写成著名短篇小说《春蚕》，解剖中国社会；张闻天发表《文艺战线上的"关门主义"》，批评"左的"关门主义，主张不排斥"自由人"和"第三种人"，应该给他们以"自由"，从而实现"广泛的革命统一战线"①；国民党公布《宣传品审查标准》。

1933 年 1 月，冯雪峰发表《关于"第三种文学"的理论与倾向》，承认左翼内部存在"指友为敌"和"宗派性"的错误，强调"不把苏汶先生等认为是我们的敌人，而是看作应当与之同盟战斗的自己的帮手，我们应当建立起友人的关系来"，认为"第三种文学""多少有些革命的意义的，多少能够反映现在社会的真实的现实的文学。他们不需要和普罗革命文学对立起来，而应当和普罗革命文学联合起来的"②；苏汶发表《一九三二年的文艺论辩之清算》，强调通过这次论争，获得三大收获，并认为己方取得论辩胜利；茅盾长篇小说《子夜》出版，标志着左翼文艺走向成熟，瞿秋白高度评价，称 1933 年是《子夜》年，鲁迅称它是普罗文学的重要收获。1933 年 2 月，鲁迅发表《为了忘却的纪念》；萧伯纳抵达上海，瞿秋白、鲁迅编《萧伯纳在上海》；日本无产阶级革命文学作家小林多喜二被杀害，"左联"发表《小林同志事件抗议书》。1933 年 3 月，苏汶编著的《文艺自由论辩集》出版；"电影小组"成立，确立中国共产党对电影运动的领导，1933 年被电影史家誉为"中国电影年"，大批左翼影片公开发行。1933 年 4 月，瞿秋白编

① 歌特：《文艺战线上的"关门主义"》，《斗争》1932 年第 11 期。
② 丹仁：《关于"第三种文学"的倾向与理论》，《现代》1933 年第 1 期。

《鲁迅杂感选集》,并作长序,高度评价鲁迅。1933 年夏,神州国光社出版译文集《列宁与艺术》,比较全面地汇集列宁论文艺的言论。1933 年 7 月,《文学》杂志创刊,郑振铎、傅东华担任主编,发表叶圣陶《多收了三五斗》、艾芜《咆哮的许家屯》;鲁迅发表《又论"第三种人"》,反驳戴望舒的观点,认为中、法文坛不同,"第三种人"不同于纪德,左翼理论家"必须更加继续这内战,而将营垒分清,拔去了从背后射来的毒箭"。① 1933 年 8 月,鲁迅写《"论语"一年》《小品文的危机》和《帮闲法发隐》,批评"论语派"周作人、林语堂的"幽默闲适"美学。1933 年 9 月,臧克家写成长诗《罪恶的黑手》,歌颂工人阶级;上海戏剧协社举行《怒吼吧,中国!》公演,影响巨大。1933 年 10 月 30 日,国民党政府颁布查禁普罗文艺的密令。

用左翼美学的高峰来概括这一阶段的主要特征,不仅强调左翼美学界与"自由人""第三种人"论争所取得的理论成就和巨大影响,而且这种高峰性广泛反映在文艺创作成绩及经验总结,文艺大众化讨论深度,论争态度和格局,本土文艺偶像打造,中外文艺交流强化,对马克思、恩格斯、列宁文艺美学思想的直接借鉴等诸多方面。

这一时期左翼文艺创作成绩突出,小说、电影、戏剧、绘画、诗歌这五个领域都有精品力作问世,社会影响很大,不仅各门类艺术均有巨大进步,还涌现出茅盾、臧克家等一批杰出左翼文艺家,而且创作经验的讨论在当时也很流行。正是因为惧怕这种巨大成绩,国民党进一步加强了对左翼文艺的控制,查禁文艺刊物,关停社会科学书店,销毁相关出版物,手段较以往更严酷。文艺大众化讨论在这一时期变得更有深度、更加集中,并进入焦点环节,围绕技术与理念、形象与语言、实际运动的展开等众多重要话题,进行过多次深刻、辩证地讨论。

现代中国左翼美学在论争中开展自身理论建构,这种特征最明显地反映在本阶段。这一时期的论争主要是左翼与"自由人"及"第三种人"的讨论,还包括与戴望舒、周作人、林语堂等人的论争,各方论争的话题比较丰富,参与人员较多,产生了大量的观点。从论争的整体基调和宏观氛围来看,既有针锋相对的争论、直接严厉的批评,也有进入对方言说逻辑、汲取正确成分的换位思考,平

---

① 李洪华:《从同路人到"第三种人":论 1930 年代左翼文化对现代派群体的影响》,《南昌大学学报》(人文社会科学版)2009 年第 3 期。

等讨论、以理服人、理解商量的方式很明显，这种论争格局前所未有。这是左翼美学巨大的发展进步，理论自信和学术分析非常有助于左翼美学的学理建构。左翼美学的发展一直离不开外域资源的引入和助推，在此方面这一时期达到了新的高度。一方面，俄苏美学作为左翼美学的主要外域资源，其引入的经典性、集中性更进一步。在瞿秋白等人的努力下，马克思、恩格斯论文艺的经典著述经俄文转译在国内产生巨大影响，列宁文艺思想被快速引入而广泛应用于左翼文坛，这是新情况。另一方面，在中外左翼文艺交流更加畅达的前提下，国外左翼或进步文化偶像直接来华、与国内左翼成员交流更加密切，高尔基、萧伯纳、小林多喜二、罗素等文艺名人与国内联系广泛。与此同时，左翼文坛也开始塑造自己的文化偶像，在"中国高尔基"的美誉下，鲁迅成为国内文坛的偶像，其创作成绩、精神风格被前所未有地高度评价。此外，苏联文艺政策对国内文坛的影响速度加快，苏联批判和解散"拉普"、成立苏联作家协会、推崇高尔基，国内左翼文化界号召不能排斥"自由人"和"第三种人"、高度评价鲁迅、强调建构文艺统一战线，二者之间有着较为明显的关联。

第四，与"京派""海派"的论争与左翼美学的转型，对应时间为 1933 年底至 1935 年末。这一时期的重要事件主要包括电影"软""硬"性质之争，鲁迅对"京派""海派"的批判，沈从文对左翼、海派的批评，进步文化界对"新生活运动"的声讨等。

1933 年至 1935 年，中国电影界发生电影"软""硬"性质的激烈论争。刘呐鸥、穆时英、黄嘉谟等批评左翼电影"内容偏重主义""多半带有点小儿病"[1]，反对把电影"利用为宣传的工具"，指责左翼电影"硬要在银幕上闹意识，使软片充满着干燥而生硬的说教的使命"[2]，左翼电影界批判刘呐鸥等人的"软性电影论""纯艺术论""纯粹电影题材论""美的照观态度论"和"冰淇淋论"。1933 年 11 月，周扬发表《关于"社会主义的现实主义与革命的浪漫主义"》，介绍社会主义现实主义创作方法。1933 年 10 月至 1934 年 4 月，"京海论争"发生。1933 年 10 月，沈从文发表《文学者的态度》，认为"现在玩票白相的文学家，实占作家中的最多数"。1933 年 12 月，苏汶发表《文人在上海》，认为"海派"一词是对上海

---

[1] 刘呐鸥：《中国电影描写的深度问题》，《现代电影》1933 年第 3 期。

[2] 黄嘉谟：《硬性电影和软性电影》，《现代电影》1933 年第 6 期。

文人的恶意称呼。1934 年 1 月,沈从文发表《论"海派"》一文,用"投机取巧""见风转舵""冒充风雅""哄骗读者""思想浅薄可笑""邀功倖利""传述撮取不实不信的消息"等词汇,严厉批评部分海派作家利用文学沽名钓誉、投机取巧的行径;鲁迅就资产阶级文人内部的京派、海派之争发表意见,强调,"'京派'是官的帮闲,'海派'则是商的帮忙"。韩侍桁、曹聚仁、徐懋庸、荆有麟等纷纷加入此次论争。在这场论争中,沈从文等批评左翼作家"记着'时代',忘了'艺术'",指责左翼文学"'艺术'或'技巧'都在被嘲笑中地位缩成一个零"①,大多数左翼文艺家则批评京派文化人"不关心现实社会","不关心国家民族的前途命运","只专注于象牙塔中的艺术"。经过这场论争,加上出版空间的缩小,左翼作家一改"直白显露"的惯常创作方式,注重写作深度、运用曲笔、强调"含蓄化的幽默",崇尚修辞美学、重视文学技巧,大幅提升了左翼文艺作品的质量,左翼文艺在与京派的论争中获得转型、发展的新契机。

　　1934 年 2 月,蒋介石发表题为"新生活运动要义"演讲,再次掀起"尊孔读经"复古逆流,对进步文化界进行声讨;国民党查禁上海出版的大量文艺和社会科学书籍、刊物。1934 年 4 月,林语堂创《人间世》月刊,宣扬"闲适""幽默"。1934 年 6 月,大众语讨论(文言、白话之争)在上海广泛开展;鲁迅发表《拿来主义》。1934 年 7 月,《文学》一周年纪念特辑《我与生活》出版,内收茅盾、巴金、沈从文、艾芜等 59 位文艺家谈文学创作的文章。1934 年 9 月,《文学新地》创刊,刊登译文《马克思论文学》,详细介绍马克思、恩格斯的文艺观和评论。1934 年 10 月,京派著名刊物《水星》月刊创刊;周扬发表《"国防文学"》,介绍苏联的国防文学理论及其创作。1935 年 3 月,叶紫《丰收集》出版,鲁迅作序。1935 年 6 月,沈从文《边城》出版。1935 年 8 月,中共中央发表《八一宣言》,号召建立抗日民族统一战线。1935 年秋,《中国新文学大系》开始分册出版。1935 年 11 月,肖三在莫斯科根据王明、康生指令,写信给"左联",要求解散该组织。1935 年 12 月,周立波阐述中国倡导国防文学与苏联的不同;萧红长篇小说《生死场》发表;巴金主编"文学丛刊"开始出版,体裁丰富,入选作家众多。

　　从以上梳理不难发现,这一阶段左翼美学的转型主要体现在艺术性大幅

---

① 沈从文:《短篇小说》,《沈从文全集》第 12 卷,北岳文艺出版社 2002 年版,第 58 页。

提升、从新文学整体地位高度总结创作经验、趋向于消解左翼美学等多个方面。"京海"之争是这一时期发生的重大文化事件。京派作家与左翼美学阵营没有交集，一部分海派作家创作了左翼文艺作品，但就整体而言，海派文艺风格不同于左翼。而京派与海派的论争之所以牵涉左翼，除了海派与左翼的若干交叉外，更重要的是，京派批评左翼美学与时代关联过于紧密。但在"京海"之争当中，左翼美学在创作上大有收获，不仅学习了海派的先锋性技巧，而且部分吸收了"京派"美学的艺术格局和人生情怀。虽然它们的传播范围和受众大为不同，但在锻造艺术技巧上，左翼却受益很多，其含蓄表达的"曲笔修辞"既有效应对国民党的文化钳制政策，又大幅提升了创作水准，作用独特而巨大。

左翼美学发展的二、三阶段也常总结创作经验，但就研究高度和集中程度而言，远不及本阶段。这时的经验总结在格局上大幅提高，不再局限于从左翼经验内部来梳理创作成绩，而是从新文学整体地位的高度，去考虑左翼文艺的历史功绩问题。"中国新文学大系"工程不仅服务于提振抗战所需的民族自信，而且从新文艺发展史的高度，思考文脉存亡问题。与这种高度相匹配，这一时期有了 59 位著名文艺家一起谈创作经验的集子出版，这种格局为以往所没有，虽然是集体成果且水平参差不齐，但研究的聚焦性和深度还是可圈可点的。转型的第三个表现是左翼美学逐渐走向消解。在建构民族统一战线成为中国共产党战略主张的大前提下，解散左联及整个左翼文艺界，不仅是共产国际的远东指示，亦是全民族抗日大背景下的必然要求。周扬"国防文学"口号的提出反映了这种趋势，不管是左翼、右翼，还是其他哪一翼，都应该聚拢在全民族抗日大旗下，左翼将以消解自我的方式完成自己的使命。在这一时期电影界热闹的讨论中，电影艺术必须服务抗日救亡宣传的总体要求，也是基于同样的道理。

第五，"两个口号"之争与左翼美学的衰歇，对应时间为 1936 年初至 1937 年中。这一时期的重要事件主要包括"左联"解散，"国防文学"与"民族革命战争的大众文学"的"两个口号"之争，周扬与胡风"典型问题"之争，中国文艺家协会成立等。

1936 年春，"左联""剧联"相继解散。1936 年 2 月，周立波发表《"国防文学"与民族性》和《非常时期的文学研究纲领》，徐行发表《评国防文学》，围绕国防文学的存在意义、发展方向进行辩论。1936 年 3 月，《生活知识》推出"国防文学特辑"，作"国防文艺"与"汉奸文艺"的划分。1936 年 4 月，周扬发表《典型与个性》，就典型问题与胡风辩论；《生活知识》出"国防音乐特辑"；《文学青年》发表拥护国防文学的多篇文章；上海剧作者协会召开"国防戏剧"《赛金花》讨论会。1936 年 5 月，茅盾发表《需要一个中心点》，讨论"国防文学"的题材关键；徐行发表《我们现在需要什么文学》，批评"国防文学"理论家。1936 年 6 月，周扬发表《关于国防文学》，阐述"国防文学"主张；中国文艺家协会在上海成立；《光明》半月刊创刊，发表"国防文学"作品，刊载徐懋庸、周扬的"国防文学"论文，批判胡风"民族革命战争的大众文学"口号；《中国文艺工作者宣言》发表，强调"我们愿意和站在同一战线的一切争取民族自由的斗士热烈的握手"；《夜莺》推出"民族革命战争的大众文学特辑"，刊登鲁迅、欧阳山、聂绀弩、吴奚如等人的文章；高尔基逝世，中国文艺界开展广泛的悼念活动；周扬发表《现阶段的文学》，强调国防文学的创作实绩和意义。

1936 年 7 月，鲁迅发表《论现在我们的文学运动》，认为"民族革命战争的大众文学"与"国防文学"是包含关系；郭沫若、徐懋庸、张天翼发表论文，参加"两个口号"的讨论。1936 年 8 月，《文学界》出"国防文学"特辑；鲁迅发表长文《答徐懋庸并关于抗日统一战线问题》，强调"民族革命战争的大众文学"口号的正确性和深刻性，并就对抗日统一战线的态度、对文艺家协会的看法、文坛"交友"与"树敌"的关系等发表自己的看法。1936 年 9 月，老舍长篇小说《骆驼祥子》开始在《宇宙风》连载；《新认识》发表《文艺界的统一战线问题》，总结"两个口号"论争的价值。1936 年 10 月，《文艺界同人为团结御侮与言论自由宣言》发表，强调围绕抗日救国，各文艺流派可以自由发展；两个口号论争资料《现阶段的文学论战》与《国防文学论战》出版；鲁迅逝世，国内举行大型纪念活动。1936 年 12 月，《光明》发表周立波、杨骚、张庚、吕骥的文章，总结、肯定当年的小说、诗歌、戏剧、音乐创作。1936 年，埃德加·斯诺《活的中国——现代中国短篇小说选》在伦敦出版。1937 年 7 月，卢沟桥事变爆发，抗战文艺取代国防文艺与民族革命战争的大众文艺，左翼美学逐步衰歇。

以上简单回顾了左翼美学尾声时期的基本情况，在此作一个简要评析。这一时期的核心特征是左翼美学的衰退与停歇，左联的解散自然是它的标志性事件，但这一事件又与左翼美学上一阶段的转型紧密关联，或者说，上一个时期已为这种解散做了足够多的理论和现实铺垫。正是基于此，此时左联的解散似乎是水到渠成，没有引发太多震动，没有掀起文坛非议。这种巨变引起的震动与思考被转移到了"国防文学"与"民族革命战争的大众文学"的"两个口号"之争。这种争论发生在左翼文艺界内部，讨论围绕"阶级正义"或"民族正义"的优先性而展开，涉及周扬、鲁迅、冯雪峰、徐懋庸等人。周扬基于"泛民族统一战线"，首倡"国防文学"口号。鲁迅、胡风、茅盾坚持抗战革命者的阶级斗争立场，强调"民族革命战争的大众文学"口号的深度和内涵。作为周扬与鲁迅主张的调解者，冯雪峰有意强调两个口号的趋同和互补。作为鲁迅喜欢的"左联"年轻党团书记，徐懋庸语气偏重的提醒劝告，被误解为打击异己的小团体主义、关门主义。各方争论激烈，相互指责，言辞间充斥浓烈的火药味，但在理论追问和求得共识上具有重要收获，"这是左翼的阶级价值观与民族价值观的第一次冲突也是第一次整合"，"民族价值观最终实现了与左翼阶级价值观的融合，也使得左翼革命文学单一的阶级价值发生了结构性嬗变，成为阶级—民族的双核结构"①。这种结果和格局既回应了左联等左翼文艺团体解散的必要性和合理性，又赋予全民族抗战时代新文艺发展的空间与价值，为左翼美学的消歇尤其是新的转换创造了可能。中国文艺家协会、中华全国文艺界抗敌协会等抗日文艺团体的成立，便是这种延续和转型的明显标志。

周扬与胡风的"典型问题"之争是这一时期与美学走向关系较大的另一个问题。胡风强调从具体个体中抽取普遍性，再诉诸综合和归纳以获取典型。周扬主张通过深度开掘"个人的特殊性"，以接近典型。在塑造文艺典型的创作过程中，胡风更加关注文学世界内部的事件发生，更加强调文学创作与事件的内在关联性。塑造典型是现实主义文学创作的重要技法，典型问题是 20 世纪中国文学理论的重要母题。周扬和胡风此时的论争拉开了文学典型问题的讨论序幕，其后有大批文艺家、美学家和理论家参与讨论，亦为毛泽东《在延安文艺座谈会上的讲话》等文艺政策文本所重点关注，影响巨大而深远。

---

① 方维保：《左翼民族价值观与阶级价值观的整合——1936 年春夏之交的"国防文学"论争》，《文史哲》2015 年第 3 期。

第二节 群体导向的政治美学

左翼美学反对个体主义,坚持群体导向,不仅重视审美效应的生成,更强调社会价值的实现,其美学主张和创作实践背后蕴涵的是文化领导权思想及其现实指涉,并直接体现在左翼美学的身份建构和主体意识上。

一、 社会学对美学的挤压

一方面,在美学理念上,左翼美学坚持集体主义,由五四式的"个体"意识转向"群体"本位,社会价值疏淡审美价值,"社会化"倾向加重,其文学史意义大于美学意义。

左翼美学强调,"文学是社会改造运动的一种工具,是挑发社会改造运动的,是引导社会改造运动的,是站在社会改造的火线上的"[①],文学作为上层建筑形式之一,必须与社会发展阶段相适应,"必须从事近代资产阶级社会全部的合理的批判,把握着唯物的辩证法的方法,明白历史的必然的进展"[②],社会现实对文艺审美具有决定作用。革命文学是反个人主义的群众文艺形式,以满足被压迫群众的需求作为创作的出发点,反抗各种旧恶势力,"一个作家一定脱离不了社会的关系,在这一种社会的关系之中,他一定有他的经济的,阶级的,政治的地位——在无形之中,他受这一种地位的关系之支配,而养成了一种阶级的心理。也许作家完全觉悟不到这一层,也许他自以为超乎一切,不受什么物质利益的束缚,但是在社会的关系上,他有意识地或无意识地,总是某一个社会团体的代表"[③],左翼美学坚持集体主义本位,强调社会阶级或团体意识对文艺创作的重要影响;强调社会科学方法不仅是政治研究、社会分析、经济探讨的必要方法,而且"它对于艺术家,特别是对于文学家,也还是一种必要的方法"[④],"思想

---

① 丁丁:《文艺与社会改造》,《泰东月刊》第1卷第4期,1927年12月1日。
② 成仿吾:《从文学革命到革命文学》,《创造月刊》第1卷第9期,1928年2月1日。
③ 蒋光慈:《关于革命文学》,《太阳月刊》二月号,1928年2月1日。
④ 钱杏邨:《中国新兴文学中的几个具体的问题》,《拓荒者》创刊号,1930年1月10日。

是生活的指路碑。文艺家哟，请彻底翻读一两本社会科学的书籍罢"①，重视社会科学方法及其思维模式对文艺创作的影响与作用。

另一方面，在创作实践上，以左翼小说为典型，左翼美学的叙事模式历经"漂泊"模式、"革命加恋爱"模式到社会剖析模式的嬗变。左翼文学以茅盾长篇小说《子夜》为美学模板，视社会剖析方法为重要的美学追求和创作准则。

首先，在创作动力上，视社会科学理论为创作基点和建构范式，注重社会学与美学的结合和统一。茅盾在回忆《子夜》创作过程时就指出，"看了当时一些中国社会性质的论文，把我观察得的材料和他们的理论一对照，更增加了我写小说的兴趣"②，社会分析方法和视角在文学创作中的重要性可见一斑。其次，在创作来源上，强调社会经验及对其进行社会科学研究，注重纵横开掘题材、塑造典型人物，坚持真实性和倾向性的统一。茅盾强调，作家必须横向了解社会生活的各个环节，纵向把握社会发展的总体方向，选择最典型、最深刻的事物和现象作为小说题材，"一个做小说的人不但须有广博的生活经验，亦必须有一个训练过的头脑能够分析那复杂的社会现实；尤其是我们这转变中的社会，非得认真研究过社会科学的人每每不能把它分析得正确"③。1932 年 9 月，苏汶在《现代》杂志发表小说《人与女人》，讲述一个在工厂做工的哥哥被捕后，其妻和妹都相继沦为娼妓的故事。上述左翼作家和批评界纷纷对其指责说，难道这是参加革命的必然结果吗？小说产生了坏的社会影响，尤其不利于发动革命、服务抗战，但苏汶坚持说，题材确有其事，他写的是"真实"。左翼美学界反对这种观点和创作实践，其"真实性"和"倾向性"相统一的文艺理念和美学主张显而易见。再次，在创作观念上，重视社会科学的指导作用，注重发挥文艺的意识形态功能。钱杏邨认为，"在文艺书籍受了非常的打击之后，社会科学书籍的要求在青年读者方面差不多普遍起来，因此，在这一年，我们有了不少的社会科学书籍的产生。社会科学书籍的发行，直接的间接的对于普罗作家给予了不少的在意识形态方面的影响，这将使此后的中国普罗文艺更加坚强起来"④，可见新社会

① 麦克昂：《英雄树》，《创造月刊》第 1 卷第 8 期，1928 年 1 月 1 日。
② 茅盾：《〈子夜〉是怎样写成的》，孙中田、查国华编《茅盾研究资料》上册，知识产权出版社 2010 年版，第 327 页。
③ 茅盾：《〈子夜〉是怎样写成的》，孙中田、查国华编《茅盾研究资料》上册，知识产权出版社 2010 年版，第 480 页。
④ 刚果伦：《一九二九年中国文坛的回顾》，《现代小说》第 3 卷第 3 期，1929 年 12 月 15 日。

科学运动对文艺审美的直接影响,文艺的意识形态属性明显加强。

此外,左翼美学的审美特征及其具体呈现的情节、结构,直接呼应其大多数创作者的社会科学家气质,郭沫若、朱镜我、李初梨、彭康等文艺家更是撰写了大量社会科学论著。

新社会科学运动是 1927 年大革命失败后在国内兴起的一场以探求、译介、研究西方哲学社会科学理论,尤其是马克思主义理论为中心的文化运动。它持续到 20 世纪 30 年代中期,因中日民族矛盾紧张使思想界关注焦点转移而逐渐衰竭。它是"五四"后又一场有巨大影响的文化运动,形成 20 世纪上半叶中国哲学社会科学发展的黄金时期。新社会科学运动快速推动了马克思主义理论在中国的传播与应用,直接、全面、深刻地影响了中国现代左翼美学的生成,也带来或强化了泛政治化、相对轻视审美性和艺术性、推崇二元对立思维等不足。同时,在资源援用和理论建构过程中,文人知识分子意愿与政党政治需要并存,选择性接受、变异性阐发时有发生。加上 20 世纪 30 年代初,中国马克思主义文艺理论既相对成熟又迥异于政策化文论的独特属性,导致学术话语、文艺话语、政治话语的多维交织和内在扭结,极具现代性张力。在左翼文化运动中,文艺家与社会科学家密切联系开展工作,"社联"与"左联"巧妙配合,"文委的这些成员,绝大部分是社会科学工作者,因而在文委内部讨论社会科学问题,自然多一些"①。左翼文艺家兼具的社会科学家身份对其美学表达具有重要影响,加剧了社会学对美学的挤压,使左翼美学"群体美学""政治美学"的特征更加明显。

二、 文化领导权与文艺大众化美学

在左翼文化场域中,政治革命实践与革命文艺的艺术探索均离不开文艺大众化,文艺大众化美学品格确保了它的成功、力量和价值。在左翼文艺运动中,创办通俗刊物,创作民歌民谣,将名著改编为通俗小说,建立工人夜校,在工厂组织读报组,办墙报,开展工农通讯员运动,组织工农剧社,成为最普通,也最重

---

① 吴黎平:《长念文苑战旗红:我对左翼文化运动的点滴回忆》,中国社会科学院文学研究所编《左联回忆录》,知识产权出版社 2010 年版,第 59 页。

要的文艺形式,受到普遍重视。在"大众化"和"化大众"的二元张力结构中,"所谓艺术运动应与政治运动合流者,这不外乎是以艺术底力量来启示读者大众,使一般意识退后及低下底大众,向着革命底途径前行。但是这种底艺术,并不是千篇一律底政治论文,亦不是解释社会主义底说教文章,它必须要使大众理解;使大众爱护;能结合大众底感情与思想及意志而加以抬高。简言之,这里底作品,必须具有真正底艺术性,这里底作家,必须有优秀底素养及努力。真正能够鼓动及宣传大众底艺术,就是达到确立普罗列塔利亚艺术底途径"①,产生了巨大的社会影响,文艺的意识形态领导和组织功能得以凸显。对其大众作品的美学风格,左翼文艺界曾经这样界定:"新写实派的作品,应该是富于情热的,引得起大众的美感的","这里所谓美,是指那些能够引起现今社会上一般大众的热情的美","这样的完全作品,一定是能够教训大众的观点,暗示大众的出路,鼓舞大众的勇气,安慰大众的痛苦,满足大众的需要"。② 在文艺大众化原则背后,左翼美学蕴涵着一种流血的冲动与新伦理道德建构的理想。文艺被视为社会改造的重要工具性力量而受到普遍重视,其焦点是对文化领导权的争夺,以普罗作家为主体的左翼知识界认为,只有无产阶级才能担负创造未来文化的历史责任,他们强调的文艺阶级论和革命道德观打破了许多传统的审美惯例与接受者的心理秩序。

　　一方面,要发挥无产阶级文艺的社会功用,文艺青年尤其应该坚守这一信条。忻启介呐喊,"我们认为有产阶级底艺术是欺瞒的,麻醉的。而无产阶级艺术,是宣传的,煽动的,革命的"③,他所理解的无产阶级文艺特性由此可见一斑。郭沫若疾呼,"当一个留声机器——这是文艺青年们的最好的信条","文艺青年们应该做一个留声机器——就是说,应该克服自己旧有的个人主义,而来参加集体的社会运动","阶级文艺是途中的文艺。她是一道桥——不必是多么华美的桥——架设到彼岸",④文艺的阶级宣传功能在此彰显。顾凤城强调:"一切个人主义,自然主义……,已是历史上的陈列品,我们所需要的,就是非个人主义的集体的以群众的意志为意志底模型的文学。……末了,我再引卢纳卡尔斯基

---

① 沈起予:《艺术运动底根本概念》,《创造月刊》第 2 卷第 3 期,1928 年 10 月 10 日。
② 勺水:《论新写实主义》,《乐群月刊》第 1 卷第 3 期,1929 年 3 月 1 日。
③ 忻启介:《无产阶级艺术论》,《流沙》半月刊第 4 期,1928 年 5 月 1 日。
④ 麦克昂:《英雄树》,《创造月刊》第 1 卷第 8 期,1928 年 1 月 1 日。

的话作结：'革命可以给艺术以灵魂，艺术可以给革命以口舌。'"①在这里，阶级文艺、留声机般的文艺宣传功能、集体意志成为左翼美学的重要概念，直接服务于无产阶级文化领导权的争夺。

另一方面，以"左联"为核心，中国共产党强化了对文艺工作的领导。尽管是党与非党作家联合组成的群众性团体，但"左联"实质上还是一个缺少掩护、"第二党式"的所谓赤色群众团体，"左联这一通过'左翼身份'以吸引文学爱好者甚至一般积极分子加入联盟以扩大中共政治组织的做法贯穿了左联的始终"②。左联的党团书记是其实际负责人，鲁迅虽然参与不少重要工作，但更多扮演的是旗手和精神领袖的象征性角色，他与左联内部一部分人的广泛联系和深入交流更多基于私人情感和文艺赏识，"左联组织的领导权自始至终掌握在中共的党团手里，鲁迅之与左联只不过一个相当于'顾问'的角色"③。茅盾曾经回忆说，"左联的工作应该是文学工作，但中国左联自始就有一个毛病，即把左联作为'政党'似的办，因此它不能成为广泛的反帝反封建的文学团体"④，这从一个侧面反映当时党对左翼文艺的思想领导、组织领导状况。对此，非左翼文艺阵营则有"一班先从事于政治运动的朋友们，在没有准确的认识文艺之前，就想把'文艺'整个推翻，将他们的政治理想代替了"⑤的批评。苏汶更是将自由人与左翼人士之间的论争解读为"作家之群"与政治家群体的矛盾，嘲笑左翼文艺界产生不了托尔斯泰和福楼拜。此话虽然不一定正确，但也见出当时文化领导权争夺的激烈程度和牵涉广度。当时革命文艺实践及其左翼美学的建构，不仅关系到文化精神和价值秩序的重建，更是涉及文化领导权的批判与争夺。

瞿秋白较早强调文艺的阶级属性、意识形态功能，推动文艺大众化进程，注重发挥文艺的政治宣传功能，推崇现实主义的创作原则和美学理念，实践"文艺社会学"式的文学批评，凸显对文艺工作的领导权意识，对左翼美学界影响巨大。在瞿秋白看来，文艺大众化是"普洛大众文艺的现实问题"，是革命文艺建

---

① 顾凤城：《文学与时代》，《泰东月刊》第 1 卷第 7 期，1928 年 3 月 1 日。
② 曹清华：《中国左翼文学史稿》，中国社会科学出版社 2008 年版，第 105 页。
③ 曹清华：《中国左翼文学史稿》，中国社会科学出版社 2008 年版，第 117—118 页。
④ 茅盾：《关于"左联"》，中国社会科学院文学研究所编《左联回忆录》，知识产权出版社 2010 年版，第 118 页。
⑤ 李作宾：《革命文学运动的观察》，《文学周刊》第 332 期，1928 年 9 月 2 日。

设的首要任务。他从"用什么话写""写什么东西""为着什么而写""怎么样去写""要干些什么"等五个方面，进行了分析。瞿秋白认为，在文艺形式上，大众文艺作品主要应该是鼓动作品、为着组织斗争而写的作品，为着理解人生而写的作品；在创作技法上，需要克服感情主义、个人主义、团圆主义、脸谱主义等各种"轻率态度"；在文艺组织上，大众文艺运动要做好俗话文学革命运动、街头文学运动、工农通讯运动、自我批评的运动等；在核心理念上，大众文艺要建立"新中国文"，表现群众的生活、理想、希望，要善于描写英雄、揭露敌人、反映反帝反封建的革命战争，革命作家必须深入群众、融入生活，进行观察体验。

三、 身份意识与主体建构

左翼文艺的创作主体和接受客体主要是"中小地主及商人""没落官绅""农民"，他们都处于中国社会的底层或中下层。左翼美学团体由两类人组成，"一是 1920、1930 年代曾受到晚清革命思想、马克思主义和日本左翼社会思潮极深影响的日本留学生，归国后他们与另一批由破败乡村走向城市的知识青年汇合，通过上海这个新文化中心把左翼激进思潮传播到中国的广大城乡"，"一是抗战时期的流亡学生和解放后培养的工农作者，他们人生的选择与中国革命的发展具有某种'同步性'，在他们身上，折射出左翼文学思潮的本土化倾向和文化心理特征"。这些缺乏真正"学院"和"书斋"体验的左翼文艺家，对上层社会生活抱持敌对态度，"当时代激流涌来时，它便容易作出告别都市走向乡村、告别个性而选择大众、告别幻想而投身革命的抉择"。①

左翼文艺人士的这种身份特点，植根于真实生活和社会环境，并深刻影响其文艺创作、社会实践、思想主张。基于时代氛围的影响、左翼文化的盛行，对左翼身份的坚持，对左翼文艺理想的追求，对左翼革命精神的捍卫，成为当时很多左翼文艺家的创作动力和前行勇气。身份意识与主体建构由此交相辉映，生命感受与革命理想得以内在结合。艾芜是这方面的典型。加入左翼大家庭之初，艾芜珍惜的更多是作家身份而非左翼属性，但朴素的阶级感情使他获得某种共鸣感，大家庭一员的温暖感又让他感佩于心，并以实实在在的文艺创作成

---

① 程光炜：《左翼文学思潮与现代性》，《海南师范学院学报》（人文社会科学版）2002 年第 5 期。

绩在上海文坛初露头角、产生影响。左翼作家身份使艾芜获得强烈的归属感，虽然加入"左联"后的艾芜更多地被安排参加各种飞行集会、开展文艺大众化活动、讨论政治形势而非文艺实践，没有太多时间和精力进行文艺创作，但"他并没有因此放弃左翼的立场，这主要还是因为他对左翼文学精神的认同。这种认同，是与他的底层生活经验相契合的，反过来又形成了支撑他继续写作的精神力量"①。而1933年入狱半年多的经历使艾芜重新思考文艺与革命的关系，他向时任左联党团书记的周扬表达了专门从事文艺创作、不参加"左联"社会活动的想法，引起胡风等左翼人士"从左面上来，却要从右面下去"的批评和误解。事实上，艾芜的这种行为是对左翼文艺理想的真正坚守，尤其是对文艺创作的美学品质和艺术水准的执着追求。对于此时的艾芜而言，"朝文学道路上走下去""勇敢地走自己应走的路"成为一种坚定而自觉的主体性选择。他在这一时期创作的《山峡中》《南国之夜》《南行记》《松岭上》《海岛上》等众多佳作不仅负荷着鲜明的左翼文艺理想，而且承载着深切的文艺感受、生活体验和革命情怀，其文艺作品的倾向性、思想性建立在强大的生命体验和真诚的情感观照基础之上，因而具有较高的艺术水平和美学价值。

左翼美学的这种身份意识和主体精神，充分体现在左翼文艺作品中的身体形象塑造上。在左翼文本中，塑造阳刚、健硕、伟岸的身体形象成为左翼作家建构"尚力"美学、生成力量感的重要叙事策略。阳翰笙《两个女性》中的云生，历经革命洗礼，由"文弱气"十足的书生，蜕变为体格健硕、臂弯强大、双眼炯炯的"粗暴青年"。蒋光慈《咆哮了的土地》中的张进德，身材魁梧、野性雄壮、性格刚毅、行事果断。《短裤党》中的李金贵、《最后的微笑》中的阿贵、《冲出云围的月亮》中的李尚志，都是如此。在审美讴歌的笔法中，革命观念和身体形式得以有机统一。左翼文本中的这种革命者形象，"通常往往以压抑或忍耐，甚至割裂正常的欲望和需求来换取信仰的纯净和理想的崇高"。蒋光慈《咆哮了的土地》中的李杰，丁玲《韦护》中的主人公韦护，便是如此，"尽管革命者因为成功克服世俗的欲望而最终抵达崇高，但个体形象在完成崇高化的过程中的痛苦、灵魂挣扎却是伴随始终的"②。这些牺牲精神突出、集体主

---

① 陈国恩、陈昶：《从"游民"到左翼作家：论艾芜20世纪30年代的创作》，《江汉论坛》2013年第4期。
② 姜辉：《"红色经典"的叙事模式与左翼文学经验：20世纪20—60年代革命叙事的互文性考察》，暨南大学2010年博士论文，第38—41页。

义观念明显、革命热情高涨的人物形象,展示了工农群众阶级意识觉醒及其巨大的反抗力量,成为左翼文艺作品形象塑造的着力之处,有效渲染了革命行动的神圣感、合理性,发挥了强大的社会舆论动员功能,以文艺的方式推动着革命形势的不断高涨。

左翼美学的上述身份意识和主体建构,往往建立在道德想象、情感皈依、语言指涉的基础之上。在创作实践中,尤其应该注意清除概念主义、抽象主义、表层主义的明显毒害和负面影响。在左翼美学体系中,道德想象使"无产阶级意识""无产阶级""劳苦大众"等核心概念承载社会变革理想、指涉公平正义、负荷人文关怀,成为彰显重要价值的核心载体。在左翼美学场域中,"无产阶级意识"表征理想而完美的社会道德境界,"无产阶级"的社会变革与进步图景意义明显,"文艺大众化"不是一般文艺实践活动的指涉性词汇,而具有指引知识分子文艺创作方向的规制意蕴。将"大众"缩小,约定为"劳苦大众",不仅关注社会现实和底层困境,"其重要意义还在于通过'被压迫''被压榨''劳苦'等词语塑造出一个弱势的社会群体,并以此反衬出现实社会的罪恶和不平。'劳苦大众'这一'弱者'的代称,成为左翼作家驱逐了'社会大众'所拥有的社会丰富性和复杂性的另一语言工具"①。左翼美学的上述道德想象与审美认同,对于争夺无产阶级文化领导权、发挥意识形态的统率功能具有重要意义,但其概念主义、脸谱主义、浅层主义等不足却应该警惕和予以清算,"不是仅仅在文学底赤裸裸的头上加上'革命'两个字就够了,或是仅仅在字面上多用些'炸弹手枪,干干干干'等花样就算是革命文学了","对于民众的深沉的苦痛,要透地去观察,对于社会的真实的要求,要加以充分的体验,有了澈底的了解,有了相当的涵养,自然就可以创作出最好的最伟大的文学","如果我们在创作之前,眼光只拘束于表面,头脑只羡慕时髦的名词,是把文学独立的,上进的,内在的精神通通都给埋煞了,这样,决不会写出好的作品来,不过只是些不真实的,浅薄的,不能感人的文字罢了"②。左翼美学的"浪漫主义的白日梦"和"济世救国的英雄情结"必须应对问题、面向实践,才能落地生根、获得发展。

---

① 曹清华:《中国左翼文学史稿》,中国社会科学出版社 2008 年版,第 149 页。
② 岂理:《论文学》,《沙萤》月刊创刊号,1930 年 3 月 1 日。

第三节　基于斗争的尚力美学

左翼美学延续近代中国美学的"尚力"传统,在美学主张、创作实践、实践策略等各个方面多有体现。这种基于斗争的尚力美学过于重视唤起左翼文艺界的集体战斗意识,急于实现审美的社会价值,明显削弱了审美性的追求,存在明显不足。

一、　近现代中国美学的力量崇拜

左翼阵营与论语派、新月派的论争与博弈,是"尚力"与"闲适"两种美学思潮的直接对话和争锋。与论语派、新月派倡导"闲适"美学相对应,尚力美学思潮"崇尚审美对人生和现实的提升、扩张与鼓动的力量","以运动、矛盾和力量为价值追求,所显示的中国美学的现代性特征"以文艺力量的张扬为中心,强调悲剧意识及其审美力量。在近现代中国美学史上,尚力美学的提倡者众多,且影响巨大。[①]

梁启超在《小说与群治之关系》一文中提出"熏、浸、刺、提"四神力说,强调以小说改良群治,培养新国民。王国维借用叔本华悲剧理论,评价《红楼梦》为"可谓悲剧中之悲剧""彻头彻尾之悲剧也"。蔡元培倡导"以美育代宗教",强调"美育是自由的,而宗教是强制的","美育是进步的,而宗教是保守的","美育是普及的,而宗教是有界的",美育意在"陶养吾人之感情,使有高尚纯洁之习惯"。鲁迅提出"摩罗诗力"说,强调"贵力而尚强,尊己而好战",呼唤"精神界之战士"以"立人",认为"悲剧将人生有价值的东西毁灭给人看"。郭沫若倡导"浪漫情力"精神,通向自我"解放"。徐朗西认为,"艺术却确是一种社会力,而对于社会之组织上,自有无限的影响"[②]。立足于"到处是榛棘,是悲惨,是枪声炮影"的社会现实环境,针对"雍容尔雅""吟风啸月"的作品,郑振铎提出"血和泪的文学"

---

① 王本朝:《闲适与尚力:中国现代审美价值的裂变》,《贵州社会科学》2009 年第 12 期。
② 徐朗西:《艺术与社会》,上海现代书局 1932 年版,第 73 页。

主张。瞿秋白称鲁迅为"莱谟斯""封建宗法社会的逆子""绅士阶级的贰臣""浪漫谛克的革命家的诤友"，塑造"战士鲁迅"形象。鲁迅坚持"生是战斗"理念，与一切反动力量作斗争。李健吾表示，"我相信力是五四运动以来最中心的表征。它从四面八方来，再奔四面八方去。它以种种面目出现，反抗是它们共同的特点"①。曹禺认为，"悲剧的精神，使我们振奋，使我们昂扬，使我们勇敢，使我们终于看见光明，获得胜利"。冰心强调，悲剧具有"思力深沉，意味深沉，感人深烈，发人猛省"的审美效果。李石岑推崇尼采的"酒神精神"和"权力意志"论，提出"生命冲动"说。"战国策"派宣扬"意力""权力"说。林同济认为，这是一个讲求"力"的时代，"力"是一切，其具体要点包括：西方人的人生观是力的人生观；西方文化是力的文化；文艺复兴以来，力的组织愈演愈显著地以民族、国家为单位；到了 20 世纪，国与国间的"力的大拼"已成为中心现实；面对日本全面侵略，中国唯一的出路是"组织国力，抢救自己"。以"力"为母题的思想构成林同济"战国时代""尚力政治"说的基础。胡风提出"主观战斗精神"说，要求主观力量的坚强，坚强到能够和血肉的对象搏斗，能够对血肉的对象进行批判。冯雪峰的"艺术力"主张，坚持"战斗力""主观力"和"人民力"的三位一体。

尚力美学的思想渊源主要是现代西方哲学与美学，尤其是以叔本华、尼采、柏格森为代表的非理性主义哲学与美学。现代尚力美学的内在逻辑和主要目的是论证、挖掘和利用审美对社会人生的功利性价值关系。尚力美学思潮表征着审美主体的现代觉醒，充实了中国美学的现代建构。尚力美学体现了中国美学从讲求"和谐""闲适"的传统形态，过渡为彰显力量、速度、节奏，讲求"悲剧""崇高"的现代形态，具有美学发展史上的进步意义和变革价值。然而，需要注意的是，因其在诞生之日便与社会现实形成过于紧密的联系，在现实需求的挤压之下，非审美性因素甚至是反审美性因素常常被强调，"尚力"被演绎为"唯力"，相对缺乏美学精神的守望和价值规范的约束。"这种审美的热情，仅当它受到理性、责任感以及受到帮助他人的人道主义的迫切要求的约束时，它才会变得有价值。否则，它就是一种危险的热情，有发展成为一种神经官能症或歇斯底里的危险。"②在"战国策"派等少数流派或个体的极端主张中，尚力美学更

① 李健吾：《咀华集 咀华二集》，复旦大学出版社 2005 年版，第 127 页。
② ［英］卡尔·波普：《开放社会及其敌人》第 1 卷，陆衡等译，中国社会科学出版社 1999 年版，第 309 页。

是陷入"唯意志论"或"虚无主义"的泥沼,丧失了起码的社会功能和美学意义,无疑应该引起警醒和深刻反思。

二、 作为左翼实践策略的尚力美学

左翼美学明显的尚力风格,体现了革命文艺界发展新的文艺形态和艺术精神的内在诉求,现实指向性明显,社会革命借助文艺审美形式得以呈现,"艺术与革命在'改造世界'即解放中,携起手来;但是,艺术在其实践中,并不放弃它自身的紧迫性,并不离开它自身的纬度:艺术总是非操作性的东西。在艺术中,政治目标仅仅表现在审美形式的变形中"①。作为中国左翼文艺实践策略的尚力美学主要体现在以下几个方面。

第一,在逻辑推导和学理论证上,左翼美学注重发挥"武器的文艺"的"社会变革手段"功能,强调"把这种斗争的生活表现出来",建设"一种斗争的文学",践行"艺术是阶级对立的强有力的武器""普罗文艺运动是普罗斗争中的一种方式"理念。

成仿吾指出,"在文艺本身上,由自然生长的成为目的意识,在社会变革的战术上由文艺的武器成为武器的文艺……它应该积极地成为变革社会的手段"②,文艺应该成为反映社会、推动社会变革的强大工具。蒋光慈认为,"现代中国的文学,照理讲,应当把这种斗争的生活表现出来"③,文艺必须描写正义战胜邪恶、光明胜过黑暗的过程。李初梨表示,"无产阶级文学是:为完成他主体阶级的历史的使命,不是以观照的——表现的态度,而以无产阶级的阶级意识,产生出来的一种斗争的文学"④,革命文艺家不仅要表现和观照社会生活,还要以实际行动推动社会变革,要进行血泪控诉,发挥"机关枪""迫击炮"的战斗功用,认为"艺术是阶级对立的强有力的武器"⑤。何大白强调,要用诗歌表现无产阶级的朴素情调和斗争情绪,要用小说和戏剧讴歌斗争生活、暴露反动阶级的虚弱和胆怯,要用电影和戏剧塑造英雄人物,要用文艺批评指出革命文艺的发

---

① [美]赫伯特·马尔库塞:《审美之维》,李小兵译,广西师范大学出版社 2001 年版,第 164 页。
② 成仿吾:《全部的批判之必要》,《创造月刊》第 1 卷第 10 期,1928 年 3 月 1 日。
③ 蒋光慈:《现代中国文学与社会生活》,《太阳月刊》创刊号,1928 年 1 月 1 日。
④ 李初梨:《怎样地建设革命文学》,《文化批判》第 2 号,1928 年 2 月 15 日。
⑤ 李初梨:《普罗列塔利亚文艺批评底标准》,《我们月刊》第 2 期,1928 年 6 月 20 日。

展方向，主张"一切艺术的武器都是普罗勒特利亚的斗争的武器。一切既成文学的形式都是普罗勒特利亚文学——革命文学应当夺取而且利用的武器"①。林伯修提出，革命文艺运动是大众革命的重要形式，与政治运动紧密关联，"它与政治运动是有着内面的必然的联络，所以它必须与政治运动合流"②，文艺要发挥斗争武器的社会政治功用。

第二，在主体建构和文艺精神上，左翼美学要求中国新文艺家成为"新生活中的战士"和"斗争中的走卒"，强调"文艺界中应该出些暴徒出来"，"革命就是艺术"，要"一齿还一齿，一目还十目"，"要以生命的炸弹来打破这毒龙的魔宫"，力量崇拜、尚力美学特质展露无遗。

左翼美学强调，"二十世纪的中国的新文学家，不是闲散的中国式的文人，不是浪漫时代的歌者，不是发梦的预言家，更不是忧时伤世的骚人，而是新生活中的战士"③，在暴风骤雨的时代，革命文艺应该发挥摧枯拉朽的社会变革功用，革命文艺家应该成为斗争中的走卒。长风认为，"我们要求那些站在人生战阵的前锋者的文学，我们要求在机器旁边作工的劳工小说家，我们要求负着枪为民众流血的战士的文学家，我们要求提着锄头在绿野里耕种的农民诗人"④，革命文艺反映最底层的苦难诉求，表现最广大劳工大众的质朴情感。郭沫若高喊，"文艺界中应该出些暴徒出来才行了"，"文艺是阶级的勇猛的斗士之一员，而且是先锋。他只有愤怒，没有感伤。他只有叫喊，没有呻吟。他只有冲锋前进，没有低徊。他只有手榴弹，没有绣花针。他只有流血，没有眼泪"⑤，活灵活现地描写了最勇敢、最坚决、最具力量的"文艺斗士"形象。蒋光慈认为，"革命就是艺术，真正的诗人不能不感觉得自己与革命具有共同点。诗人——罗曼蒂克更要比其他诗人能领略革命些"⑥，革命诗人具有感应革命冲动、鼓舞革命士气、推动革命进程的巨大作用。

第三，在文艺创作和审美表现上，左翼美学聚焦工农群众的身体力量，描写

---

① 何大白：《革命文学的战野》，《畸形》半月刊第2号，1928年6月15日。
② 林伯修：《1929年急待解决的几个关于文艺的问题》，《海风周报》第12期，1929年3月23日。
③ 同人：《前言》，《流沙》创刊号，1928年3月15日。
④ 长风：《新时代的文学的要求》，中国社会科学院文学研究所编《"革命文学"论争资料选编》上册，人民文学出版社1981年版，第30页。
⑤ 麦克昂：《桌子的跳舞》，《创造月刊》第1卷第11期，1928年5月1日。
⑥ 蒋光慈：《蒋光慈文集》第4卷，上海文艺出版社1988年版，第68页。

被压抑、被迫害的场景和情节,文本充斥着对"暴力"口号式的恣意渲染,建构"毁灭"与"反抗"并存的尚力美学。

在左翼文本中,经常使用"干干干""杀杀杀""打打打""血血血""死死死"等尚力美学语言,这种语言深得"法国革命式写作"理论的精髓。"法国的革命式写作永远以流血的权利或一种道德辩护为基础"①,蕴涵流血冲动和破坏情结。在阳翰笙的小说中,"那码头工人突然将两个拳头一捏,双手向肩上伸了一伸,大大的打了个呵欠,只见他两膀上隆起的健康的筋肉,起了一阵伸缩。浑身的骨头骨节都嚓嚓嚓的响起来了"②,工农群众的雄健力量和壮硕形象令人难忘。在郁达夫的文学世界里,"在技巧方面表现出伟大的力量! 要震动! 要咆哮! 要颤抖! 要热烈! 要伟大冲决一切,破坏一切,以表现出狂风暴雨时代精神的力量"③,尚力精神可见一斑。在洪灵菲的笔下,"我俩就今晚结婚吧! 让这里的臭味,做我们点缀着结婚的各种芬馥的花香;让这藏棺材的古屋,做我们结婚的礼拜堂;让这楼上的鼠声,做我们结婚的神父的祈祷;让这屋外的狗吠声,做我们结婚的来宾的汽车声;让这满城的屠杀,做我们结婚的牲品;让这满城戒严的军警,做我们结婚时用以夸耀子民的卫队吧"④,杂乱、简陋、血腥、恐怖的场景和色调,为婚礼带来死亡、冷峻、刚强的独特意蕴,令人印象深刻。此外,大量无产阶级被压迫、受剥削的故事还在左翼电影荧屏上演,毁灭性的故事结局、对暴力场景的渲染尤其令人印象深刻。在左翼文艺的创作实践中,无产阶级"尚力美学"又常常与小资产阶级"颓废美学"对比出现、并置凸显,在后者堕落、庸俗、颓废美的衬托下,前者的苦难、伟大、悲壮美更加突出、明显。"你们在崎岖险峨的危崖上,建筑了金碧辉煌的艺术之宫,暖室的玫瑰花开放了,夜莺在枝头娇啼着;电灯光的底下,你们拥着爱人,斟起美酒,给那些有福享受的人们举觞称寿。你们讴歌恋爱,你们赞美和平,吟吟风,弄弄月,说是要睡在'自然'母亲的怀里;再不然便呻吟哭泣着呢:'酒还是不足尽兴呵''爱人不爱我了! 怎么办呢?'——醉舞于红氍毹上,歌唱着许多柔靡肉麻的调子气而艺术之宫外则是'黑沉沉狂风骤雨,挟着拳大的冰雹,打得山石砰砰不断的响,可怜的弱小的

---

① [德]卡尔·马克思:《〈政治经济学批判〉导言》,中央编译局编《马克思恩格斯选集》第2卷,人民出版社1972年版,第112—113页。
② 阳翰笙:《泵船上的一夜》,《阳翰笙选集》第1卷,四川人民出版社1982年版,第76—79页。
③ 阿英:《郁达夫》,邹啸编《郁达夫论》,上海北新书局1932年版,第32页。
④ 洪灵菲:《流亡》,黄勇编《洪灵菲小说经典》,印刷工业出版社2001年版,第144页。

动物,无处躲避,有的尸骨破碎血肉横飞,有的皮破肢残纵横奔窜'"①,显然,这种对比最大限度地放大了二者的区别,有效凸显了左翼美学的力量感、悲壮感。

第四,在实践策略和社会效果上,左翼美学以介入社会革命、崇拜力量为抓手,有意误读文本和进行过度阐释,以便唤起文艺界的集体战斗意识,社会功利特性突出,情绪化色彩明显,过于追求审美的社会价值,过多的社会革命内容削弱了审美性的追求。

在 20 世纪 30 年代特殊的政治文化语境中,左翼美学界对"自由人"和"第三种人"的批判,存在本文误读与过度阐释倾向。他们"误读"了"自由人"和"第三种人"的"作者意图",把本是"同路人"的"自由人"和"第三种人"错误地当作敌人加以批判。这极有可能是一种集体性的、刻意的"误读",以便唤起左翼美学界的集体战斗意识。② 受当时社会政治斗争的冲击和影响,左翼美学的社会功利特性突出,特别追求以审美助益革命、推动进步的社会价值,在批判"闲适"美学时,常带有明显的情绪化色彩。其实,作为"闲适"美学思潮重要流派的论语派,以创作"无所为的幽默小品文"为宗旨,代表人物为林语堂,还包括陶亢德、徐舒、章克标、邵洵美、潘光旦等。他们采取与政治保持距离的自由主义立场,主张"以自我为中心,以闲适为格调",自命为"性灵派""语录体"的继承者,提倡"幽默闲适""性灵嬉笑",将"幽默"提升到心境、人生态度、美学风格的高度,主张文风"清淡""隽永""甘美"。虽然其美学理念和创作实践与民族矛盾、阶级矛盾尖锐的 20 世纪 30 年代格格不入,但"闲适美学也是有一定价值意义的,只是由于 30 年代社会矛盾和文化冲突非常尖锐和激烈,在观念背后是政治的分歧,是文学价值的不同,是现代知识分子的分化","尚力美学有力量,闲适美学何尝不也有情趣","这是中国美学的现代性,也是现代美学的'中国性'"。③ 同时,左翼创作主体的小资产阶级意识本能与他们通过理论斗争所接受的无产阶级革命意识形态之间存在矛盾冲突,左翼美学过多参与社会革命削弱了审美性的追求,过于强调文艺的宣传、教育、救亡功用影响了审美价值的多维性和自足性。文艺工作者过多地参加撒传单、喊口号、组织游行示威等飞行集会,过于

---

① 芳孤:《革命的人生观与文艺》,霏楼编《革命文学论文集》,生路社 1928 年版,第 42—43 页。
② 黄德志:《左翼对自由人与第三种人的误读》,《中国现代文学研究丛刊》2007 年第 4 期。
③ 王本朝:《闲适与尚力:中国现代审美价值的裂变》,《贵州社会科学》2009 年第 12 期。

关注和参加现实政治活动,很大程度上影响了文艺创作的质量、数量尤其是审美价值的实现。

第四节　左翼美学的多维呈现

左翼美学以文学为核心形式和重要载体,同时又较多体现在电影、戏剧、音乐、美术这四种艺术样式中,这反映了当时美学发展的基本规律和主要线索。本节以美学为中心,拟对左翼电影、戏剧、音乐、美术这四种文艺类型进行宏观探讨和专题研究,以便更好地还原、梳理左翼美学的多维呈现,同时,为我们多维梳理左翼美学的建构及其论争提供重要对象和研究着力点。

一、左翼电影

在中国,"左翼电影"全名为"中国左翼电影运动",最早见于 1931 年 9 月公布的《中国左翼戏剧家联盟最近行动纲领》。《纲领》指出,"本联盟目前对于中国电影运动实有兼顾的必要","组织'电影研究会',吸收进步的演员与技术人才,以为中国左翼电影运动的基础","同时为准备并发动中国电影界的'普罗机诺'运动与布尔乔亚及封建倾向作斗争,对于现阶段中国电影运动实有加以批判与清算的必要"[①],上述规约体现了左翼电影运动诞生的重要性、针对性。服务于 1930 年代初隐蔽革命斗争策略的需要,与"左翼电影"指涉类似的表述还有"电影文化运动""新兴电影运动""革命的民族电影运动"等。

世界性左翼电影运动是左翼电影兴起的重要外源性因素。在 20 世纪二三十年代之交兴起的世界性左翼电影运动中,苏联的社会主义现实主义电影、日本的"倾向电影"、美国的"流浪汉电影"、意大利的"新现实主义电影"等所谓"范本"直接影响了中国左翼电影运动的产生和发展。关于这一点,鲁迅是较早意识到电影的实际效用的人,20 世纪 20 年代末在翻译卢那察尔斯基《艺术论》《文艺与批评》两部文艺论著时,鲁迅便注意到列宁论电影的名言——"一切我国的

---

① 《中国左翼戏剧家联盟最近行动纲领》,《文学导报》第 1 卷第 6、7 期合刊,1931 年 10 月 23 日。

艺术之中，为了俄罗斯，最为重要的，是电影"①，对电影的文艺功用寄予厚望。

中国共产党对电影界的直接领导则始于 1932 年夏，"中央文委"决定夏衍、钱杏邨、郑伯奇三人担任"明星影片公司"编剧。1932 年 6 月，洪深、沈西苓、郑伯奇、夏衍、钱杏邨等 15 位影评人发表《我们的陈述，今后的批判是"建设的"》，左翼电影批评受到重视并逐步走向自觉。1932 年 7 月，左翼电影刊物《电影艺术》创刊，致力于"公开的斗争，客观的批判，理论的研究，学术的介绍"，为推动左翼电影运动发挥了重要作用。在瞿秋白的领导和启发下，②1933 年 3 月，中国共产党的"电影小组"成立，夏衍任组长，最初组员仅钱杏邨、王尘无、石凌鹤、司徒慧敏 4 人，后又团结著名导演蔡楚生、洪深、史东山、应云卫、程步高等，以至上海几家著名电影公司的编导权几乎都掌握在左翼手中，由此确立了党对电影运动的领导，进一步扩大了电影文化界的统一战线。1933 年被电影史家誉为"中国电影年"，《狂流》（夏衍编剧）、《春蚕》（夏衍编剧）、《上海 24 小时》（夏衍编剧）、《时代的儿女》（夏衍、郑伯奇、阿英编剧）、《母性之光》（田汉编剧）、《三个摩登女性》（田汉编剧）、《都会的早晨》（蔡楚生编导）、《小玩意》（孙瑜编导）、《姊妹花》（郑正秋编导）等一大批质量较高的左翼影片公开发行，并产生了巨大的社会影响。伴随上述左翼影片的上映，电影界发表了一批评论文章，初步奠定了中国电影美学的基础。③

1933 年 11 月，国民党特务捣毁艺华电影公司。1934 年 1 月，国民党以"中国青年铲共大同盟"名义散布"铲除电影赤化宣言"，称田汉、夏衍、钱杏邨、沈西苓为"赤色作家或共产党徒"，"呈报政府通缉"，恐吓各大电影公司不得采用他们的剧本，左翼电影运动一度陷入困境。与此相关联的是，围绕电影"软""硬"性质问题，1933—1935 年间的中国电影界发生了一场激烈论争。"新感觉派"阵营主张"软性论"，代表人物包括刘呐鸥、穆时英、黄嘉谟、江兼霞。他们以《现代电影》为主要园地，发表多篇文章批评左翼电影，"对左翼的工具论、反映论、本质真实论等都做出了否定性批判"；强调电影艺术应当"有它自己的美学"④，提

---

① 刘思平、邢祖文：《鲁迅与电影》，中国电影出版社 1981 年版，第 131 页。
② 夏衍：《"左联"成立前后》，中国社会科学院文学研究所编《左联回忆录》，知识产权出版社 2010 年版，第 42 页。瞿秋白曾对钱杏邨、夏衍说："我们还没有力量和可能办自己的电影公司，而电影又是影响最大的宣传工具，你们可以试试。"
③ 张晓飞：《1930 年代中国左翼电影批评再解读》，辽宁大学 2013 年博士论文，第 25 页。
④ 呐鸥：《论取材：我们需要纯粹电影作者》，《现代电影》第 1 卷第 4 期，1933 年 7 月 1 日。

出"影艺是沿着由兴味而艺术,由艺术而技巧的途径走的",认为左翼影片是"内容偏重主义"的"畸形儿",是把"艺术当作'问题'或'议论'的工具"①,按照"美的观照态度"理论,若"作者有很浓的热意和义愤",作品就"必定有破绽可露","阻塞内容的现实性"②;认为"正确地、忠实地反映客观现实,就不能有倾向性"③。夏衍、唐纳、王尘无、柯萍、萍华等一批左翼电影工作者、批评家进行了有力回击。双方言语尖锐,其间发表的部分文章甚至将这场交锋中的文艺论战上升为政治争斗,足见论争的激烈程度。

1934 年夏,"电通"制片公司成立,一年后拍摄《桃李劫》《风云儿女》等进步影片。1934 年至 1937 年发行并产生巨大影响的中国左翼电影有《渔光曲》(蔡楚生编导),《神女》(吴永刚编导),《大路》(孙瑜编导),《风云儿女》(田汉、夏衍编导),《逃亡》(杨翰笙编剧),《劫后桃花》(洪深编剧),《新桃花扇》(欧阳予倩编导),《船家女》(沈西苓编导),《新女性》(孙师毅编剧),《壮志凌云》(吴永刚编导),《迷途的羔羊》(蔡楚生编导),《狼山喋血记》(沈浮、费穆编剧),《十字街头》(沈西苓编导),《马路天使》(袁牧之编导),《压岁钱》(夏衍编剧),《夜半歌声》(马徐维邦编导),《青年进行曲》(田汉编剧)等,创作成绩巨大。伴随全面抗战形势的到来,全国上下进入紧急战时状态。1936 年 1 月,"上海电影救国会"成立,7、8 月间,进行"国防电影"讨论,郑伯奇、孙逊、王尘无等发表文章,讨论"国防电影"的功能、特点、风格等,创作"国防电影"《生死同心》(杨翰笙编剧)。"左联"解散后,左翼电影运动随之结束,左翼文艺进入转折期。④

在左翼电影运动中,夏衍做出了突出贡献。首先,在电影美学理论和创作实践中,夏衍始终坚持现实主义原则,坚决批评"软性电影论者"。他认为,成功的电影靠的"不是绚烂的技巧,不是出奇的情节",而是"极度平凡而朴素的描写,能否把握真实,这是艺术家能否成功的分歧"。其次,夏衍创作了大批经典电影作品,艺术创作实践建树明显。在 1930 年代,夏衍创作了《狂流》《脂粉市场》《前程》《春蚕》《上海二十四小时》《时代的儿女》《同仇》《女儿经》《自由神》《压岁钱》等 10 余部电影剧本,且都被搬上银幕,产生了巨大的社会影响。《春

① 呐鸥:《中国电影描写的深度问题》,《现代电影》第 1 卷第 3 期,1933 年 5 月 1 日。
② 呐鸥:《关于作者的态度》,《现代电影》第 1 卷第 5 期,1933 年 10 月 1 日。
③ 穆时英:《电影批评的基础》,上海《晨报》副刊《每日电影》,1935 年 2 月 27 日至 3 月 3 日。
④ 张晓飞:《1930 年代中国左翼电影批评再解读》,辽宁大学 2013 年博士论文,第 25—27 页。

蚕》更是中国新文学作品第一次被改编成电影剧本，从书写"浪漫情爱"转向"社会生活史"的叙述，电影《春蚕》具有首创之功，开辟了中国新文艺电影之路，影响深远。再次，夏衍立足当时的现实语境，坚持"双赢"思维，注重革命宣传与商业利益的结合，采用灵活多样的方式，以便尽可能实现左翼电影的社会功用，因地制宜、"经权"并举的电影发展思路值得肯定。①

二、 左翼戏剧

1929 年 10 月下旬在上海初创的艺术剧社是中国共产党在国统区领导成立的第一个左翼戏剧团体，它受"中央文委"的直接领导。上海艺术剧社的成立是左翼戏剧运动的开端。郑伯奇担任艺术剧社社长，沈西苓任导演，许幸之负责美工，冯乃超和夏衍抓宣传，成员还有钱杏邨、孟超、司徒慧敏、朱光、刘保罗、石凌鹤、王莹、陈波儿、吴印咸、龚冰卢、唐晴初等人，下设文学部、美工部、音乐部、演技部、导演部、总务部等。艺术剧社举行过两次公演，演出剧本包括法国罗曼·罗兰《爱与死的角逐》、美国辛克莱《梁上君子》、德国米尔顿的《炭坑夫》等著名曲目，"艺术剧社的第一次公演，虽然演技水平并不高，却受到观众的欢迎，连续两天，整个剧场都挤满了观众，情绪非常热烈，据说是以前的公演所没有的"②。戏剧界知名人士田汉、洪深、朱穰丞、应云卫等纷纷前来观看并给予高度评价，国外著名左翼记者史沫特莱、尾崎秀实等进行了报道，公演后田汉发表著名长文《我们的自己批判》，总结了南国社的戏剧电影艺术活动，强调其创作立场由小资产阶级向无产阶级的转变。此外，艺术剧社还出版了《戏剧论文集》，创办了月刊《艺术》和《沙仑》，这些刊物主要刊登戏剧、电影作品，还发表了郑伯奇《中国戏剧运动的进路》、沈西苓《艺术剧社的自己批判》、冯乃超《中国戏剧运动的苦闷》等著名革命戏剧理论文章。沈西苓认为艺术样式中"谁也比不上戏剧有时代性，和现实社会的迫切，受社会情势的决定，同时是更比较容易反响到现实社会中去"③。郑伯奇并且首次提出"普罗列塔利亚戏剧"（无产阶级戏剧）的著名口号，强调"戏剧也同其他艺术一样，不站在前进的阶级的立场上，绝对

---

① 任动：《夏衍对 30 年代中国左翼电影运动的贡献》，《电影文学》2008 年第 3 期。
② 郑伯奇：《回忆艺术剧社》，《中国左翼戏剧家联盟史料集》，中国戏剧出版社 1991 年版，第 180 页。
③ 沈西苓：《戏剧与时代》，《艺术》第 1 卷第 1 期，1930 年 3 月 16 日。

没有发展的可能"①,推崇无产阶级戏剧艺术的美学立场和创作准则,倡导戏剧的大众化。关于艺术剧社的地位和贡献,郑伯奇这样总结,"艺术剧社是在左翼文化运动初步达到高潮,而戏剧运动也开始走向发展繁荣的时期才宣告成立,公开演出的。可以说,艺术剧社的出现完全合乎当时革命的要求。所以,艺术剧社的生命昙花一现,但对于当时正在蓬勃发展的戏剧运动,却产生了巨大的影响,完成了它的历史使命"。②

1930 年 3 月,由艺术剧社和摩登剧社发起,联合南国社、戏剧协社、大夏剧社、辛酉社、复旦剧社等进步戏剧团体,上海戏剧运动联合会成立,后易名为"中国左翼剧团联盟"。为适应新的斗争形势、应对加剧的白色恐怖、发挥戏剧家个体的斗争优势,1931 年 1 月,"中国左翼剧团联盟"改组为"中国左翼戏剧家联盟"。成立大会在上海召开,发表《中国左翼戏剧家联盟最近行动纲领》,选举产生以田汉为首的执行委员会,刘保罗主持总务,赵铭彝担任组织委员,郑君里负责宣传工作。联盟在北平、汉口、广州、南京、杭州、天津、太原、济南、成都等地设立了分盟或小组,旗下有大道剧社、春秋剧社、戏剧协社、大众剧社、新民剧社、五月花剧社等 50 多个左翼剧团,活跃在全国各地,社会影响巨大。如,1933 年 9 月,为纪念"九一八"事变两周年,戏剧协社曾在上海黄金大戏院公演话剧《怒吼吧,中国》,选用《国际歌》作为全剧的主题曲,气势磅礴,富有战斗激情,获得巨大成功,影响遍及全国。"中国左翼戏剧家联盟"的戏剧创作、组织演剧活动、发表理论文章、帮助上海工人组建"蓝衣剧团"、领导成立上海学生剧团联合会等工作,有力扩大了左翼戏剧的社会影响。③ 尤其值得注意的是,在左翼戏剧运动中,中国传统的古典美学趣味、民族性的美学主张被充分表达和有效展示,艺术创作和美学实践取得巨大成功,如田汉《回春之曲》《械斗》《洪水》等作品在情节、结构、意境等方面,均进行过这方面的有益探索和创新实践。

郑伯奇是左翼戏剧运动的先驱者。郑伯奇对于左翼戏剧运动的贡献,除了组织艺术剧社,进行相关实践活动外,最主要的还在于他对无产阶级戏剧艺术的思考和见解。他提出了不少富有真知灼见的左翼戏剧美学主张,其代表性论

---

① 郑伯奇:《中国戏剧运动的进路》,《艺术》第 1 卷第 1 期,1930 年 3 月 16 日。
② 郑伯奇:《郑伯奇文集》,陕西人民出版社 1988 年版,第 1219 页。
③ 宋建林:《左翼戏剧对中国现代戏剧的理论贡献》,《文艺理论与批评》2007 年第 4 期。

文包括《中国戏剧运动的进路》《戏剧运动的狂风暴雨时代》《关于戏剧的通俗化》《戏剧文学的通俗化问题》《大众所要求的戏》《从戏剧的发展过程看目前的文艺趋向》等。郑伯奇特别强调左翼戏剧艺术的现实功能,指出"它的武器性是 pistol 一类所仅有,而其他长枪大炮所没有的。pistol 随时可以发挥武器的特性。艺术运动到了某一阶段,木人戏会变成我们所需要的武器"①。他以"中国戏剧运动的四个阶段"为线索,发表了自己对左翼戏剧运动的总体性建设意见,即"一、促成旧剧及早崩坏;二、批判布尔乔亚戏剧,同时要积极学得它的成功的技术;三、提高现在普罗列塔利亚文化的水准;四、演剧和大众的接近——演剧的大众化"②,该文对于推动左翼戏剧艺术的前行、促进 20 世纪中国戏剧美学的发展具有重要作用,但也存在一些明显不足,比如,过于强调戏剧与现实生活、政治革命的关系,不太重视对戏剧自身艺术规律的深入探讨。

洪深是左翼戏剧运动的集大成者。洪深的戏剧创作致力于"社会问题剧"与"宣传剧"的结合,在现实主义戏剧观念的理论建构与创作实践上,都取得较大成绩。洪深最重要的戏剧作品当属 1930 至 1932 年创作的"农村三部曲",即《五奎桥》《香稻米》《青龙潭》。它们尽管还具有图景化、模式化的不足,但全景式地反映了 20 世纪二三十年代中国农村生活的主要方面,艺术还原了江南农村阶级斗争、社会生活的历史细节,在当时产生巨大影响。在长期的创作实践和美学思考中,洪深形成了较为全面、系统的现实主义戏剧美学观,集中体现在《电影戏剧的编剧方法》《电影戏剧表演术》《戏剧导演的初步知识》等著作中,内容涉及编剧理论、导演、表演、发声学、朗诵学、灯光布景、舞台美术、世界戏剧史、中国话剧运动史、剧作评论等许多领域。洪深推崇"不可逃避现实,而去把握现实"的编剧方法,从目的、手段、情调等多个角度指出 20 世纪现实主义和 19 世纪写实主义戏剧的不同。他指出,"旧写实主义,不过欲使读者冲动,或惊奇,或难受,至多对于不幸的人们发生怜悯而已;但现实主义是忠实地同情地记录人们在社会的环境中怎样去和丑恶的混乱的不公道的不平等的不自由的一切,对抗奋斗;并怎样才能获到有计划的,有组织的,平等自由的,合理的生活,作为观众们的'借镜'与鼓励的";"旧写实主义,着意在琐屑事物的搜集,偏重于人生

① 郑伯奇:《武器的"木人戏"》,《大众文艺》第 2 卷第 3 期,1930 年 3 月 1 日。
② 郑伯奇:《中国戏剧运动的进路》,《艺术》第 1 卷第 1 期,1930 年 3 月 16 日。

黑暗面的描写,而对于特殊情形的丑恶,尤为乐道,但现实主义,除开仔细真实外,还要正确的传达'典型的环境'中的'典型的性格'";"旧写实主义,是阴郁暗淡的,是不能使人欢欣鼓舞的;但现实主义是乐观的,是给予观众希望的;它从那现实已经存在的东西,推展到现实中可能存在的东西的"①。基于此,洪深认为,"用这样的方法写剧,才可以说,戏剧是于'世道人心'有益"②。他的现实主义戏剧美学观为左翼戏剧美学提供了强大的理论支持,有效推动了戏剧的发展和创新。

三、 左翼音乐

在组织推广、创作实践、理论主张等多个方面,左翼音乐进行了富有成效的美学探索,产生了巨大的社会影响。

在组织推广方面,一大批进步音乐工作者以"左联"为中心,先后成立了"北平左翼音乐家联盟"(北京,1932 年秋成立)、"中国新兴音乐研究会"(上海,1933年春成立)、"中苏音乐学会"(上海,1933 年春成立)、"左翼戏剧家联盟音乐小组"(上海,1934 年春成立)等组织,开展左翼音乐活动,组织和参加者有聂耳、任光、田汉、吕骥、王旦东、李元庆、肖之亮、安娥、张曙、孙师毅、王为一、陈梦庚等人。贺绿汀、冼星海、麦新等音乐家虽然没有加入上述组织,但其创作实践与"左联"主张也是一致的。这些团体和个人发起的"左翼音乐运动""新音乐运动""国防音乐"和"抗日救亡歌咏运动"等活动,对当时乃至新中国音乐事业都产生了深远而广泛的影响。

在艺术实践方面,一批左翼音乐家通过深入群众、讲授音乐知识、组织开展歌咏活动等实际行动,具体落实 1930 年 8 月"左联"执行委员会决议《无产阶级文学运动新的形式及我们的任务》。涌现出任光、聂耳、贺绿汀、冼星海、吕骥等一批著名左翼音乐家,创作《渔光曲》《义勇军进行曲》《大路歌》《码头工人歌》《四季歌》《新女性》《开路先锋》《夜半歌声》《牺牲已到最后关头》《打回老家去》《大刀进行曲》《保卫国土》《游击队歌》《扬子江暴风雨》《放下你的鞭子》等大批

---

① 洪深:《电影戏剧的编剧方法》,正中书局 1935 年版,第 39—40 页。
② 洪深:《电影戏剧的编剧方法》,正中书局 1935 年版,第 40 页。

质量上乘、脍炙人口、影响深远的歌曲。这些音乐作品深蕴时代精神，歌词通俗形象，风格明快有力，结构短小精炼，民族气息浓郁，借助电影和唱片等媒介形式被推向全国，广为传唱，在救亡图存、发动民众、鼓舞斗志等方面，产生了巨大的社会影响与艺术反响。

在美学主张方面，"左联"成立伊始，瞿秋白等左翼领导人便要求文艺家利用民间音乐等形式进行革命文艺创作。夏蔓蒂、聂耳、周扬等人开展了左翼音乐美学批评活动。夏蔓蒂提出"音乐是绝对现实的东西，是人类的意识和感情的组织化的表现""无论是自然界的感触，或作家主观的情感，都是在一定的时代生活必然所形成的，被时代、社会、决定着的""音乐是社会的意识形态"等唯物主义音乐观点。[①] 聂耳认为，当今音乐界迫切需要反映劳苦大众，"新鲜的材料，创造出新鲜的艺术"，而非"红男绿女""香艳肉感"的"软豆腐"，他呼吁音乐工作者多听"周围的呐喊，狂呼"。[②] 周扬强调，音乐不只是"音响的要素之物质的组合"，还应该是"为实现党的一般路线"的急先锋，"内容上是无产阶级的，形式上是民族的音乐的创造便是目前普罗作曲家的主要任务"，以"代替那庸俗的小资产阶级的音乐"。[③]

此外，左翼音乐的美学主张还涉及"古今中西"音乐关系、国防音乐大众化等论题。关于前者，贺绿汀认为，一方面，"我们虽然用不着刻板地模仿西洋音乐，但是有许多极有价值的西洋音乐理论我们必须采取"，音乐"决不为狭义的民族意识所束缚，决不能为固有的，落后的乐器所束缚"[④]，主张学习、汲取西方音乐精髓，提升音乐创作水平；另一方面，"我们这时候根本不需要贝多芬、莫扎特"，"需要的是一些容易上口的热情的歌曲"，我们的欣赏力"还是古代的单音音乐时代，我们民族思想的进步性也许远远超过贝多芬，但是从音乐文化本身来看，我们民众的理解力与古典派的贝多芬时代相差尚远"，[⑤]强调音乐创作与时代特征、社会任务的结合，呼吁提高大众的音乐欣赏水平。针对"国防音乐"运动，周巍峙、吕骥、陶行知、刘良模、周钢鸣、麦新、孟波等认为，"建设国防音乐

---

① 夏蔓蒂：《音乐短论》，《戏剧与音乐》创刊号，1931年12月10日。
② 聂耳：《中国歌舞短论》，《电影艺术》第1卷第3期，1932年7月13日。
③ ［美］J. 弗莱曼：《苏联的音乐》，周扬译，良友印刷公司1932年版，译后记。
④ 贺绿汀：《音乐艺术的时代性》，《新夜报》音乐周刊第12期，1934年12月11日。
⑤ 贺绿汀：《中国音乐现状及我们对于音乐艺术所应有的认识》，《明星》半月刊第5、6期合刊，1936年9月15日。

的第一个条件就是大众化","国防音乐应当以歌曲为中心","我们的音乐运动是与救亡运动不可分离的",强调新音乐文化运动是音乐活动和无产阶级革命斗争的有机结合。①

美学论争同样发生在左翼音乐阵营与其他流派之间,主要有两次大的论战。1934 年底穆华(吕骥)和汀石(张昊)以对音乐本质和功能的理解为核心,围绕"有条件的复古"和"平衡人民的精神生活与物质生活"这两个问题,共发表 6 篇文章,展开激烈辩论。吕骥在《反对毒害音乐》中批判了张昊"人的精神生活与现实政治应保持和谐"的观点,认为在当时的历史条件下这种音乐观是错误的。1936 年 3 月,青主在《乐话》中提出音乐是"灵魂的语言","音乐是最高、最美的艺术","要把音乐当作是新的爱的宗教"等观点,宣扬"音乐是上界的语言"和"音乐无国界"等思想,左翼音乐界对其进行了批判。吕骥强调,"新音乐不是作为抒发个人情感而创造的,更不是凭什么神秘的灵感而唱出的上界语言,而是作为争取大众解放的武器,表现、反映大众生活、思想、情感的一种手段,更担负起唤醒、教育、组织大众的使命","虽然现在全部新音乐只包含有不多的歌曲,但在不多的歌曲中,已经显露了一种特异的精神。既不像古典主义者一样,如莫扎特或勃拉姆斯企求使他们的作品如何典雅如何庄严;也不像浪漫主义者一样,如肖邦或舒曼要想造成一个崇高的境界;也不像印象主义者一样,如德彪西追求于瞬间所感受的美,它是热情的,也给你一个境界,使你感到这时代活跃的律动。在这些方面却和现代的上等人的作品有一种共通精神,无疑地在这共通精神后面存在了一个共通的世界观和反映着世界观的共通创作方法的现实主义",号召新音乐工作者"从广大的群众生活中获得无限新的题材",创作"民族形式,救亡内容"的新歌曲,建立"中国新音乐的强固的基础"。②

四、 左翼美术

20 世纪 30 年代的中国左翼美术经历过一个以现代主义反叛面貌登场、再回归现实主义的转折过程。这种转变一方面体现了左翼坚持底层创作、追求反

---

① 余峰:《论左翼音乐理论批评》,《文艺理论与批评》1998 年第 5 期。
② 吕骥:《中国新音乐的展望》,《光明》第 1 卷第 5 号,1936 年 8 月 10 日。

抗精神、颠覆艺术传统的本色，另一方面反映了现代主义思潮技法与现实主义绘画的结合及其本土化进程。一批具有现代主义风格的艺术社团，开启了 1930 年代中国左翼美术的文艺征程，其中，尤以决澜社、中华独立美术协会为代表。

1931 年秋天，狂飙突进色彩浓烈的决澜社在上海宣告成立并召开第一次会务会议，这一较早主张吸收现代西方绘画营养、有宣言、有纲领的绘画团体的组建，标志着中国现代绘画运动的开始。决澜社的核心发起人是庞薰琹、张弦、倪贻德，主要参与者是"苔蒙"画会、"摩社"的成员。决澜社痛感"中国艺术界精神之颓废与中国文化之日趋堕落"，心怀"挽狂澜于既倒"的矢志，集结一批"不避艰辛，不问凶吉，更不计成败，向前不息勇猛的进"的艺术战士，肩负"创造中国新兴辉煌艺术的使命"，倡导"用新的技法来表现新时代的精神"。"苔蒙"画会成立的直接目的是试图保持国内与巴黎绘画界的联系，由庞薰琹发起，主要参加者包括王济远、周多、周真太、段平右、张弦、阳太阳、杨秋人等 20 多人。1930 年 12 月因在画展前言中表现出激进的左翼色彩，"苔蒙"画会遭到国民党当局查封，大部分会员被逮捕。"摩社"成员包括刘海粟、汪济远、张玄、倪贻德、关良、王远勃、傅雷、段平佑、周多、庞薰琹、周瘦鹃、潘玉良等，以上海美专为中心，正式成立于 1932 年 8 月 1 日，刘海粟为召集人。"摩社"名字取古希腊神话文艺女神 Muses(缪斯)的法文音译，另有"观摩"之义，宗旨是"发扬固有文化，表现时代精神"。摩社创办《艺术旬刊》杂志，由倪贻德任主编，办至 12 期停刊。摩社是一个艺术主张和创作手段多样、组织形式较为松散的绘画团体。[1]

"中华独立美术协会"于 1935 年成立于上海，受弗洛伊德心理美学的直接影响，倡导野兽主义和超现实主义的前卫画风，美学特点鲜明。中华独立美术协会的创作实践植根于崇尚现代主义、体现消费文化浸淫、展现都市体验的海派绘画沃土上，更是离不开上海中华艺术大学这一"左翼文艺大本营"的直接推动。左翼美联设在上海中华艺术大学，学校负责人陈望道更是宣传马克思主义、在国内最早译介《共产党宣言》的著名左翼人士，"中华艺大的艺术空气非常活跃，从巴黎到东京传来的新派绘画印象主义、后期印象主义十分流行。马奈、塞尚、马蒂斯、杜菲、凡高、高庚等新派画家的名字时时可以在人们的谈论中听到"[2]。

---

① 范建华：《作为"先锋"的 1930 年代左翼美术思潮》，《文艺理论与批评》2014 年第 1 期。
② 林镛：《往事的回忆：怀念陈抱一》，陈瑞林编《现代美术家陈抱一》，人民美术出版社 1988 年版，第 152 页。

其他著名左翼美术团体还有杭州的一八艺社和上海的时代美术社,它们共同构成了"中国左翼美术家联盟"主体。其中尤其值得提及的是一八艺社(即春地美术研究所),1930 年 5 月 21 日成立于杭州,社团骨干有江丰、艾青、于海、季春丹、黄山定等人。该社重视学习进步文艺理论,坚持革命美术创作,经常举办展览会,鲁迅倡导的中国"新兴木刻运动"最早便萌生于该社团。1931 年 6 月鲁迅发表《一八艺社习作展览会小引》这篇美术史上具有划时代意义的重要文献,期待"以清醒的意识和坚强的努力,在榛莽中露现了日见生长的健壮的新芽",新兴美术定能战胜那貌似强大、"连骗带吓,令人觉得似乎了不得"的内容空虚的所谓"高级"艺术。

左翼美联成立后,MK 研究会、大地画会、春阳画会、涛空画会、未名木刻社、野风画会、野穗木刻社等左翼美术团体相继组建。在日本加紧侵略中国、全民抗战氛围日益浓烈的社会大背景之下,左翼美术越来越舍弃现代色彩而转向革命表达,越来越致力于发挥美术在实际抗战宣传、鼓舞斗志的现实功能。就整体发展路径而言,左翼美术内在遵循和有效匹配中国现代绘画的宏观变迁路径,以"中西融合"和"变革传统"为重点,在学习与借鉴西方现代主义、助益与服务左翼社会革命的两大节点上,获得艺术发展,找到前进方向,产生美学影响。

第五节　对左翼美学的整体评价

左翼美学作为特定发展阶段的美学形态,遵循美学理论演进、现实社会所需的双重发展逻辑,它的产生、发展、成熟、衰歇、消解自有其历史脉络和内在线索,兼具正面作用和负面影响。一方面,左翼美学具有突出的正面价值,推动了中国美学的现代转型和快速发展,尤其是服务于当时思想文化领导权的争夺,具有积极意义。另一方面,左翼美学对政治社会功利性的过分凸显、对审美性的相对忽视、对社会学模式的格外强调、对苏联模式的亦步亦趋等,证明它还存在不少缺陷,并且产生了不好的学术影响和社会反响。这需要我们坚持当代视野,回归历史语境,全面、客观、辩证地审视左翼美学的文化艺术遗产。

一、 正面价值

在十余年的发展过程中,左翼美学坚持文艺大众化本位,在价值立场、文艺题材、表达技巧、语言媒介等方面,积极推行和重点实践文艺大众化美学,在文学、电影、戏剧、音乐、美术等领域都取得较大成绩,做出了巨大贡献,这从要求深入群众、与底层保持思想感情的相通、提升普罗大众的文艺水平、进行多次大众语的讨论活动等许多方面均可以看出。在左翼美学的积极推动下,当时中国下层民众的生活需求和精神状态得到艺术展现和生动书写,"把三十年代左翼创作作为一个整体来看,无论是反映生活的广度和深度,还是情节的生动和丰富,人物形象的多样性和性格的典型化,都达到了新的水平,把我国现代文学推向了一个新的阶段"①,"群之大觉"的不断实现体现的是左翼美学对于底层生存状态及其出路的关注和重视。

左翼美学具有强烈的现实批判性、社会抗争性,同时对封建文化传统、殖民主义意识形态、颓废流行文化展开批判,眼光独到,指向性强,产生了巨大的社会影响。事实上,左翼美学并非否定美学、抵制美学,只是偏重"尚力"美学,在阶级矛盾和民族危机日益严峻的社会大背景下,特别强调其与现实介入、政治功利的关系,注重发挥左翼文学、电影、戏剧、音乐、美术的组织动员和宣传斗争功能,相对有意削弱个体审美特色,"在他们的视野里,美不再是存在于世俗生活之外的更高贵的东西,即不再将审美视为与'此在'人生相疏离的虚幻的'彼在'"②,致力于美学的公众表达和革命动员,可以说坚持和发展了马克思主义美学的理论内涵和实践品格。同时,左翼美学追求独立品格和社会理想,强调思想的革命性和文体形式的先锋性,其民间属性、政治化与思想启蒙兼备的话语姿态,与当时官方主流意识构成明显的对抗性关系,大幅推动了社会文化、美学理论的向前发展,具有历史进步意义。③

在左翼美学发展过程中,它与新月派、"自由人""第三种人"、京派、海派等

---

① 周扬:《继承和发扬左翼文化运动的革命传统》,中国社会科学院文学研究所编《左联回忆录》,知识产权出版社 2010 年版,第 12 页。
② 叶世祥:《20 世纪中国审美主义思想研究》,商务印书馆 2011 年版,第 114—115 页。
③ 黄万华:《战后中国左翼文学的三种形态及其文学史意义》,《文史哲》2013 年第 3 期。

美学形态和文艺群体进行了激烈论争和深入辩驳,救亡电影性质与功能的大讨论,音乐本质及其与现实生活的关系论争,左翼戏剧、美术运动的开展及其与其他流派的冲突,不断引发了审美价值的冲突、分裂和融合,生动展现了自由主义、激进主义和保守主义思潮对美学及其文艺创作实践的影响,集中反映了文人知识分子、社会政治知识分子的分化、冲突和交流,这些论争、批评和交流具有丰富的美学史意义,反映了美学的分化、裂变和重构。

二、 主要不足

左翼美学特别强调文艺的政治功利原则,在"极左"思维和绝对化理念不断强化的国内外政治大背景下,左翼美学有时以"思想立场"和"阶级意识"为出发点,热衷于挑起意识形态论争而非提升文艺创作实绩。费正清说:"'左联'十分活跃,但不是在提拔新的无产阶级人才上,而是在挑起意识形态的论战上。'左联'十年的历史,充满了针对各种各样'敌人'的连续不断的论争。从鲁迅与自由派新月社的论战开始,'左联'接连与'民族主义文学'的保守派倡导者们,与倾向左派的'第三种人'作家们,最后又在关于'大众语'的争论以及与 1936 年'左联'突然解散有关的'两个口号'的争论中,与自己的某些成员展开了斗争。"①这一点集中表现在将"同路人"错误批判为敌人上,左翼美学反对"右"和中间派,走向了"极左"。在左翼美学"非此即彼"的斗争思维世界中,没有"政治上左翼,文艺上自由主义"的中间地带。同时,受到文艺领域"关门主义""宗派主义""口号主义"的影响,左翼虽然提出了不少新思想、新观点,但缺乏系统完整的理论,左翼文艺尤其是前期的创作成绩和质量确实不高。

左翼美学非常注重文艺的社会性,强调文艺的阶级性、功利性、革命性,相对忽视其共同性、非功利性、审美性。它是在社会局面最复杂、矛盾斗争最激烈的时期,因民族矛盾、民主与专制对抗的内在交织,为了战时需要而产生一种急功近利、文艺服务于政治的实用美学观。这种美学观念在当时就受到批评,"他们的无产阶级的文学论,是只抓住了一个文学之社会学的或革命意义上的解

---

① [美]费正清、费维恺:《剑桥中华民国史》下册,刘敬坤等译,中国社会科学出版社 1993 年版,第 488 页。

释，而蔑视了文学的本身，那文学之所以成长和存在的心理的因素"①，"所谓艺术理论家都不站在艺术的立场上论艺术，却在什么主义，什么阶级斗争，宣传与政策上面，这种的行为可算对于艺术的强奸了"②。左翼美学在核心理念和推演逻辑上存在较大偏颇，这种不足在左翼文学、电影、戏剧、音乐、美术中都有明显体现。同时，在左翼美学的批评观念和创作实践中，拒斥合理趣味的现象时有发生，再加上对生活感性经验的相对漠视，某些左翼文艺作品具有内涵简单、形象单调、不够精细等明显不足，常常以革命的内容取消了"美"。受新社会科学运动的影响，左翼美学常常以社会科学的概念化图景指导文艺创作实践，"缺乏文学本质的研究，实在是那般无产阶级文学者之对于文学，忽视了心理学的研究方法，而完全应用社会学的方法之故"③，过多摄入社会学知识及其图解形态，最终损害的是文艺美的实现和创造。在左翼美学的发展过程中，国际左翼文艺运动，尤其是苏联文艺政策和做法的影响，发挥了重要作用。左翼美学从"打倒一切"转向"联合一切"，固然是出于对自身情况、前进目标的考量，但明显存在对苏联文艺政策，尤其是拉普文艺理论和做法的亦步亦趋，特别是在框架性问题设定和理论判断上，许多观点是抽象、口号式的，存在简单化、庸俗化、肤浅化的明显不足，并且在中国文坛产生了较大的负面影响。

需要注意的是，对于左翼美学的这些问题，左翼文化界并非没有察觉。相反，通过内部讨论和与外界的频繁论争和沟通，左翼美学在发展过程中也认识到了自身的不足和改进的方向，并在文艺实践中进行了有效调整。这里需要特别提到的是左翼内部的自我批评，最具代表性的当属 1928 年至 1930 年瞿秋白、茅盾、郑伯奇、钱杏邨以华汉《地泉》为范本进行的普罗文艺批评，指出它存在概念主义、脸谱主义、内容空洞、认识片面、艺术性不够等诸多不足。在瞿秋白、鲁迅的领导下，左翼文艺家们纷纷改变创作观念，更加融入底层社会生活，左翼文艺创作技巧得到明显提升。同时，左翼电影在论争中不断提高艺术水准；左翼音乐在更好地理解和把握音乐本质的前提下注重发挥其鼓舞斗志功能；左翼戏剧学习其他剧种经验，致力于提升艺术水准，左翼美术在古今中外的大参照系中不断自我否定与超越，也是改进与调整的典型表现。

① 尹若：《无产阶级文艺运动的谬误》，《现代文化》创刊号，1928 年 8 月 1 日。
② 柳絮：《民众艺术与作家》，南京《现代文化》创刊号，1928 年 8 月 1 日。
③ 尹若：《无产阶级文艺运动的谬误》，《现代文化》创刊号，1928 年 8 月 1 日。

第六章

"三十年代"的美学论争

左翼美学在发展过程中,曾经发起、参与过多次规模大、影响深的论争,构成了"三十年代"现代中国美学论争的主要内容。探讨左翼美学的发展和成熟过程,离不开对这些论争进行专题审视和集中研究。在这些论争中,最具典型性的当属"革命文学"论争,左翼与论语派、新月派、"自由人""第三种人""京派""海派"的论争,电影"软""硬"性质论争,音乐性质和功能论争,"两个口号"论争。考虑"革命文学"与"两个口号"论争更多地发生在左翼内部,左翼与论语派的论争发轫于左翼美学产生之前、论争的广度和影响力相对有限,电影"软""硬"性质论争声势浩大但其影响主要在电影界,因此,本章主要对左翼与新月派、"自由人""第三种人""京派""海派"的论争进行专门研究和具体分析。

第一节 左翼与新月派的"阶级论""人性论"矛盾与论争

以梁实秋为主将的新月派倡导闲适美学,左翼美学强调斗争精神,左翼美学与新月派的冲突与论争体现了"阶级论"与"人性论"艺术主张的直接交锋和根本对峙,二者的美学理念难以调和。

一、 新月派的闲适美学

新月派作为闲适美学思潮的重要流派,因泰戈尔《新月集》而命名,以 1927年为界可以划分为前后两个时期:前期自 1923 年开始,以北京的《晨报副刊·诗镌》为阵地,主要成员包括闻一多、徐志摩、朱湘、饶孟侃、孙大雨等人;后期始于 1927 年,以新月书店、《新月》月刊、《诗刊》季刊为阵地,代表性人物有梁实秋、徐志摩、闻一多、陈梦家、方玮德、卞之琳等。前期新月派提倡创作新格律诗,坚持"理性节制情感"的美学原则,反对滥情主义和诗的散文化倾向,闻一多曾经提出著名的"三美"主张(音乐美、绘画美、建筑美)。后期新月派提出"健康"与"尊严"的原则,坚持超功利、自我表现、贵族化的"纯诗"立场,讲求"本质的醇正、技巧的周密和格律的谨严"。因出现时间相近,后期新月派的许多主张与左翼美学发生过直接交锋,尤以梁实秋与左翼的论争为焦点。

作为著名的散文家、翻译家、文学批评家、英国文学史家,梁实秋给中国文坛留下 2000 多万字的著作,历时 40 年翻译的《莎士比亚全集》产生过重要影响,其莎士比亚研究在中国具有开创之功。他创作的散文集《雅舍小品》曾经创造中国现代散文著作出版数量的最高纪录。他主编了《远东英汉大词典》,出版《浪漫的与古典的》和《文学的纪律》两本文艺批评专著。在文艺思想和美学观念上,梁实秋强调文学对抽象、永恒、超阶级人性的描写,提倡文艺的节制与理性,主张"文学无阶级";批评鲁迅对外国文学作品的"硬译"主张,抵制和批判鲁迅等强调和推崇的苏俄"文艺政策",坚持思想独立和文艺创作自由,强调文学家必须保持自由独立的人格,崇尚闲适美学。梁实秋与鲁迅等左翼作家的论争与笔战,自 1927 年"革命文学"论争开始,直到 1936

年 10 月鲁迅去世，持续八年多时间，这场针锋相对的所谓"对垒式"论战影响深远，不仅波及重庆抗战时期文艺"与抗战无关"的论争，甚至还扩展到文学以外的领域。

二、 冲突与论争的主要表现

左翼美学与新月派的冲突与论争主要表现在文艺功用、性质、创作主体特征、情感与趣味的关系等几个方面，具体情况如下：

第一，在文艺功用上，左翼美学坚持"普罗武器"和"斗争工具"说，强调艺术运动与现实政治的配合，注重发挥阶级文艺的宣传功能；新月派认为，文学并非阶级斗争工具或宣传品，文学的价值由其本身所决定，文学价值具有长远性、广泛性、非功利性。

在左翼美学看来，"普罗文学，它是普罗底一种武器"①，文艺理应发挥斗争武器的现实功用。"我们的艺术是阶级解放的一种武器，又是新人生观新宇宙观的具体的立法者及司法官"②，"无产阶级文学运动却是现实的解放斗争的全体之一部分"③，文艺活动应该有助于人类斗争和阶级解放工作。"艺术运动底结论，是应当与政治合流"④，文艺实践与政治运动具有某种天然的联系，"一切的文学，都是宣传。普遍地，而且不可逃避地是宣传；有时无意识地，然而常时故意地是宣传"。"文学，与其说它是自我的表现，毋宁说它是生活意志的要求。文学，与其说它是社会生活的表现，毋宁说它是反映阶级的实践"⑤，文艺必须发挥宣传政治思想、鼓舞阶级意志的重要作用。与之针锋相对，以梁实秋为代表的新月派作家、理论阵营认为，"'革命的文学'这个名词实在是没有意义的一句空话，并且文学与革命的关系也不是一个值得用全副精神来发扬鼓吹的题目"，文学与革命之间没有内在的天然联系，文学的革命属性挖掘不能覆盖所有、压倒一切，"伟大的文学家足以启发革命运动；革命运动仅能影响到较小的作家"；文学的巨大功能比革命启发作用要大得多，"假如'革命的文学'解释做以文学

---

① 林伯修：《1929 年急待解决的几个关于文艺的问题》，《海风周报》第 12 期，1929 年 3 月 23 日。
② 冯乃超：《怎样地克服艺术的危机》，《创造月刊》第 2 卷第 2 期，1928 年 9 月 10 日。
③ 冯乃超：《文艺理论讲座》，《拓荒者》创刊号，1930 年 1 月 10 日。
④ 沈起予：《艺术运动底根本概念》，《创造月刊》第 2 卷第 3 期，1928 年 10 月 10 日。
⑤ 李初梨：《怎样地建设革命文学》，《文化批判》第 2 号，1928 年 2 月 15 日。

为革命的工具,那便是小看了文学的价值。革命运动本是暂时的变态的,以文学的性质而限于'革命的',是不啻以文学的固定的永久的价值缩减至暂时的变态的程度。文学是广大的;而革命不是永久进行的"①;文学具有超越现实革命的广泛意义和长远价值,"我们不反对任何人利用文学来达到另外的目的,这与文学本身无害的,但是我们不能承认宣传式的文字便是文学",发挥文学功用不能有违文学本质,文学客观上具有宣传作用,但并非宣传文字都是文学,宣传不可侵略文学。在新月派看来,左翼文艺的错误在于,"把阶级的束缚加在文学上面。错误在把文学当做阶级斗争的工具而否认其本身的价值",文学价值具有某种超然独立性、内在涵括性,"无产文学家攻击资产文学的力量实在也是薄弱的很,因为他们只会用几个标语式口号式的名词来咒人,例如'小资产阶级''有闲阶级''绅士阶级''正人君子''名流教授''布尔乔亚'等等,他们从不确定,分析,辨别这些名词的涵意,只以为这些名词有辟邪的魔力,加在谁的头上谁就遭到了打击。这实在是无聊的举动"②。左翼文艺批评带有概念图谱主义、乱贴标签的明显不足,对所谓"资产文学"的批判,缺少深度,带有偏见,常常停留于表面,很难令人信服。

第二,在文艺性质上,左翼美学强调无产阶级文艺绝非"消遣品"或"奢侈品",而是"血与泪的文艺",要"把群众的根本要求为中心";新月派表示,"革命的文学"口号"在文学的了解上是徒滋纷扰",文艺是尊重天才式的个人主义创作,不可能迎合"大多数",文艺没有阶级性。

左翼美学指出,"文学并不是茶余饭后围在火炉旁边的一种消遣品,也不是可有可无不足轻重的一种奢侈品"③,文艺承担着非常重要的社会责任和历史使命,紧密关联"经国之大业,不朽之盛世",不可等闲视之,"我们疮痍满目的社会,决不该有惟美派与颓唐派的文艺,而应该是血与泪的文艺"。④ 在当时中国反帝国主义反殖民主义反封建主义的社会大背景下,文艺尤其应该成为反抗压迫、争取权利的强大工具,而不可逍遥任之,"伟大的文学家的伟大的精神,是要把群众的根本要求为中心的思想而明白地恳切地表现的"⑤,文艺应该成为联

---

① 梁实秋:《文学与革命》,《新月》月刊第 1 卷第 4 期,1928 年 6 月 10 日。
② 梁实秋:《文学是有阶级性的吗?》,《新月》月刊第 2 卷第 6、7 期,1929 年 9 月 10 日。
③ 梓艺:《文学的永远性》,《泰东月刊》第 1 卷第 6 期,1928 年 2 月 1 日。
④ 甘人:《中国新文艺的将来与其自己的认识》,《北新》半月刊第 2 卷第 1 期,1927 年 11 月 1 日。
⑤ 丁丁:《文艺与社会改造》,《泰东月刊》第 1 卷第 4 期,1927 年 12 月 1 日。

系、发动、鼓舞群众的强大武器。与左翼美学的主张针锋相对，新月派指出，"文学是没有阶级性的"，"'革命的文学'这个名词，纵然不必说是革命者的巧立名目，至少在文学的了解上是徒滋纷扰"，革命性不是文学的固有属性，"'大多数的文学'是一个没有意义的名词"，"大多数就没有文学，文学就不是大多数的"，因文艺审美与实践有知识门槛、美学趣味、艺术修养等要求，导致其天然地很难被普通群众所掌握，因为"无论是文学，或是革命，其中心均是个人主义的，均是崇拜英雄的，均是尊重天才的，与所谓的'大多数'不发生若何关系"①，文艺具有浓烈的精英主义、灵感主义色彩。

第三，在文艺创作主体的特征上，左翼美学认为无产阶级艺术家绝非"空想的唯美主义者"，注重艺术家和政治家的心脑相通，要求文艺家感受时代痛苦、发现痛苦根源，用"生花的妙笔"创造"有时代价值的作品"；新月派强调，面对革命，很多伟大文艺家都会经历"富有革命情绪""同情革命""看见群众暴行和血腥""收回同情"的情感转变过程，革命很多时候不是他们的最终归宿。

左翼美学强调，"我们不是空想的唯美主义者，以为艺术是超社会生活的东西，或以为艺术家的创作不受时代的限制……或以为艺术的作品只是自我的表现"②，文艺不是抒发情感、以表胸臆的娱乐消遣工具，"政治家该具有艺术的心，艺术家也该具有政治家的头"③，文艺家应以"政治头脑"来武装和引领艺术创作，真正的文学家"必须有热烈的感情，锐敏的眼光，看清了我们今日所处的时代，感受到时代的痛苦，更发现那痛苦的根源；同时不要懦怯，不要退避，要有一种革命性的反抗热情，将这种热情，用生花的妙笔，传布在文字里，那样你就成功了一篇有时代价值的作品"④，文艺家应该具有反思时代、批判现实、传达革命热情的自觉意识和创作立场。与之迥异，新月派认为，"很多的大文学家，他们的天性过于真挚的，最厌恶虚伪与强暴，所以很富有革命的情绪。对于革命运动起初很表同情，但是到了革命进展之后，看着群众的暴行，对于一切标准的毁灭，纪律的破坏，天才的摧残，他们便要认为这是过度，收回他们的同情"⑤，强调文艺家"革命者"身份的嬗变关系和复杂性，突出文艺家"创作表达"与"现实介

---

① 梁实秋：《文学与革命》，《新月》月刊第 1 卷第 4 期，1928 年 6 月 10 日。
② 蒋光慈：《现代中国文学与社会生活》，《太阳月刊》创刊号，1928 年 1 月 1 日。
③ 冯乃超：《冷静的头脑》，《创造月刊》第 2 卷第 1 期，1928 年 8 月 10 日。
④ 芳孤：《革命的人生观与文艺》，《泰东月刊》创刊号，1927 年 9 月 1 日。
⑤ 梁实秋：《文学与革命》，《新月》月刊第 1 卷第 4 期，1928 年 6 月 10 日。

入""革命行为"的联系与差异,不可简单视之。

第四,在文艺情感和价值上,左翼美学强调革命文艺作品是"极热烈的感情之忠实的表现","政治的急转激变"宣告文艺趣味美学观的彻底破产,"笔""剑"并用是文艺家"最有趣味的生活";新月派指出,文艺的效用在于使人宁静、思考、舒适,不赞成文艺引发"伤感与热狂",强调文艺的集中、节制。

左翼美学认为,"所谓革命的文学是时代的文学,时代的思潮是不可遏抑的,这洪水般的狂澜,泛滥在社会上,自然就会生出一种普遍性的情感;这情感的具体表现,便是革命文学。于此,我们就可以知道革命文学绝对不是矫揉造作,而且是极热烈的感情之忠实的表现"[1],强调文艺描写、记录和推动时代变迁的狂飙功用,"一切以文学为趣味的仁情的欣赏的见解都已经死去了,它的重大的使命已跟着社会斗争的日趋激烈,政治的急转激变而由模糊的笼统的分化了显明了,过去一半从事文学的人他不能跟着这新的激变而完成他的新生命,因此完全表现出他阶级性的犹豫懦弱而甚至于跟着统治阶级反动了"[2],挖掘文艺对于社会进步、政治革命、阶级斗争的推动作用,看重文艺激进、尚力、社会性、介入性的一面,"有笔的时候提笔,有枪的时候提枪。——这是最有趣味的生活"[3],视文艺为作用堪比军事斗争的文化宣传利器。区别于左翼美学,新月派主张,"文学的效用不在激发读者的狂热,而在引起读者的情绪之后,予以和平的宁静的沉思的一种舒适的感觉","文学的力量,不在于开扩,而在于集中;不在于放纵,而在于节制","文学的纪律是内在的节制,并不是外在的权威"[4],强调文艺宁静、闲适、精神性、独立性的一面,"我们不敢赞许伤感与热狂,因为我们相信感情不经理性的清滤是一注恶浊的乱泉,它那无方向的激射至少是一种精力的耗废……我们当然不反对解放情感,但在这头骏悍的野马的身背上我们不能不谨慎的安上理性的鞍索。我们不崇拜任何的偏激,因为我们相信社会的纪纲是靠着积极的情感来维系的,在一个常态社会的天平上,情爱的份量超过仇恨的份量,互相的精神一定超过互害与互杀的动机……我们希望看一个真,看一个正"[5],文艺情感不同于仇恨杀戮、对立性压

---

① 香谷:《关于"革命文学"的几句话》,《泰东月刊》第1卷第4期,1927年12月1日。
② 另境:《文学的历史任务:建设多数文学》,《文化批判》第4号,1928年4月15日。
③ 麦克昂:《英雄树》,《创造月刊》第1卷第8期,1928年1月1日。
④ 梁实秋:《文学的纪律》,《新月》月刊创刊号,1928年3月10日。
⑤ 梁实秋:《〈新月〉的态度》,《新月》月刊创刊号,1928年3月10日。

倒包容性的革命政治情感，文艺理想应该建立在理性、节制、爱的基础之上，是真善美的有机统一体。

三、 简要评价

在左翼美学与各流派、个人的论争中，左翼与新月派之间的论战出现时间最早，延续时间也最长，其影响甚至扩展到一般社会属性、党派主张的论争和辨析领域，这说明这场论争的焦点具有某种社会文化母题的性质，是根本美学主张和核心文艺观点的论争，是针锋相对、很难调和的对垒式论争。

30 年代的美学论争中，基于文艺功用、性质、创作主体、情感、价值等观念和实践的差异和对立，新月派成为左翼文艺和理论阵营重点批判的对象。左翼坚持激进立场，以政治与政党价值为评判标准，强调发挥文艺的现实斗争、宣传动员功能，更多地看重和挖掘文艺的外部功能，并且希望将此种文艺形态规定为向前的、主流的、权威的文艺样式，同时，以主动发声、情绪亢奋的斗争姿态，批判其他类型的文艺样式并贬低乃至否定其作用。这种言说立场和批判架势是咄咄逼人的，反映了在当时社会革命和民族存亡的紧要关头，左翼阵营担负社会责任、试图改变文艺现状的迫切愿望和理论热忱，具有历史进步意义。但左翼过于强调文艺的社会功能、革命作用和现实意义，过于突出文艺与阶级、政治及革命的联系，相对忽略文艺情感抒发、意志描写、宁静闲适的其他特征。毋庸置疑，这是存在巨大偏颇的。

作为论争另一方的梁实秋等新月派人士，从精英主义、创作灵感、思想自由、艺术创新等角度出发，着力强调文艺描写真善美、表现人性的核心功能，突出文艺对现实政治、阶级斗争、社会动员的超越和穿透功能，试图阻断"革命""无产阶级"与"文学"的内在联系，颠覆革命文艺、普罗文艺的学理依据和实践基础，虽然新月派的回应带有某种被迫应战的味道，但它对左翼的批判同样是针锋相对、釜底抽薪、招招要命的，旨在摧毁左翼革命文艺的基本理念和建构基石，这种言说方式就当时社会语境和国际环境来说，带有"稳坐高台""管它冬夏"的怡然自得感和超然享乐味，显得不合时宜。但从文艺的特性和丰富性来看，新月派的美学主张不乏科学性和合理性，在美学学科发展史上尤其具有重要意义。

左翼美学与新月派的冲突和争论,是不同政治意识形态所决定的文学主张的直接碰撞,服务于当时中国文化领导权的实际争夺,是20世纪二三十年代中国思想界、文艺界、美学界的大事,值得后人不断研究和反思。

第二节　聚焦文艺与政治关系的"文艺自由"论辩

在整个中国知识界声讨民族主义文艺运动的紧要关头,左翼美学与"自由人""第三种人"发生激烈论争,历时一年多的"文艺自由"论辩是中国现代文艺史上的重要论争。这场左翼阵营与"自由人"和"第三种人"之间的论争不仅富有相当的理论深度,其最特别之处更在于,双方基本认同马克思主义的立场、原则和观点,属于在马克思列宁主义理论体系中进行的、聚焦文艺与政治关系的思想大论争。基于马克思主义理论不同思想资源的选择、强调和援用,政党身份属性浓郁和自由主义立场明显的两类马克思主义知识分子之间发生了一次文艺观念的正面交锋和深度对话,产生了巨大而深远的影响。

一、 左翼美学与"自由人""第三种人"论争缘起

在20世纪30年代发生的"文艺自由"著名论辩中,"自由人"以胡秋原为首,"第三种人"主要指苏汶。1931年12月25日,胡秋原主编的《文化评论》在上海创刊,胡秋原代表"文化评论社"发表宣言《真理之檄》,首次提出"自由的智识阶级"概念,之后发表《阿狗文艺论——民族文艺理论之谬误》《艺术非至下》《勿侵略文艺》《是谁为虎作伥》《关于文艺之阶级性》《浪费的论争》等文章,打出文艺"自由人"旗号,反对"只准某一种文学把持文坛",引发左翼文坛的激烈批判。当左翼文坛与"自由人"辩论正酣之时,苏汶发表《关于"文新"与胡秋原的文艺论辩》一文,声援胡秋原,表达对左翼文坛的不满,并提出"第三种人"概念,针对瞿秋白、鲁迅、周扬、舒月等人的批评,苏汶又发表《"第三种人"的出路》《答舒月先生》《论文学上的干涉主义》《一九三二年的文艺论辩之清算》等文章,阐述主张,应对辩驳。左翼阵营与"自由人""第三种人"之间,围绕文艺与政治关系这个核心命题,开展激烈辩论。

二、 左翼美学与"自由人""第三种人"论争的主要内容

左翼美学界与"自由人""第三种人"的论争主要围绕文艺与政治的关系展开，同时涉及文艺的真实性、阶级性、立场、任务与功能等几个方面。①

第一，在文艺与政治的关系问题上，"自由人"和"第三种人"反对政治对文艺的过分干涉，否认文艺的绝对政治功利性，胡秋原同时批判民族主义文艺与左翼文艺，苏汶将矛头直指左翼文坛；左翼美学界批评了苏汶"反干涉主义""非政治主义"的文艺观，强调"政治真理"和"文学真理"的内在联系，认为"政治行动"对"艺术行动"具有直接或间接的决定作用。

胡秋原认为，"将艺术堕落到一种政治的留声机，那是艺术的叛徒"②，但他并非彻底抵制利用文艺来达成政治目的，"对于利用艺术为革命的政治手段，并不反对。为什么呢？因为革命是最高利益，不能为艺术障碍革命"③，"我们固然不否认文艺与政治意识之结合"，只不过"那种政治主张，应该是高尚的，合乎时代最大多数民众之需要的"，"那种政治主张不可主观地过剩，破坏了艺术之形式；因为艺术不是宣传，描写不是议论"④，主张政治上抗日与思想上自由的统一。与此类似，"第三种人"苏汶反对将文学完全当成政治留声机，尤其反感以"理论指导大纲"规范文艺创作的"一刀切"做法。他指出，"每当文学做成了某种政治势力的留声机的时候，它便根本失去了做时代的监督那种效能了。它不但不能帮助历史的演化，反之，它是常常做了历史演化的障碍，因为他有时不得掩藏了现实去替这种政治势力粉饰太平"⑤，而"一些官方的批评家讨论着文学创作的问题，根据极精细的政治观点来决定着创作的路径，又规定着一些像'指导大纲'一类的东西"，这些短见的批评家"因为太热衷于政治的原故，又往往会把实际上无害的东西，都神经过敏地认为是有害的"，这些行径实在令人反感。但苏汶也并非完全切断文艺与政治的联系，他认为"干涉在某一个时候也是必

① 黄德志：《左翼对自由人与第三种人的误读》，《中国现代文学研究丛刊》2007 年第 4 期。
② 胡秋原：《阿狗文艺论：民族文艺理论之谬误》，《文化评论》创刊号，1931 年 12 月 25 日。
③ 胡秋原：《浪费的论争》，《现代》第 2 卷第 2 期，1932 年 12 月。
④ 胡秋原：《勿侵略文艺》，《文化评论》第 4 期，1932 年 4 月 20 日。
⑤ 苏汶：《论文学上的干涉主义》，《现代》第 2 卷 1 期，1932 年 11 月。

要的,这就是在前进的政治势力或阶级的敌人也利用了文学来做留声机的时候"①,表示"不反对文学作品有政治目的,但我反对因这政治目的而牺牲真实。更重要的是,这政治目的要出于作者自身的对生活的认识和体验,而不是出于指导大纲","这些作品不是由政治的干涉主义来塑定的;即使政治毫不干涉文学,它们也照样地会产生",②强调文艺生成的自然规律。在左翼美学界看来,"苏汶先生的非政治主义或反干涉主义,是不但反对地主资产阶级的政治势力来利用文艺,并且也反对群众的革命的政治势力来利用文艺,因为他也未能满意这一种政治势力"③,政治好恶影响其文艺与政治关系观。丹仁辩驳道:"一切时代的一切阶级的艺术行动,不过是直接间接地由当时的政治行动所决定的东西;它的客观价值的构成,就看它帮助了那当时的为现在同时也为未来的政治行动多少,把当时的客观现实反映了多少,客观和真理把握住了多少而决定的"④,艺术反映、政治行动与客观真理之间具有内在联系。周杨(周起应)甚至主张,"文学的真理和政治的真理是一个,其差别,只是前者是通过形象去反映真理的。所以,政治的正确就是文学的正确。……作为理论斗争之一部的文学斗争,就非从属于政治斗争的目的,服务于政治斗争的人物之解决不可"⑤,政治对文艺具有重大影响,恰如葛兰西所言,"并不存在任何独立的知识分子阶层;然而,历史上进步阶级的知识分子在特定的环境下具有一种吸引力,致使他们归根结底要以制服其他社会集团的知识分子而告终"⑥,在左翼美学界这里,植根当时的政治文化语境,文艺的政治言说成为压倒一切的逻辑力量。

第一,关于文艺的真实性,"第三种人"主张区分"意识正确不正确""真实不真实",反对"要求作家写理想,不要写现实"的做法,认为存在"客观的真实",致力于表现社会真实这一"唯一的真实",希望艺术家"为着真实而牺牲正确",反对干涉主义对文艺真实性的损害;左翼美学强调,文艺真实是"存在于现实中的客观的真实之表现",苏汶文艺观的错误根源在于,将文艺的真实性和阶级性截然分开。

---

① 苏汶:《论文学上的干涉主义》,《现代》第 2 卷 1 期,1932 年 11 月。
② 苏汶:《论文学上的干涉主义》,《现代》第 2 卷 1 期,1932 年 11 月。
③ 丹仁:《关于"第三种文学"的倾向与理论》,《现代》第 2 卷 3 期,1932 年 11 月 26 日。
④ 丹仁:《关于"第三种文学"的倾向与理论》,《现代》第 2 卷 3 期,1932 年 11 月 26 日。
⑤ 周起应:《文学的真实性》,《现代》第 3 卷第 1 期,1933 年 5 月。
⑥ [意]安东尼奥·葛兰西:《狱中札记》,曹雷雨等译,中国社会科学出版社 2000 年版,第 40 页。

苏汶指出，"官方批评家们好用意识正确不正确这论点来评衡一般的作品，他们是很少从真实不真实这方面去探讨的……这绝对的正确意识，并不是真正作为社会组织的上层建筑而出现，而是一般理论家所塑造出来的……这就是要求作家写理想，不要写现实"，左翼美学界应该区分社会现实和理想规划，"这样地以纯政治的立场来指导文学，是会损坏了文学的对真实的把握的"①。苏汶认为，政治需求与文艺真实之间存在矛盾，"反对干涉主义，要是这种干涉会损害了文学的真实性的话，我们要求真实的文学更甚于那种只在目前对某种政治目的有利的文学，因为我们要求文学能够永远保持着它的对人生的任务"，"艺术家是宁愿为着真实而牺牲正确的；政治家却反之，他往往重视正确而只把真实放到第二的观点上"②，应该将文艺真实摆在最为突出的位置，赋予其核心属性的身份认定，左翼文坛"因为太热忱于目前的某种政治目的这原故，而把文学的更久远的任务完全忽略了。其实，只要作者是表现了社会的真实，而不是粉饰的真实，那便即使毫无煽动的意义也都绝不会是对于新兴阶级的发展有害的……因为这才是唯一的真实"③。在左翼美学看来，文艺真实性与文艺阶级性问题联系紧密，"苏汶先生把文学的真实性和文学的阶级性分开这一事实，这是苏汶先生的一切错误的根源"，因为"文学，和科学，哲学一样，是客观事实的反映和认识，所不同的，只是文学是通过具体的形象去达到客观的真实的。文学的真实，就不外是存在于现实中的客观的真实之表现"④，文艺应该反映包括阶级斗争、社会革命在内的完整社会现实。

第三，对于文艺的阶级性，"自由人"和"第三种人"并不完全否认文艺的阶级性，他们更强调文艺阶级性的复杂内涵，指责左翼文坛对文艺阶级性认识的机械性、片面性、孤立性；左翼美学界强调，文艺"有意的无意的反映着某一阶级的生活"，"文学是阶级的意识形态的反映"，苏汶错误地坚持"革命与文学不能并存论"，他"让文学脱离新兴阶级和群众而自由"，苏汶的理论和倾向具有"反无产阶级的，反革命的性质"，其"阶级的偏见"影响他认识的正确性。

胡秋原并不否认文艺与阶级的关联，"艺术家不是超人，他是社会阶级之

---

① 苏汶：《论文学上的干涉主义》，《现代》第 2 卷 1 期，1932 年 11 月。
② 苏汶：《论文学上的干涉主义》，《现代》第 2 卷 1 期，1932 年 11 月。
③ 苏汶：《"第三种人"的出路》，《现代》第 1 卷第 6 期，1932 年 10 月。
④ 周起应：《文学的真实性》，《现代》第 3 卷第 1 期，1933 年 5 月。

子,他生长熏陶于其阶级意识形态之中,将他的阶级之思想,情绪,趣味,欲求,带进于其艺术之中,是必然的事实"①。他表示,"我们不否认革命的情思是高尚的情思",也承认"一切文学都是有阶级性的",但文艺的阶级性具有异常丰富的内涵,"一篇作品反映其阶级心理,同时反映其时代的一般特征","同一阶级,又表现有不同的层或集团的意识形态","有阶级斗争又有阶级同化","文学上阶级性之流露,常是通过极复杂的阶级心理、社会心理,并在其中发生'屈折'的","从来的文学作家,常大多数是属于中间阶级——小地主阶级、小资产阶级的,因此,他们的阶级性常表现一种动摇与朦胧",②文艺的阶级属性具有丰富性、复杂性、曲折性、变动性等特点,"没有高尚情思的文艺,根本伤于思想之虚伪的文艺,是很少存在之价值的"③,强调文艺的阶级属性必须兼容丰富的情感性、充沛的思想性。

苏汶同样承认文艺的阶级性,承认"在天罗地网的阶级社会里,谁也摆脱不了阶级的牢笼,这是当然的,因此作家也便有意无意地露出了某一阶级的意识形态。文学之有阶级性者,盖在于此"④,但他不同意左翼文坛的阶级性观点,提出"阶级性是否单指那种有目的意识的斗争作用""反映某一阶级的生活的文学是否必然是赞助某一阶级的斗争""是否一切非无产阶级的文学即是掩护资产阶级的文学"这三个问题,并一一予以否定性作答。在他看来,左翼文坛和理论界恰好犯了这些错误,"我们不能进一步说,泄露某一阶级的意识形态就包含一种有目的意识的斗争作用……假定说,阶级性必然是那种有目的意识的斗争作用,那我便敢大胆地说,不是一切文学都是有阶级性的"⑤,在左翼文坛看来,"中立却并不存在,他们差不多是把所有非无产阶级文学都认为是拥护资产阶级的文学了","真正无产阶级的文学,由于几位指导理论家们的几次三番的限制,其内容已缩到了无可再缩的地步。因而许多作家都不敢称赞无产阶级作家,而只以'同路人'自期"⑥,左翼对于文艺阶级性的理解过于简单、机械。

左翼美学界瞿秋白、鲁迅、冯雪峰、周扬、舒月等纷纷发表文章,批驳胡秋

① 胡秋原:《关于文艺之阶级性》,《读书月刊》第 3 卷第 5 期,1932 年 12 月。
② 胡秋原:《浪费的论争》,《现代》第 2 卷第 2 期,1932 年 12 月。
③ 胡秋原:《勿侵略文艺》,《文化评论》第 4 期,1932 年 4 月 20 日。
④ 苏汶:《"第三种人"的出路》,《现代》第 1 卷第 6 期,1932 年 10 月。
⑤ 苏汶:《"第三种人"的出路》,《现代》第 1 卷第 6 期,1932 年 10 月。
⑥ 苏汶:《"第三种人"的出路》,《现代》第 1 卷第 6 期,1932 年 10 月。

原、苏汶关于文艺阶级性的观点。瞿秋白强调，"著作家和批评家，有意的无意的反映着某一阶级的生活，因此，也就赞助着某一阶级的斗争。有阶级的社会里，没有真正的实在的自由。当无产阶级公开的要求文艺的斗争工具的时候，谁要出来大叫'勿侵略文艺'，谁就无意之中做了伪善的资产阶级的艺术至上派的'留声机'"，对阶级意识的反映是文艺的实际效果。他指出，"苏汶先生还嫌胡秋原的自由主义不澈底，他主张把一切群众的新兴阶级的文艺运动，一概归到'非文学'之中去，让文学脱离新兴阶级和群众而自由"，"每一个文学家，不论他们有意的，无意的，不论他是在动笔，或者是沉默着，他始终是某一阶级的意识形态的代表。在这天罗地网的阶级社会里，你逃不到什么地方去，也就做不成什么'第三种人'"。① 鲁迅认为，"自由人""在指挥刀的保护之下，挂着'左翼'的招牌，在马克思主义里发见了文艺自由论，列宁主义里找到了杀尽'共匪'说"，理论资源的实际选用失之偏颇、有违经典，"生在有阶级的社会里而要做超阶级的作家，生在战斗的时代而要离开战斗而独立，生在现在而要做给与将来的作品，这样的人，实在也是一个心造的幻影，在现实世界上是没有的。要做这样的人，恰如用自己的手拔着头发，要离开地球一样"②，"自由人"和"第三种人"的文艺观着实荒唐可笑。冯雪峰认为，"文学的阶级性，以及对于阶级的利益，首先是因为文学是阶级的意识形态的反映"，"苏汶先生的倾向和理论，实在也含着很大的反无产阶级的，反革命的性质的"，"苏汶先生的阶级的偏见，和他所抱的对于现实的态度，妨碍他对于客观的理论的明确的澈底的认识"。③ 周扬强调，真正马克思主义者的行动和理论是不能分离的，"苏汶先生的目的就是要使文学脱离无产阶级而自由，换句话说，就是要在意识形态上解除无产阶级的武装"④，"愈是贯彻着无产阶级的阶级性、党派性的文学，就愈是有客观的真实性的文学"⑤，文艺能够做到党派性要求和真实性原则的有机统一。舒月指出，"因为无阶级性的文学在有阶级的社会里，无论如何是找不出的，只是苏汶先生不能用唯物论者的立场去考察罢了"⑥，苏汶的认识立场完全错误。

① 易嘉：《文艺的自由和文学家的不自由》，《现代》第 1 卷第 6 期，1932 年 10 月。
② 鲁迅：《论"第三种人"》，《现代》第 1 卷第 7 期，1932 年 11 月。
③ 丹仁：《关于"第三种文学"的倾向与理论》，《现代》第 2 卷 3 期，1932 年 11 月 26 日。
④ 周起应：《到底是谁不要真理，不要文艺》，《现代》第 1 卷第 6 期，1932 年 10 月。
⑤ 洛扬：《致文艺新闻的一封信》，《文艺新闻》第 58 号，1932 年 6 月 6 日。
⑥ 舒月：《从第三种人说到左联》，《现代》第 1 卷第 6 期，1932 年 10 月。

第四,在文艺立场上,"自由人"强调自己是"自由的智识阶级""无党无派",坚持"唯物史观",采取自由人的态度立场,"第三种人"自称是"智识阶级的自由人"或"不自由的,有党派的"之外的"第三种人",具体指"欲依了指导理论家们所规定的方针去做而不能的作者之群";左翼美学界强调,"自由人""智识阶级的特殊使命论"的立场是"五四的自由主义的遗毒"所致,胡秋原的理论杂糅"普列汉诺夫和安得列耶夫,艺术至上论派"的观点,视其为攻击普罗文艺运动、"红皮白肉"式的危险敌人,"比民族主义文学者站在更'前锋了'",对他们予以彻底否定。

胡秋原强调,"我们是自由的智识阶级,完全站在客观的立场,说明一切批评一切。我们没有一定的党见,如果有,那便是爱护真理的信心","我并不能主张只准某种艺术存在而排斥其他艺术,因为我是一个自由人"①,"我们无党无派,我们的方法是唯物史观,我们的态度是自由人立场"②。他将马克思主义理论与自由主义主张揉捏、捆绑,以此批判左翼文坛。苏汶指出,"在'智识阶级的自由人'和'不自由的,有党派的'阶级争着文坛的霸权的时候,最吃苦的,却是这两种人之外的第三种人。这第三种人便是所谓作者之群"③,"第三种人"具体指"那种欲依了指导理论家们所规定的方针去做而不能的作者"④,即那些保持政治中立、否认文艺政治功能的一部分小资产阶级知识分子。苏汶判定和放大左翼阵营中政治家群体与作家群体的矛盾,试图挑起左翼内部的争端。围绕文艺立场,瞿秋白、冯雪峰、周扬对胡秋原进行了批判。瞿秋白指出,"'自由人'的立场,'智识阶级的特殊使命论'的立场,正是'五四'的衣衫,'五四'的皮,'五四'的资产阶级自由主义的遗毒。'五四'的民权革命的任务是应当彻底完成的,而'五四'的自由主义的遗毒却应当肃遗"⑤,他号召将"五四"革命进行到底,"红萝卜是一种植物,外面的皮是红的,里面的肉是白的。它的皮的红,正是为着肉的白而红的。这就是说:表面做你的朋友,实际是你的敌人,这种敌人自然更加危险"⑥。瞿秋白指出,与穆时英一样,胡秋原就是这样的危险人物,他坚持

① 胡秋原:《勿侵略文艺》,《文化评论》第 4 期,1932 年 4 月 20 日。
② 胡秋原:《是谁为虎作伥》,《文化评论》第 4 期,1932 年 4 月 20 日。
③ 苏汶:《"文新"与胡秋原的文艺论辩》,《现代》第 1 卷第 3 期,1932 年 7 月。
④ 苏汶:《"第三种人"的出路》,《现代》第 1 卷第 6 期,1932 年 10 月。
⑤ 瞿秋白:《请脱弃"五四"衣衫》,《文艺新闻》第 45 号,1932 年 1 月 18 日。
⑥ 司马今:《财神还是反财神(乱弹)·红萝卜》,《北斗》第 3、4 期合刊,1932 年 7 月 20 日。

"艺术至上"论,反对"阶级文学"理论,并非真正的马克思主义文艺理论家,其主张只不过是"普列汉诺夫和安得列耶夫,艺术至上论派等等"的混杂物,其实质是"百分之一百的资产阶级的自由主义",是"要文学脱离无产阶级而自由,脱离广大的群众而自由"①,不利于左翼文艺运动的发展。冯雪峰认为,胡秋原"不是为了正确的马克思主义的批评而批判了钱杏邨,却是为了反普洛革命文学而攻击了钱杏邨;他不是攻击杏邨个人,而是进攻整个普洛革命文学运动。胡秋原曾以'自由人'的立场,反对民族主义文学的名义,暗暗地实行了反普洛革命文学的任务,现在他是进一步的以'真正马克思主义者应当注意马克思主义的赝品'的名义,以'清算再批判'的取消派的立场,公开地向普洛文学运动进攻,他的真面目完全暴露了"。冯雪峰甚至极端地认为,胡秋原"反对普洛革命文学,已经比民族主义文学者站在更'前锋了'"②,必须注意和清算胡秋原理论的巨大危害。周扬强调,"胡秋原就是在自由主义这个虚伪的招牌底下,很巧妙地拒绝列宁的原则之在文学上的应用的"③,应该予以批判。

第五,就文艺的任务与功能而言,"自由人"和"第三种人"反对左翼文坛把文艺功能局限于斗争工具、批判武器的狭隘认识,指责左翼文人颠倒了武器和艺术的本末次序;左翼美学界认为,文艺"有意的无意的都是宣传",每个文艺家"始终是某一阶级的意识形态的代表",决非"目前主义的功利论者","为着'美'牺牲一切是'第三种人'唯一出路",无产阶级文艺是无产阶级斗争的有力武器。

胡秋原首先承认艺术是一种武器,但他强调,"艺术底武器,本来是通过心理及借助于形象来表现的,只是一种间接的补助的观念的武器","不是普罗文学创造了十月革命,而是十月革命创造了普罗文学"④,批评左翼文坛将其本末倒置;他同时强调,就核心功能而言,"艺术者,是思想感情之形象的表现","艺术只有一个目的,那就是生活之表现、认识与批评"⑤。苏汶也不反对文艺的武器功用说,"我不是说文学绝对没有武器的作用",只不过强调这种作用是有限度、有条件的,"不能整个包括文学的涵意",但"左翼文坛在目前既然拿文艺只当作一种武器而接受;而他们之所以要艺术价值,也无非是为了使这种武器作

---

① 易嘉:《文艺的自由和文学家的不自由》,《现代》第 1 卷第 6 期,1932 年 10 月。
② 丹仁:《"阿狗文艺"论者的丑脸谱》,《文艺新闻》第 58 号,1932 年 6 月 6 日。
③ 洛扬:《致文艺新闻的一封信》,《文艺新闻》第 58 号,1932 年 6 月 6 日。
④ 胡秋原:《关于文艺之阶级性》,《读书月刊》第 3 卷第 5 期,1932 年 12 月。
⑤ 胡秋原:《阿狗文艺论:民族文艺理论之谬误》,《文化评论》创刊号,1931 年 12 月 25 日。

用加强而已：因为定要是好的文艺才是好的武器。除此之外，他们便无所要求于文艺。这无疑是说，除了武器文学之外，其它的文学便什么都不要"①，左翼文坛的这种艺术功用观过于狭隘、太过直接、流于表面。与"自由人"及"第三种人"针锋相对，左翼美学界强调，艺术美是具体的、实践性的，"文艺——广泛地说起来——都是煽动和宣传，有意的无意的都是宣传。文艺也永远是，到处是政治的'留声机'"，在当时的社会环境下尤其应该发挥文艺的现实功用，"他们绝不是什么'目前主义的功利论者'。他们在文艺战线上，一样是为着创造整个的新社会制度——整个的新的宇宙观和人生观而斗争的"②，"无产阶级文学是无产阶级斗争中的有力的武器。无产阶级作家就是用这个武器来服务于革命的目的的战士"③；左翼文艺代表着进步、向前、革命的发展方向，应该鼓励和支持。

三、 简要评价

在这场论争中，左翼美学界坚持"不革命"即"反革命"的"非此即彼"式的绝对斗争思维，视"自由人"与"第三种人"为进攻左翼文坛的敌人。实际上，"文艺自由"论辩当中的"自由人"与"第三种人"在很大程度上是左翼文坛的"同路人"，与国民党的反动御用文人有着天壤之别。胡秋原和苏汶并没有完全否定文艺的阶级性、政治性，胡秋原《阿狗文艺论》旨在揭露"民族文艺理论之谬误"，他对左翼文坛最初的不满更多针对钱杏邨个人。这位被徐复观誉为"今日的梁启超"的"国民党要员"曾经两次冒死掩护和营救瞿秋白、冯雪峰，亦曾加入"中国著作者抗日联合会"并当选为执委，同情左翼文艺运动，批判左翼但"决非存心攻击"。他的思想路径和学术范式经历过"倾心普列汉诺夫之唯物史观"，再至马克思主义唯物史观，后转"自由主义的马克思主义"，又转"新自由主义的人文化史观"，继至"理论历史学"等多次重大嬗变，社会语境关涉性明显，情况比较复杂。胡秋原关于文艺与政治的复杂关系、文艺的独特属性、文艺发展的自由环境等的论述是深刻、合理的，对左翼文坛排他性、宗派性的批判是中肯、准

---

① 苏汶：《"第三种人"的出路》，《现代》第 1 卷第 6 期，1932 年 10 月。
② 易嘉：《文艺的自由和文学家的不自由》，《现代》第 1 卷第 6 期，1932 年 10 月。
③ 周起应：《到底是谁不要真理，不要文艺》，《现代》第 1 卷第 6 期，1932 年 10 月。

确的,他的这种"对着说"与"反着说",而非"跟着说"或"接着说",体现了难得的理论勇气和独特的学术品格。

但是,在左翼文坛屡遭国民党文化围剿、左翼文艺界与民族主义阵营激烈论战的当时,胡秋原的文艺自由观无疑触到了左翼人士的立场痛处,被视为对左联的攻击。受特殊政治文化语境的影响,胡秋原之"学者式的理论"(书斋中的马克思主义)与左翼批评家的"政治家式的策略"被严重对立起来,前者侧重于文艺本体论的思考,后者关注文艺工具论的挖掘。再加上,左翼界有意"误读"和过度诠释了"自由人"与"第三种人"的"作者意图","在更普遍的意义上,内部斗争尽管在原则上是充分独立的,但在根源上总是能与外部斗争——无论是在权力场内部还是从总体上来讲的社会内部的斗争——保持着联系"①,"这极有可能是一种集体性的、刻意的本文'误读',以便唤起左翼作家的集体战斗意识","左翼文坛首先需要内部统一并形成强大的集团力量,以便与国民党右翼话语相抗衡",对"自由人""第三种人"的批判成为一种策略性很强、指向性明确的话语实践活动。②

同时,这场论争也反映了左翼美学和"自由人"与"第三种人"各自的不足。左翼阵营坚持大众文艺立场,重视文艺的阶级性、革命性,相对忽视文艺的人性、艺术性,并且主张以此类主张统领文坛,同一性思维明显。"自由人"和"第三种人"秉持精英文艺立场,追求自由思想和多元创作,主张文艺的艺术性、真实性,相对忽略文艺的社会性、阶级性。事实上,"在同路人,一切是最怕左翼以政治这个家伙捎到文学的领域里来。左翼以政治问题,消极地去裁制非普罗的文学,当然是一种懒惰而放弃了艺术的武器,是非常不行的。但也不见得同路人所设想的那样坏,认为这是毒死了,窒死了,饿死了文学"③,左翼文艺和"自由人"与"第三种人"等同路人的关系问题比较复杂,需要全面探讨和细致分析。

经过这场激烈论辩,左翼和"自由人""第三种人"双方的观点走向"趋同",虽然其核心观点并未能达到真正的一致和相通,但左翼美学界开始反思和实际修正自己当初在文艺与政治关系上的简单看法和不成熟判断。当然,这种改变

---

① ［法］皮埃尔·布迪厄:《艺术的法则:文学场的生成和结构》,刘晖译,中央编译出版社 2001 年版,第158 页。
② 黄德志:《左翼对自由人与第三种人的误读》,《中国现代文学研究丛刊》2007 年第 4 期。
③ 刘微尘:《"第三种人"与"武器文学"》,出处失考,1932 年 11 月 2 日。

的直接动因更多的是中国共产党文艺政策的调整,不能简单地视为"自由人"与"第三种人"主张对左翼的内在说服和重大影响。这种调整主要指张闻天对左翼文坛"关门主义"的批评与反思。1932年11月3日,《斗争》杂志发表张闻天《文艺战线上的"关门主义"》一文,张闻天指出,"中国左翼文艺运动,所以一直到今天没有发展的原因,主要的是我们的右倾消极与左倾空谈","使左翼文学运动始终停留在狭窄的秘密范围内的最大的障碍物,却是'左'的关门主义"。① 受张闻天文章启示和"文委"相关指示,左联党团书记冯雪峰承认左翼文坛的"关门主义"错误,对"自由人"和"三种人"由批判转为视其为"同路人",认为"苏汶先生等现在显然至少已经消极地反对着地主资产阶级及其文学了。因此,我们不把苏汶先生等认为我们的敌人,而是看作应当与之同盟战斗的自己的帮手,我们就应当建立起友人的关系来"。② 同样,胡秋原也表示,"不是反对普罗文学运动,而也从来就没有反对普罗文学运动","对于真正的革命家思想家,我从来就尊敬,对于整个普罗文学运动,也只有无限同情,至于对若干人的不敢佩服,那也不能怪我。而中国左翼文坛是一天一天向比较正确的路线上走,我也是承认的……"③苏汶也强调,"所谓'第三种人'也者,坦白地说,实在是一个被'左倾宗派主义'的铁门弹出来的一个名词,它本来就没有成立的必要和可能。现在时过境迁,这种徒增纠纷的名词实在还不如取消为是"④。左翼界与"自由人""第三种人"的冲突似乎获得了某种和解,双方的文艺观从某种程度上说走向"妥协"。

然而,在论争结束时,苏汶总结了三点收获,"第一,文艺创作自由的原则是一般地被承认了","第二,左翼方面的狭窄的排斥异己的观念是被纠正了","第三,武器文学的理论是被修正到更正确的方向了"⑤,认为自己取得了论辩的胜利,留下了继续讨论的空间,而且这位左翼看重的"同路人"最终转投国民党、偏离了进步文艺事业,这种不光彩某种程度上又增添了重新审视抑或彻底批判的必要。同样,当时的左翼理论界也并没有统一认识。周扬仍然坚持认为"自由人"胡秋原是"文学领域内的社会法西斯蒂",认为他"作了进攻中国普洛革命文

① 歌特:《文艺战线上的"关门主义"》,《斗争》第30期,1932年11月3日。
② 丹仁:《关于"第三种文学"的倾向与理论》,《现代》第2卷第3期,1932年11月26日。
③ 胡秋原:《浪费的论争》,《现代》第2卷第2期,1932年12月。
④ 苏汶:《一九三二年的文艺论辩之清算》,《现代》第2卷第3期,1933年1月。
⑤ 苏汶:《一九三二年的文艺论辩之清算》,《现代》第2卷第3期,1933年1月。

学的比民族主义者还要恶毒的但是同样徒然的企图"，其文艺自由论"不但和马克思主义毫无共同之点，而且这正是百分之百的资产阶级的见解"①。冯雪峰也认为"苏汶先生的倾向和理论，实在也含着很大的反无产阶级的，反革命的性质的，何况对于真的压迫者并不说什么，因为那是真的压迫者，而对于群众，则尽多污蔑，因为能够自由地污蔑"②。如沈从文所指出的，"争斗的延长，无结果的延长，实在可说是中国读者的大不幸。……一个时代的代表作，结起账来若只是这些精巧的对骂，这文坛，未免太可怜了"③。文艺党性原则与反对党性要求之争一直延续到延安整风运动，直至毛泽东《在延安文艺座谈会上的讲话》这一经典文本的出现，才得到较为完满的厘清与解决。

第三节　左翼与京派的"审美化""政治化"论争及其影响

在 20 世纪 30 年代，与左翼文艺同时存在的还有"京派""海派"等大型文艺流派。左翼文艺以阶级斗争、社会革命理论为基础，强调文艺对革命、社会、人生的功用，挖掘文艺介入社会的参与性力量，推崇力量、速度、激情，倡导"立意在反抗，指归在动作"（鲁迅语），内蕴文艺政治化思路。海派文艺强调商业化运作、欲望写作、消费体验附和文艺世俗化思潮。京派文艺同时反对这两种实用性的文艺，倡导真正的"文学自由"，既不为政治所束缚，也不做金钱的奴仆，而是寄情山水乡土、投射作家情感、描写人心、人性、人生，追求"心灵的净土"，慰藉"失落的心情"，从"写实"向"写心"过渡，摹写"情思之美"和"形式之美"，做一个超越实用的诗意个体。京派美学既是对现代政治经济和社会发展模式的批判和反思，又是对现代社会变迁表达出的怀旧感伤和静默坚守，隐含在"感伤"里的却是现代政治无意识，是现代社会的理想叙事和审美幻象，是一种"政治"诗学，它以想象的对抗方式试图重构文艺与社会、文艺与审美的同一性和复杂性。以沈从文为典型，京派对左翼美学进行了激烈而具体的批评，左翼美学的回应则显得笼统、模糊。

---

① 绮影：《自由人文学理论检讨》，《文学月报》第 5、6 号合刊，1932 年 12 月。
② 丹仁：《关于"第三种文学"的倾向与理论》，《现代》第 2 卷 3 期，1932 年 11 月 26 日。
③ 沈从文：《谈谈上海的刊物》，《沈从文文集》第 12 卷，花城出版社 1982 年版，第 177 页。

一、 京派的构成和美学主张

"京派"具有丰富的指涉含义,京派文化、京派作家、京派批评、京派知识分子、京派文人、京派现象等等。正是基于此,学界讨论"京派"问题时,不同学者往往站在不同层面,难以做到真正的内在沟通。本书中的"京派",一方面,基于美学研究的跨学科性、广涉性,主要取"京派知识分子""京派文人"的含义,指涉范围较广。"京派"不仅包含了沈从文、杨振声、卞之琳、朱光潜等一批诗人、小说家、翻译家、文学批评家,而且还包括金岳霖、邓以蛰、林徽因、梁思成等一群哲学家、画家、建筑学家、艺术评论家。从这种意义上说,京派其实并非一个文艺流派,而是一个结构松散的知识分子群体,"京派"的命名更像是一种文学想象。另一方面,基于与左翼美学的对应性、关联性,重点取"京派作家"的含义,兼及其他门类指涉,从这种意义上来说,京派是指 20 世纪 30 年代前后新文学中心南移上海后、继续留在北京活动的自由主义作家群,主要包括沈从文、废名、朱光潜、李健吾、梁宗岱、萧乾、老舍、李长之等人。之所以称之为"京派",是因为他们当时主要在京津两地进行文艺活动,其作品较多在京津刊物发表,主要是《文学杂志》《文学季刊》《大公报·文艺副刊》,其美学理念和艺术风格在本质上较为一致:关注人生,和现实政治斗争、商业时尚文化保持距离,讲求"纯正的文学趣味",强调艺术品位和格调,崇尚"和谐""节制""恰当"的审美原则,虽然身处大都市,却常常描写"乡村中国",热衷于寄情乡土,作品富有文化底蕴和现实生活情怀。

京派美学对一切政治功利、党派活动和文艺的商业化保持足够警觉和较大距离,在剧烈变动的时代中保持自由品格和独立尊严,在纯美的文艺世界中构建自己的人生目标和艺术理想,推崇从容、静穆、幽远、平淡、自然、澄澈的美学理念和审美风格。京派美学追求人性修炼、审美境界,强调"不即不离""若即若离"的艺术创作与美学观,追求田园风光、隐者气度,对文艺的现实社会功用抱持怀疑态度,反对狭隘的文艺工具价值论,强调文艺功能的广义性、心灵化、情感化,视其为"无用之用",不主张文艺对人生的过多干预,强调作家创作的个性和自由,主张生命之美和艺术之美的融为一体,期盼徜徉在美丽、缥缈、澄澈的艺术天地之中,致力于打造圆润、洒脱、自然的艺术风格。

在京派的美学世界中,沈从文、朱光潜、李健吾、萧乾等堪为代表。在苦心经营的"湘西世界"里,沈从文"隐忧"民生现实,追求、建构"美""爱""善",善于将表面的"恶"和内在的"善"结合起来,进行复杂人性的刻画,"从他们龌龊,卑鄙,粗暴,淫乱的性格中;酗酒,赌博,打架,争吵,偷窃,劫掠的行为中,发现他们也有一颗同我们一样的鲜红热烈的心,也有一种同我们一样的人性"①,尤其对"美"更是有着近乎宗教般的狂热追求。朱光潜以"趣味论"为核心,强调美"在文学中的重要不亚于其他艺术"②,特别重视作家的情思之美。借助印象式、感悟式的批评,以"美"为尺度,以"爱"和"同情"为支撑,李健吾热情而直率地肯定、研究沈从文、蹇先艾、芦焚、叶紫、萧军、废名等人的文艺创作,敏锐感知、细腻阐发文本中的"美",挖掘其中的人性美,"一个批评者,穿过他所鉴别的材料,追寻其中人性的昭示。因为他是人,他最大的关心是人"③。寄寓《篱下》,抒发"企图以乡人衬托出都会生活""想望却都寄在乡野"④的心声,萧乾讴歌"乡人""乡野""乡情",由此建构自己的乡村牧歌世界。⑤ 京派美学坚持人文主义关怀、人性的视角,除周作人、废名"审美趣味的个人化色彩相当浓厚",京派美学的"自我表现"趣味不同于创造社作家的强烈个性展示、狂飙突进的宣言呐喊、自我力量的反叛性确证,表现为某种灵动、模糊的审美趣味。

二、 京派与海派论争的简要过程

1933 至 1934 年,京派与海派之间发生激烈论争。作为先导,京派与海派之争中最先登场的是沈从文。1931 年 8 月,他在南京《文艺月刊》发表《窄而霉斋闲话》一文,首次提出京派海派问题,京沪两地都曾居住、生活过的经历使其能够对京派、海派文学进行比较,沈从文对后者的弊端印象尤为深刻。真正引发文坛地震的是沈从文 1933 年 10 月在《大公报·文艺副刊》发表的《文学者的态度》一文,沈从文直指上海文坛"玩票白相"的不良风气。对此,上海文艺界迅速回应,苏汶发表《文人在上海》,认为"海派"一词是对上海文人的恶意称呼,强调

---

① 苏雪林:《沈从文论》,《文学》第 3 卷第 3 号,1934 年 9 月。
② 朱光潜:《与梁实秋先生论"文学的美"》,《朱光潜全集》第 8 卷,安徽教育出版社 1993 年版,第 512 页。
③ 李健吾:《咀华集 咀华二集》,复旦大学出版社 2005 年版,第 122—125 页。
④ 萧乾:《给自己的信》,鲍霁编《萧乾研究资料》,十月文艺出版社 1988 年版,第 309 页。
⑤ 余荣虎:《论京派乡土小说的审美趣味》,《中国现代文学研究丛刊》2012 年第 6 期。

"文人在上海,上海社会的支持生活的困难,自然不得不影响到文人,于是上海的文人,也像其他各种人一样,要钱"①,作家靠卖文为生的理所当然、举世皆然,不应受到责难,"京海"论争由此展开。接着,沈从文《论"海派"》《关于海派》、韩侍桁《论海派文学家》、曹聚仁《京派与海派》《续谈"海派"》、徐懋庸《"商业竞卖"与"名士才情"》、鲁迅《"京派"与"海派"》、胡风《南北文学及其他》《再论京派海派及其他》、姚雪垠《京派与魔道》、青农《谁是"海派"?》、毅君《怎样清除"海派"?》、师陀《"京派"与"海派"》、仰孟的《大学生与海派》等文章纷纷发表,直至1934 年 3 月末,这场热闹的使双方都"灰头土脸"的"京海"论争才基本结束。

在这场论争中,沈从文历数海派文人利用文学发财致富、投机取巧的各种丑恶行径,强调"妨害新文学健康的发展,使文学本身软弱无力,使社会上一般人对于文学失去它必需的认识。且常歪曲文学的意义,使若干正拟从事于文学的青年,不努力写作却先去做作家。便皆为这种海派风气作祟",主张"扫荡这种海派的坏影响"②,要求端正文艺创作态度,致力于提高文学作品的艺术水准。曹聚仁、徐懋庸都以诙谐、轻松、自嘲的笔调为"海派"辩护。曹聚仁强调,"'京派'和'海派'本来是中国戏剧上的名词,京派不妨说是古典的,海派不妨说是浪漫的;京派如大家闺秀,海派则如摩登女郎","若大家闺秀可嘲笑摩登女郎卖弄风骚,则摩登女郎亦可反唇讥笑大家闺秀为落伍","海派文人无一是,固也。然而穿高跟鞋的摩登女郎,在街头往来,在市场往来,在公园往来,她们总是社会的,和社会接触的。那些裹着小脚,躲在深闺的小姐,不当对之有愧色吗",③将京派、海派比喻为各有特色、难判高低的两种风格,反对相互攻击。徐懋庸指出,"文坛上倘真有'海派'与'京派'之别,那末我以为'商业竞卖'是前者的特征,'名士才情'却是后者的特征。海派文人,多半以稿费为第一目的,故'投机取巧''见风转舵'等丑态,诚不能免。京派文人,则或为大学教授,或兼政府官职,凭借官僚机关而生活,基础巩固,薪金丰厚,自不至如海派文人那样之穷形极相,故亦不必'投机''看风'","商人和名士都要钱用。但商人用的钱,是直接地用手段赚来的,名士用的钱,则可来得曲折,从小百姓手中出发,经过无数机

---

① 苏汶:《文人在上海》,《现代》第 4 卷第 2 期,1933 年 12 月。
② 沈从文:《论"海派"》,《大公报·文艺副刊》1934 年 1 月 10 日。
③ 曹聚仁:《京派与海派》,《申报·自由谈》1934 年 1 月 17 日。

关而到名士手中的时候，腥气已完全消失，好像离开厨房较远的人吃羊肉一样"①，以"名士才情"和"商业竞卖"指称两派的风格，强调"商人和名士都要钱用"，区别只在于途径不同而已，不存在伦理道德上的高下之别。

鲁迅、胡风也参加了这场论争。鲁迅强调，"文人之在京者近官，没海者近商，近官者在使官得名，近商者在使商获利，而自己也赖以糊口。要而言之，不过'京派'是官的帮闲，'海派'则是商的帮忙而已"，"在北平的学者文人们，又大抵有着讲师或教授的本业，论理，研究或创作的环境，实在是比'海派'来得优越的，我希望着能够看见学术上，或文艺上的大著作"②，希望京派、海派应对不同的现实情况，发挥自己的优势，除用词一贯的讽刺诙谐外，持论相对公允。对于这场论争，胡风批评为几个小卒在文坛上乱捧乱喝，名之曰"野狐禅"。"野狐而大谈禅理，其理之荒唐可知"，"北地狐多而禅狐少，南方狐少而禅狐多，只看那班人在大谈文学的分类或诗的作法，听者皆系青年，也可仿佛狐禅之一二"③，批评论争行为本身，强调换位思考和融合考量，直接加速了这场论争的结束。

这场论争从侧面反映了京派、海派的诸多特点，如朱光潜所深刻归纳的，京派和海派的区别可用"象牙塔"和"十字街头"来概括。"象牙塔"是京派知识分子构筑的宁静、优雅、清新、自足的美学世界，坚持文学独立、人生艺术化；"十字街头"是海派文人的寄居之地，商业气息、都市体验、浮躁消费之气笼罩其上，据此朱光潜喊出"要时时戒备十字街头的危险，要时时回首瞻顾象牙之塔"④，同时，他将"陈腐""虚伪""油滑"痛斥为"流行文学三弊"。朱光潜对海派文学的这种看法，虽然放大了海派作品的某些不足，一定程度上存在情绪化认知的偏颇，但从整体上有助于把握京派、海派美学的特征和风格。

三、 京派批评左翼美学的主要内容

京派对左翼美学的批评以沈从文为代表，散见于他写作的《政治与文学》《新的文学运动与新的文学观》《文学运动的重造》《作家间需要一种新运动》《白

---

① 徐懋庸：《"商业竞卖"与"名士才情"》，《申报·自由谈》1934 年 1 月 20 日。
② 鲁迅：《"京派"与"海派"》，《申报·自由谈》1934 年 2 月 3 日。
③ 胡风：《再论京派海派及其他》，《申报·自由谈》1934 年 3 月 17 日。
④ 朱光潜：《谈十字街头》，《朱光潜全集》第 1 卷，安徽教育出版社 1987 年版，第 78 页。

话文问题——过去当前和未来检视》《文坛的重建》《纪念五四》《小说作者和读者》《论郭沫若》《郁达夫张资平及其影响》《现代中国文学的小感想》《杂谈六》《十年以后》《论中国创作小说》《禁书问题》等大量文章中。沈从文对左翼文艺的批评并非否定左翼文艺本身,而是对其过度政治倾向的质疑,对其艺术水准不高的指责,相对忽略了左翼文艺的巨大成绩。对于艺术价值高的左翼文艺作品,沈从文是鼓励、欢迎的,他曾说,"容纳左翼作家有价值的作品,以及很公正的批评这类作品。同情他们,替他们说一点公道话"①。但就整体而言,沈从文对左翼文艺更多持批评态度,具体表现在以下几个方面。②

第一,左翼美学追求极端的政治功利,抹杀"文学自由",遗忘真与美。

沈从文指出,"我初不反对人利用这文学目标去达到某一目的,只请他记着不要把艺术的真因为功利观念就忘掉到脑后。政治的目的是救济社会制度的腐化与崩溃,文学却是一个民族的心灵活动,以及代表一个民族心灵真理的寻找"③,文学比政治更具长远生命和根本价值,"文学的结果,若是真在走到真与美的一条路上去的,则我们也应相信文学的思想至少应当把它放在与政治行为上平列。强说归纳到最平常的社会行为里去,作一种工具,这文学很难使人有那伟大信心。这也绝不会伟大的"④;文学绝非普通的社会行为,"文学作家归入宣传部作职员,这是现代政治的悲剧。文学上的自由和民主,绝不是去掉那边限制让我再来统治。民主在任何一时的解释都包含一个自由竞争的原则,用成就和读者对面,和历史对面的原则。文学涉于创作,没有什么人在作品以外能控制他人的权利"⑤;文艺应该享有自己的自由,然而"普罗文学"只是"一个没有作品的政治意识名词"⑥,"文学作品成了政治点缀物,由表现真理而转成解释政策,宣传政策"⑦,政治干涉使其严重异化。事实上,不同于左翼美学界对时代、政治、革命、历史等宏大概念的关注,京派美学格外关注作为个体的人,沈从文的人性小庙"选山地作基础,用坚硬的石头堆砌它。精致、结实、匀称,形体虽小

---

① 沈从文:《上海作家》,《沈从文全集》第17卷,北岳文艺出版社2002年版,第54页。
② 以下归纳借鉴:尹变英:《沈从文对左翼文学的批评》,《重庆师范大学学报》(哲学社会科学版)2012年第4期。
③ 沈从文:《杂谈六》,《沈从文全集》第14卷,北岳文艺出版社2002年版,第68页。
④ 沈从文:《杂谈六》,《沈从文全集》第14卷,北岳文艺出版社2002年版,第69页。
⑤ 沈从文:《政治与文学》,《沈从文全集》第14卷,北岳文艺出版社2002年版,第124页。
⑥ 沈从文:《文坛的重建》,《沈从文全集》第1卷,北岳文艺出版社2002年版,第178页。
⑦ 沈从文:《新的文学运动与新的文学观》,《沈从文全集》第12卷,北岳文艺出版社2002年版,第46页。

而纤巧,是我理想的建筑"①。朱光潜反对中国传统"文以载道"观,倡导"人生艺术化""生活艺术化",强调"文艺自有它的表现人生和怡情养性的功用,丢掉这自家园地而替哲学宗教或政治做喇叭或应声虫,是无异于丢掉主子不做而甘心做奴隶"。② 李健吾表示,"我爱广大的自然和其中活动的各不相同的人性"③,并以此为核心论点开展了大量的文艺批评实践活动。

第二,左翼美学具有浓烈的斗争思维,致力于传播狂热情绪,渲染破坏性后果。

沈从文指出,"读高尔基,或辛克莱,或其他作品,又看看杂志上文坛消息,从那些上面认识一切,使革命的意识从一个传奇上培养,在一个传奇上生存,作者所谓觉悟了,便是模仿那粗暴,模仿那愤怒,模仿那表示粗暴与愤怒的言语与动作。使一个全身是农民的血的佃户或军人,以夸张的声色,在作品中出现,这便是革命文学作品所做的事。又在另一方面,用一种无赖的声色,攻击到另一群人,这成就,便是文学家得意的战绩,非常的功勋。作者中如蒋光慈,批评者中如鲁迅,是那么为人发生兴味的"④,革命文学过于宣扬"粗暴""愤怒","由上海创造社作大本营,挂了尼采式的英雄主义,或波特莱尔的放荡颓废自弃的喊叫,成了到第二次就接受了最左倾的思想的劳动文学的作者集团,且取了进步的姿态,作高速度的跃进。但基础,这些人皆是筑于一个华丽与夸张的局面下,文体的与情绪的,皆仍然不缺少那'英雄的向上'与'名士的放纵'相纠结,所以对于'左倾'这意义,我们从各作者加以检察,似乎就难于随便首肯了"⑤,创造社的左倾、激进令人难以接受,"他们缺少理智,不用理智,才能从一点伟大自信中,为我们中国文学史走了一条新路,而现在,所谓普罗文学,也仍然得感谢这团体的转贩,给一点年青人向前所需要的粮食。在作品上,也因缺少理智,在所损失的正面,是从一二自命普罗作家的作品看来,给了敌对或异己一方面一个绝好揶揄的机缘,从另一面看,是这些人不适于作那伟大运动,缺少比向前更需要认真的一点平凡顽固的力"⑥,普罗文学运动作用有限、效果堪忧。与之比照,

① 沈从文:《沈从文文集》,花城出版社 1984 年版,第 56 页。
② 朱光潜:《自由主义与文艺》,《朱光潜全集》第 9 卷,安徽教育出版社 1993 年版,第 482 页。
③ 李健吾:《李健吾批评文集》,珠海出版社 1998 年版,第 110 页。
④ 沈从文:《现代中国文学的小感想》,《沈从文全集》第 17 卷,北岳文艺出版社 2002 年版,第 78 页。
⑤ 沈从文:《郁达夫张资平及其影响》,《沈从文全集》第 16 卷,北岳文艺出版社 2002 年版,第 168 页。
⑥ 沈从文:《论郭沫若》,《沈从文全集》第 16 卷,北岳文艺出版社 2002 年版,第 46 页。

在沈从文看来,"神圣伟大的悲哀不一定有一滩血一把眼泪,一个聪明的作家写人类痛苦是用微笑来表现的"①,这才是更高的艺术境界,文艺创作"这是一种体操,属于精神或情感内方面的。一种使情感'凝聚成为渊潭,平铺成为湖泊'的体操。一种'扭曲文字试验它的韧性,重摔文字试验它的硬性'的体操"②,艺术表现、美学趣味、灵性文字具有重大意义。

第三,左翼作家大多缺少基本的艺术技巧,创作实践存在不少偏颇之处。

在沈从文看来,就整体而言,"其实正是文学从商业转入政治,'艺术'或'技巧'都在被嘲笑中地位缩成一个零"③,左翼文艺的艺术技巧较低,而从取材、情节、结构、讲故事的技巧、效果、文字等具体角度视之,"单就小说看,取材不外农村贫困,小官僚嘲讽,青年恋爱的小悲剧。作者一种油滑而不落实的情趣,简单异常的人生观,全部明明朗朗反映在作品里。故事老是固定一套,且显出一种特色,便是一贯流注在作家观念中那一种可怕的愚昧。对人事拙于体会,对文字缺少理解。虽在那里写作,对于一个文学作品如何写来方能在读者间发生效果,竟似乎毫不注意,毫不明白。所有工作即或号称是在那里颂扬光明的理想,诅咒丑恶的现实,悲惨的事,便是不知道那个作品本身,就是一种具体的丑恶的现实。作家缺少一个清明合用的脑子,又缺少一枝能够自由运用的笔,结果自然是作品一堆,意义毫无,锅中煮粥,同归糜烂罢了"④。左翼文艺作品质量较低,可以这么说,"作品在文体上无风格无性格可言,这也就是大家口头上喜说'时代'意义。文学在这种时代下,与政治大同小异,就是多数庸俗分子的抬头和成功"⑤,左翼美学为了获得时代意义却忽视了艺术价值。与之形成明显区别,在沈从文的美学世界中,"一切优秀作品的制作,离不了手与心。更重要的,也许还是培养手与心那个'境',一个比较清虚寥廓,具有反照反省能够消化现象与意象的境"⑥,追求审美意境的营造,对美更是有着近乎疯狂、痴迷的追求,"一个人过于爱有生一切时,必因为在一切有生中发现了'美',亦即发现了

---

① 沈从文:《废邮存底·给一个写诗的》,《沈从文全集》第17卷,北岳文艺出版社2002年版,第186页。
② 沈从文:《情绪的体操》,《沈从文全集》第17卷,北岳文艺出版社2002年版,第216页。
③ 沈从文:《短篇小说》,《沈从文全集》第12卷,北岳文艺出版社2002年版,第117页。
④ 沈从文:《作家间需要一种新运动》,《沈从文全集》第17卷,北岳文艺出版社2002年版,第89页。
⑤ 沈从文:《小说作者与读者》,《沈从文全集》第12卷,北岳文艺出版社2002年版,第65页。
⑥ 沈从文:《从徐志摩作品学习"抒情"》,《沈从文全集》第11卷,北岳文艺出版社2002年版,第217页。

'神'"①，"不管是故事还是人生，一切都应当美一些"，"什么叫作真？我倒不大明白真和不真在文学上的区别，也不能分辨它在情感上的区别。文学艺术只有美和不美"②，美成为艺术创作的动力和旨归，具有最高价值。

第四，左翼美学热衷于创作诙谐讽刺体，悲观文体的泛滥、过于急切的社会关怀与介入，不利于"纯正趣味"的打造，左翼独霸文坛的狭隘化更是阻碍新文学的健康发展。

沈从文认为，"鲁迅的悲哀，是看清楚了一切，辱骂一切，嘲笑一切，却同时仍然为一切所困窘，陷到无从自拔的沉闷里去了的"，"许钦文、冯文炳、王鲁彦、蹇先艾、黎锦明、胡也频。各人文字风格均有所不同，然而贯以当时的趣味，却使每个作者皆自然而然写了许多创作，同鲁迅的讽刺作品取同一路线。绅士阶级的滑稽，年青男女的浅浮，农村的愚暗，新旧时代接替的纠纷，凡属作家凝眸着手，总不外乎上述各点"，落入窠臼的讽刺体无助于实际问题的解决。在这方面，受朱光潜"距离"说的启发和影响，李长之的《鲁迅批判》强调，"艺术必须得和现实生活有一点距离，因为，这点距离的所在，正是审美的领域的所在"③。他认为鲁迅原本善写抒情文章，但这类作品却不多，尤其是中后期越来越少，"小半的原因是因为鲁迅碰到要攻击的对象是太多了，他那种激昂的对于社会的关怀遂使得他闲适不得。即是他的杂感，也每每不大从容"④。这种分析完全不同于瞿秋白对鲁迅杂文创作的高度评价和研究逻辑。非但如此，沈从文更为忧心左翼文坛的独霸，"在人人为一种新旧思想冲突中，有那感着政治的嗜好普遍形势时代，谈艺术也得附属于政治下面，这结果，纵有好东西，也不过是也似乎的宣传品罢了，那里能说？然而大家在此时却如此的大喊，要合社会，要合时代思想，还要什么什么。不合则不算。于是刀呀枪呀爱呀打成一片，算是时髦东西，作这个的不论他作得是怎样坏，也认为伟大。也没有所谓深一点的意思在东西里面，只是血或什么的字样倒并不少；正因为这个就算是艺术与人生联成一片了。还有些，则只是口号，也以为是自己在左边走，而其他不喊的则全是坏东西了。把文学观念看作这样惊人的浅薄，是正有着不少的人的。这类人见解高等

---

① 沈从文：《美与爱》，《沈从文全集》第 11 卷，北岳文艺出版社 2002 年版，第 376 页。
② 沈从文：《水云》，《沈从文全集》第 10 卷，花城出版社 1984 年版，第 276 页。
③ 李长之：《鲁迅批判》，上海北新书局 1936 年版，第 47 页。
④ 李长之：《鲁迅批判》，上海北新书局 1936 年版，第 63 页。

一点儿的,也免不了以为不写苦恼惨酷便不算好文章。文章真是这样狭?若果是这样的狭,我想上千年来中外无数的作者大致全是为这范围逼死的"①,附属于政治、好似宣传品、"血"字样不少、口号多等特征明显的左翼文艺统治文坛,绝非好事。

第五,左翼美学援用非民族性的理论资源,不一定有好的发展。

沈从文指出,"正因为便是左翼也还缺少一种具有我们这个民族丰富的历史知识的文学理论者,能作出较有系统的理论与说明,致从事于文学创作的,即欲以唯物论的观念为依据,在接受此观念之际,因理论者的解释识见的不一,致作者对于作品的安排,便依然常有无所适从之概。三数年来的挣扎努力,予反对者以多少借口,予同情者以多少失望,同时又予作家之群以多少的牺牲"。左翼美学缺少能接本土"地气"、便于指导文艺创作的哲学、方法论资源,沈从文指责左翼文艺家"记着'时代',忘了'艺术'",甚而认为大批作者标榜时代精神实际上是为获取商业利益而追逐时髦,故而,"多数人对于左翼文学的明日,感到在希望中光明的缺少。即或从国际方面他们还有可以相互呼应处,在租界上最小范围内他们还依然能够存在,对中国前途的利害,不至于如鸦片烟公然的流行,与其他种种现象的可怕,也是极显然的事情了"②,左翼文艺的流行未必是好事,其发展结果不一定好。

四、 左翼美学对京派批评的回应

针对沈从文对左翼文艺的激烈批评,1935年9月鲁迅写作《七论"文人相轻"——两伤》一文,进行了初步回应。他希望沈从文"该放弃了'看热闹的情趣',加以分析,明白的说出你究以为那一面较'是',那一面较'非'来",强调"至于文人,则不但要以热烈的憎,向'异己'者进攻,还得以热烈的憎,向'死的说教者'抗战。在现在这'可怜'的时代,能杀才能生,能憎才能爱,能生与爱,才能文"③,主张具体分析,推崇文艺的战斗精神。

1937年7月茅盾发表《关于"差不多"》一文,进行了针对性很强的专门回

① 沈从文:《杂谈六》,《沈从文全集》第14卷,北岳文艺出版社2002年版,第68页。
② 沈从文:《禁书问题》,《沈从文全集》第12卷,北岳文艺出版社2002年版,第104页。
③ 鲁迅:《七论"文人相轻":两伤》,《文学》月刊第5卷第4号,1935年10月。

应。首先，在批评视野上，茅盾认为，沈从文的批评态度不友善和缺乏建设性，"取了向人挑战的态度而没有'自剖'的精神"，他"不知道应从新文艺发展的历史过程中去研究'差不多'现象之所由发生"，因而"充满了盲目的夸大"，"盲目，因为他不知道他所'发见'的东西早已成为讨论的对象；夸大，因为在他看来，国内的文艺界竟是黑漆一团，只有他一双炯炯的巨眼在那里关心着。此种闭起眼睛说大话的态度倘使真成为'一种运动'，实在不是文艺界之福"，对于近年来国外先进创作方法资源和书籍的引入，"炯之先生好象全未闻见"，批评缺少根据和公允性。其次，在批评内容上，沈从文"抹煞了新文艺发展之过程，幸灾乐祸似的一口咬住了新文艺发展一步时所不可避免的暂时的幼稚病，作为大多数应社会要求而写作的作家们的弥天大罪，这种'立言'的态度根本不行"，缺少对左翼文艺的细致分析和具体研究，"大概在炯之先生看来，作家们之所以群起而写农村工厂等等，是由于趋时，由于投机，或者竟由于什么政党的文艺政策的发动；要是炯之先生果真如此设想，则他的短视犹可恕，而他的厚诬作家们之力求服务于人群社会的用心，则不可恕"；茅盾指出，沈从文主观设想和轻率猜测的成分较多，因此可以说，"事实不如炯之先生所设想，因而他的格言式的'基本信条'等于没有"，沈从文的批评不符合左翼文坛的实际情况。再次，在文艺成绩上，茅盾强调，在无产阶级文艺发展过程中，"统而观之，则有一事不容抹煞，即作家的视野是步步扩大了"，"新文艺和社会的关系是步步密切了。而这'扩大'这'密切'的原动力，与其说是作家主观的制奇出胜，毋宁说是客观形势的要求"，因此可以说，"新文艺发展的这一条路是正确的；作家们应客观的社会需要而写他们的作品——这一倾向，也是正确的"，应该承认和肯定左翼文艺运动的主要成绩和突出建树，不能持"唯京派第一"的偏狭想法。①

五、 简要评价

不同于沈从文对左翼文坛具体、尖锐、明确的批评，左翼美学对于京派的非议比较笼统、着墨不多。虽然也有针对性较强的往来回复，比如，冯乃超与沈从文的观点博弈、胡风对李长之主张的反驳，但更多的时候，左翼美学界往往是笼

① 茅盾：《关于"差不多"》，《中流》第 2 卷第 8 期，1937 年 7 月 5 日。

统批评京派"不关心现实社会",甚至"对国家民族的前途命运冷淡",而"只专注于象牙塔中的艺术"。在当时的社会文化语境中,这种带有"贴标签"性质的批评往往基于"京派——注重审美——忽视时代精神和逃避社会现实""左翼——重视社会价值、肩负社会责任"的二元对立式惯性思维,并不符合实际情况。其实,京派中的很多人也写过忧国忧民、关心民间疾苦、同情女性和弱小、尊重人性的大量文字,只不过京派多以远离激进政治的温和方式,以营造审美意境、关注个体、尊重人性的具体方式来参与社会变革和文化传承而已。这种思路迥异于左翼界,二者的着眼点不同,各具意义。与左翼美学关注"时代""历史的必然""革命"等宏大叙事、挖掘"社会生活的革命意义"不同,京派更多反映社会生活的丰富性和变动性,更喜欢体味人生的丰富滋味,更善于表现个体的独特感受和审美境界。这是京派与左翼美学的区别及开展论争的出发点和言说依据。

值得注意的是,在论辩氛围浓厚、文艺交流频繁的 20 世纪 30 年代,京派与左翼美学之间的论争和批评,也带来了相互之间的学习和融合,尤其对左翼美学的发展产生了重要的正面影响。以创作体验、读者接受为核心,左翼逐步舍弃"脸谱主义""标语主义""公式主义""直露主义"等创作方法,更加注重从情感体验、审美感受上打动读者,提升作品的艺术价值和冲击力。只不过受当时社会革命形势狂飙突进、文化领导权争夺异常激烈、双方"敌对性"成见较深、政治审判代替学术考量等众多因素的影响,这种对话很难做到不带情绪地从容进行、静心展开,很难做到真正的"自由生发,自由讨论"。①

此外,这场论争除了暴露左翼美学及其文艺创作的若干不足之外,也可以见出当时京派美学自身存在的一些问题。比如,受美学主张和理论视野的偏好及其局限的影响,京派基本否认左翼文艺运动的成绩,有意放大、错误判定左翼文艺的某些不足,对鲁迅、郭沫若等左翼文艺家及其创作成绩评价过低,常怀精英主义的优越感看待文艺发展问题,唯京派独尊,提倡"文艺自由"却难以平等看待其他文艺流派,对马克思主义缺少了解、存在偏见而又缺乏主动学习、研究等等,这些也都是事实。

---

① 黄键:《京派文学批评研究》,北京师范大学 2000 年博士论文,第 118—121 页。

第四节　左翼与海派的"阶级意识""唯美感觉"关联与论争

左翼美学与海派文艺具有千丝万缕的联系，双方的一致性、冲突性因素均不少。左翼美学与海派文艺的冲突与论争具有多重逻辑指涉的鲜明特征，其关系的复杂也推动了二者的反思性总结和融合发展。

一、海派的含义和美学趣味

与"京派"一词类似，"海派"具有丰富的含义，与之关联的表述常有海上画派、海派文学、海派文化、海派美学、海派作家、海派小说、海派音乐、海派电影、海派戏剧等。一般认为，"海派"一词的最初出现，与清末民初的"海上画派"有关，其前身是以董其昌为代表的松江画派。用"海派"来指称上海文艺界，则起源于 20 世纪 20 年代后期新文学中心由北京转移至上海，随着"左联"以及"孤岛文学"的兴起，上海文艺界出现持续繁荣局面。用海派指称文艺流派，最初是包含贬抑之意的，始于挑起"京海之争"的沈从文笔下，后来渐渐使用开去。实际上，与京派一样，海派并不是一个组织严密、主张一致、标举"海派"旗帜的单一性文艺团体。

在本书中，"海派"指代"礼拜六派""现代派""唯美派"、后期创造社宣扬"革命罗曼蒂克"的某些成员、鸳鸯蝴蝶派的部分成员等。其主体是以穆时英、施蛰存、刘呐鸥为代表的"新感觉派"（有时称"现代派"），具有都市体验、商业写作、世俗化、先锋性、注重心理描写等美学特征，代表作品包括穆时英《白金的女体塑像》《公墓》、施蛰存《上元灯》《鸠摩罗什》《将军底头》、刘呐鸥《都市风景线》、张资平《飞絮》《苔莉》、叶灵凤《姊嫁之夜》《女娲氏的遗孽》、徐訏《吉布赛的诱惑》《荒谬的英法海峡》《精神病患者的悲歌》、张爱玲《倾城之恋》《金锁记》等。

作为海派核心的"新感觉派"是 20 世纪第一个被引入中国的现代主义小说流派，主要作家包括穆时英、施蛰存、刘呐鸥、黑婴、禾金等。中国的新感觉派创作深受日本新感觉派作家川端康成、横光利一等人的影响，尤其是吸收了他们的动态化、立体式、感觉外化的行文技法。20 世纪 30 年代的中国社会，阶级矛盾、民族危机空前激化,一批小资产阶级知识分子为填补精神空虚、追求刺激,接受和尝试现代派小说"新、奇、怪"的艺术风格,同时汲取心理分析、意识流、蒙太奇等西欧新兴创作手法的精髓,强调作家的主观感觉,不太注重对客观生活的真切描写,作品带有浓厚的唯美情调,由此形成中国本土特色浓郁的"新感觉派"。所谓新感觉,指将主观感受投射到客观事物上,使主观感觉客体化,生成所谓的"新现实",为了实现这种效果,"新感觉派"作品常常使用怪异的文体、唯美的语言、象征和通感等技法。

二、 左翼与海派的关联及论争的主要表现

与"京海"之争既内在交织又存在较大差异的是,施蛰存、穆时英、刘呐鸥等海派作家与左翼文坛的正面冲突始于左翼与"第三种人"的论争,兼及著名的电影"软""硬"性质之争,其中心话题不是"京海"论争中文艺审美化自律与商业化生存的二元对立之辨,而是更多指向文艺与政治关系的深度思考与创作实践。

在左翼美学与"第三种人"的论争过程中,《现代》主编施蛰存明确表达了对苏汶的支持,从而一定程度上与左翼主张构成冲突。施蛰存强调,"凡进步的作家,不必与政治有直接的关系","我们的进步的批评家都忽视了这事实,所以苏汶先生遂觉得非一吐此久鲠之骨不快了。这篇文章也很有精到的意见,和爽朗的态度"①,并公开认同该期发表的苏汶《论文学上的干涉主义》,意味着对其批评左翼文坛合理性的认可。施蛰存还指出,"苏汶先生送来《一九三二年的文艺论辩之清算》一文,读后甚为快意。以一个编者的立场来说,我觉得这个文艺自由论战已到了可以相当的做个结束的时候。苏汶先生此文恰好使我能借此作一结束的宣告"②,肯定苏汶的总结;针对胡风对苏汶坚持"中间立场"的批判,施蛰存表示,"我对于文艺的见解是完全与苏汶先生没有什么原则上的歧异的"③,声援苏汶。

事实上,在这件事情前后,施蛰存也曾多次陈述自己迥异于左翼文坛的文艺观:在文艺与政治的关系上,施蛰存声称,"我们自己觉得我们是左派,但是左

---

① 施蛰存:《社中日记》,《现代》第 2 卷第 1 期,1932 年 11 月。
② 施蛰存:《社中日记》,《现代》第 2 卷第 3 期,1933 年 1 月。
③ 施蛰存:《社中日记》,《现代》第 2 卷第 5 期,1933 年 3 月。

翼作家不承认我们。我们几个人,是把政治和文学分开的","我们标举的是,政治上左翼,文艺上自由主义"①,"在现代的美国文坛上,我们看到各种倾向的理论、各种倾向的作品都同时并存着","任何一种都没有用政治的或社会的势力来压制敌对或不同的倾向","我们所要学的,却正是那种不学人的、创造的、自由的精神"②,坚持自由主义的文艺观;在文艺创作实践上,受普罗文艺运动席卷中国文坛热潮的鼓舞,施蛰存也曾写过《阿秀》《花》两部短篇小说,但之后"我没有写过一篇所谓普罗小说。这并不是我不同情于普罗文学运动,而实在是我自觉到自己没有这方面发展的可能"③,个中原因在于,"我明白过来,作为一个小资产阶级知识分子,他的政治思想可以倾向或接受马克思主义,但这种思想还不够作为他创作无产阶级文艺的基础"④,这表达了对左翼文艺美学及其阶级基础、核心理念某种程度的疏离;在文艺功用和办刊思想上,施蛰存认为,"文艺的最大功效,就不过是这一点点刺激和兴奋"⑤,因此他"想弄一点有趣味的轻文学"⑥,明确表达对"把杂志对于读者的地位,从伴侣升到师傅"⑦的不满。施蛰存对左翼美学的态度和批判可见一斑。

穆时英与左翼文坛的关系,最能反映左翼美学与海派的关联与论争。"鬼才"作家、"中国新感觉派圣手"穆时英初登文坛,始于1930年2月15日《新文艺》第1卷第6号发表其小说处女作《咱们的世界》,该刊编辑施蛰存"一个能使一般徒然负着虚名的壳子的'老大作家'羞愧的新作家"的激赏评价使穆时英声名大震。随后穆时英发表多部描写底层民众生活的小说,"几乎被推为无产阶级优秀文学的作品","一时传诵,仿佛左翼作品中出了个尖子"。然而,当《被当作消遣品的男子》《空闲少佐》《公墓》等感伤气息明显、颓废色彩突出的新感觉小说问世后,穆时英遭遇瞿秋白、舒月、胡风等左翼美学界的"集团式的批判"。瞿秋白认为,穆时英的作品是"红萝卜","外面的皮是红的,正是为着肉的白而红的。这就是说:表面做你的朋友,实际是你的敌人,这种敌人自然更加危

---

① 施蛰存:《沙上的脚迹》,辽宁教育出版社1995年版,第181页。
② 施蛰存:《现代美国文学专号·导言》,《现代》第5卷第6期,1934年10月。
③ 施蛰存:《我们经营过三个书店》,《新文学史料》1985年第1期。
④ 施蛰存:《沙上的脚迹》,陈子善、徐如麒编《施蛰存七十年文选》,上海文艺出版社1996年版,第56页。
⑤ 施蛰存:《社中谈座》,《现代》第3卷第4期,1933年8月。
⑥ 孔另境:《现代作家书简》,花城出版社1982年版,第79页。
⑦ 施蛰存:《编辑座谈》,《现代》第1卷第1期,1932年5月1日。

险"①,在思想倾向上,穆时英及其作品具有隐蔽性、高危险性。舒月指出,穆时英作品中的人物具有"非常浓重的流氓无产阶级的意识","连社会问题的初步都没有碰到",与真正的普罗文学相比,《南北极》无论在意识,形式,技巧方面,都是失败的"②,穆时英的创作存在明显缺陷。胡风批评穆时英的小说"和一定带有特定阶级的历史特征的活生生的'现实'是无关的","和现实简直牛头不对马嘴"③,穆时英的小说没有反映客观现实。

面对这些批评,穆时英进行了回击和说明。他说,"我是比较爽直坦白的人,我没有一句不可对大众说的话,我不愿意象现在许多人那么地把自己的真正面目用保护色装饰起来,过着虚伪的日子,喊着虚伪的口号……说我落伍,说我骑墙,说我红萝卜剥了皮,说我什么都可以,至少我可以站在世界的顶上,大声地喊'我是忠实于自己,也忠实于人家的人'",强调自身创作对文学真实性的坚守;"记得有一位批评家说我这里的几个短篇全是与生活,与活生生的社会隔绝的东西,世界不是这么的,世界是充满工农大众,重利盘剥,天明、奋斗……之类的。可是,我却就是在我的小说里的社会中生活着的人,里边差不多全部是我亲眼目睹的事。也许是我在梦里过着这种生活,因为我们的批评家说这是偶然,这是与社会隔离的,这是我的潜意识。是梦也好,是偶然也好,是潜意识也好,总之,我不愿意自己的作品受误解,受曲解,受政治策略的排斥"④,表示他关心的只是"应该怎么写",而不是"写什么",似乎对左翼批评意见不以为然,但从再版时增补《偷面包的面包师》《断了条胳膊的人》《油布》这三篇"左翼式"底层小说来看,左翼批评家的所谓"意见"直接影响了穆时英当时的创作选择,其长篇小说《一九三一年》更是明显受到茅盾《子夜》和丁玲《水》的影响。对此,穆时英解释道,"当时写的时候是抱着一种试验及锻炼自己的技巧的目的写的","发表了以后,蒙诸位批评家不弃,把我的意识加以探讨,劝我充实生活,劝我克服意识里的不正确分子,那是我非常感谢的,可是使我衷心地感谢的却是那些指导我在技巧上的缺点的人们"⑤,从中可以看出左翼理念规约对穆时英心理状态和文艺创作的巨大影响,甚至在作为"汉奸"被暗杀前两年的1938年,穆时英仍

① 瞿秋白:《财神还是反财神(乱弹)》,《瞿秋白文集》第1卷,人民文学出版社1985年版,第407页。
② 舒月:《社会渣滓堆的流氓无产者与穆时英的创作》,《现代出版界》第2期,1932年7月。
③ 胡风:《粉饰、歪曲、铁一般的事实》,《文学月报》第1卷第5、6号合刊本,1932年12月。
④ 穆时英:《自序》,《公墓》,上海现代书局1933年版,第2—3页。
⑤ 穆时英:《改订本题记》,《南北极》,上海现代书局1933年版,第1页。

然未能摆脱受左翼思想影响的困惑与焦虑。他说，"终年困扰着我，蛀蠕着我的，在我身体里边的犬儒主义和共产主义，蓝色狂想曲和国际歌，牢骚和愤慨，卑鄙的私欲，和崇高的济世度人的理想，色情和正义感，我的像火烧了的杂货铺似的思想和感情，正和这宇宙一样复杂而变动不居"①，"不站在里边又站在哪儿呢"是穆时英小说主人公潘鹤龄的疑问，更是他自己的困惑。对于穆时英而言，他对左翼文艺既跟随又反感的这种态度，此种融合与疏离生动展现了穆时英对左翼美学的布鲁姆所谓之"影响的焦虑"。②

不仅仅是左翼界批评穆时英的创作，穆时英受其影响对创作进行调整，反过来，穆时英对左翼文坛也多有指责。在《说话与天真》里，穆时英讥笑过左翼文坛极力倡导的大众语。在《伟大与天才》中，穆时英说，"我们的文坛上充斥了喜欢说点空话，来填补文坛空虚的人。这些人反复贩卖各种主义和运动"，"他们既懂文学，又明政治，经济，甚至于……对于每一件事，皆有一大篇说教式的议论。是专家，也是百科全书！他们有着独创的用语，独创的逻辑，由于运用得法，而他们的举动言辞就都成了权威"③，对左翼文艺创作进行冷嘲热讽，做出较低评价。在《文艺画报》创刊号《编者随笔》中，穆时英说，"不够教育大众，也不敢指导（或者该说麻醉）青年，更不想歪曲事实，只是每期供给一点并不怎样沉重的文字和图画，使对文艺有兴趣的读者能醒一醒被其他严重的问题所疲倦了的眼睛，或者破颜一笑，只是如此而已"，与施蛰存一样，穆时英致力于办趣味性强、政治性弱的文艺刊物。在小说《Pierrot》中，穆时英塑造了潘鹤龄这个不为左翼批评家所理解的作家形象，"他们要求我顺从他们，甚至于强迫我，他们给我一个圈子，叫我站在圈子里边，永远不准跑出来，一跑出来就骂我是社会的叛徒，就拒绝我的生存。我为什么要站在他们的圈子里边呢"④，穆时英仿佛借潘鹤龄之口，表达了自己对左翼文坛的不满。

穆时英对左翼美学的专门批评和理论思考还集中表现在电影领域。电影"软硬性质"论争中，穆时英发表了《电影的批评底基础问题》《〈百无禁忌〉与说教式的拟现实主义》《电影艺术防御战——斥掮着"社会主义的现实主义"的招

① 穆时英：《无题》，《大公报》1938年10月16日。
② 陈海英：《"影响的焦虑"：穆时英与30年代左翼文学》，《文艺理论研究》2011年第6期。
③ 穆时英：《伟大与天才》，《穆时英全集》第3卷，十月文艺出版社2008年版，第36页。
④ 穆时英：《Pierrot》，《白金的女体塑像》，上海现代书局1934年版，第211页。

牌者!》《当今电影批评检讨》等多篇文章,针对左翼倡导的"艺术反映客观现实论",穆时英强调,艺术"是人格对于客观存在的现实底情绪的认识,把这认识表现并传达出来,以求引起其他人格对于同一的客观存在的现实获得同一的情绪认识底手段"①,否定左翼理论的权威性和正确性。针对左翼电影美学主张的内容偏重主义、内容决定形式论,穆时英强调形式是划分艺术与非艺术的标志物,彰显形式的重要性。穆时英坚持社会价值和艺术价值相统一的电影价值评价标准,强调"不但要批判作品底社会价值,而且要透过作品底形式去把握它的内容,从它底美学价值底批判上去估计它底社会价值"②,批判左翼电影对社会价值的过分追求、过多强调。

三、　简要评价

左翼美学界与海派之间之所以发生论争,深层原因缘于双方文艺立场、文艺观的对立冲突。以"新感觉派"为代表的海派作家,坚持自由主义的文艺立场,反对文艺的政治功利性,这显然迥异于左翼文艺观,在当时的社会文化语境中,必然不为后者所容。左翼文坛之所以在1931年底开始严厉批判新感觉派,具有多方面的原因。一方面,苏联文艺政策的影响发挥了重要作用。经萧三的介绍,1930年11月在苏联召开的国际革命作家联盟会议精神发表在"左联"机关刊物《文学导报》上。在这次会议上,"拉普"负责人阿维尔巴赫对个人心理主义进行了严厉批判。以心理分析见长的中国新感觉派,自然首当其冲地成为被批判对象,沈起予、楼适夷等人纷纷撰文予以批判。另一方面,"左联"对于文艺领导工作的强化也是重要原因。1931年6月起,瞿秋白开始领导"左联",加强党对文艺领域的领导和干预,更加强调成员的组织纪律性。因而,随着"唯物辩证法创作方法"的推广和应用,"阶级意识"被格外强调,穆时英便因《南北极》不恰当的阶级意识而遭到多方的严厉批评。③

需要注意的是,左翼美学与海派进行论争期间,争辩双方的关系并非水火

---

① 穆时英:《电影批评底基础问题》,《穆时英全集》第3卷,十月文艺出版社2008年版,第169页。
② 穆时英:《电影艺术防御战:斥捅着"社会主义的现实主义"的招牌者!》,《穆时英全集》第3卷,十月文艺出版社2008年版,第235页。
③ 吴述桥:《新感觉派和左翼文学关系再考察》,《中国现代文学研究丛刊》2012年第1期。

不容、形同敌人，而是互有来往、紧密联系的。诸如，"许多重要文章，都先经对方看过"，方便进行充分讨论和有针对性的争辩；尽可能将论辩双方的文章刊载在同一期杂志，以便广大读者对双方观点的准确掌握和详细了解；论辩双方的不少文章均呈送鲁迅审阅，鲁迅进行总结。正是基于此，左翼美学与海派之间的论争总给人"事先策划""有效执行""规划效果"的感觉，论辩双方仿佛是文化领导权争夺中的演员，分别饰演不同的角色，以便引起社会各界的最大关注、求得问题的完满解决，尤其是激发左翼文化界的"集体战斗意识"。这说明在当时的社会文化语境中，不同文艺流派之间的交流和沟通具有相当的有效性和明显的建设性，这种共同、相通的言说空间预设了这类论争的方向和结果，在此前提下，他们的言说、论辩乃至批判共同推动了美学的向前发展和不断走向成熟。

此外，左翼美学与海派论争的影响和意义，不仅仅表现在美学理论和主张的交流、融通上，更是反映在双方文艺创作实践的强化和互补中。通过论争和交流，基于城市现代性和现代主义等共同的基本价值取向，左翼美学与海派之间的融合表现在对都市题材、社会现代性、艺术先锋性的追求以及文艺技巧的互相借鉴等许多方面，大幅推动了各自文艺创作实绩的取得，不同文艺流派间抗衡、共生、互动的复杂关系可见一斑，反过来又说明了论争的必要性和实践性价值。

第七章

《在延安文艺座谈会上的讲话》的文艺观

毛泽东认为:"要使文艺很好地成为整个革命机器的一个组成部分,作为团结人民、教育人民、打击敌人、消灭敌人的有力的武器,帮助人民同心同德地和敌人作斗争。"①在毛泽东看来,文艺批评是文艺界的主要斗争方法之一。1942年,《在延安文艺座谈会上的讲话》出台,随后迅速成为中国现代文艺话语中的主流声音。《讲话》权威性地位的确立,不仅对当时的文艺实践产生了很大影响,也规范了此后文艺发展的主要方向。

---

① 毛泽东:《在延安文艺座谈会上的讲话》,《毛泽东文艺论集》,中央文献出版社 2002 年版,第 49 页。

第一节 《讲话》产生的文化语境

在中国文艺理论发展史上,《在延安文艺座谈会上的讲话》(以下简称《讲话》)的出现并不是一个偶然事件,而是多种因素交织影响下的综合产物。在特定的时代与文化语境下,《讲话》整合了多重话语,呈现出复调性。

一、《讲话》与中国传统文化

《讲话》的出台与毛泽东从小所接受的传统文化熏陶是分不开的。中国传统文化的影响在毛泽东的文艺批评思想的形成中占据着十分重要的地位。国外有学者曾统计过毛泽东著述中的引用数据,发现毛泽东引用最多的是孔子的原话。[①]

毛泽东的传统文化情结要追溯到年少时的教育经历。毛泽东八岁进私塾接受儒家教育,系统熟读了《论语》《孟子》《中庸》和《大学》等经书典籍,这些儒家经典在他的脑海中留下了深刻的印记,并在他的文章中被频频引用。毛泽东还熟读大量中国古代的章回体小说,如《三国演义》《水浒传》《西游记》《说岳全传》等等。毛泽东对中国古典诗词青睐有加,在抗战时期仍然坚持读《唐诗三百首》等。在毛泽东的求学过程中,对他产生深远影响的老师,如毛宇居、杨昌济和袁吉六等,都是在中国传统文化研究上有着深厚造诣的学者。中国传统文化浸润和熏陶着毛泽东,并且化为一种深层心理结构和文化背景,在毛泽东文艺思想的形成和发展中发挥着巨大的作用。

在中国古代文艺批评史上,从政治和功用的角度来论述文艺的观点,比比皆是。传统诗歌的"美刺说"包含了文艺的政治意义,儒家的"厚人伦、美教化、移风俗"的诗教传统要求注重文艺的社会功用性,孔子的"兴观群怨"说也与表达政治意愿有关;曹丕的《典论·论文》称文学是"经国之大业,不朽之盛事",极力宣扬文学的政治功用性;柳宗元主张"文以明道",白居易和元稹主张"文章合

---

① [澳]尼克·赖特:《西方毛泽东研究:分析及评价》,《毛泽东思想研究》1989 年第 4 期。

为时而著，歌诗合为事而作"；唐宋八大家、明代前后七子、清代桐城派也都强调文艺的功用性。在中国古代，文艺往往与政治教化联系在一起，政治性也贯穿于毛泽东的文艺思想及其《讲话》中，这与中国传统文化的教化基调有着一致性。

经世致用精神是中国传统文化，特别是湖湘文化的精髓。从王夫之到魏源、曾国藩、谭嗣同等，他们都是主张经世致用且付诸实践的代表性人物。近代改良派要求对文学进行改良，也是立足于经世致用的目的。毛泽东生长于湖湘大地，湖湘文化力戒空谈虚浮、主张务实躬行、倡导实事求是的学风对毛泽东产生了深刻的影响。梁启超和胡适等学者以更新国民为目的的改良思想也对毛泽东产生了重要影响。在北大期间，毛泽东对胡适的《文学改良刍议》，特别是其中提出的作文"须言之有物""不作无病之呻吟""务去滥调套语""不避俗字俗语"等主张，印象深刻，并在多年以后《反对党八股》的演讲中加以征引和强调。在经世致用思想的影响之下，毛泽东的艺术主张也取得了重要的实际效果，如革命文艺尤其是抗日剧社在群众中起到了很大的宣传作用。

二、《讲话》与中国现代文艺思潮

20 世纪早期，在中国政治局势的影响下，思想界呼吁社会变革，力图挽救民族危亡，五四新文化运动应运而生。这是一场解放国人思想的伟大运动，它承担着思想启蒙的任务，促进了西方思想的传播，也为随后中国革命道路的探索提供了契机。可以说，五四新文化运动促成了新思想的解放，也为后来《讲话》的出台提供了思想基础和准备。

五四新文化运动批判孔孟以来的"文以载道"思想，但否定的并不是"文以载道"这个命题，而是命题中"道"的内容，如陈独秀就认为："'文以载道'之'道'，在主张'载道'的人眼中，'实谓天经地义神圣不可非议之孔道'。"[①]"孔道"是中国文化的核心内容，却是五四新文化运动要打倒的目标。对"文以载道"的批判恰恰体现了新文化运动新的"文以载道"的政治文论观，只不过载的是新文化之"道"而已。

---

① 黄曼君：《中国近百年文学理论批评史》，湖北教育出版社 1997 年版，第 213 页。

1921 年，文学研究会成立，《文学研究会宣言》宣告："将文艺当作高兴时的游戏或失意时的消遣的时代，已经过去了。我们相信文学是一种工作，而且又是于人生很切要的一种工作。"①另一重要文学团体创造社，从前期到后期也逐渐完成了从文学革命到革命文学的转变。1923 年，由共产党人创办的《中国青年》杂志的诞生标志着革命文学的萌芽，革命文学批判"文学无目的论"，要求文学必须坚定地担负起社会革命的重任。

1927 年，大革命失败后，社会政治局势更为严峻，阶级斗争也更为激烈，以左翼文艺运动为标志的无产阶级革命文艺理论开始发展和兴盛。严峻的社会政治局势和激烈的阶级斗争现实，使这个时期的文学批评呈现出政治色彩，涌现出"文学的阶级性色彩""文学的政治功用""文学的党派性"等主张。蒋光慈提出"革命文学是以被压迫的群众作为出发点的文学"，"革命文学是要认识现代的生活，而指示出一条改造社会的新路径"！② 1930 年，中国左翼作家联盟在上海成立，明确提出："中国无产阶级革命文学必须确立新的路线。首先第一个重大的问题，就是文学的大众化。"③在这里，《讲话》所提出的文艺批评"为人民"的服务方向对文学大众化有着内涵的承继性。

20 世纪早期，不少学者表现出对文艺批评中政治视角的偏好。李大钊强调以"爱"和"美"为核心的新文学观。"我们所要求的新文学，是为社会写实的文学，不是为个人造名的文学；是以博爱心为基础的文学，不是以好名心为基础的文学；是为文学而创作的文学，不是为文学本身以外的什么东西而创作的文学。"④在李大钊看来，新文学是内含社会功能和艺术功能的文学，这里的社会功能和艺术功能的统一，如果宽泛地理解的话，也可以看作是道与艺的统一。鲁迅不同意"为艺术而艺术"的纯文学观，主张将文学与思想倾向性、社会功利性和革命战斗性结合在一起，并提出"遵命文学"的主张。

瞿秋白的文艺批评同样立足于政治视域，强调政治性与艺术性的融合。有学者指出："瞿秋白的文艺批评长于阶级分析，富有敏锐的政治洞察力。他习惯于从政治视角切入批评对象，进而进行深入的阶级分析，从中引发出切实的政

---

① 黄曼君：《中国近百年文学理论批评史》，湖北教育出版社 1997 年版，第 302 页。
② 蒋光慈：《关于革命文学》，《太阳月刊》1928 年第 2 期。
③ 《中国无产阶级革命文学的新任务》，《文学导报》1931 年第 8 期。
④ 李大钊：《什么是新文学》，《星期日》社会问题号，1919 年 12 月 8 日。

治论断。他对鲁迅政治思想的评论是如此，对茅盾《子夜》的评论也是如此。他很关注文学作品的艺术性，有很高的艺术鉴赏水平，但他对文学作品艺术性的评析一般都立足于阶级分析。例如，他与茅盾探讨《子夜》中某些情节的具体写法，侧重点就放在怎样更好地表现政治意图上。他对鲁迅杂文的艺术特征的阐扬，也得力于他的政治眼光。"①

20 世纪的中国文艺思想从早期就打上了较为明显的政治烙印，这种将政治使命赋予文艺的倾向对毛泽东文艺思想的形成产生了很大影响。青年毛泽东在与学友的谈论中，也透露出他对改造思想、改造精神和改造国民性的关注。毛泽东挚友张昆弟日记曾记载："毛君润芝云：现在国民思想狭隘，安得国人有大哲学革命家，如俄之托尔斯泰其人，以洗涤国民之旧思想，开发其新思想。"②1919 年，毛泽东在北京大学图书馆工作期间，认识了陈独秀和李大钊两位新文化运动领军人物，他多次在论及文艺批评的文章中提到陈独秀和李大钊等人。陈独秀和李大钊等人文艺批评观中的政治维度，对《讲话》中文艺批评的政治性也产生了一定影响。

早期周扬的文艺批评观也立足于反封建和反资本主义的政治立场，分析作品也大多是从政治视角切入。黄曼君认为："毛泽东《在延安文艺座谈会上的讲话》发表以后，周扬 30 年代文艺思想侧重文艺为政治服务的内核与毛泽东文艺思想紧密结合，发展成相当完备的文艺思想体系。"③在某种意义上，周扬 30 年代的文艺批评观是《讲话》政治话语的先声。政治在 30 年代的左翼文艺理论家那里主要有两层内涵：政党、政体和政治共同体具体的政治主张、策略和措施；生活本质或历史真实。在这里，周扬所言的政治主要侧重的是第一层内涵。

在《讲话》出台之前，文论界发生了"抗战文艺价值和前途"的论争。在抗日战争的背景下，一部分富有爱国热忱的作家出于歌颂伟大民族战争的需要，强调发挥文艺的战斗武器作用，创作了一些牵强附会、空喊口号的粗糙缺乏艺术性的作品，引发了文艺界的批评。1938 年，周扬在《新的现实与文学上的新任务》中指出："单单凭几篇政治论文，剪接新闻上的一些消息，就写成抗战主题的

---

① 黄曼君：《中国近百年文学理论批评史》，湖北教育出版社 1997 年版，第 547—548 页。
② 李锐：《毛泽东同志的初期革命活动》，中国青年出版社 1957 年版，第 78 页。
③ 黄曼君：《中国近百年文学理论批评史》，湖北教育出版社 1997 年版，第 573 页。

作品,那也只会产生出空洞概念、标语口号的东西。"①在周扬看来,作家进步的阶级立场和正确的政治思想是第一位的,而作家的艺术观和艺术修养只是处于附属的地位。批评家应当"把世界观放在第一等重要位置上",作者首先应当形成"一个完整的,各部一致的,没有内在矛盾的世界观"②。与周扬的观点相呼应,茅盾在《论加强批评工作》中批评了把抗战观念"填在人物身上"的"注意写'事'而不注意写'人'"的不良现象。③周扬和茅盾看到了文艺的政治性和艺术性的重要性,他们的观点也可以说是《讲话》文艺批评两个标准论的前奏和先声。

周扬和茅盾的观点在当时并没有受到重视,反而是后来梁实秋的批评言论引发了一场论争。梁实秋认为:"现在抗战高于一切,所以有人一下笔就忘不了抗战。我的意见稍为不同。与抗战有关的材料,我们最为欢迎,但是与抗战无关的材料,只要真实流畅,也是好的,不必把抗战勉强截搭上去。至于空洞的'抗战八股',那是对谁也没有益处的。"④"我相信人生中有许多材料可写,而那些材料不必限于'与抗战有关'的。"⑤梁实秋看到了抗战文艺的不足,但由于他"不必限于与抗战有关"的文艺主张与时代要求有所疏离,遭到了不少人的批评。与他一起提倡"与抗战无关"论而受到批评的还有沈从文。沈从文提出抗战文艺要避免"虚伪""浮夸"的建议,认为"商业与政治是文艺的枷锁,而商业尚能推动文学普及,但'成为政治工具',文学则只能'堕落'"⑥。梁实秋和沈从文的主张,遭到了抗战文艺家们的反驳和批评。在这场论争中,辩论双方所争论的实质问题是文艺应当遵循政治标准还是艺术标准。抗战文艺者坚持政治标准,梁实秋和沈从文坚持艺术标准。这场论争引发了人们对文艺的政治性和艺术性的重新讨论,而《讲话》正是把这两者统一起来,提出了文艺批评的两个标准。

《讲话》与左翼文艺思想的联系主要表现在文艺大众化的问题上。左翼思想家认为,中国无产阶级革命文学的首要问题就是文学的大众化问题。瞿秋白

---

① 黄曼君:《中国近百年文学理论批评史》,湖北教育出版社 1997 年版,第 661 页。
② 周扬:《现代主义论》,《周扬文集》第 1 卷,人民文学出版社 1984 年版,第 159 页。
③ 黄曼君:《中国近百年文学理论批评史》,湖北教育出版社 1997 年版,第 661 页。
④ 梁实秋:《编者的话》,《中央日报》1938 年 12 月 1 日。
⑤ 梁实秋:《与抗战无关》,《中央日报》1938 年 12 月 6 日。
⑥ 沈从文:《文学运动的重造》,《文艺先锋》1942 年第 2 期。

先后发表《普罗大众文艺的现实问题》《论大众文艺》等文,认为革命文艺应当是大众化的文艺,大众文艺"要用劳动群众自己的言语,针对着劳动群众实际生活所需要答复的一切问题……去完成劳动民众的文学革命"①。在讨论中,瞿秋白对"用什么话写,写什么东西,为着什么写,怎么样去写以及要干些什么"等问题进行了回答和阐释,这也可以说是《讲话》所提出的文艺方向的先声。

正是吸引了自五四以来的政治和革命文艺主张,《讲话》将文艺运动作为革命工作的枢纽,对文艺服务的对象以及如何创造大众文艺作了更明确、系统的回应,完成了从大众文艺向工农兵文艺的过渡,在延续文艺为革命服务的问题上进一步强化了文艺的阶级、政治和意识形态属性。

三、《讲话》与马克思主义文论中国化

《讲话》的出台与马克思主义思想的影响是分不开的,它是马克思主义文艺思想中国化的标志性和代表性成果。

《讲话》提出的文艺批评的"两个标准"论可以追溯到马克思主义文艺批评的主要原则:历史观点和美学观点相统一的原则。这一原则最早由恩格斯在《卡尔·格律恩〈从人的观点论歌德〉》中提出。"我们决不是从道德的、党派的观点来责备歌德,而只是从美学和史学的观点来责备他,我们并不是用道德的、政治的、或'人的'尺度来衡量他。"②在谈论歌德及其作品时,恩格斯对文学批评的美学观点和历史观点进行了深入解释,强调他不是从道德的、政治的、或人的尺度来衡量歌德及其作品。"我们并不像白尔尼和门采尔那样责备歌德不是自由主义者,我们是嫌他有时居然是庸人;我们不是责备他没有热心争取德国的自由,而是嫌他由于对当代一切伟大的历史浪潮所产生的庸人的恐惧心理而牺牲了自己有时从心底出现的较正确的美感;我们并不是责备他做过宫臣,而是嫌他在拿破仑清扫德国这个庞大的奥吉亚斯的牛圈的时候竟能郑重其事地替德意志的一个微不足道的小宫廷做些毫无意义的事情和寻找小小的乐趣。"③

---

① 瞿秋白:《瞿秋白文集》第 3 卷,人民文学出版社 1953 年版,第 886 页。
② 《卡尔·格律恩〈从人的观点论歌德〉》,《马克思恩格斯选集》第 4 卷,人民出版社 1972 年版,第 256—257 页。
③ 《卡尔·格律恩〈从人的观点论歌德〉》,《马克思恩格斯选集》第 4 卷,人民出版社 1972 年版,第 257 页。

"歌德在自己的作品中对当时的德国社会的态度是带有两重性的……在他心中经常进行着天才诗人和法兰克福市议员的谨慎的儿子、可敬的魏玛的枢密顾问之间的斗争;前者厌恶周围环境的鄙俗气,而后者却不得不对这种鄙俗气妥协迁就。因此,歌德有时非常伟大,有时极为渺小;有时是叛逆的、爱嘲笑的鄙视世界的天才,有时是谨小慎微、事事知足胸襟狭隘的庸人。"①后来,恩格斯在《致斐迪南·拉萨尔》中明确指出:"我是从美学的观点和历史的观点,以非常高的,即最高的标准来衡量你的作品的。"②

恩格斯文学批评的美学观点和历史观点有着较深的政治内涵。恩格斯称赞维尔特写出了"社会主义的和政治的诗篇",认为他是"德国无产阶级第一个和最重要的诗人"。他的作品有着"值得赞美的坚定信念和令人肃然起敬的对'暴君'的憎恨,同时也描述了他们对于社会关系和政治关系的全部观点"③。在恩格斯那里,用历史的观点来要求、衡量和评价作家作品,应当结合艺术及其所反映出来的社会内容和历史环境。因此,作家在创作时也要顺应和表现进步的历史潮流;而用美学的观点来要求、衡量和评价作家作品,要强调文艺的特殊规律和审美属性,遵循艺术的特殊规律,肯定作品的审美意义和审美价值。

美学的观点和历史的观点也就是《讲话》所主张的政治标准和艺术标准。《讲话》所提出的文艺批评标准,是对马列经典理论家所倡导的美学的观点(艺术性)和历史的观点(思想性)的具体化和中国化。虽然《讲话》的"政治标准"和恩格斯所说的"历史的观点"内涵不尽相同,但其内在精神是一致的。《讲话》的"政治标准"包含浓厚的历史意识,毛泽东把抗日、团结和进步作为当时的政治标准,这一方面与当时延安的政治文化语境相关;另一方面也是为了使文艺能有助于群众改变历史,推动历史的前进。

《讲话》提出的"两个标准"还受到苏联革命文艺话语的影响。卢那察尔斯基认为:"我们在文学批评领域已经创造出巨大珍品,那么这在很大程度上应归功于普列汉诺夫和沃罗夫斯基。"④沃罗夫斯基在《夏娃与江孔达》中认为文艺批评有两个标准:艺术标准和思想标准。"我们评价一部艺术作品,就需要运用两种尺度:第一,它是否符合艺术性的要求,也就是总的来说,它是不是一部真正

---

① 《卡尔·格律恩〈从人的观点论歌德〉》,《马克思恩格斯选集》第4卷,人民出版社1972年版,第256页。
②③ 《致斐迪南·拉萨尔》,《马克思恩格斯选集》第4卷,人民出版社1972年版,第347页。
④ 〔苏〕沃罗夫斯基:《沃罗夫斯基论文学》,人民文学出版社1981年版,第440页。

的艺术作品;第二,它是否贡献出了某种新的、比较高级的东西,所谓新的东西,指的就是它用来丰富文学宝库的那种东西。"①在这里,第一个尺度是指文艺批评中的艺术标准,第二个尺度是指内容,强调的是思想内容方面的标准。

普列汉诺夫在谈到文艺的批评标准时,强调内容与形式的统一。"描绘同构思愈相符合,或者用更普通的话说,艺术作品的形式同它的思想愈相符合,那么这种描绘就愈成功。""在艺术的整个宽广的领域中,都能同样适合地运用我在上面所说的标准:形式和思想完全相一致。"②在强调思想性与艺术性的同时,普列汉诺夫更偏向思想性。"任何一个政权,只要注意到艺术,自然就总是偏重于采取功利主义的艺术观。这也是可以理解的,因为它为了自己的利益就要使一切意识形态都为它自己所从事的事业服务。"③普列汉诺夫坚持认为,绝对的艺术标准是不存在的,因为对艺术的观念认知在历史发展过程中会不断地发生变化。

《讲话》还吸收了马克思主义的现实主义创作理论。在《致斐迪南·拉萨尔》中,恩格斯批评从观念出发的"席勒化"创作倾向,推崇"莎士比亚化",提倡从现实生活出发,按照现实的本来面貌再现现实,不应该为了观念的东西而忘掉现实主义的东西。恩格斯反对从观念出发,把作品中的个人变成时代精神的单纯的传声筒,而是强调坚持现实主义原则,强调革命文艺工作者必须深刻地了解自己的工作对象,要深入人民群众,观察、感受并参与其生活之中的要求,收集一切文学和艺术的原始材料,才能创作出优秀作品。恩格斯对现实主义高度重视,在他看来,无产阶级革命斗争的现实,不允许以任何虚空幻想和浪漫情调代替对实际存在的阶级关系和力量对比的精确分析。革命实践是严峻而现实的,任何不切实际的想法和做法,都可能造成损失或导致失败,因此,对现实关系进行真实描写的文学作品才是真正优秀的文学作品。

《讲话》明确指出:革命的文艺,则是人民生活在革命作家头脑中的反映的产物。文艺作品中反映出来的生活却可以而且应该比普通的实际生活更高,更强烈,更有集中性,更典型,更理想,因此就更带普遍性。④《讲话》对人

---

① [苏]沃罗夫斯基:《沃罗夫斯基论文学》,人民文学出版社 1981 年版,第 55 页。
② [俄]普列汉诺夫:《没有地址的信——艺术与社会生活》,人民文学出版社 1962 年版,第 288—289 页。
③ [俄]普列汉诺夫:《艺术与社会生活》,《普列汉诺夫美学论文集》第2卷,人民出版社1983年版,第830页。
④ 毛泽东:《在延安文艺座谈会上的讲话》,《毛泽东文艺论集》,中央文献出版社 2002 年版,第 63—64 页。

民的生活和面临的现实问题如此看重,是因为革命的文艺应当根据实际生活创造出各种各样的人物来,帮助群众推动历史的前进。《讲话》强调,文艺工作者在创作过程中,必须切实考虑群众的接受程度。文艺工作者的创作作品的实际对象是最广大的人民大众,对于不同层面的人物,需要有不同的创作态度和创作内容。要使接受者的接受水平提高,使接受者的认识达到创作者的理想期待值,就必须将普及和提高相结合,要在普及基础上进行提高,在提高指导下普及。

《讲话》对马克思主义文艺批评的继承,与中国的具体国情相适应,是马克思主义文艺批评中国化的理论成果。在学习马克思主义思想的过程中,毛泽东一直注重将其与中国具体实践相结合。他在《新民主主义的文化》中曾指出:"必须将马克思主义的普遍真理和中国革命的具体实践完全地恰当地统一起来,就是说,和民族的特点相结合,经过一定的民族形式,才有用处,决不能主观地公式地应用它。"①坚持马克思主义文艺理论与中国革命实践相结合,这一方面符合中国在具体时代文艺发展的实际需要;另一方面也极大地促进了中国革命和革命文艺的发展。

四、《讲话》与延安政治文化语境

《讲话》出台前后,中国面临的最大现实是抗日战争。基于延安所面临的时代形势和当时的政治文化语境,《讲话》这部文艺工作的指导性和政策性文件也因而应运而生。

《讲话》产生于1942年的延安,当时中国国内的政治形势相当严峻。抗日革命根据地在1942年接连受到敌军的强烈攻击,民族解放事业备受压力,需要广大人民群众的支持。加强革命队伍的团结,取得革命队伍思想和行动的一致,便成为当时的首要任务。为了解决尖锐的民族矛盾,取得革命事业的胜利,政治需要通过影响和管理文学艺术,使文学艺术运动与当时的革命战争互相结合,更好地团结人民,争取战争的最终胜利。基于此,《讲话》一开始就明确了开

---

① 毛泽东:《新民主主义的文化》,《毛泽东文艺论集》,中央文献出版社2002年版,第42页。

会目的：要使文艺很好地成为整个革命机器的一个组成部分，作为团结人民、教育人民、打击敌人、消灭敌人的有力的武器，帮助人民同心同德地和敌人作斗争。①

　　在内战期间，革命文艺运动配合军事上的反围剿，展开了文化上的反围剿，并取得了不错的成果。在严峻的政治局势中，革命文艺的发展也面临着困境。由于党内出现过几次"左"倾和右倾的错误，革命队伍内部产生了教条主义和宗派主义的思想情绪，影响了革命文艺队伍的团结。当时革命文艺的发展方向和服务对象也不明确，文艺批判和思想斗争缺乏马克思主义指导，自由主义思想泛滥，极大地阻碍了革命文艺的发展。可以说，《讲话》正是顺应这种延安政治文化语境的时势需要而出现的。

　　在毛泽东看来，文学艺术并非现实状况的单向作用，文艺思想是在政治形势的强烈需求下产生的。正是针对国内革命运动和革命文学的发展所面临的这一系列的现实问题，毛泽东试图以此找出方针、政策和办法来，并在延安政治语境的前提下对文学艺术这种意识形态进行讨论和完善，以求得革命文艺对政治局势和革命工作的协助。因此，《讲话》所提出的诸多文艺主张不可避免地带有政治意识形态的印迹。

　　《讲话》受到中国传统思想文化的影响，并将五四以来的革命文艺话语、马克思主义文论话语和中国的政治文化语境有机地结合在一起。多层次的文艺话语构建与特殊的中国经验相结合，最终成为中国现代文艺发展史的主流话语。

第二节　《讲话》文艺观的体现

　　《讲话》将文艺作为革命意识形态的重要构成要素，把文艺与革命工作相联系，将文艺与政治意识形态挂钩，展现了一种独特的政治文艺观。

---

① 毛泽东：《在延安文艺座谈会上的讲话》，《毛泽东文艺论集》，中央文献出版社2002年版，第49页。

一、文艺批评的标准

批评标准是文艺批评的核心,对文艺作品进行评价首先要有一定的批评标准。毛泽东十分重视文艺批评的标准,这在《讲话》中体现得相当明显。

《讲话》提出文艺批评的"两个标准":政治标准和艺术标准。什么是政治标准,"按照政治标准来说,一切利于抗日和团结的,鼓励群众同心同德的,反对倒退、促成进步的东西,便都是好的;而一切不利于抗日和团结的,鼓动群众离心离德的,反对进步、拉着人们倒退的东西,便都是坏的"。[①] 显然,《讲话》中的政治标准将文艺与政治密切结合起来,文艺的政治因素被提升到前所未有的重要地位。在衡量文艺作品时,政治因素起着决定性的作用,文艺作品的好与坏直接与政治目的挂钩。

毛泽东反对将文艺与政治分裂开来,《讲话》强调:"在现在世界上,一切文化或文学艺术都是属于一定的阶级,属于一定的政治路线的。为艺术的艺术,超阶级的艺术,和政治并行或互相独立的艺术,实际上是不存在的。"[②]在《讲话》的话语表述中,文艺不可能超脱于政治的范围之外,虽然文艺与政治同属于上层建筑,但是政治作为经济的集中体现,在所有上层建筑中总是居于主导地位,而文艺等则是处于次要地位。

文艺的意识形态性质也决定了政治对文艺的影响以及文艺对政治的反作用。《讲话》认为:"文艺是从属于政治的,但又反转来给予伟大的影响于政治。"[③]在抗日战争时期,"文艺服从于政治,今天中国政治的第一个根本问题是抗日。"[④]政治对其他意识形态起着重大的甚至决定性的作用,由此不难理解,《讲话》为何要提出以有利于团结抗日为评判准绳的政治标准。从整个社会来说,政治是经济的集中表现;就各个阶级而言,政治与阶级和阶级斗争密切相关。只有通过政治,阶级和群众的需要才能集中地表现出来,一定阶级和群众的经济利益也要靠一定的政治才能得到应有的保证。

---

① 毛泽东:《在延安文艺座谈会上的讲话》,《毛泽东文艺论集》,中央文献出版社 2002 年版,72 页。
② 毛泽东:《在延安文艺座谈会上的讲话》,《毛泽东文艺论集》,中央文献出版社 2002 年版,第 69 页。
③ 毛泽东:《在延安文艺座谈会上的讲话》,《毛泽东文艺论集》,中央文献出版社 2002 年版,第 70 页。
④ 毛泽东:《在延安文艺座谈会上的讲话》,《毛泽东文艺论集》,中央文献出版社 2002 年版,第 71 页。

在提出文艺批评政治标准的基础上,《讲话》进一步对政治标准中的"好坏"进行了说明。在毛泽东看来,"好坏"不能简单地进行区分,"好坏"是"动机"与"效果"的统一。"唯心论者是强调动机否认效果的,机械唯物论者是强调效果否认动机的,我们和这两者相反,我们是辩证唯物主义的动机和效果的统一论者。为大众的动机和被大众欢迎的效果,是分不开的,必须使二者统一起来。为个人的和狭隘集团的动机是不好的,有为大众的动机但无被大众欢迎、对大众有益的效果,也是不好的。检验一个作家的主观愿望即其动机是否正确,是否善良,不是看他的宣言,而是看他的行为(主要是作品)在社会大众中产生的效果。社会实践及其效果是检验主观愿望或动机的标准。"①在这里,《讲话》强调"为大众的动机"和"被大众欢迎的效果"必须统一起来,只有有了"被大众欢迎的效果",才能更好地保证"为大众的动机"的实现。

需要指出的是,毛泽东眼中的政治是与文艺要为人民大众服务的根本原则相一致的。"文艺服从于政治,这政治是指阶级的政治、群众的政治,不是所谓少数政治家的政治。政治,不论革命的和反革命的,都是阶级对阶级的斗争,不是少数个人的行为。革命的思想斗争和艺术斗争,必须服从于政治的斗争,因为只有经过政治,阶级与群众的需要才能集中地表现出来。"②作为中国革命的领导人,毛泽东强调文艺从属于政治,是为了维护国家和政党的统一和对抗敌对力量。在他看来,文艺是整个革命事业的一部分,"是团结人民、教育人民、打击敌人、消灭敌人的有力武器"③。应当说,在民族矛盾尖锐、革命战争频繁的岁月,强调文学的政治引导作用仍然是十分必要的。在这个意义上,《讲话》政治批评标准的提出有其特定的历史背景和时代针对性。

在提出文艺批评的政治标准之后,《讲话》又提出文艺批评的艺术标准:"按着艺术标准来说,一切艺术性较高的,是好的,或较好的;艺术性较低的,则是坏的,或较坏的。这种分别,当然也要看社会效果。文艺家几乎没有不以为自己的作品是美的,我们的批评,也应该容许各种各色艺术品的自由竞争;但是按照艺术科学的标准给以正确的批判,使较低级的艺术逐渐提高成

---

① 毛泽东:《在延安文艺座谈会上的讲话》,《毛泽东文艺论集》,中央文献出版社 2002 年版,第 72—73 页。
② 毛泽东:《在延安文艺座谈会上的讲话》,《毛泽东文艺论集》,中央文献出版社 2002 年版,第 70 页。
③ 毛泽东:《在延安文艺座谈会上的讲话》,《毛泽东文艺论集》,中央文献出版社 2002 年版,第 49 页。

为较高级的艺术,使不适合广大群众斗争要求的艺术改变到适合广大群众斗争要求的艺术,也是完全必要的。"①对于艺术标准,毛泽东认为要将艺术性高低作为衡量优劣的标准。然而何谓艺术性?何谓艺术性高或低?《讲话》并没有展开具体说明。

在文艺批评的两个标准中,《讲话》对政治标准的重视显然更多一点,"任何阶级社会中的任何阶级,总是以政治标准放在第一位,以艺术标准放在第二位的"②。因此,政治标准高于艺术标准。毛泽东在阐释艺术标准时,甚至有时用政治标准干预艺术标准。如在《在鲁迅艺术学院的讲话中》中,毛泽东说:"当然对我们来说,艺术上的政治独立性仍是必要的,艺术上的政治立场是不能放弃的,我们这个艺术学院便是要有自己的政治立场的。我们在艺术论上是马克思主义者,不是艺术至上主义者。"③又说:"一种艺术作品如果只是单纯地记述现状,而没有对将来的理想的追求,就不能鼓舞人们前进。在现状中看出缺点,同时看出将来的光明和希望,这才是革命的精神,马克思主义者必须有这样的精神。"④

尽管毛泽东十分重视政治标准,但我们还是能够在不少地方读到他对艺术性的强调。如论文章气势,"文章须蓄势,河出龙门,一泻至潼关"。⑤ 论艺术表现形式,"艺术的基本原理有其共同性,但表现形式要多样化,要有民族形式和民族风格。一棵树的叶子,看上去是大体相同的,但仔细一看,每片叶子都有不同。有共性,也有个性,有相同的方面,也有相异的方面。这是自然法则,也是马克思主义的法则。作曲、唱歌、舞蹈都应该是这样"。⑥ 论艺术技巧,"我们的许多作家有远大的理想,却没有丰富的生活经验,不少人还缺少良好的艺术技术。这三个条件,缺少任何一个便不能成为伟大的艺术家"。⑦ "至于艺术技巧,这是每个艺术工作者都要学的。因为没有良好的技巧,便不能有力地表现丰富的内容。"⑧由于作品的思想政治倾向总是通过艺术形象表现出来的,出于对效

---

① 毛泽东:《在延安文艺座谈会上的讲话》,《毛泽东文艺论集》,中央文献出版社 2002 年版,第 73 页。
② 毛泽东:《在延安文艺座谈会上的讲话》,《毛泽东文艺论集》,中央文献出版社 2002 年版,第 73 页。
③ 毛泽东:《在鲁迅艺术学院的讲话》,《毛泽东文艺论集》,中央文献出版社 2002 年版,第 15—16 页。
④ 毛泽东:《在鲁迅艺术学院的讲话》,《毛泽东文艺论集》,中央文献出版社 2002 年版,第 16 页。
⑤ 毛泽东:《讲堂录》,《毛泽东早期文稿》,湖南出版社 1990 年版,第 588 页。
⑥ 毛泽东:《同音乐工作者的讲话》,《毛泽东文艺论集》,中央文献出版社 2002 年版,第 146 页。
⑦ 毛泽东:《在鲁迅艺术学院的讲话》,《毛泽东文艺论集》,中央文献出版社 2002 年版,第 18 页。
⑧ 毛泽东:《在鲁迅艺术学院的讲话》,《毛泽东文艺论集》,中央文献出版社 2002 年版,第 20 页。

果的重视,毛泽东提出文艺批评的艺术标准也就自然而然了,因为艺术性的高低将直接影响到文艺作品发挥功用的效果。

对政治标准与艺术标准的关系问题,学者们多有误读。由于《讲话》中有"政治标准放在第一位,艺术标准放在第二位""文艺是从属于政治的"和"文艺为政治服务"的表述,因此一些学者认为《讲话》只重视政治标准,而不重视艺术标准。这种误读在一段时期内给文艺批评的发展带来了不良影响。事实上,虽然《讲话》重视政治标准,但也强调两者的统一。"任何阶级社会中的任何阶级,总是以政治标准放在第一位,以艺术标准放在第二位的。资产阶级对于无产阶级的文学艺术作品,不管其艺术成就怎样高,总是排斥的。无产阶级对于过去时代的文学艺术作品,也必须首先检查它们对待人民的态度如何,在历史上有无进步意义,而分别采取不同态度。"[1]在这里,《讲话》明确了政治标准和艺术标准的"第一位"和"第二位"之分,因此不能只看到政治标准而陷入"唯一论"的误区。艺术标准虽然居于第二位,但并不意味着艺术标准无足轻重。"政治并不等于艺术,一般的宇宙观也并不等于艺术创作和艺术批评的方法。"[2]文艺批评要实现"政治和艺术的统一,内容和形式的统一,革命的政治内容和尽可能完美的艺术形式的统一"[3]。在政治标准与艺术标准的关系中,政治标准和艺术标准都不能缺,既要有思想性,又要有艺术性。这正如毛泽东所言:"《昭明文选》里也有批评,昭明太子萧统的那篇序言里就讲'事出于沈思',这是思想性;又讲'义归乎翰藻',这是艺术性。单是理论,他不要,要有思想性,也要有艺术性。"[4]

强调政治标准和艺术标准的统一性,毛泽东在不同场合均有表述:

> 艺术至上主义是一种艺术上的唯心论,这种主张是不对的。……艺术至上主义者是只注重味道好不好吃,不管有没有营养,他们的艺术作品内容常常是空虚的或者有害的。艺术作品要注重营养,也就是要有好的内容,要适合时代的要求,大众的要求。[5]

---

[1] 毛泽东:《在延安文艺座谈会上的讲话》,《毛泽东文艺论集》,中央文献出版社 2002 年版,第 73—74 页。
[2] 毛泽东:《在延安文艺座谈会上的讲话》,《毛泽东文艺论集》,中央文献出版社 2002 年版,第 73 页。
[3] 毛泽东:《在延安文艺座谈会上的讲话》,《毛泽东文艺论集》,中央文献出版社 2002 年版,第 74 页。
[4] 毛泽东:《同文艺界代表的谈话》,《毛泽东文艺论集》,中央文献出版社 2002 年版,第 175 页。
[5] 毛泽东:《在鲁迅艺术学院的讲话》,《毛泽东文艺论集》,中央文献出版社 2002 年版,第 15—17 页。

我们不但否认抽象的绝对不变的政治标准,也否认抽象的绝对不变的艺术标准,各个阶级社会中的各个阶级都有不同的政治标准和不同的艺术标准。……缺乏艺术性的艺术品,无论政治上怎样进步,也是没有力量的。因此,我们既反对政治观点错误的艺术品,也反对只有正确的政治观点而没有艺术力量的所谓"标语口号式"的倾向。①

太强调革命性而忽视艺术性,认为只要是革命的东西,标语口号式的也好,艺术上不像样子的东西也行。这就把文学艺术降低到和普通东西一样没有区别了,因为别的东西是不采取文学艺术这种艺术形态的。现在强调革命性,就把文学艺术的革命性所需要的艺术形态也不要了,这又是一种偏向。我们只是强调文学艺术的革命性,而不强调文学艺术的艺术性,够不够呢? 那也是不够的,没有艺术性,那就不叫做文学,不叫做艺术。②

《讲话》所提出的政治标准和艺术标准的关系是相辅相成、缺一不可的。任何只讲究政治标准不讲究艺术标准,或只讲究艺术标准不讲究政治标准都不能产生出适应时代要求、对人民有益、受人民欢迎的好作品。任何文艺作品都是二者统一的完整体,是政治(思想)和艺术、内容和形式的水乳交融的统一体。

二、 文艺批评的人民性方向

《讲话》对文艺的服务对象有着明确规定,确立了"文艺为工农兵服务"基本原则。《讲话》提出"为什么人的问题,是一个根本的问题、原则的问题"③,并明确指出:文学批评的指导原则是为人民,"为人民服务"是文艺批评的主要任务。人民是《讲话》文艺观的核心概念,同时也将延安文艺大众化运动推向了新的高潮。

《讲话》明确了人民概念的外延:"最广大的人民,占全人口百分之九十以上的人民,是工人、农民、兵士和城市小资产阶级。"④在明确人民的外延之后,毛泽

---

① 毛泽东:《在延安文艺座谈会上的讲话》,《毛泽东文艺论集》,中央文献出版社 2002 年版,第 73—74 页。
② 毛泽东:《文艺工作者要同工农兵相结合》,《毛泽东文艺论集》,中央文献出版社 2002 年版,第 91 页。
③ 毛泽东:《在延安文艺座谈会上的讲话》,《毛泽东文艺论集》,中央文献出版社 2002 年版,第 60 页。
④ 毛泽东:《在延安文艺座谈会上的讲话》,《毛泽东文艺论集》,中央文献出版社 2002 年版,第 58 页。

东进而对文艺的"为人民"任务进行了规定："我们的文艺，第一是为工人的，这是领导革命的阶级。第二是为农民的，他们是革命中最广大最坚决的同盟军。第三是为武装起来了的工人农民即八路军、新四军和其他人民武装队伍的，这是革命战争的主力。第四是为城市小资产阶级劳动群众和知识分子的，他们也是革命的同盟者，他们是能够长期地和我们合作的。这四种人，就是中华民族的最大部分，就是最广大的人民大众。"①这四种人是《讲话》所强调的人民内涵的命意所指。"我们要为这四种人服务，就必须站在无产阶级的立场上，而不能站在小资产阶级的立场上。"②我们的文艺工作者"一定要把立足点移过来，一定要在深入工农兵群众、深入实际斗争的过程中，在学习马克思主义和学习社会的过程中，逐渐地移过来，移到工农兵这方面来，移到无产阶级这方面来。只有这样，我们才能有真正为工农兵的文艺，真正无产阶级的文艺。"③

《讲话》提出，文艺作品价值的有无与高低，都必须以是否能使人民群众得到真实的利益为评判标准。在这个意义上，文艺批评并非纯粹的统治阶级的政治意识形态，而是群众利益的体现。在这个意义上，文艺批评方向的核心内容是对待人民的态度问题。"某种作品，只为少数人所偏爱，而为多数人所不需要，甚至对多数人有害，硬要拿来上市，拿来向群众宣传，以求其个人的或狭隘集团的功利，还要责备群众的功利主义，这就不但侮辱群众，也太无自知之明了。任何一种东西，必须能使人民群众得到真实的利益，才是好的东西。"④这与《讲话》所论述的文艺要站在人民大众的立场上，为工农兵、城市小资产阶级劳动群众和知识分子服务这一根本方向是一致的。

文艺为何要为人民服务？首先，弄清"为什么人"的问题是为人民服务的前提和基础。《讲话》提倡的文艺是革命的文艺，是站在无产阶级革命立场上的文艺。现阶段的中国新文化，是无产阶级领导的人民大众的反帝反封建的文化，革命文艺也必须是为无产阶级，为人民大众服务的文艺。其次，只有从工农兵出发，才能找到文艺工作的正确方向，只有这样才能创造出人民群众需要的作品，推动人民群众走向团结和斗争，从而更好地协助完成民族解放的任务。最

---

① 毛泽东：《在延安文艺座谈会上的讲话》，《毛泽东文艺论集》，中央文献出版社 2002 年版，第 58 页。
② 毛泽东：《在延安文艺座谈会上的讲话》，《毛泽东文艺论集》，中央文献出版社 2002 年版，第 58 页。
③ 毛泽东：《在延安文艺座谈会上的讲话》，《毛泽东文艺论集》，中央文献出版社 2002 年版，第 60 页。
④ 毛泽东：《在延安文艺座谈会上的讲话》，《毛泽东文艺论集》，中央文献出版社 2002 年版，第 68 页。

后,人民生活是文学艺术原料的矿床,文艺作品"是一定的社会生活在人类头脑中的反映的产物。革命的文艺,则是人民生活在革命作家头脑中的反映的产物……它们是一切文学艺术的取之不尽、用之不竭的唯一的源泉"①。

如何为人民服务?《讲话》从以下几个方面进行了明确规定。

普及和提高。《讲话》总的方针是向工农兵普及,为工农兵提高;总要求是用工农兵自己所需要、所便于接受的东西去普及,立足于工农兵群众的基础,沿着工农兵和无产阶级前进的方向上去提高。毕竟在当时现实条件之下,普及工作相对于提高工作,任务更为迫切。再次,普及和提高不能截然分开,必须是在普及基础上的提高和提高指导下的普及。最后,提高分为直接为群众所需要的提高和干部所需要的提高。

继承和借鉴。《讲话》提到,我们"决不可拒绝继承和借鉴古人和外国人,哪怕是封建阶级和资产阶级的东西",我们需要继承中国和外国所遗留下来的文学艺术遗产和文学艺术传统,但是不能"毫无批判的硬搬和模仿"②;对于过去时代的文艺形式,我们要加以改造,加进新的内容,变成革命的为人民服务的东西。

到群众中去。《讲话》遵循着"为人民"的根本原则,强调革命的文艺工作者"必须到群众中,必须长期地无条件地全心全意地到工农兵群众中去,到火热的斗争中去,到唯一的最广大最丰富的源泉中去,观察、体验、研究、分析一切人,一切阶级,一切群众,一切生动的生活形式和斗争形式,一切文学和艺术的原始材料,然后才有可能进入创作过程"③。文艺工作者首先要与群众打成一片,要加强和人民群众的联系。毛泽东认为,一切文艺的专家同志都应该和在群众中做文艺普及工作的同志们发生密切的联系,一方面帮助他们,指导他们,一方面又向他们学习,从他们当中吸收养料,把自己充实和丰富起来,以免使自己立于脱离群众、脱离实际经验的空中楼阁之中。

典型化的创作方法。《讲话》用六个"更"字突出文学艺术塑造现实典型的创作方式。如生活中一方面是人们受饿、受冻、受压迫,一方面是人剥削人、人压迫人,这个事实到处存在着,人们也看得很平淡。但文艺创作应当把这种日

---

① 毛泽东:《在延安文艺座谈会上的讲话》,《毛泽东文艺论集》,中央文献出版社2002年版,第63页。
② 毛泽东:《在延安文艺座谈会上的讲话》,《毛泽东文艺论集》,中央文献出版社2002年版,第63页。
③ 毛泽东:《在延安文艺座谈会上的讲话》,《毛泽东文艺论集》,中央文献出版社2002年版,第64页。

常现象集中起来，使其中的矛盾和斗争典型化，创造有典型意义的文学作品或艺术作品，这样就能使人民群众惊醒起来，感奋起来。

《讲话》指出："一切革命的文学家艺术家只有联系群众，表现群众，把自己当作群众的忠实的代言人，他们的工作才有意义。"①文艺工作者要想写出群众所急需的和容易接受的文化知识和文艺作品，必须联系群众，了解人民群众的丰富的生动的语言，投入群众活动中去，和工农兵大众的思想感情打成一片，亲身观察、体验、分析、总结，将自己作为群众的代言人，揭露人民群众所面临的典型而又残酷的社会现实和阶级矛盾，展现群众的面貌和心理，赞扬、歌颂群众的劳动和斗争，以此提高人民的斗争热情和胜利信心，加强他们的团结，便于他们同心同德地去和敌人作斗争。

在《同文艺界代表的谈话》中，毛泽东总结了当时的三类文艺批评："一类是抓到痒处，不是教条的，有帮助的；一类是隔靴搔痒，空空泛泛，从中得不到帮助的，写了等于不写；一类是教条的，粗暴的，一棍子打死人，妨碍文艺批评开展的。"②毛泽东认为，在这三类批评中，真正有利于人民的，能对人民有所帮助的，只有第一类。立足于人民是毛泽东文艺观的批评方向和宗旨，人民的缺点应当进行批评，但这种批评"必须是真正站在人民的立场上，用保护人民、教育人民的满腔热情来说话。如果把同志当作敌人来对待，就是使自己站在敌人的立场上去了"③。例如在谈到文艺界批评王蒙时，毛泽东指出："从批评王蒙这件事情来看，写文章的人也不去调查研究王蒙这个人有多高多大，他就住在北京，要写批评文章，也不跟他商量一下，你批评他，还是为着帮助他嘛！要批评一个人的文章，最好跟被批评人谈一谈，把文章给他看一看，批评的目的，是要帮助被批评的人。"④

为了提倡文艺批评"为人民"服务，《讲话》还对当时流行的一些文艺观点进行了批评，如"文艺的任务在于暴露"的观点，"'从来文艺的任务就在于暴露。'这种讲法和前一种一样，都是缺乏历史科学知识的见解"⑤。在毛泽东看来，文艺的任务并不仅仅在于暴露，因为"对于革命的文艺家，暴露的对象，只能是侵

① 毛泽东：《在延安文艺座谈会上的讲话》，《毛泽东文艺论集》，中央文献出版社 2002 年版，第 67 页。
② 毛泽东：《同文艺界代表的谈话》，《毛泽东文艺论集》，中央文献出版社 2002 年版，第 173 页。
③ 毛泽东：《在延安文艺座谈会上的讲话》，《毛泽东文艺论集》，中央文献出版社 2002 年版，第 77 页。
④ 毛泽东：《同文艺界代表的谈话》，《毛泽东文艺论集》，中央文献出版社 2002 年版，第 173 页。
⑤ 毛泽东：《在延安文艺座谈会上的讲话》，《毛泽东文艺论集》，中央文献出版社 2002 年版，第 76 页。

略者、剥削者、压迫者及其在人民中所遗留的恶劣影响,而不能是人民大众。人民大众也是有缺点的,这些缺点应当用人民内部的批评和自我批评来克服,而进行这种批评和自我批评也是文艺的最重要任务之一①。因此,以人民为本位,"一切危害人民群众的黑暗势力必须暴露之,一切人民群众的革命斗争必须歌颂之,这就是革命文艺家的基本任务"②。"无论高级的或初级的,我们的文学艺术都是为人民大众的,首先是为工农兵的,为工农兵创作,为工农兵所利用的。"③

文艺批评"为人民"服务的方向,决定了文艺的评价标准以及文艺工作者的出发点和落脚点。以人民性为本位,《讲话》将文艺工作者、文学创作、文艺批评与人民群众紧密地结合,以此带动革命文艺的发展,团结革命力量,促进革命事业的发展和人民的解放。

三、 文艺的意识形态性

《讲话》要求文艺运动与革命战争相互结合,以及文艺工作者与人民群众的结合,其最终的落脚点还是在于文艺运动对革命战争的辅助作用之上。《讲话》将文艺工作者的自身问题置于需要解决的问题前列,从阶级性立场、人民性方向、政治话语建构等方面强调了文艺的意识形态性。

强调文艺的阶级性,这是《讲话》意识形态性的主要表现。《讲话》受苏联革命文艺的影响很深,如"文艺事业是整个革命事业的一部分""文艺为人民服务"等观点,均源于 1905 年 11 月载于俄国《新生活报》的《党的组织和党的出版物》。此文最早在 1926 年的《中国青年》上刊登过选译本。1936 年鲁迅所编瞿秋白的译文集《海上述林》收录了《文艺理论家的普列哈诺夫》一文,其中引用了列宁的这篇文章。1942 年,博古为了当时延安"文艺座谈会"的讨论需要,又重新编译发表了这篇文章。在《讲话》中,毛泽东对列宁的文艺思想进行大量引述,可见《讲话》受苏联革命文艺话语的影响之大。

列宁在《党的组织和党的出版物》中首次提出"党的出版物的原则"的口号,

①② 毛泽东:《在延安文艺座谈会上的讲话》,《毛泽东文艺论集》,中央文献出版社 2002 年版,第 76 页。
③ 毛泽东:《在延安文艺座谈会上的讲话》,《毛泽东文艺论集》,中央文献出版社 2002 年版,第 67 页。

把文学艺术视为革命利益的必然要求。毛泽东继承了列宁的文学党性原则，强调了文学是革命事业的一部分，是为工农兵服务的。作为马克思主义的拥护者，毛泽东认为："革命文艺是整个革命事业的一部分，是齿轮和螺丝钉，……对于整个革命事业不可缺少的一部分。"①《讲话》还强调："党的文艺工作，在党的整个革命工作中的位置，是确定了的，摆好了的；是服从党在一定革命时期内所规定的革命任务的。"②毛泽东确定了党的文艺在革命工作中的重要意义，进而批判小资产阶级的文艺观，强调党对思想文化和文艺工作的领导。

《讲话》强调文艺工作者的阶级性立场，认为阶级立场决定艺术立场。《讲话》主张对不同的人采取不同态度，如对于日本帝国主义和一切人民的敌人，革命文艺工作者的任务是暴露他们的残暴和欺骗，并指出他们必然失败的趋势，鼓励抗日军民同心同德，坚决地打倒他们。而对于统一战线中各种不同的同盟者，则应该是有联合有批评：他们的抗战，我们是赞成的，如果有成绩，我们也是赞扬的；但是如果抗战不积极，我们就应该批评；如果有人要反共反人民，要一天一天走上反动的道路，那我们就要坚决反对。至于对人民群众，对人民的劳动和斗争，对人民的军队，人民的政党，我们当然应该赞扬。③ 在《讲话》中，有利于人民群众的军队、政党和联合者，才是革命的文艺工作者歌颂的对象；只有积极参与抗战的同盟者才是我们需要赞扬的对象。文艺工作的对象是工农兵和干部，《讲话》特别指出，文艺工作者要学习马克思列宁主义和进入社会，要同工人农民和革命军战士的思想感情打成一片。

《讲话》认为，从阶级立场和政治立场出发，是开展文艺工作的前提和基础，也成为解决文艺态度、工作对象、工作、学习等各种问题的出发点。《讲话》强调："在现在世界上，一切文化或文学艺术都是属于一定的阶级，属于一定的政治路线的。为艺术的艺术，超阶级的艺术，和政治并行或互相独立的艺术，实际上是不存在的。"④"你是资产阶级文艺家，你就不歌颂无产阶级而歌颂资产阶级。你是无产阶级文艺家，你就不歌颂资产阶级而歌颂无产阶级和劳动人民，二者必居其一。"⑤革命文艺应当是"为人民大众"服务的文艺，是为工人、农民、

---

① 毛泽东：《在延安文艺座谈会上的讲话》，《毛泽东文艺论集》，中央文献出版社2002年版，第70页。
② 毛泽东：《在延安文艺座谈会上的讲话》，《毛泽东文艺论集》，中央文献出版社2002年版，第69页。
③ 毛泽东：《在延安文艺座谈会上的讲话》，《毛泽东文艺论集》，中央文献出版社2002年版，第50页。
④ 毛泽东：《在延安文艺座谈会上的讲话》，《毛泽东文艺论集》，中央文献出版社2002年版，第69页。
⑤ 毛泽东：《在延安文艺座谈会上的讲话》，《毛泽东文艺论集》，中央文献出版社2002年版，第77页。

兵士和城市小资产阶级等革命力量重要组成部分的人民服务的文艺。在阶级社会里,文艺作品是社会生活在作家头脑中反映的产物,必然要表现作者的思想感情和阶级立场,带有一定的阶级倾向性。

《讲话》反对"封建的、资产阶级的、小资产阶级的、自由主义的、个人主义的、虚无主义的、为艺术而艺术的、贵族式的、颓废的、悲观的以及其他种种非人民大众非无产阶级的创作情绪"①。《讲话》批判超阶级的人性和超阶级的爱,认为"在阶级社会里,也只有阶级的爱,但是这些同志却要追求什么超阶级的爱,抽象的爱,以及抽象的自由、抽象的真理、抽象的人性等等"②。"没有抽象的人性。在阶级社会里就是只有带着阶级性的人性,而没有什么超阶级的人性……现在延安有些人们所主张的作为所谓文艺理论基础的'人性论'……这是完全错误的。"③显然,《讲话》的这些表述是对当时自由派美学思想的批驳,也与当时的左翼思想家们的文艺观有着共通性。

除了强调阶级性,《讲话》坚持人民本位的唯物史观,强调以人民为本位,站在人民的立场上,肯定人民是历史的主体和创造者。《讲话》继承和坚持马克思主义的人民性思想和五四以来的人民性方向,建立了一种"为人民"的文艺观,并对人民这个概念进行了细化和明确。《讲话》提出革命的文艺工作者要站在无产阶级的立场上,为最广大的人民——工农兵和城市小资产阶级服务,最终的落脚点则是为革命事业服务。《讲话》将"为人民"和"如何为人民"视为解决文艺工作问题的中心和关键,这是革命文艺的大众化路线讨论的延续,也是延安政治和文艺工作所面临的文化语境体现。

《讲话》更多是想解决延安文艺工作者的问题,解决阵营内的文艺工作者的问题,以及解决文艺界统一战线内部工作者的问题。因此,在文艺的大众化路线上,《讲话》强调对人民的缺点应耐心地教育,帮助其改正和提高。如果说左翼思想家对文艺大众化的提倡是为了求得新兴资产阶级的解放的话,《讲话》对文艺路线的强调则是为了团结人民,最终的落脚点也是为革命和政

---

① 毛泽东:《在延安文艺座谈会上的讲话》,《毛泽东文艺论集》,中央文献出版社 2002 年版,第 79 页。
② 毛泽东:《在延安文艺座谈会上的讲话》,《毛泽东文艺论集》,中央文献出版社 2002 年版,第 54 页。
③ 毛泽东:《在延安文艺座谈会上的讲话》,《毛泽东文艺论集》,中央文献出版社 2002 年版,第 74—75 页。

治服务,两者都具有较强的政治目的和意识形态性。在左翼美学文艺大众化的基础上,《讲话》实现了大众文艺创作方向向工农兵文艺创作方向的过渡。

《讲话》的意识形态性还体现在文艺批评的政治话语建构上。《讲话》强调,文艺服从于政治,建立党对文艺的领导权,要用到斗争方法,主要形式便是文艺批评。《讲话》通过对文艺批评两个标准的阐释将文艺与政治密切结合起来,文艺的政治因素被提升到前所未有的重要地位。《讲话》强调文艺从属于政治,是为了维护国家和政党的统一和对抗敌对力量而服务的。在毛泽东看来,文艺是整个革命事业的一部分。毛泽东是一个革命家,他更多是从政治和意识形态的视角考察文学艺术,显然也更关注文本中所体现出来的政治意识形态性。

对意识形态性的诉求使《讲话》呈现出政治话语的建构。《讲话》将五四以来的审美政治话语与马克思主义美学话语,以及苏联的革命文艺话语整合在了一起。多层次的审美构建与独特的中国经验相结合,不仅丰富了《讲话》文艺观的内涵,也使《讲话》的文艺观呈现出意识形态的复调性。

第三节 《讲话》文艺观的影响

《讲话》不仅是毛泽东文艺观的呈现,同时也是中国革命文艺工作的经验总结,是历史积淀的产物。《讲话》的重要性不仅在于其自身理论体系的完善,还在于其权威性的确立。《讲话》在很长一段时间内决定了中国文艺工作的发展方向,甚至成为中华人民共和国成立初期文艺创作和文艺批评活动的基本准则。

一、《讲话》权威性的确立

《讲话》最初是以文件政令的方式出台的,它承接延安整风浪潮,其实质是文艺政策话语的表达。毛泽东认为,当时的文艺界存在作风不正等不良风气,很多文艺家有着教条主义、空想、空谈、轻视实践、脱离群众等思想观念和作风。"要领导革命运动更好地发展,更快地完成,就必须从思想上组织上认真地整顿一番。"①《讲话》出台一系列文艺方针、政策和路线,是为了能更好地指导革命和政治事业。在《讲话》出台的同时,新华社刊发中共总学习委员会关于学习《在延安文艺座谈会上的讲话》的通知,公开评论《讲话》是党在思想建设理论建设的事业上最重要的文献之一。可见,《讲话》在传播之始就被高度定位,这也为党和国家随后制定文艺政策和推行文艺运动奠定了基础。

在《讲话》中,毛泽东以领导人的身份来谈论文艺问题,从一开始便赋予了《讲话》政治色彩以及独特地位。毛泽东政治身份的特殊性,是《讲话》权威性地位确立的重要原因之一。

《讲话》所提出的文艺路线也是毛泽东思想的一种反映。毛泽东主张要团结一切可以团结的人,《讲话》指出文艺服务的对象是最广大的人民,占全人口百分之九十以上的人民,要帮助小资产阶级克服缺点,将其团结到为人民服务的战线上来。毛泽东主张群众路线,《讲话》将"为群众"和"如何为群众"作为革命文艺工作的中心问题,并围绕这一中心展开了多方面表述,主张文艺工作者在情绪、作品和行动中都应该和群众的需要相符合。毛泽东关注党的建设问题,《讲话》对文艺的党性原则、党的文艺工作与党的工作的关系问题,党的文艺工作和非党的文艺工作的关系问题,文艺界的统一战线问题都做出了回答。随着毛泽东的个人威信的确立和稳固,到中共七大毛泽东思想被定为党的指导思想之后,《讲话》所制定的文艺路线的权威性也最终被确立起来。

1949年伊始,首要的工作就是巩固政权,政治上的统一必然要求文化和思想等意识形态的统一。此时的文艺批评活动主要是将《讲话》所提出的批评原则进一步系统化、具体化和明确化,将《讲话》精神贯彻到新中国的文学工作事业中,将文艺思想统一到毛泽东思想的旗帜下。在1949年召开的第一次中华全国文学艺术工作者代表大会上,毛泽东重申了文艺"为人民服务"的思想。"你们开的这样的大会是很好的大会,是革命需要的大会,是全国人民所希望的大会。因为你们都是人民所需要的人,你们是人民的文学家、人民的艺术家,或者是人民的文学艺术工作的组织者。你们对于革命有好处,对于人民有好处。

---

① 毛泽东:《在延安文艺座谈会上的讲话》,《毛泽东文艺论集》,中央文献出版社2002年版,第80页。

因为人民需要你们，我们就有理由欢迎你们。"①大会明确《讲话》是指导新中国文艺工作的总方针，强调文艺"为人民大众服务首先是为工农兵服务"的方向是新中国文艺运动的总方向。

二、《讲话》文艺观的延续

《讲话》权威性的确立对其后文艺美学的发展产生了重影响。解放区文艺运动的蓬勃发展，周扬、邵荃麟、冯雪峰等人的文艺批评都延续了《讲话》的主题与精神。

《讲话》发表后，解放区出现了对各种非马克思主义文艺思想的批判现象，如对自由主义文艺思想的批判等。1948 年，郭沫若发表《一年来中国文艺运动及其趋向》的演说，总结了四种反人民的文艺："茶色文艺""黄色文艺""无所谓的文艺""通红的文艺，托派的文艺"，强调对这样的文艺要"揭穿""打击"和"消灭"。② 郭沫若发表《斥反动文艺》，认为在"红蓝黄白黑"等"五花八门"的反动文艺中，要重点打击和反攻以朱光潜、萧乾、沈从文等为代表的"蓝色""黑色"和"桃红色"文艺，并号召"读者和这些人们绝缘，不读他们的文字，并劝朋友不读。不和他们合作，并劝朋友不合作"③。《大众文艺丛刊》刊发冯乃超的《略论沈从文的〈熊公馆〉》，批评沈从文的"整个作品所要说的就是一句话，地主是慈悲的，他们不剥削。拿这种写法来遮掩地主剥削农民的生活现实，粉饰地主阶级恶贯满盈的血腥统治"，并将沈从文视为"地主阶级的弄臣"，是"典型地主阶级的文艺，也是最反动的文艺"。④ 邵荃麟的《朱光潜的怯懦与凶残》认为朱光潜所发表的《谈群众培养怯懦与凶残》是"卑劣，无耻，阴险，狠毒的文字"，主张"撕毁这一切纸糊的面幕，让他们一切凶残，怯懦，阴险，狠毒的脸孔显露出来"!⑤ 在这段时期内，对自由主义思想的批判较为集中，朱光潜后来在《人民日报》上发表《自我检讨》，申明自己转而学习马克思主义文艺思想。⑥

---

① 《中华全国文学艺术工作者代表大会纪念文集》，新华书店 1950 年版，第 3 页。
② 郭沫若：《郭沫若佚文集 1906—1949》（下），四川大学出版社 1988 年版，第 206 页。
③ 《大众文艺丛刊》（第一辑），1948 年 3 月 1 日。
④ 《大众文艺丛刊》（第一辑），1948 年 3 月 1 日。
⑤ 《大众文艺丛刊》（第一辑），1948 年 3 月 1 日。
⑥ 朱光潜：《自我检讨》，《人民日报》1949 年 11 月 27 日。

《讲话》发表后,文艺界对文艺批评的任务进行了强化。周扬提出文艺批评的任务是使文艺朝着"大众化"的方向迈进。"文学革命是在谋文学和大众结合的目标之下实行的。第一是提供了白话,宣布了文言为'死文学',吸收了民间话语和方言,使文学与大众之间的距离缩短了一大步;第二是创作的视野伸展到了平民的世界,对于下层民众的生活和命运给予了某种程度的关心;第三是'五四'以来新文学最优秀的代表者向大众立场的移行。"①周扬在阐述文艺的"大众化"时,结合了《讲话》"为人民"的文艺批评任务。周扬高度评价《讲话》最正确、最深刻、最完全地从根本上解决了文艺"为群众"与"如何为群众"的问题。"毛泽东同志作了关于'大众化'的完全的新的定义:大众化'就是我们的文艺工作者的思想感情和工农兵大众的思想感情打成一片'。这个定义是最最正确的。""我们要在生活和工作的实践中来进一步地更彻底地改变我们的情感,使得我们的思想情感真正地做到与工农兵大众的思想感情打成一片,这样才能完成文艺大众化的任务。"②可以说,周扬 40 年代关于文艺批评的大众化论述主要是结合《讲话》精神而展开的。除了周扬,邵荃麟也主张文艺批评的任务是"为人民","为人民服务,这是今天艺术运动的一个基本前提"。③ 从文艺为人民服务的前提出发,邵荃麟强调文艺批评一方面要反映人民的生活,促进人民的抗战情绪;另一方面也要打破民众的封建迷信和奴隶守旧思想。

《讲话》所提出的文艺批评的两个标准也得到了周扬、邵荃麟、冯雪峰等人的关注。周扬强调政治性与艺术性的结合,认为"为艺术而艺术的思想在中国新文学史上不曾占有过地位。新文化运动的创始者诸人,就都是文学上现实主义的主张者。他们反对雕琢虚伪的文学,反对把文学当作装饰品,而主张文学的实用性,主张文学应当于群众之大多数有所裨益,应当成为革新政治的一种工具"④。周扬认为,艺术表现无产阶级的政治方向和表现党性,在组织关系上就是要求革命艺术家服从革命的组织。艺术家要参加实际工作和斗争,一方面用艺术创造服务于当前的革命斗争;另一方面更加深入和细致地去研究实践。⑤

---

① 周扬:《新的现实与文学上的新的任务》,《周扬文集》第一卷,人民文学出版社 1984 年版,第 257 页。
② 周扬:《〈马克思主义与文艺〉序言》,《解放日报》1944 年 4 月 11 日。
③ 邵荃麟:《艺术的民族化和现代化的关系》,《邵荃麟评论选集》上,人民文学出版社 1981 年版,第170 页。
④ 周扬:《抗战时期的文艺》,《自由中国》1938 年 4 月 1 日。
⑤ 周扬:《王实味的文艺观与我们的文艺观》,《解放日报》1942 年 7 月 28—29 日。

虽然周扬并不主张文学成为政治的附庸，认为"以政治思想的前进来弥补艺术技巧的缺陷，对于其他作家的一切严肃真挚的努力取着一种轻视的态度，这是要不得的"①。但在周扬看来，文艺服从政治，就是服从政治的目的。

对政治与艺术的关系，冯雪峰在 30 年代的《民族革命战争的五月》中便大声呼吁："革命文学者应当携带文学的武器加入民族的革命战争。"②在 40 年代，冯雪峰虽然强调对文艺审美特性和内部规律的尊重，但在根本上认为文艺仍然是"作为改造社会、人民，争取解放之广阔的武器"③。这一主张也成为他的革命现实主义理论的立足点，如他所言："正确地解决着艺术与政治之间的关系的基本原则，是现实主义的创作原则。"④需要指出的是，在冯雪峰的理论语境中，政治的内涵相对宽广，甚至在某种意义上等同于"生活"这个概念。"文艺与政治的关系，是文艺和生活的关系的根本形态，因为文艺是生活的实践，它和现实生活的相互关系就构成它和现实生活之间的政治关系。""文艺所追求的是现实的历史的真实；文艺的政治的意义就建立在这现实的历史的真实的获得上。"⑤立足于这一前提，冯雪峰将文艺视为社会生活中的政治关系和政治活动的一种特殊形态，认为文艺虽然为政治服务，但文艺不是被动地服务于政治，而是主动的，有自己的规律。"达到了现实的真实的文艺的政论性，总是在本质上不失其为诗的；它总和现实的生活的形象不致分离，也必不可分离的；艺术与政论的这种结合，也和艺术作品的内容与形式的美术性不致分离，也必不可分离的。"⑥

通过对政治概念内涵的转化，冯雪峰实现了文艺批评思想性与艺术性的结合。这种结合相当明显地体现于他对鲁迅及其作品人物形象如阿 Q 的分析中。冯雪峰认为鲁迅精神的产生缘于"中国的革命和鲁迅的爱国思想以及人民被压迫的实际状况；其中又有着中国过去那些最突出的诗人和文人的优良传统的因素和气质，同时充满着沾染着他同时代的革命志士和人民的血"⑦。与冯雪峰相比，邵荃麟在文艺批评的标准上强调真、善、美的统一，认为"真善美的一致是艺

① 周扬：《现实主义和民主主义》，《中华公论》1937 年 7 月 20 日。
② 冯雪峰：《雪峰文集》第 2 卷，人民文学出版社 1983 年版，第 342 页。
③ 冯雪峰：《雪峰文集》第 2 卷，人民文学出版社 1983 年版，第 61 页。
④ 冯雪峰：《雪峰文集》第 2 卷，人民文学出版社 1983 年版，第 30 页。
⑤ 冯雪峰：《冯雪峰论文集》上，人民文学出版社 1981 年版，第 191—192 页。
⑥ 冯雪峰：《冯雪峰论文集》上，人民文学出版社 1981 年版，第 193 页。
⑦ 冯雪峰：《冯雪峰论文集》中，人民文学出版社 1981 年版，第 192 页。

术的美底最高评价"①。在邵荃麟那里,三者统一的内在核心也是强调文艺在为人民服务的前提下实现文艺的政治性与艺术性的统一。

1949 年以后,文艺政策也随之调整。茅盾在第一次全国文代会上做了关于《十年来国统区革命文艺运动的报告》。茅盾认为文艺界思想的波动"最强烈地表现在文艺的政治性与艺术性问题上。表面上不否认文艺的政治性,实际上则把艺术性摆在政治性之上,这样的倾向潜生暗长"②。周扬在《解放区革命文艺运动》的报告中强调文艺工作者必须学习各项基本政策,认为"离开了政策观点,便不能懂得新时代的人民生活的根本规律"③。毛泽东提出的"政治标准第一,艺术标准第二",实际上被片面发挥成政策标准第一,艺术标准第二。

在时局的影响下,40 年代重视政治而忽略文艺自身规律的现象仍然被延续下来。1950 年初,阿垅从艺术作品的美学特性出发阐释作品产生政治效果的特殊途径,反对将艺术性与政治性割裂,反对将政治性凌驾于艺术性之上。但他的观点很快就遭到批驳。陈涌发表《论文艺与政治的关系》,批评阿垅的观点是鲁莽的,"在形式上是进行两条战线的斗争,反对为艺术而艺术和公式主义,但实质上,却是也同时反对艺术为政治服务的。它以反对为艺术而艺术始,以反对艺术积极地为政治服务终"。"目前许多未经改造或未经根本改造的文艺工作者,他们的问题恰好不是政治太多,而是太少。"④邵荃麟则进一步将文艺创作和批评中政治的内涵定义为政策,强调文艺与政策相结合。⑤ 陈涌和邵荃麟的出发点是为了贯彻《讲话》精神,但他们对文学批评政治标准的过分强调无疑走上了另一个极端。

这一时期,文艺界强调文艺"为人民服务"的大方向虽然没有变,但在对文艺批评功能的理解上,却出现了简单化和粗暴化的情形,如过于强调文艺批评是文艺界的主要斗争方式,相对忽视了文艺自身的复杂性。这段时期内,大量的文艺批评活动都超出了学术争鸣的理性范围,演变成一种政治争论。学界对萧也牧小说的批判、对胡风思想的批判、对电影《武训传》的批判,以及对俞平伯《红楼梦》研究的批判,等等,都远远超出了学术讨论和批评的范围,升级为一种

① 邵荃麟:《邵荃麟评论选集》下,人民文学出版社 1981 年版,第 412 页。
② 《中华全国文学艺术工作者代表大会纪念文集》,新华书店 1950 年版,第 59 页。
③ 朱寨:《中国当代文学思潮史》,人民文学出版社 1987 年版,第 51 页。
④ 陈涌:《论文艺与政治的关系》,《文艺报》1950 年第 2 期。
⑤ 邵荃麟:《论文艺创作与政策和任务相结合》,《文艺报》1950 年第 1 期。

政治上的批判和斗争。文艺批评成为少数人的专利，在思想意识形态上给文艺家们造成威慑，以政治觉悟和阶级立场给文艺活动施加约束，不利于文艺批评活动的正常发展。

50 年代中期到 60 年代初，是文艺批评活动的活跃阶段。1956 年 4 月，毛泽东的《论十大关系》主张在艺术问题上"百花齐放"，学术问题上"百家争鸣"。"双百方针"的提出使这一时期的文学批评活动比较灵活开放，带来了文学艺术的繁荣。但是在对作家与作品的批评上，仍然存在着单一化和狭隘化的倾向。"双百方针"政策没有持续多久，由于当时国家对政治形势的估计出现偏差，导致了反右派斗争的展开，一系列政治斗争接踵而至。从 1960 年的"文艺反修"到 1964 年的"文艺大批判"，再到 1966 年的"文化大革命"，文艺批评活动深陷政治斗争的漩涡。改革开放后，文艺才开始恢复自主，文艺批评才真正获得新生。

三、《讲话》文艺观的实践

《讲话》权威性地位的确立也表现在对文艺实践的规约作用上，而文艺实践反过来又进一步稳固了《讲话》的权威地位。

《讲话》将理论阐述与现实政治关怀结合起来，对文艺工作者的一系列创作问题指明了方向，要求文艺工作者和工农兵大众在思想感情上打成一片，主张在群众生活和群众斗争中实践马克思主义文艺批评。文艺工作者从行动上积极响应《讲话》的群众化路线要求，要求加强同人民群众的联系。文艺座谈会召开之后，不少作家要求下乡，在国家的统一部署下，下乡成为延安文化运动的主题。

首先是文学形式方面的创新。文艺工作者开始深入人民群众，从人民群众的生活中去寻找创作素材，根据人民群众所面临的现实问题，充分吸收民间传统艺术形式，创造适合广大群众需求的文学作品。解放区文学的代表作家赵树理将传统小说的结构、叙述方式、表现手法进行改造，以说唱的形式进行文学创作，如《小二黑结婚》《李有才板话》《邪不压正》等，均是在《讲话》精神的指引下的文学创作尝试，受到了广大群众的普遍欢迎。另外，像《吕梁英雄传》《新儿女英雄传》等英雄体小说表现革命英雄主义和乐观主义的作品，赋予了革命新思想、新内容和新色彩。解放区还盛行民歌体叙事诗,《王贵和李香香》是众多评论家普遍认为表现革命主题最成功的作品之一,它将才子佳人的情节与民间小调的形式相结合,并加上抗日救国的革命内容,成为新歌谣的基本主题。当然,这种综合使作品的艺术性呈现出某种夸张,这也是解放区文艺遭后来批评家们诟病的主要原因。此外,贺敬之和丁毅的《白毛女》、魏风的《刘胡兰》、阮章竞的《赤叶河》,以及以新歌剧作品《白毛女》为代表的新歌剧的改革,也带来了文艺的新变化,促进了话剧的民族化以及秦腔、京剧等传统戏剧的改变。作品《逼上梁山》《血泪仇》等,也都贴合群众需要,为广大群众所喜爱。

其次是文学形象塑造的创新。以赵树理、孙犁为代表的革命文艺工作者坚持"文艺工作者要学习社会……要研究社会上的各个阶级,研究它们的相互关系和各自状况,研究它们的面貌和它们的心理"①的要求,其笔下的人物形象更多偏向人民大众和农民阶层,其作品多反映农民的思想、情绪、愿望和要求,能为普通农民群众所接受。在这个阶段,赵树理被解释为一种新型文学方向的代表,是能体现《讲话》所提出的文艺路线的典范。② 由于赵树理直接参与农村基层变革,深入到人民生活深处,他也能抓住社会变革中的农民心理、情绪和命运的变化。孙犁对于农民形象的描写则更多是挖掘灵魂美和人情美,带有浪漫主义色彩。

在文艺的题材创新上,主要体现为对革命、抗日、民族解放、社会变革等传统或现实题材进行创新叙述,如赵树理、孙犁、孔厥等人的作品,以及刘白羽的《无敌三勇士》和《战火纷飞》,邵子南的《地雷阵》等表现部队生活的军事题材作品。此外,在土地革命运动中,许多作家转向书写此运动及其影响,如丁玲的《太阳照在桑干河上》、周立波的《暴风骤雨》等。

在《讲话》确立权威的过程中,解放区的文艺实践形成了一股独特的创作潮流。《讲话》权威性的确立不仅对 40 年代的文学创作产生了重要影响,同时也规范了 1949 年之后的文艺创作方向,成为中国半个多世纪以来文学创作和文艺工作的指导性文本。

---

① 毛泽东:《在延安文艺座谈会上的讲话》,《毛泽东文艺论集》,中央文献出版社 2002 年版,第 54 页。
② 钱理群、温儒敏、吴福辉:《中国现当代文学三十年》,北京大学出版社 1998 年版,第 366 页。

第八章

蔡仪的美学思想与艺术观

蔡仪(1906—1992),原名蔡南冠,湖南攸县人,马克思主义美学家、文艺理论家,也是中国现代美学、艺术学的奠基者之一。蔡仪一生信奉马克思主义,并在自己的学术活动中坚持不懈地运用马克思主义世界观和方法论去研究美学与文学艺术问题。基于对西方形而上学美学、心理学美学、客观论美学三种"旧美学"方法的不满,尤其是中国本土语境中以朱光潜为代表的唯心主义美学的广泛社会影响,促使留日归来的蔡仪在马克思"现实主义与典型论"的逻辑框架内对之加以了系统性批判,从而在唯物主义基础上率先从美学学科的角度系统地构建起了一套独具特色的马克思唯物主义的"新美学"体系。《新艺术论》与《新美学》的先后出版,则是这一体系建构成熟的理论标志。这两部美学著作,不仅在美论、美感论、艺术论等维度上提出了一系列富于创见的马克思主义美学理论观点与范畴,还对中国当代美学的论争与发展形成了重要影响。20世纪40年代是蔡仪美学的辉煌期,这既在于其依据马克思主义观点和方法独辟蹊径地从美学学科规律出发创立了崭新的美学体系,也在于其改变了中国现代美学的格局,并直接影响着中国当代美学的发生。因此,在20世纪中国美学谱系中,蔡仪美学艺术思想值得我们高度重视和不断开掘。

第一节　蔡仪美学的历史条件与思想来源

众所周知,美学自 20 世纪初由王国维引入直至三四十年代朱光潜《谈美》及《文艺心理学》为代表的系列著作对西方美学的系统介绍,作为学科形态的美学知识方正式成型,并在社会中形成广泛影响。然而,在蔡仪之前,中国美学主要仍是对西方理论知识的译介,缺乏系统的本土性创构。尽管无产阶级革命家和思想家如瞿秋白、周扬、毛泽东以及鲁迅、蔡元培、陈独秀、丰子恺等人在美学领域均有开拓,但真正从美学学科角度以马克思唯物主义为基础进行系统理论创构的仍首推蔡仪。

20 世纪 40 年代以前,美学领域最重要的代表是推崇"静穆"、主张"人生的艺术化"的朱光潜,他在艺术与人生的关系体悟中强调个体精神的美学境界。这种美学思想在革命的抗战语境中显然对青年们产生了"消极影响",而朱光潜的"唯心主义美学"思想也成为蔡仪美学建设的对立面和切入口。自 1937 年周扬《我们需要新的美学》一文中所提出的"现代美学的主观化,形式化,神秘化,和那完全失去了进步性的资产者层的文化全体的没落和颓废相照应,显示了它已不能再往前发展"而"对观念论美学的批判是一件于新艺术理论的建立十分重要的工作",[1]尤其是 1942 年毛泽东《在延安文艺座谈会上的讲话》中对于马克思主义文艺理论的新要求,使得建立新的马克思主义文艺学美学观成为时代迫切的任务。这也促使从事政治宣传工作的蔡仪逐渐回到文艺理论和美学研究工作中,并力图对此作出新的理论回应。《新艺术论》与《新美学》的先后出版,则是蔡仪批判"旧美学"建立"新体系"开始的标志。

首先,作为"旧美学"的学术批判者,蔡仪革命的理论矛头直指世界美学中的各种不同美学思潮以及中国美学界不同流派的问题与弊端。用蔡仪的话说,就是要对"数十年乃至百余年来种种否定美学而主张艺术学的论调"以及种种"没有正确理解美的本质或美的法则"的"旧美学的缺点和错误"作出"新的探

---

① 周扬:《我们需要新的美学——对于梁实秋和朱光潜两先生关于"文学的美"的论辩的一个看法和感想》,《周扬文集》第一卷,人民文学出版社 1984 年版,第 215 页。

索"。①就世界美学而言,蔡仪自柏拉图始,历数鲍姆加登、康德、黑格尔、叔本华、费希纳、新康德主义以及丹纳、格罗塞,直至立普斯、布洛、克罗齐等人的美学思想,认为他们在"把握美的本质"这一美学途径上要么是遵循"形而上学"的哲学思想"自上而下"地说明美,要么以其经验为根据"由下而上"地说明美,要么则是从艺术去考察美;而无论是形而上的美学途径,还是心理学的美学途径,抑或是客观艺术的考察路径,都是"美学方法论"上的迷失。因为无论是"由主观意识去考察美"还是"由艺术去考察美",它们的立学根基均是建立在"唯心论哲学"基础之上,没能超越美感去考察美,因而注定只能失败。② 同理,就中国本土美学倾向而言,蔡仪则着力针对康德、克罗齐一脉的具有广泛影响的朱光潜美学,认为其"美在心与物的关系"这一美学思想实质上是收罗了西方"主观论"美学各派的意见,因而在"心与物的关系""美的客观的标准"等问题的论证上同样处处充斥着矛盾,更暴露其哲学上"主观唯心"的实质。③ 以上各种"旧美学"思潮与倾向,均是蔡仪所处时代的主流并急须作出马克思主义理论上的历史回应。

其次,作为"新美学"的体系建构者,蔡仪工作的重点则是全面揭露与批判"旧美学"的种种矛盾缺陷,并"以新的方法建立新的体系"④,从而服务于"人民的艺术"之发展。但正如蔡仪所言,其体系创构的工作是极其艰难的,这一方面在于战时国统区"美学史资料的严重缺乏"⑤,另一方面也在于马克思唯物主义美学艺术学"新方法"创造性体系改革的空白。尽管自20世纪早期起,瞿秋白、鲁迅、冯雪峰、周扬、黄药眠等人便开始译介马克思、恩格斯、普列汉诺夫以及列宁等人关于文学艺术的论著,并有相关评论与美学阐发,但均是零散的,这些理论的介绍与阐发也不成理论系统。因而,真正从马克思主义学术体系进行美学理论的系统化创构,蔡仪可谓开山之人。

从上述理论背景与时代条件可知,历史赋予了蔡仪"破旧"与"立新"的双重使命。因"革命"与"启蒙"可谓是中国现代美学的主旋律,现代中国美学作为"思想启蒙"的重要部分,不仅是人们观察世界、传播科学进步思想的知识载体,

---

① 蔡仪:《美学论著初编序》,《美学论著初编》上,上海文艺出版社1982年版,第10页。
② 参蔡仪:《新美学》,群益出版社1951年版,第38页。
③ 参蔡仪:《新美学》,群益出版社1951年版,第47页。
④ 蔡仪:《新美学·序》,群益出版社1951年版,第1页。
⑤ 蔡仪:《美学论著初编序》,《美学论著初编》上,上海文艺出版社1982年版,第10页。

还为"革命"的现实政治斗争服务。为此,当时许多激进的文艺理论者和思想家,一味宣扬并将美学与现实"革命"斗争密切关联,忽视了美学自身的学科规律;相反,另一些知识分子则一味强调美学自身的规律性,无视特定时期社会对文艺的要求,高扬"为艺术而艺术"的唯美主义态度,进而割裂了美学与时代社会的关联。蔡仪则是将美学作为一门学科的"自律性"与服务现实革命的"他律性"有机结合并取得突出成绩的美学家。他不仅从现实革命需要出发确立了马克思唯物主义的美学观,还从美学学科自身规律出发建立起了一套系统的新美学知识体系。那么,蔡仪在"批判旧美学"基础上究竟如何"建立新美学"? 其"新美学"建构的哲学基础、理论依据与思想资源又是如何? 下面将重点阐明。

需要率先点明的是,蔡仪《新美学》的写作紧紧承接于《新艺术论》。据蔡氏交代:"当我写到最后一章,论证艺术的美就是具体形象的真理,也就是艺术的典型这个论点时,我的心情是颇为兴奋的。凭已有的一点美学知识,想到这个论点还关系着广阔的理论领域,还需要作更充分的论证发挥,我也就感到应为此作出更大的努力。《新艺术论》完稿之后,我就开始考虑美学问题。"[1]因而,《新美学》的写作绝非仅仅针对本土朱光潜美学为代表的趋向,而是其反映的整个思想网络。蔡仪《新艺术论》与《新美学》的写作在当时看来是空谷足音的,而其思想来源也较为驳杂:除 20 世纪 30 年代本土语境中朱光潜以及"左翼"文人的美学构成其批判与借鉴的背景资源外,既有马克思"现实主义与典型"理论原则贯彻始终,又有黑格尔"理念论"美学以及丹纳、格罗塞为代表的艺术哲学的影子,更有日本左翼理论家甘粕石介的深刻理论影响。这其中,马克思"现实主义与典型"原则可谓是蔡仪搭建"客观典型论"美学艺术思想的核心。

众所周知,在蔡仪建构"新美学"之前,马克思、恩格斯等经典作家关于文学艺术的论述便有中译本,列宁、普列汉诺夫、卢那察尔斯基等俄苏理论家关于社会学美学的思想也对当时的左翼文坛形成了重要影响。这些运用马克思主义哲学认识论去看待社会、分析艺术的思想自然是形成蔡仪美学艺术学思想的理论基础。[2] 当然,作为留学日本的左翼青年,蔡仪最为主要的资源仍是"日译"的马克思、恩格斯关于文学艺术的文献以及 1930 年代日本左翼思想的影响,如恩

---

① 蔡仪:《美学论著初编序》,《美学论著初编》上,上海文艺出版社 1982 年版,第 10 页。
② 王善忠、张冰主编:《传承与鼎新——纪念蔡仪诞辰百年》,中国社会科学出版社 2009 年版,第 160 页。

格斯给哈克奈斯的信,如关于"典型环境"与"典型人物"的概念启发,等等。正是这些理论的阅读与储备,成为蔡仪挣脱唯心论纠缠、创立唯物论美学体系的思想动力。关于马恩著作影响,学界多有论述。在此,需要重点澄清的是——日本左翼理论家甘粕石介对于蔡仪美学与艺术学的深刻理论影响,这也是学界至今尚未关注的一大理论重点。

事实上,作为留日时期蔡仪学习与关注的兴趣点,"唯物论全书"中关于哲学与文艺理论的书籍,不仅锻造了蔡仪美学艺术思想的雏形,还直接为 1941 年后《新艺术论》与《新美学》的撰写奠定了理论基础。这其中,尤以"唯物论研究会"的重要成员,日本著名美学家甘粕石介(见田石介,Mida Sekisuke,1906—1975)为代表。其重要性正如蔡仪夫人乔象钟女士所说:"在'东高师'学习的四年间,他认真阅读了哲学及文艺理论的书籍,对那些书有深刻的印象,以致新中国成立后,他还托金子二郎替他在日本购买当年他曾读过的书,如甘粕石介的《艺术论》。"①作为一名留日学生,早在东京高等师范留学期间,蔡仪就写信参加了"唯物论研究会",对其组织的学术讨论会和刊行的书籍十分关注。因此,蔡仪当时正是如饥似渴地吮吸着这些源自苏联"拉普"的"日化"的马克思主义理论营养。而在 1937 年回国后,受限于材料的匮乏,甘粕石介的《艺术论》也自然而然地成为蔡仪在艺术与美学领域中破"旧"立"新"的理论资源。

《艺术论》作为"唯物论研究会"在艺术学、美学领域的理论代表作,甘粕石介站在马克思唯物主义的立场,"按照建设新艺术科学的目标"②,批判了诸种旧美学艺术体系,并从"客观现实"的唯物主义认识论出发重新考察了艺术的发生、发展,艺术与社会生活以及艺术与科学、艺术与艺术家的世界观及创作方法的关系,并提出了艺术作为一种客观真理的认识这一见解。甘粕石介的这些艺术理论思想也对留日归国后的蔡仪产生了直接的理论影响。且比较甘粕石介《艺术论》与蔡仪《新艺术论》在相似章节目录中对同一艺术理论命题的论述,我们便可看出由日本到中国、从甘粕石介到蔡仪的艺术理论流变与谱系关联。

先看"艺术与现实"关系的论述。甘粕石介认为"现实的艺术论者以作为客观的存在的艺术作品为对象,因之而欲发现现实的法则"③,而这种现实的法则

---

① 乔象钟:《蔡仪传》,文化艺术出版社 2002 年版,第 34 页。
② [日]甘粕石介:《艺术学新论》,谭吉华译,上海辛垦书店 1936 年版,第 11 页。
③ [日]甘粕石介:《艺术学新论》,谭吉华译,上海辛垦书店 1936 年版,第 12 页。

也正是"新艺术论"所以区别于"旧美学"的基础和前提,因为"艺术是客观的实在之反映"①。同样,在艺术反映现实的关系上,蔡仪持相同看法,主张"艺术是以现实为对象而反映现实的,也就是艺术是认识现实并表现现实的"②,并进一步申发出"艺术是现实的典型化"③这一观点。

再看"艺术与科学"关系的阐发。甘粕石介认为艺术与科学的相同之处"都在于真理底认识,在于如实地把握客观的真,表现客观的真"④,而其同中之异在于"艺术的抽象是在感性的(表象的)个体的形态上把握一般的、必然的东西,而科学的抽象在于论理的、一般的形态上把握现实之感性的个别的现象"⑤;与此相似,蔡仪同样认为无论是科学还是艺术都是"认识现实",是观察、比较、分析、综合后的"正确的认识",只不过"艺术的认识是由感性来完成,艺术的认识的内容是以个别显现着一般",而"科学的认识是由智性作用完成,科学的认识的内容是以一般包括着个别"。⑥

再看"创作方法与世界观"。需要注意的是,在这一话题的论证中,蔡仪罕见地明确引用了甘粕石介《艺术论》中的观点,并作了辩证地批判与肯定。蔡仪《新艺术论》中既充分肯定了石介对苏联"拉普派"以世界观代替创作方法口号的批评,并同样举例予以了批判,但与此同时,却又责难石介将"世界观与创作方法"对立的错误。但事实上,只要细读石介的著作,不但可以看出蔡仪对石介的误读,反倒可以窥见蔡氏对其观点的挪用。甘粕石介认为"世界观是认识客观世界的工具,世界观对于创作方法具有优越性"⑦,并异常清晰地指出,"把创作方法还原为世界观虽是错误的,但把创作方法与世界观分开更为错误"⑧。可见,石介不仅没有将创作方法与世界观对立,还尤其重视两者间的相互渗透与统一。对此,蔡仪在貌似责难的批评声中加以继承,指出:"正确的世界观对创作方法具有绝对优位",而且"世界观和创作方法并不矛盾,更非对立,而是有机

① 〔日〕甘粕石介:《艺术学新论》,谭吉华译,上海辛垦书店 1936 年版,第 44 页。
② 蔡仪:《新艺术论》,《美学论著初编》上,上海文艺出版社 1982 年版,第 4 页。
③ 蔡仪:《新艺术论》,《美学论著初编》上,上海文艺出版社 1982 年版,第 8 页。
④ 〔日〕甘粕石介:《艺术学新论》,谭吉华译,上海辛垦书店 1936 年版,第 125 页。
⑤ 〔日〕甘粕石介:《艺术学新论》,谭吉华译,上海辛垦书店 1936 年版,第 133 页。
⑥ 蔡仪:《新艺术论》,《美学论著初编》上,上海文艺出版社 1982 年版,第 11—14 页。
⑦ 〔日〕甘粕石介:《艺术学新论》,谭吉华译,上海辛垦书店 1936 年版,第 153—158 页。
⑧ 〔日〕甘粕石介:《艺术学新论》,谭吉华译,上海辛垦书店 1936 年版,第 160 页。

地统一关联。"①

最后，"艺术的美"与"艺术的典型"关系的论述。甘粕石介在"绪论"中明确指明"新艺术理论"对于"旧美学"的不满后，依次对康德、黑格尔为代表的"观念论的美学"以及泰纳、格罗塞为代表的"客观方向"上的"实证主义的艺术理论"和立普斯、费希纳为代表的"主观方向"上的"经验的美学"予以了批判，并指出这些"旧美学"的不足都在于"不以客观的艺术作品为对象，而以享受它的人间之独特的美的能力，或者因那能力而唤起的印象为对象"，因为"美底本质只应该从客观的艺术之历史本身中找出来"以便表现"客观的真理"②；而艺术最完善地表现客观的真理的方法"非是这典型地把握不可。它既不是单纯的个人化，也不是单纯的一般化概括，而是包含一般的个别化"③。"美的本质"在于客观事物本身，而艺术表现客观真理就在"典型性地把握"上。石介这一观点在蔡仪论著中也处处得到彰显。蔡仪认为，"一切的客观现象是以真为基础的。客观事物的善或美，也是以真为基础的"④，而只有体现了"最正常的、最普遍的、最合规则合理的形象，或者说，最能表现正常性、普遍性的形象，最能表现事物的规律、真理的形象"，也即"典型的形象"的真才是美的，蔡仪据此进一步推论出"所谓美的就是典型的，典型的就是美的"。⑤

由上看来，无论是甘粕石介的《艺术论》还是蔡仪的《新艺术论》，都以马克思唯物主义认识论为其哲学基础，从"反映—被反映"这一唯物反映论层面考察艺术，并得出艺术是一种认识，是对现实"客观真理"的反映，而实质在于"典型性"的艺术把握上这一结论。相似的写作缘起、相似的章节体例、相同的方法论原则以及相同命题的相似性阐发，这种逻辑与体例上的一致性，正鲜明地呈示出蔡仪深受"异邦之音"的启示后而在学术实践研究中的学理延续。这种理论上的谱系关联与代际传递：一方面表征着俄苏、日本与中国在特定时期处于"同一性"话语"阐释场域"内，且均是对马克思"列宁主义哲学阶段"话语的共同接受与同步阐发；另一方面则从侧面表征着抗战时期中国现代马克思主义美学艺术理论自俄苏到日本再到中国的一条曲线流变历程。

① 蔡仪：《新艺术论》，《美学论著初编》上，上海文艺出版社 1982 年版，第 163 页。
② ［日］甘粕石介：《艺术学新论》，谭吉华译，上海辛垦书店 1936 年版，第 11 页。
③ ［日］甘粕石介：《艺术学新论》，谭吉华译，上海辛垦书店 1936 年版，第 126 页。
④ 蔡仪：《新艺术论》，《美学论著初编》上，上海文艺出版社 1982 年版，第 167 页。
⑤ 蔡仪：《新艺术论》，《美学论著初编》上，上海文艺出版社 1982 年版，第 168—169 页。

无论甘粕石介还是蔡仪，其著作的哲学理论基础都是马克思主义唯物反映论，且均是对马克思"列宁主义"哲学话语的理论阐发。如果说，马克思、恩格斯关于文学艺术的理论文献为蔡仪开辟了新的美学艺术视野，并确立了新的世界观和方法论，那么，以甘粕石介《艺术论》为代表的"唯物论丛书"无疑则为蔡仪提供了践履这一路径的效仿案例。当蔡仪《新艺术论》写到最后一章关于"艺术的美"与"艺术的典型"问题时，他无比喜悦，因为他意识到这一问题的理论前景与可拓空间。正如蔡氏当时所感："凭已有的一点美学史的知识，想到这个论点还关系着广阔的理论领域，还需要作更充分的论证发挥，我也就感到应为此做出更大的努力。"①于是，如何围绕"典型"这一核心观念，在"新"的马克思主义的美学路径上作系统地延伸与外拓，是蔡仪《新艺术论》写作中蔓生出的新课题。

尽管"典型"概念在《新艺术论》中主要还是在"艺术真实"的层面上用来阐明艺术反映现实，表现事物规律、真理的"形象"，但对于蔡仪美学思想的形成却有着愈发关键的重要意义。因受马克思、恩格斯"现实主义"理论的启发，蔡仪自然而然地将"艺术的真"与"艺术的美"以及"典型"与"现实主义"统一起来，进而沿着唯物主义反映论的思维理路，在"艺术是现实的典型化"基础上得出"艺术的美就在于艺术的典型"，并进而推演出"美的就是典型的"②这一逻辑结论。

正是在"艺术真实"这一重要环节上，蔡仪得以将"艺术观"与"美学观"在"现实主义"与"典型论"的支撑下有机地结合起来，并由"艺"至"美"地完成文艺理论向美学研究的纵深与外拓建构了《新美学》的理论轴心。对此，蔡仪曾回忆说："在四十年代初期，我写完《新艺术论》之后又写了《新美学》。当时想试用唯物主义原则考察美学上的基本问题，并批判唯心主义的旧美学，为新美学的前进扫清道路。"③正如蔡氏所言，延续着《新艺术论》中初步形成的"美即典型"的理论见解，蔡仪很快便完成了《新美学》的写作，还在"旧美学"的全盘批判与改造中重置了一幅新的马克思主义的美学图景。

然而，《新美学》与《新艺术论》一样，除马克思、恩格斯"现实主义与典型"的哲学理论基础外，还与甘粕石介的《艺术论》颇多相似。这一方面因《新美学》本

① 蔡仪：《美学论著初编序》，《美学论著初编》上，上海文艺出版社1982年版，第10页。
② 蔡仪：《新艺术论》，《美学论著初编》上，上海文艺出版社1982年版，第169页。
③ 蔡仪：《蔡仪美学论文选·序》上，湖南人民出版社1982年版，第1页。

身就是《新艺术论》在美学层面的延伸与拓展，而《新艺术论》又与《艺术论》存在着谱系性的脉络关联，因而理论观点的前后相承与一致实属正常；但另一方面也确因甘粕石介的《艺术论》同样构成了蔡仪写作《新美学》的思想资源与理论底色。这从以下三方面可见一斑。

其一，鲜明地体现在批判的入手处与批判目的上。《新美学》写作目的之一在于对本土长期占据主流的朱光潜美学进行批判，这点可谓不假，但绝非关键，蔡仪更大的抱负在于对整个的"旧美学"体系加以全盘性地批判与摧毁，以重建新美学，这才是终极目的。由此，蔡仪建构"新美学"的第一步是率先细数、挖掘与罗列出美学谱系中需要批判摧毁的"人员名册"，并在此基础上"重建"美学体系。有意味的是，在这份批判名录中，除本土语境中的朱光潜外，蔡仪《新美学》不仅与甘粕石介《艺术论》所陈人员近乎一致，如康德、黑格尔、克罗齐、泰纳、格罗塞、立普斯、柏格森等，还均声明自己批判的目的是"站在唯物论"的立场建设与"旧美学"相对的"新美学""新艺术理论"。

其二，体现在"新艺术学"与"新美学"重建的哲学基础与方法路径上。作为日本马克思主义美学的重要人物，甘粕石介与围绕《唯物论研究》聚集的其他诸多学者一样，强调运用现代唯物论的实证精神进行哲学、科学与美学、文化艺术的研究。"受苏联哲学战线的总清算刺激"以及"西田、田边等讲坛哲学者和资产阶级哲学家"①的理论影响，甘粕石介的《艺术论》从唯物主义认识论出发考察了艺术整体，并在各种"唯心论哲学"的"旧美学"批判中得出艺术反映客观现实，是对现实真理的认识这一逻辑结论。蔡仪在《新美学》的建构中，同样以哲学认识论为方法，在"存在—意识"的思维层面上将美感视为"客观事物的美的反映"②，坚持现实美的客观存在。

其三，在"现实主义"与"典型"的核心美学观念以及"美的本质"在于"客观现实本身"的逻辑脉络上相互承接。甘粕石介的《艺术论》作为与"旧美学"对立的"新艺术理论体系"，站在马克思唯物主义的哲学高地上，不仅驳斥了各种形而上学的观念论的旧美学，还在"现实主义"与艺术"典型地把握现实"这一路径上诠释了艺术认识现实和表现客观真理的法则。正是立足于唯物主义反映论，

---

① ［日］岩崎允胤：《唯物论研究会的创立及其发展》，叶平、谷学译，《延边大学学报（社会科学版）》1983年第 S1 期。

② 蔡仪：《新美学》，群益出版社 1951 年版，第 51 页。

并依照"现实主义"的法则,甘粕石介认为"美的本质"只能是"客观的艺术之历史本身"①。蔡仪的《新美学》在唯物主义反映论的路径上,更将"现实主义"与"典型"的美学观念在《新艺术论》基础上系统发挥,进而明确提出"美的本质"是"客观的,不是主观的",美在于"事物本身","所谓美的就是典型的,典型就是美学"这一结论②,体现着与石介相同的"美的本质"观念。

应该说,建立于旧美学批判基础之上的蔡仪美学有着鲜明的时代特色。这既表现在创造全新的为无产阶级和广大劳动人民服务的新的文化、艺术体系这一"文艺为革命服务"之根本出发点,又体现在从美学学科规律出发创立起唯物主义美学这一较之过往不同的全新的美学理论体系。这也充分彰显了蔡仪美学"从合科学规律出发,力求取得合革命目的性的结论,以达到美学的合规律性与合目的性的统一"③这一时代美学特色。也正是这一时代理论背景,促使蔡仪运用"辩证唯物主义"这一与社会相适应的革命思想理论,对"旧美学"与"旧方法"进行了深入批判和全新改写,并在马克思主义思想资源尤其是日本马克思唯物论研究成果的充分汲取上,创建起了全新的本土特色的唯物主义美学体系,为中国现代美学学科的发展和完善作出了巨大贡献。

总体而言,蔡仪美学思想的孕育有着复杂的历史条件,体现了合革命目的性与合学科规律性这一时代理论特色。为对"旧美学"与"旧方法"进行变革,蔡仪运用辩证唯物主义开创了一个唯物主义的新美学体系,而这种思想的形成则起步于日本留学时期对马克思主义书籍的大量阅读。其中,马克思、恩格斯关于文学艺术的文献,尤其是有关"现实主义与典型"的言论,无疑开拓了蔡仪的思路和视野,并成为其20世纪40年代破"旧"立"新"以建构"新艺术论"和"新美学"的哲理依据。与此同时,作为日本战前马克思唯物论研究中最为引人瞩目的现象,20世纪30年代"唯物论研究会"及其出版发行的"唯物论全书",尤其是美学艺术领域中以甘粕石介《艺术论》为代表的理论著作,同样成为蔡仪贯彻落实马克思唯物主义新美学的参照样本。在蔡仪归国后40年代的理论研究中,在"参考书奇缺"的背景下,正是甘粕石介的《艺术论》成为其《新艺术论》与《新美学》写作中可供借鉴的理论资源,并构成其"客观典型论"美学艺术思想的

---

① ［日］甘粕石介:《艺术学新论》,谭吉华译,上海辛垦书店1936年版,第11页。
② 蔡仪:《新美学》,群益出版社1951年版,第68—69页。
③ 陈伟:《中国现代美学思想史纲》,上海人民出版社1993年版,第390页。

重要理论底色。因此，在今天，尽管甘粕石介在我国影响不大，但我们切不可由此忽视同为"唯物论研究会"成员的蔡仪与他之间，还存在着一段鲜为人知却又重要而无法割斩的异域美学情缘。

第二节　蔡仪美学的主要内容与理论建树

蔡仪美学思想的来源是较为驳杂的，但在稍显驳杂的思想资源中，却形成了其一以贯之的美学思想——即以"唯物主义认识论"为基础，以"真理观"为基石，以"典型论"为核心所构筑起的唯物主义反映论美学体系。蔡仪早期美学思想集中体现在《新美学》中，该书无论是对"旧美学"的批判还是对"新美学"中新观点的阐发，均是依照反映论的原则，提出了一系列关于美论、美感论、审美形态论的美学新见，并将其理论系统化。蔡仪的这一美学体系架构，从五六十年代的"美学大讨论"到八十年代"美学热"，贯穿始终，并在细微的理论调整与自我捍卫中将之不断发展、丰富与完善。在蔡仪完整而庞大的美学理论体系中，依据其思考逻辑与理论进路，我们基本可从"美论""美感论"与"美的形态论"三个方面对之加以分析阐明。

一、　美论——"客观"与"典型"

美的本质论是蔡仪《新美学》建构的核心与主体，也是对旧美学与旧方法进行集中批判和变革的入手点。蔡仪认为，美学作为一门学科自独立以来，包括鲍姆加登、康德等美学家均没有认清美学的途径、美学研究的对象，因而一直"旁徨岐路、误入迷途"，究其根本原因则在于"方法的错误"[①]。为此，要建立新美学，首先就要从美学方法论，尤其是美学的途径，即"怎样去把握美的本质"这一根本问题入手。据此，蔡仪细数西方美学史上的"形而上学美学方法""心理学美学方法"和"客观艺术美学方法"三大"旧美学"方法流派，认为三者要么误

---

① 蔡仪：《新美学》，群益出版社 1951 年版，第 1 页。

入主观的"观念意识"，要么陷入客观的"单以艺术为研究对象"的误区中[①]。通过对过往"旧美学"方法的批判，蔡仪指出：

> 我认为美在于客观的现实事物，现实事物的美是美感的根源，也是艺术美的根源，因此正确的美学的途径是由现实事物去考察美，去把握美的本质。[②]

显而易见，蔡仪通过追溯西方美学与本土朱光潜为代表的美学弊端，反思质疑"观念意识"与"艺术中心论"的旧美学路线，希望能从"现实事物"出发去把握"美的本质"。作为美的存在和美的认识的关系及其发展的法则之学，美学就是要去揭示客观事物的美的规律。这就是蔡仪"新美学"与"旧美学"最大的区别，也是蔡仪建构新美学的时代特色，而这种独特性尤其体现在两个方面。

一是唯物主义反映论的方法特色。正如蔡仪所批判的，无论是西方以鲍姆加登、康德为代表的美学，还是以朱光潜为代表的中国现代美学，均将美学视为一种"感性学"，并偏重于对审美经验、审美心理等主观意识的探索。然而，在蔡仪看来，这些主观意识作为"客观存在的美的反映"，均体现在客观事物本身之中，而从客观事物去发现美，才是美学唯一正确的途径。这样，在美学逻辑起点上，蔡仪便确立了坚实的唯物主义方法论基础，并异常清晰地与旧美学划开了界限。

二是将美与美感、美的种类与美感的种类区分开来。在中国现代美学史上，尽管主观与客观、美与美感的问题时常提及，朱光潜在《文艺心理学》和《诗论》中也反复涉及，但真正从"存在—意识"这一反映论层面将"美—美感"严格区分并进行深入学理阐释，则始于蔡仪。为充分贯彻唯物主义反映论原则，美与美感，美的种类与美感的种类，在蔡仪美学体系中均有着不同的内涵，这种区分既将西方美学史中古典形态的"美的本质"问题重新提出，也为改造完善现代中国美学提供了另一种思路。

---

① 蔡仪：《新美学》，群益出版社1951年版，第16页。
② 蔡仪：《新美学》，群益出版社1951年版，第17页。

"以新方法建立新体系"和"新美学"——在如上方法前提下，蔡仪秉持实事求是的精神，按照反映论原则，提出了一系列关于"美的本质"的观点。

其一，美是客观的，不是主观的。蔡仪认为，"旧美学"最大的问题在于"只由主观的美感去考察美，而不能超越美感去考察美"，进而在"美—美感"的混淆中"否认客观的美"①。但事实上，"美是客观的，不是主观的；而且美的根源也不在于最高理念或客观精神，是在于现实事物"②。

其二，美是客观事物显现其本质真理的典型。蔡仪认为，客观事物之所以美，其本质在于"事物的典型性，就是个别之中显现着种类的一般"，因此"典型的东西就是美的东西，典型便是美，事物的典型性便是美的本质"③。此外，美的事物是典型的事物，表现在事物的特殊形象中，其条件就体现在诸如"变化的统一和秩序""比例和调和"以及"均衡和对称"等关系上。

其三，任何客观事物可以属于许多种类，而事物种类的本然范畴对于该事物的美有决定性。比如说，一个砚池，既可在形状上属于方形的种类，也可在颜色上属于黑色的种类，但只有"具有优势的种类的属性条件的客观事物"，也即"典型的，美的事物"更完全丰富地体现着种类，体现着事物的本质。④

其四，没有绝对、永恒的美。因美在于客观事物，客观事物的美在于其典型性，客观事物的典型性决定于种类的属性条件，而种类又关乎事物的变化。因此，蔡仪认为："事物的美，事物的典型也得随之而变化，所以没有绝对的美，没有永远的美。"⑤

应该说，美论作为《新美学》建构的首要部分，延续了此前《新艺术论》中关于典型问题的构想，并在"事物的典型性便是美的本质"这一核心观点的强调拓展中进一步丰富了其学理内涵。

"典型问题"是蔡仪美论建构的学理核心，并体现出由"艺术典型"到"美的典型"这一思考线索。从蔡仪对于"典型"的论述看，其对于典型的探讨是从文学艺术入手的，认为典型就是"个别里显现着一般的艺术的形象"，"艺术的创作

① 蔡仪：《新美学》，群益出版社 1951 年版，第 38 页。
② 蔡仪：《新美学》，群益出版社 1951 年版，第 52 页。
③ 蔡仪：《新美学》，群益出版社 1951 年版，第 68 页、70 页。
④ 蔡仪：《新美学》，群益出版社 1951 年版，第 85 页。
⑤ 蔡仪：《新美学》，群益出版社 1951 年版，第 92 页。

就是典型的创造,典型实是艺术的核心"①。根据辩证唯物主义与历史唯物主义观点,艺术的本质是现实生活的客观反映,艺术的美则必然是现实美的反映。正是从艺术问题与客观现实出发,蔡仪进一步对黑格尔"美是理念的感性显现"这一著名命题进行了改造:一方面,他反对黑格尔将"理念"视为"绝对理念、绝对精神",而是认为理念"渊源于客观事物",是客观事物的普遍性在意识上的反映;另一方面,又据此认为"理念"实则为"典型",就是"个别中显现着种类普遍性的个别事物"。由此,蔡仪得出:"美的本质就是事物的典型性,就是这个别事物中所显现的种类的普遍性。"②此外,围绕这种"美的理念论",黑格尔就"自然美"围绕"灌注生命""自发运动""自在自为"③角度对自然物、无机生命体及动物等类型依次进行了美的分析。这种美的本质的探讨理式同样出现在蔡仪对自然美之均衡、协调、对称、生命灌注等探求上,显示出黑格尔美学对蔡仪"典型论"美论的重要理论影响。

今天看来,蔡仪的"典型性"其实就是"类的普遍性",而以典型为美,就是强调事物的普遍性。这种美的本质的规定性无疑深深契合唯物主义的传统,却忽视了美的历史性、社会性、实践性及其自身规律,由此也无法有效解释诸多复杂的社会现象。

总体而言,通过对黑格尔"理念论"的学习化用与改造,蔡仪的"典型论"将基石牢牢扎根在客观现实的土壤中,并从艺术反映生活的角度将之从艺术问题上升到美的问题,认为美也在"客观现实",进而将"艺术典型"与"美的典型"勾连起来,得出"美即典型",并成为蔡仪"美的本质论"的理论轴心。应该说,用"典型"去解释诸如"典型人物""典型环境"等文学艺术的奥秘或许可行,但倘若由此推广去解释一切囊括自然、社会、艺术等的审美现象,则又显然映照出其理论的缺陷。此外,因"典型论"思想建立在唯物主义认识论的哲学原则上,从"存在决定意识,意识是对现实的反映与摹写"这一唯物主义原则出发,则不仅为蔡仪美感论的哲学基础奠定了理论基调,也同样显示其美感论理论阐释的不足。

---

① 蔡仪:《新艺术论》,《美学论著初编》上,上海文艺出版社 1982 年版,第 96 页。
② 蔡仪:《新美学》,《美学论著初编》上,上海文艺出版社 1982 年版,第 243 页。
③ 黑格尔:《美学》第一卷,朱光潜译,商务印书馆 1981 年版,第 168—171 页。

二、美感论——"认识"与"摹写"

蔡仪认为美是客观的，是脱离人的"主观意识"的一种独立存在，而美感的发生就是由于客观事物的美或其摹写与美的观念适合一致，只不过这种"美的观念"并非直觉、形象或主观精神，而是根源于客观事物，是对现实的认识。据此，蔡仪在美论基础上进一步通过对"旧美学"美感诸说的批判，对美感进行了理论探索，提出了系列见解。

首先，美感是一种认识活动，源于"事物的摹写"与"美的观念"适合一致。蔡仪认为，在"旧美学"诸说中，无论是"形象直觉说""美感态度说""感情移入说""内模仿说"还是"生理学的美学"，对美感的理解都是错误的，也无法正确理解美和美感。蔡仪指出：

> 美感的发生，是由于外物的美或其摹写和美的观念适合一致。而这所谓美的观念，又不是观念论的美学家或艺术理论家一样认为是根源于最高理念或绝对精神；相反的，它是根源于客观事物。换句话说，它是客观事物的摹写，也就是对于现实的认识。①

实质上，与克罗齐、朱光潜等美学家阐发美感的路径不同，蔡仪将美感活动视为一种"认识活动"，并从反映论的认识模式出发，将美感视为"对于现实的认识"②，因而美感只能是对"客观存在的美"的反映与摹写。

其次，美感作为认识的精神活动，以快感为阶梯，又高于快感。蔡仪认为，美感建立在美的观念基础上，但与心理学美学主张"美感即快感"以及形而上学否认美感与快感关系不同，美感与快感相关但不同：美感有密接于快感的，也有超越快感的，一方面快感是美感的阶梯，另一方面美感又超越快感。

再次，美感根源于自我充足欲求的满足时的愉快。蔡仪认为，所谓美的观念，是因"对同种类的客观事物的表象概括而得的，美感便是由于外物的美或其

---

① 蔡仪：《新美学》，群益出版社 1951 年版，第 129 页。
② 蔡仪：《新美学》，群益出版社 1951 年版，第 129 页。

摹写之能适合于这美的观念,使它的自我充足的渴望得以满足",这种自我充足愈强,美感愈强;与此同时,因美感的愉快源于欲望的满足,而欲望满足有断续性,因而美感也是变化的,"没有绝对的永久性"。[①] 美感是"精神欲求满足的愉快",那么"美的观念"又怎样得以满足呢? 蔡仪认为源于两个方面:一是"借以记忆联想为基础的想象,使它成为一个鲜明的形象"从而使得"美的观念"自我充足遂发生美感,尤其是将"形象"通过艺术创作表现出来时,美感愈发强烈;二是"外物所予的印象"与"原有的美的观念相适合时,美的观念得以充足而完全,于是而发生美感,美的情绪的激动"。[②]

此外,将"雄伟""秀婉"等美学范畴置于美感领域探讨,也是蔡仪美感论的一大特色。蔡仪将美感种类分为两组:雄伟(崇高)和秀婉(优美)的美感;悲剧和笑剧的美感。雄伟和秀婉"是由于客观的美和主观的美的观念结合时而有的形式上的不同"[③],其中,"雄伟"是耳目受到强大刺激进而伴随着紧张、不快、抗拒和逆受的一种精神活动;"秀婉"的美感则是"精神能自然适应于这种刺激",即日常生活中已惯于并顺受这种刺激。悲剧的美感和笑剧的美感不是现实美所能引起的,而是"艺术美扩充了的美感的形式","雄伟以上的即悲剧的美感,秀婉以下的即笑剧的美感"。[④] 悲剧的美感是因对象刺激极强而引发明显的逆受的精神反应,这种反应不是"朦胧的紧张兴奋"而是"鲜明的悲哀";笑剧的美感由秀婉扩充起来,"是由于对象的刺激更柔弱,引起过度的顺受的精神反应,这在现实的对象时则不会发生美感的,但因对象是艺术,美增高了,现实性削弱了,故尚能引起相当的美感"[⑤]。

纵观蔡仪美感论,始终将"美—美感"在"存在—反映"这一唯物主义反映论层面上严格区分,并依照唯物主义认识论原则,对美感问题进行机械套用,将美感经验、美的认识过程这一审美精神活动,与存在反映的哲学规定性捆绑。尽管对美感与美的区分,以及美感对现实的认识和摹写,尤其是将带有主体性因素的崇高、优美等"美的范畴"置于美感领域探讨,使其美学观的唯物主义性质更加稳固彻底,却也让其美感论既显被动又十分牵强。当然,蔡仪美学的逻辑

① 蔡仪:《新美学》,群益出版社1951年版,第167—168页、170页。
② 蔡仪:《美学论著初编》上,上海文艺出版社1982年版,第313页。
③ 蔡仪:《新美学》,群益出版社1951年版,第230页。
④ 蔡仪:《新美学》,群益出版社1951年版,第237—238页。
⑤ 蔡仪:《新美学》,群益出版社1951年版,第242页。

结论与其思维方法息息相关，其美感论的偏失与美论一样，均是在美学路径上严格执行列宁《唯物主义与经验批判主义》中唯物反映论的认识模式所致。另需指明的是，"新美学"的建设意图旨在摧毁"旧美学"的美感途径，因而其基于唯物主义反映论基础上的美论和美感论，不仅符合了马克思唯物主义的时代理论要求，还获得了当时读者的欢迎与鼓励。

三、 美的形态论——"形态"的古典主义

蔡仪在美论与美感论基础上，又对美的形态进行了深入研讨，并依此从"客观事物本身""美的对象和美的观念结合时的形式"以及"艺术"出发，对美的形态、美感的形态、艺术的形态进行了划分。

一是从客观事物入手，将美的事物依照其"种类的属性条件"分为两组：从构成状态的不同分为单象美、个体美和综合美；从产生条件不同分为自然美、社会美和艺术美。蔡仪认为单象美偏于形式，其美感较弱；个体美由单象美构成，是形式与内容的配合，美感颇强；综合美由个体美构成，显现着客观现实的规律、真理，因而偏于内容，其美感极强。同理，从自然美、社会美到艺术美，也体现了"非人为"和"人为的"不同，因而在自然"运动"及"人的意志自由"和"依照人美的法则"层面体现出美感的差异。值得注意的是，蔡仪《新美学》在"自然美"与"社会美"这一"现实美"之外提出了"艺术美"的范畴，认为艺术是"根据现实而创造的"美的事物，艺术美则是"按照美的法则以形成的美"。[①] 很显然，这种根据"美的法则"而"创造"的美的事物带有极为强烈的主观自由精神，也体现艺术的自律性。但与此同时，蔡仪却仍延续着《新艺术论》中"艺术反映现实""艺术是现实的典型化"这一传统认识论思想，强调艺术美的现实认识原则，进而在"自由创造"与"现实反映"的美学艺术观上烙上了鲜明的内在思想的矛盾性，并在理论的瑕瑜互见中映射出时代限制。

二是从"客观对象和美的观念结合的形式"出发，将雄伟/秀婉、崇高/优美等美学范畴视为美感之种类进行了形态划分。蔡仪这一划分，旨在消除这些美学范畴所蕴含的主体性因素对于"美在客观"的影响，因而列入美感论中予以研

---

① 蔡仪:《新美学》,群益出版社 1951 年版,第 213 页。

讨,且不管其理论内部的矛盾性,单就其对于这些美学范畴本身的理论分析,仍可见出蔡仪美学思想中暗含的可资汲取的成分。

三是从"艺术所反映的客观现实的美的种类"出发,将艺术划分为单象美的艺术、个体美的艺术、综合美的艺术三种艺术理论形态。单象美接近"现象范畴",偏于形式,其美感接近快感;个体美的艺术集中体现为"绘画雕刻",是"内容和形式的谐和一致,快感和美感的调和一致";综合美的艺术集中表现为文学,尤其是悲剧文学,其引发的强烈美感往往高于其他文学。①

应该看到,蔡仪对美的形态、美感的形态、艺术的形态这一种类划分,从美学形态看仍体现出一种古典的美学观念。尤其是在客观的美的种类划分上,从"单象美"到"个体美"再到"综合美"以及从"自然美"到"社会美"再到"艺术美",不仅显示出其朴素的对于现实审美对象的生命秩序的把握,还体现了一条由低级到高级的人类审美形态的进化历程。从生物进化的视角,从无机物到有机物,从植物到动物,从低等动物到高等动物这一生物等级秩序出发进行美学的逻辑评判,无疑在复杂多元的审美经验路线上蕴含着机械静态的生物进化论的思想痕迹。

从上述美论、美感论、美的形态论分析可见,蔡仪立论的出发点始终是建立在对"旧美学"的批判基础之上,因而其美学便自然呈现出较之以往美学不同的鲜明特色,而且在"变革—创造"中自成一家,这是蔡仪美学的首要建树。蔡仪立足于哲学认识论基础上张扬"美是客观""美即典型"的思想,并在美的本质论与美感论中充分贯彻,因而也建构起一套相对完整的具有独创性的唯物主义"客观典型论"美学体系。他不仅为 20 世纪中国美学提供了一个经典的美学范本,还在"美的本质"的哲学思考中为中国现当代美学领域"提供了一个经典性的元话语"②,这是蔡仪美学的又一建树。从美学观点上看,蔡仪基于"旧美学"批判基础上对美与美感的区分、对"典型问题"的讨论,对雄伟与秀婉、悲剧和笑剧的理论分析也颇为精彩,这些研究虽然因时代所限存在思维方法上的限锢,但在一定程度上仍可说是将相关理论命题向前推进,并在学理上予以系统梳理和纵深发展。

---

① 蔡仪:《新美学》,群益出版社 1951 年版,第 262 页、267 页、285 页。
② 薛富兴:《分化与突围:中国美学 1949—2000》,首都师范大学出版社 2006 年版,第 35 页。

总之，在 20 世纪 40 年代特殊的革命性语境中，蔡仪美学系统开辟出另一条与朱光潜为代表的西方现代美学所不同的马克思主义唯物论美学的新路径。这一"新美学"体系的创设不仅服务于社会之启蒙与革命，还在学科自律性层面将美学理论话语不断推向深入和系统化。尽管受思维方法及路径视野的限制，蔡仪美学仍存在诸多不足，但其奏响了中国现代美学"学科化"系统建设的号角，为中国当代美学的论争发展勾勒了理论草图，还奠定了马克思主义美学中国化的基础与方向，其开拓性、进步性，均可谓意义深远。

第三节　现实主义艺术观及其理论贡献

事实上，艺术理论是蔡仪文艺理论研究的起始，也是其美学研究的发端。作为《新美学》思想的雏形，《新艺术论》不仅是蔡仪扩展通往新美学的桥梁，也是蔡仪早期艺术观的集中体现。受抗战环境的政治影响，加上马克思主义中国化的理论要求，蔡仪于 1941 年初便开始全面转入到"自己曾经关心"的艺术理论研究上，并试图"用新的观点来写一本较有系统的艺术理论的书"，且要"把它当作政治任务来做"。[①] 这既可视为催生蔡仪艺术观的政治土壤，也是特殊时代语境中的理论吁求。正如蔡仪所言："当时只觉得应当做点什么、应当写点什么，借以刺破那压下来的黑色帷幕让自己透一口气。此外还说有点什么意图，也不过是想整理荒疏已久的关于艺术的一点知识罢了。"[②]蔡仪可谓言辞恳切，而所谓"荒疏已久的"艺术知识，从蔡仪《新艺术论》所引资料看，是较为驳杂的，如柏拉图、黑格尔、柏格森、泰纳、左拉、费尔巴哈、卢那察尔斯基、高尔基、罗森塔尔、厨川白村以及各种中国古典诗论与画论，均有论及，对于这些理论倾向各异的艺术理论，蔡仪有批判，也有吸收。最为核心的，也是其"新艺术论"体系建构的核心枢纽，仍是马克思恩格斯关于"现实主义与典型"的相关言论，并在艺术与现实、艺术认识、典型与现实主义的逻辑脉络中搭建起了其现实主义艺术观的完备知识体系。当然，在这一知识体系的建构中，除本土现实主义文艺相

---

① 蔡仪：《美学论著初编序》，《美学论著初编》上，上海文艺出版社 1982 年版，第 9 页。
② 蔡仪：《美学论著初编序》，《美学论著初编》上，上海文艺出版社 1982 年版，第 10 页。

关理论资源外,日本左翼理论家甘粕石介的《艺术论》也为蔡仪提供了知识性的履践范本。

一、艺术的本质特性——形象的认识

在《新艺术论》中,蔡仪集中从艺术与现实、艺术的认识及艺术的表现三方面对艺术的特性进行了全面系统的阐发,进而充分论证了艺术不是"一般的认识"而是"形象的认识"这一本质的特性。

首先,为说明艺术是一种特殊的认识,蔡仪通过艺术与现实、艺术与科学以及艺术与技术三方面的比较加以综合阐明。"艺术虽然是反映现实,可不是反映现实的单纯的现象,而是反映现实的现象以至本质",只有"将现实典型化"才是本质的现象,才是艺术家对于现实的认识的表现;此外,艺术与科学、与技术的认识也不同,"艺术的认识的过程,主要是由受智性制约的感性来完成",是形象的,而"科学是主要地诉之智性的,是论理的";"艺术需要技术,但决不是单纯的技术",因为"艺术是没有任何实用的目的,而技术是有某种实用的目的"。① 根据艺术与现实、科学、技术的综合比较,蔡氏得出,艺术的特性在于其"形象性",因而其认识就不是一般的认识,而是"形象的认识",而这种形象的认识就决不是"单纯的现实现象的反映",而是具有"典型性",体现了作者的思想意识。

其次,蔡仪还就"艺术何以是现实的一种认识"加以进一步说明,认为"一切的认识,都是客观现实的反映;而且一切的意识,都是由客观现实所产生的",但艺术的认识是"以概念的具体性为基础而反映客观现实的现象以至本质",因此,艺术的特质就在于"受智性制约的感性以显现客观现实的一般于个别之中"。② 蔡仪这种艺术认识的观点显然是基于批判"机械唯物论的认识论"而试图走向所谓"辩证唯物论的认识论",但显然,蔡仪并未充分估计到实践的重要性,尤其是忽视了"主体意识活动"的重要性,过分强调对客观现实的反映,因而仍未免掉入机械的认识论之中。

再者,蔡仪认为艺术活动可分为"认识阶段"和"表现阶段",两者有区别却

① 蔡仪:《新艺术论》,《美学论著初编》上,上海文艺出版社1982年版,第15页、18页。
② 蔡仪:《新艺术论》,《美学论著初编》上,上海文艺出版社1982年版,第32页、44页。

无界限。艺术的表现是"艺术的认识的摹写"，而艺术的认识则是"艺术表现的根源"，只有将艺术表现中"所表现的对象""表现的人"及"表现的工具"三者相互关联起来，才是艺术表现的至上方法。①

在以上对艺术本质特性的阐发中，受限于反映论的方法论视野，蔡仪对艺术特性的理解仍存在简单化的不足。尽管蔡仪对于艺术活动中主观精神和客观认识都有论及，但对于艺术主体的创造性精神关注不够。然而，正所谓"外师造化，中得心源"，除对大自然的师法外，艺术家内心的情思和构设至为关键。当然，蔡仪对艺术与科学、技术的区别，尤其是关于"艺术表现"的论述，是较为深刻的，不仅在中西方各种翔实理论资源的批判中提出了自己的独特看法，还将理论观点予以系统化。可以说，蔡仪的这种批判性理解，不仅把诸如"艺术表现"等艺术范畴"置于认识论的坚实基础上，完整地把握认识与表现的辩证关系"②，还为自己唯物主义认识论美学体系奠定了基调。

二、 艺术本身的相关属性

在艺术认识、艺术表现等艺术创作过程之外，蔡仪还就"艺术本身"的问题进行了考察，而所谓"从艺术本身考察艺术"即是"以艺术本身为中心对象，来考察它固有的属性、条件及其和外界的关联"以便"进一步把握艺术的主要性质"。③ 为此，蔡仪依次从内容与形式、主观性与客观性、反映作者主观的个性与阶级性、反映客观社会的时代性与永久性四个核心理论层面对艺术属性展开了深入把握。

其一，就艺术的形式与内容，蔡仪集中批判了传统的"艺术的内容是主题中心思想，艺术的形式就是主题的形象化""艺术的形式是艺术的体裁或样式，这种体裁或样式所表现的便是内容"以及"艺术的内容是中心思想，艺术的形式是体裁或样式"三种观点，并认为这些意见均把艺术形式与内容相分离，没有指出其特殊的本质。据蔡仪理解，"艺术的内容就是艺术的认识，而艺术的形式就是艺术的表现"并且两者有机关联与统一；艺术并非"内容加形式"也非"思想加体裁样式"，而是相互作用，内容既"决定形式"，形式也"反作用于内容"；"艺术的

---

① 蔡仪:《新艺术论》,《美学论著初编》上,上海文艺出版社 1982 年版,第 62 页。
② 杨汉池:《〈新艺术论〉述评》,《蔡仪美学思想研究》,中国展望出版社 1986 年版,第 193 页。
③ 蔡仪:《新艺术论》,《美学论著初编》上,上海文艺出版社 1982 年版,第 68 页。

形式是一定的艺术内容的形式,艺术的内容是一定形式的内容",艺术的价值就"取决于内容与形式的统一"①。

其二,蔡仪站在辩证唯物主义的立场详细考察了艺术的"主观性—客观性"问题,并提出"艺术是主观性和客观性统一"的艺术观。依其常例,蔡仪仍是从对传统观点的批判入手,先反驳了"艺术是主观的精神活动,无所谓客观性"以及"艺术是客观的形象的写照,无所谓主观性"两种观点,并认为"各有各的道理"但"都不完全"。据此出发,蔡仪指出:

> 艺术是客观现实的摹写,所以艺术有客观性;同时艺术又是作者精神的所产,所以它有主观性。换句话说,艺术是作者的主观意识对客观现实的摹写,或者说,是客观现实在作者意识上的反映,所以它是客观的同时又是主观的。没有无主观性的艺术,而优秀的艺术也不是没有客观性的。……艺术所摹写的客观现实不是单纯的外在的客观现实,而是和我们有关系的客观现实;换句话说,艺术不仅是要表现客观现实本身,而且要表现我们和客观现实的关系。于是在这里便充分地表示着艺术的主观性。②

很明显,蔡仪高度重视艺术活动中"客观现实"以及"主观意识"的双重作用,既认为"排斥主观意识的渗透作用,不但不可能,也是不必要的",又认为"主观的认识的特殊条件所反映的客观现实的特殊属性、侧面,必须是客观现实所固有的",进而提出了一种"艺术是主客观统一"的艺术观。蔡仪这种艺术思想实则与同时期朱光潜《诗论》中所主张的"主客观统一"思想内在契合,也体现了美学艺术活动中主客体双向互动的审美关系。但蔡仪这种"主客观统一"的艺术观缘何扩展到美学上,却极力排除"主观意识"的作用进而提倡"美是客观存在"呢?这值得我们进一步思考与发掘。

其三,因艺术具有"主观性",因而才"强化了艺术的成就",但艺术的主观性根源何在呢?蔡仪对此进行了知识考掘,进而指出了艺术主观性的两个根源:一是"个性",受生活状况、学力、修养、个人性格等因素影响而不同;二是"艺术

---

① 蔡仪:《新艺术论》,《美学论著初编》上,上海文艺出版社 1982 年版,第 75 页、77 页、79 页。
② 蔡仪:《新艺术论》,《美学论著初编》上,上海文艺出版社 1982 年版,第 80—81 页。

的所以是社会的那东西"，即阶级意识，并且只有"前进的阶级意识"才能对艺术起正面的作用，使之成为优秀艺术，反之妨碍艺术成为优秀艺术。①

其四，因艺术具有"客观性"，因而才体现了艺术的客观现实的真理性，但艺术的"永久性"并不在于"艺术所含有的真理是绝对永久的"，不在于"艺术所具有的诉之于感情之力是永久的"，也不在于"艺术所描写的是一切时代的人间生活、不变的人性"，而是在于它能否正确地真切地反映着它的时代。蔡仪指出：

> 因为艺术的相对永久性就在于它的时代性，艺术的时代性就是它的相对永久的前提，艺术的时代性和永久性看来是矛盾的，而实是统一的。而且艺术的相对永久性是决定于它的时代性的。因为离开一个一个的时代便无所谓永久，而永久不过一个一个的时代所延续的，于是漠视艺术的时代性而追求它的永久性，自然是等于捕风捉影。要追求艺术的永久性，就要把握艺术的时代性。换句话说，艺术要追求永久，就要把握时代。②

艺术的"永久性"在于它的"时代性"，艺术要把握时代特有的内涵，这些观点有着很强的当下意义。今天，我们仍主张艺术要把握时代风气和审美风尚，要敏锐把握时代风气，掌握审美变化，要立足创作而从文艺作品、文艺现象的实际出发，要尊重艺术规律，有坚守、有关怀、有情感，这些都是艺术"时代性"的内在理论品格。

应该说，蔡仪关于艺术属性的上述论说是较为精辟的，无论是其关于"内容与形式的相互作用"、艺术的"主客观统一"，还是"艺术的经典性"在于"把握时代性"等命题，就问题直陈己见，很少有哲学抽象的概念玄说，并在中西文论的举例阐发中加以印证，可谓言之凿凿。蔡仪上述关于艺术属性的理论思想，在当下仍有其理论生命和艺术参考价值。

三、 艺术的理论核心——典型

"典型"是蔡仪美学理论的枢纽，也是其艺术观的核心。蔡仪关于典型的论

---

① 蔡仪：《新艺术论》，《美学论著初编》上，上海文艺出版社 1982 年版，第 88—89 页。
② 蔡仪：《新艺术论》，《美学论著初编》上，上海文艺出版社 1982 年版，第 95 页。

述也是从《新艺术论》开始的,并由此作为逻辑起点生发建构起了其独树一帜的新美学体系。究其思想来源,则直接受恩格斯"现实主义和典型"的理论影响,蔡仪对此有明确说明:

> 首先且说,我受前人的启发主要是,也首先是恩格斯的现实主义和典型的理论。我在一九三一年至一九三二年间写《新艺术论》时,就是根据这一理论,用专章论现实主义,专章论典型,专章论艺术美与艺术评价。在论艺术美那章的第一节里,就得出结论说:"所以我们可以规定地说,所谓美的就是典型的,典型的就是美的。这就客观现实来说是如此,就艺术来说也是如此。"而按艺术来说,艺术美就在于艺术的典型。艺术的典型形象就是美的形象。①

在《新艺术论》"典型"一章中,蔡仪也开宗明义即指出典型就是"个别里显现着一般的艺术的形象","艺术的创作就是典型的创造,典型实是艺术的核心,艺术的不得不是典型的创造"。②据此,依据唯物主义反映论原理以及马克思主义经典作家关于文艺问题的观点,蔡仪从艺术认识出发,依次考察了"现实的典型与艺术的典型""典型的性格与典型的环境"以及"正的典型与负的典型",不仅强调了艺术典型是"现实的典型性之扩大、加深,成为中心的、基础的",还在典型人物基础上进一步考察了正的典型与负的典型。蔡仪认为,典型的正负之分仅是从"社会的观点"的界分,都是构成客观现实的部分,且无艺术高下之别,只不过因"旧世界的社会里"不健全的现象较多而"新生的部分"不显著,艺术家也不能明确认识,因而"在旧现实主义阶段,艺术上负的典型居于优势地位",读者也较容易接受负的典型。值得注意的是,蔡仪书中还多处引用了马克思、恩格斯《致拉萨尔》《致玛·哈克奈斯》以及高尔基、鲁迅关于"艺术典型"创造的原话,有力地深化了自己艺术典型的思想。

蔡仪的艺术典型观在随后的《新美学》写作中得到进一步明确具体的实践,并成为其美的本质论思想的核心:"典型的东西就是美的东西,典型便是美,事

---

① 蔡仪:《致王世德》,《蔡仪文集》第 10 卷,中国文联出版社 2002 年版,第 294—295 页。
② 蔡仪:《新艺术论》,《美学论著初编》上,上海文艺出版社 1982 年版,第 95 页。

物的典型性便是美的本质"①。蔡仪"典型是艺术的核心"与"美即典型"这一"典型规律"通过与马克思"美的规律"的结合，则构成了其美学艺术思想的理论法则，并延续到此后的文艺理论与美学研究中。应该说，蔡仪以"典型"为核心的美学艺术思想不仅开辟了马克思新艺术观与新美学观的方向，还吻合了毛泽东《在延安文艺座谈会上的讲话》中对于文学艺术所谓"更高，更强烈，更有集中性，更典型，更理想，因此就更带普遍性"②的要求。为此，在1945年写作的《为人民的文艺》一文中，蔡仪重申了自己关于美学艺术的典型论法则：

> 美是属于客观事物，艺术的美的根源即在于客观事物，换句话说，艺术美是现实事物的美的根源的加工，也就是现实事物的典型性通过人们意识的更典型化。……客观事物有它的美就有它的美的法则，离开客观事物别无所谓美的法则。③

可以见出，蔡仪关于"典型"的论述始终围绕"客观自然"，也即是说，竭力从自然界的现象中得出这一结论，由此才有由"物的种类"基础上显示出"生物的一般的属性条件"④才是美，否则就是不美。

上文已论及，蔡仪关于"普遍性""特殊性""个别性"等"典型"观念以及对于自然美的理解，实则是对黑格尔美学思想的化用与改造，只不过用蔡仪的话讲，就是将黑格尔理论"头脚倒竖"罢了。

黑格尔在《美学》第一卷中明确将美定义为"美就是理念的感性显现"，而其"感性的客观的因素在美里并不保留它的独立自在性，而是要把它的存在的直接性取消掉"⑤，也即是说，对象的真实只以"理念"或"形象"存在，只不过这种"理念"仍是一种"客观存在"。对此，蔡仪在《新美学》中有着直接回应，认为黑格尔美学思想"包含着关于美的天才的卓见"，只不过其"理念"并不应看成是"绝对精神"而是"源于客观事物"，是"个别中具现着普遍"，也即是"典型"，而

---

① 蔡仪：《新美学》，群益出版社1951年版，第70页。
② 毛泽东：《在延安文艺座谈会上的讲话》，《毛泽东文艺论集》，中共文献出版社2002年版，第64页。
③ 蔡仪：《论人民的艺术》，《美学论著初编》上，上海文艺出版社1982年版，第418—419页。
④ 蔡仪：《新美学》，《美学论著初编》上，上海文艺出版社1982年版，第345页。
⑤ 黑格尔：《美学》第一卷，朱光潜译，商务印书馆1981年版，第142—143页。

"美的本质就是事物的典型性,就是这个别事物中所显现的种类的普遍性"。①此外,在黑格尔看来,理念一定要符合"真",因为观念必须是"客观真实的",只有"当真在它的这种外在存在中是直接呈现于意识,而且它的概念是直接和它的外在现象处于统一体时,理念就不仅是真的,而且是美的了"②。据此,蔡仪也将美学艺术的本质定义为"客观事物显现其本质真理的典型",是一种"具体的形象的真"。③

由上分析可见,蔡仪的"典型论"充分吸收了黑格尔关于美的定义的思想,尤其是黑格尔"理念论"及其关于自然美、艺术美的论述,对蔡仪美学艺术思想形成了重要影响。在《新艺术论》与《新美学》中,蔡仪更在多处毫不避讳地对黑格尔美学思想进行了高度肯定和评价。当然,在"美在典型""美是真理的形象"等系列命题阐释外,蔡仪在美学艺术观中还辟出一块"社会美"的理论地盘,不仅把美分成自然美、社会美、艺术美,更对社会主义现实主义艺术以及艺术的社会实践经验进行了分析,这可谓是蔡仪在新的时代条件下运用马克思主义理论克服黑格尔美学局限的一大理论超越。

此外,值得特别注意的是,蔡仪在艺术"典型论"阐发中,除对马克思主义理论与黑格尔思想的改造化用外,还从中国古典文学、画论、诗论中汲取了知识营养。在蔡仪看来,文学叙景咏物诗、绘画中的风景画静物画以及近于天籁的音乐,实则都是通过"艺术的认识"表现一种"典型的形象",正如石涛所言"搜尽奇峰打草稿",这在蔡仪看来就是"典型的创造"。再如,就王维的诗与诗论,蔡仪认为:

> 传为王维所著之《山水诀》中亦曾说:"夫画道之中,水墨最为上,肇自然之胜,成自然之功。"这也是从自然的见地创造山水的典型之理论……在诗方面,如王维的"大漠孤烟直,长河落日圆"算是名句。其所以成为名句,也因为道出自然景色的典型的一个场面。但是这种诗究竟好的很少,一般的咏景咏物诗,虽反映自然的事物而终于渗透着社会的观点,所以在这些诗里都可以看出它和人的关系来,其中好诗比较多,因为艺术的典型的创

---

① 蔡仪:《新美学》,《美学论著初编》上,上海文艺出版社1982年版,第243页。
② 黑格尔:《美学》第一卷,朱光潜译,商务印书馆1981年版,第142页。
③ 蔡仪:《新艺术论》,《美学论著初编》上,上海文艺出版社1982年版,第168页。

造,原需主观精神强化客观现实的典型性。①

从王维到石涛,中国古典诗学与画论中对"造化自然"的艺术境界的追求,成为蔡仪构筑艺术"典型论"的资源。从蔡仪的论述中也可以见出,他着力提取了艺术审美认识活动中的客观对象的属性一面,即是对客观自然的纯然观照,发掘对象的"典型"之"形象"。然而,"典型"究竟能否描述作家艺术家对于自然的审美认识活动,典型与"妙悟"或谓之艺术活动中的"直觉"有何异同? 这些问题,蔡仪并没有涉及,而这恰恰就是其艺术"典型论"建构中难以自圆其说而遭受批判的理论缺陷。

总体而言,蔡仪于 1940 年代在艺术美学体系的创构中,运用马克思主义学说对黑格尔美学思想进行了改造与化用,还充分汲取了中国古典诗学与画论的营养,提出了自己的"典型论"美学艺术思想。蔡仪在"现实的典型—艺术典型""正的典型—负的典型"等具体文学艺术问题分析中,不仅将"典型规律"与"美的规律"结合,还对典型人物、典型性格、典型环境以及现实与艺术的典型等范畴进行了深入研讨。蔡仪以"典型论"为核心的现实主义美学艺术观,虽有其理论的时代局限,但在理论与实践上初步建构起了属于自己的系统完备的美学艺术体系,既具有特定时代的独创性,至今也仍受学界关注。

四、 艺术的哲学方法——现实主义

蔡仪"新艺术论"之所以"新",根本原因在于其使用了新的哲学艺术方法——"现实主义"。在蔡仪的艺术观中,"现实主义"与"典型"是相辅相成的,艺术要"创造典型",要"真实地表现典型环境中的典型人物",其创作方法就是"现实主义的创作方法",而根据这种方法创造的艺术才是"现实主义的艺术"。②与"典型论"类似,蔡仪同样将"现实主义"方法立于唯物主义认识论这一哲学基础上,并对其本质、发展与渊源进行了系统论述。

第一,现实主义艺术的本质特征。蔡仪认为"艺术是对于客观现实的从现

---

① 蔡仪:《新艺术论》,《美学论著初编》上,上海文艺出版社 1982 年版,第 105—106 页。
② 蔡仪:《新艺术论》,《美学论著初编》上,上海文艺出版社 1982 年版,第 141 页。

象到本质的一种认识",因此,依据现实主义唯物反映论,艺术就是对客观现实的反映。而作为能动的主观意识,它也只有"正确地反映客观现实"时才具有"现实主义的根本要素"。蔡氏指出:

> 所谓现实主义的艺术,一方面是对于客观现实的认识,即是从客观现实的世界,而不是从主观幻想的世界获得它的内容;另一方面表现是这种认识的艺术的完成,即这种认识本身就规定了它的表现方法和表现形式,形式乃是决定于内容,不是要求在内容之外,和内容脱离的形式的美。①

蔡仪强调现实主义艺术的内容,实则一方面为强调其认识论基础,另一方面则是为凸显其"典型"形象的艺术创造,而避免"空洞、公式的"艺术形式。

第二,现实主义的四个阶段。蔡仪认为,现实主义文艺是随历史发展而进步的,仅从西方艺术思想史角度,即可划分为"古代的现实主义""文艺复兴时期的现实主义""批判现实主义"及"社会主义现实主义"四个阶段。古代现实主义与"朴素唯物论"哲学相适应而表现为"朴素的现实主义",因而氏族时期的艺术不仅简单,而且还只是单纯的不完整的艺术形象;文艺复兴时期的现实主义与科学及机械唯物论哲学相适应,不仅使得哲学脱离了神学的羁绊,还承继了古代希腊的现实主义而出现艺术的意外繁荣;批判现实主义是"资本主义时期的现实主义的代表",在经验论、自然主义、印象主义以及机械唯物论的相伴相随中含有资产阶级世界观的缺点,因而具有现实主义的局限性;社会主义现实主义则与过去现实主义截然不同,它立足于"阐明自然、社会及人类精神"这一哲学基础上,不仅"承继批判的现实主义的优点"还"克服它的弱点",因而是"现实主义发展的最新阶段",是能够"非常正确地完全地指导艺术创作的艺术思想"②。

第三,社会主义现实主义的渊源及其内涵。蔡仪对"社会主义现实主义"的艺术渊源有专门论述,并从浪漫主义与批判现实主义的比较发展中进行反思立论,指出:"社会主义现实主义则是根源于无产阶级的世界观,根源于辩证唯物主义的认识论,认识现实,并了解认识过程中客观与主观的关系,以至把握客观

---

① 蔡仪:《新艺术论》,《美学论著初编》上,上海文艺出版社1982年版,第144页。
② 蔡仪:《新艺术论》,《美学论著初编》上,上海文艺出版社1982年版,第147—150页。

现实的关系及发展规律。它一方面要克服批判的现实主义的可能有的流弊和缺点，而间接地接受浪漫主义可能有的优点。它虽然是批判的现实主义的承继，却不是它的单纯的复归，而是它的更进一步的发展。"①

可见，在蔡仪看来，社会主义现实主义艺术是对批判现实主义与浪漫主义的继承、扬弃与批判、融合，它遵循辩证唯物主义认识论的观点方法，认识客观现实的本质、真理，正确反映客观现实的关系、规律，进而创造出高度真实的艺术作品。蔡仪从社会主义现实主义哲学方法出发，又进一步考察了"创作方法与世界观"问题。蔡仪指出，"社会主义现实主义"是苏联文艺理论家对"拉普派（全俄无产作家同盟）的唯物辩证法的创作方法的批判"②中引出的，不仅克服了机械论，还依照艺术的认识论原则确立了世界观与艺术创作方法的有机关联。

总体而言，蔡仪以《新艺术论》为核心所形成的艺术思想，不仅提出并解决了诸多艺术理论命题，还对中国现当代文学理论产生了积极深远的影响。诸如关于"形象思维"的论述、对艺术本质的阐发、对艺术内容与形式诸属性的探讨、对"典型"理论的强调与拓展、对社会主义现实主义及其创作方法的阐明，等等，不仅吸收了中外各种美学艺术理论的营养，还在批判反思中形成了本土特色，体现了鲜明的时代性与理论倾向。蔡仪的艺术观与美学观相关且相通，尤其是当蔡仪将艺术观推向"真"与"美"的层面高度论述时，其艺术与美学思想是契合一致的，即："艺术是反映客观现实的真实的，所以艺术也追求真；而艺术的反映客观现实的真实，是以个别具现一般的典型，所以艺术也创造美。而且艺术的真，艺术的美，并不是个别的东西，是相关的东西，都在于艺术的典型。"③蔡仪基于唯物主义认识论这一哲学基础上所形成的这些美学艺术思想，站在时代的历史潮流中看，是有其创见的，而且具有理论上的体系性与完整性，并代表着时代艺术的理论潮流。蔡仪《新艺术论》出版后不仅获得社会的广泛认可，甚至受到郭沫若在大会上的点名表扬，并"号召大家向他那样埋头苦干的精神学习"，并在会上向大家推荐《新艺术论》是一部切合时宜的书，希望大家都能读一读"。④

① 蔡仪：《新艺术论》，《美学论著初编》上，上海文艺出版社 1982 年版，第 155 页。
② 蔡仪：《新艺术论》，《美学论著初编》上，上海文艺出版社 1982 年版，第 157 页。
③ 蔡仪：《新艺术论》，《美学论著初编》上，上海文艺出版社 1982 年版，第 173 页。
④ 王琦：《有关蔡仪同志的二三事》，《美术研究》1986 年第 2 期。

《新艺术论》后来又一度改名为《现实主义艺术论》,其思想还贯穿于他后来主编出版的《文学概论》中,对当代文学理论的发展建设产生了深远的影响,有着积极的时代性、进步性和历史意义。

第四节　蔡仪美学艺术思想的成就与反思

杜书瀛曾将蔡仪的美学贡献归为四个方面,即"20 世纪 40 年代的中国美学革新者——当时他是中国最激进、最先进的美学家""中国美学马克思主义学派的创建者之一""极大地推进了中国马克思主义美学的学术化""中国现代美学的系统、完整体系的第一位构想者和实施者"[1]。杜书瀛的这一评价应该说是非常中肯的。的确,在现代中国美学史上,蔡仪由《新艺术论》《新美学》先后建构形成的"典型论"美学艺术观,不仅形成了广泛的社会影响,还在马克思主义原则基础上凭借新的方法论建立起了唯物主义的"新"美学艺术体系。这一美学艺术理论体系不仅系统地揭露和批判了整个旧的"观念论"的唯心主义美学传统,还在反思中提出了自己完备系统的通往新艺术与新美学的方法途径。蔡仪这些理论工作无论是对于马克思主义美学的中国化,还是中国美学学科理论体系的革新与建设都贡献卓著。尤其是蔡仪围绕马克思主义认识论所建构起的反映论美学体系,不仅成为新中国初期美学学科的逻辑起点以及"美学大讨论"时期美学批判改造的起点,还同样成为"文革"后当代中国美学发展超越的历史基点。这些都是蔡仪在特定历史时期内的美学贡献,也是我们客观评价其美学艺术思想需要予以赞同和认可之处。

与此同时,由于历史视域的局限以及时代学术话语的建构要求,蔡仪美学艺术思想中又蕴含着诸多内在的理论矛盾和不足,因而同样需要我们站在新的时代高度上加以理论的反思和清理。

众所周知,蔡仪是中国马克思唯物主义美学理论体系的创立者,也是 1940 年代和新中国初期马克思主义美学的权威代表。然而,在学术界,无论是 1950

---

[1] 杜书瀛:《蔡仪先生——纪念蔡仪先生百年诞辰》,王善忠、张冰编《美学的传承与鼎新:纪念蔡仪先生诞辰百年》,中国社会科学出版社 2009 年版,第 250 页。

年代的"美学大讨论"还是 1980 年代以后的美学发展建设中，蔡仪美学并没有得到广泛认可与接受，反而屡遭质疑与批判。在大多数学者眼中，尽管蔡仪通过自己的不懈努力，逐步建立起了一整套独具一格的美学理论体系，却基本代表着一种机械静止的旧唯物主义美学观，因而饱受诟病。当然，造成这种美学悲剧的原因不免时代历史的视域所限，而更多的还在于蔡仪美学自身思路与方法中所蕴含的诸多内在矛盾。

首先，就方法论而言，蔡仪从唯物主义认识论考察美学问题，并将"美—美感"的探讨置入"思维—存在"的界面内，这不仅导致美学与哲学的错位，还直接在美的实体化的认识中扼杀了美学的感性学内涵。现实生活中并不存在一种客观的"实体"的美，任何审美现象都是一种人与对象双向互动的过程，而"美"作为一种主体的评价，它是与人的价值需要密切相关的。"美"作为一种价值属性，既离不开对象事物，也离不开主体的需要。因此，离开价值论的方法，而妄图从唯物主义反映论角度去认识美、揭示美的规律显然是行不通的。

其次，因坚持社会主义现实主义的方法，蔡仪在追求"客观真理"的美学路线中混淆了科学的"真"与艺术的"美"之间的差异。蔡仪始终将"美"视为物的固有属性，因而坚持"美是客观的"观点。以"花红"与"花美"为例，蔡仪认为："美呢？我看也应当和红一样是物的属性，是客观的。倘若说我们考察客观事物虽然有引起美感的条件，但是那并不是美，这犹如说考察红纸和红花没有发现红一样。"①很显然，与花"红"这一与植物吸收与反射光线进而呈现出不同颜色的"物理存在"不同的是，花"美"却并非这种科学的物理特性的属性，而是一种"价值存在"，是一种人的审美感受力的评价。与花"红"这一不依存人的主体意识而存在的科学规律的"真"不同，"美"与"善"一样，都是流动变化的，它是一种人对事物的感性的审美评价。蔡仪正是混淆了这样一种客观存在与价值存在的区别，进而抹煞了美与真的界限，导致得出美是属于客观存在的物理属性的美学结论。

再次，尽管蔡仪尝试运用马克思主义观点解决美学问题，但在"客观典型"的美学艺术观上却存在机械唯物论的倾向。蔡仪认为美是对现实的认识，是对客观事物的摹写，其本质在于显现种类的普遍性、必然性，即"典型性"。据此出

---

① 蔡仪：《新美学》，群益出版社 1951 年版，第 48 页。

发,蔡仪认为生物比无生物美,动物比植物美,高等动物比低等动物美,而"人是高等动物之中比较美的"。[①] 显然,蔡仪这种机械化的美学观存在着巨大的理论漏洞,并很难对现实审美现象作出有力的说明。正如李泽厚批判所说:"是把美或美的法则变成了一种一成不变的绝对的自然尺度的脱离人类的先天的客观存在,而事物的美只是这一机械抽象的尺度的体现而已。这种尺度实际上就已成为超脱具体感性事物的抽象的实体,而这也就已十分接近客观唯心主义了。把人类社会中活生生的极为复杂丰富的现实的美抽象出来僵死为某种脱离人类而能存在的简单的不变的自然物质的属性、规律,这与柏拉图、黑格尔的先验的客观的绝对理念,又能有多大的区别呢?"[②]应该说,蔡仪的这种"客观典型论"美学艺术体系,在将"美"视为超越人的生活和意识的"客观存在"的同时,也将人看作为超越社会、历史和阶级的生物学种类上的客观存在。正像吕荧所批判的那样,蔡仪美学暗含着一种"生物社会学、生物学与庸俗社会学的混合物"[③]。

从上述分析可知,蔡仪美学之所以难以获得认同,根本原因在于三方面:一是哲学认识论的方法论局限;二是混淆了科学之"真"与艺术之"美"的差别;三是存在机械唯物主义的简单化倾向。这些思维方法上的不足综合形成了蔡仪僵化简单的美学理解,因而很难对各种审美现象作出合理阐释,也失去了理论的力量。

因蔡仪谨守哲学认识论,将复杂的美的问题窄化为单一的对现实的客观反映,并在"存在决定意识"的路线上将"美"视为一种外在于"人"的实体化的存在。应该看到,与蔡仪将美视为一种"客观现实的反映"以及将美学视为关于"美的存在和美的认识的关系及其发展之学"不同,美学是一项满足人的精神需要的审美活动,是人在审美活动中依据自身价值需要而对事物所作出的审美的评价。因此,与蔡仪将美学研究设定为"美"并排斥"审美"相反的是,"美"恰恰存在于审美活动中,并且与人的审美经验、审美趣味、审美心理、审美能力等要素紧密关联。

蔡仪的"客观典型论"美学艺术观,在唯物主义哲学立场上,实则排除了

① 蔡仪:《新美学》,群益出版社 1951 年版,第 200—202 页。
② 李泽厚:《论美感、美和艺术——兼论朱光潜的唯心主义美学思想》,《中国当代美学论文选·第一集 1953—1957》,重庆出版社 1984 年版,第 122 页。
③ 吕荧:《美学问题——兼评蔡仪教授的〈新美学〉》,《文艺报》1953 年第 17 期。

"人"的主体性因素,试图从客观现实事物中去寻找美的根源,这种绝对的客观主义思维路径不仅将美学问题纳入认识论的框框造成理论上的混乱与矛盾,还将美的问题本质化、实体化,扼杀了美学感性丰富的审美内涵。蔡仪这种美学思路当然与其日本留学时期所接受的苏联列宁时期的辩证唯物主义哲学以及社会主义现实主义思想相关,因而仍停留于机械静止的近乎前现代的美学阶段。正如有学者所指出的,蔡仪"典型论"美学从形态上看,仍是一种"古典和谐型的观念",而所谓"新"艺术论与"新"美学,也仍是一种"'新的'古典主义"的文艺观和美学观。①

实际上,蔡仪美学在"苏化"美学话语日益膨胀的历史时期登场,不但与"西化"美学话语模式相排斥,而且与中国古典美学也相互隔离。因此,无论是朱光潜所代表的关注审美现象、审美经验的心理学美学,还是中国古典美学中的天人合一思想,恰恰可从反面鲜明映照出蔡仪美学模式的巨大漏洞与理论不足。

法国现象学美学家杜夫海纳指出:"审美经验揭示了人类与世界的最深刻和最亲密的关系,他需要美,是因为他需要感到他自己存在于世界。"②也即是说,审美活动作为人性需求,是一种人的精神活动,而只有事物成为人的对象,成为审美对象,人才能在审美活动中确证自己的存在。这种"人存在于世界"的审美活动思想显然与蔡仪脱离人的"美本在物"的客观论思想截然不同。朱光潜也早在《诗论》中指出:"以'景'为天生自在,俯拾即得,对于人人都是一成不变的,这是常识的错误。"③在《谈美》中,朱光潜便从人情与物理这一"物我同一"角度对"美的本质"进行了探讨:

> 依我们看来,美不完全在外物,也不完全在人心,它是心物婚媾后所产生的婴儿。美感起于形象的直觉。形象属物而却不完全属于物,因为无我即无由见出形象;直觉属我却又不完全属于我,因为无物则直觉无从活动。美之中要有人情也要有物理,二者缺一都不能见出美。④

---

① 陈伟:《中国现代美学思想史纲》,上海人民出版社 1993 年版,第 397 页、403 页。
② 〔法〕杜夫海纳:《美学与哲学》,中国社会科学出版社 1985 年版,第 3 页。
③ 朱光潜:《诗论》,《朱光潜美学文集》第二卷,上海文艺出版社 1982 年版,第 55 页。
④ 朱光潜:《"情人眼底出西施"——美与自然》,《无言之美》,北京大学出版社 2005 年版,第 36 页。

在此,朱光潜的解释从审美经验层面看,较之蔡仪美学显然更合理,也更具理论力量。与蔡仪将美学问题纳入唯物反映论,进而在"思维—存在"与"唯心—唯物"这一主客二分框架内讨论美的问题不同,朱光潜关注的是"审美心理经验",且从心物交融的角度去解释美。这种思路与实用主义美学有着某种相似性。依据实用主义美学的理论路线,恰恰是在"经验"层面上,"经验是第一性的,不分主体与客体",只区分自我与对象,因而"主体与对象之间,总是存在着你中有我、我中有你的复杂关系"。① 朱光潜的心物关系、物我同一论,正是要在这种主体与对象的"对象化"过程中去理解作为形容词的"美",而其形容与关注的对象也非作为名词的"心"或"物",而是一个由动词变成名词的"表现"或"创造"。显然,朱光潜这种心物交媾、互渗统一的对象化过程,尽管也没有完全超脱主客二分的状态,但在审美经验的路线上,却较之蔡仪美学更进一步,也更具理论的阐释效力。

其实,与蔡仪美学关注思维存在问题,拘泥于主客二分模式,并将美视为外在于人的"实体化"的存在不同,中国古典美学思维在人与自然的"天人合一"路线上恰恰与之形成鲜明的反差,也提供了一条超越蔡仪美学局限的现代性反思之路。

唐代文学家、哲学家柳宗元在《邕州柳中丞作马退山茅亭记》中有曰:"夫美不自美,因人而彰。兰亭也,不遭右军,则清湍修竹,芜没于空山矣。"②柳宗元关于"美不自美,因人而彰"的思想不仅将自然景物与人的"天人合一"之审美关系淋漓尽致地呈现出来,还恰恰说明了美并非"客观的物的属性"(蔡仪语),它离不开人的审美体验,只有审美的主体与欣赏的客体双向互动构成审美关系时,审美活动才能发生。诚如张世英所言:"决不否认事物离开人而独立存在,决不否认,没有人,事物仍然存在,但事物的意义,包括事物之'成为真',则离不开人,离不开人的揭示。"③明清之际杰出思想家王夫之在《古诗评选》对谢灵运《登上戍石鼓山》诗的评语中亦有曰:

> 言情则于往来动止、缥缈有无之中,得灵蠁而执之有象;取景则于击目

---

① 高建平:《美是主观的还是客观的?》,《文史知识》2015年第2期。
② (唐)柳宗元:《柳宗元集》三,中华书局1979年版,第730页。
③ 张世英:《哲学导论》,北京大学出版社2008年版,第63页。

经心、丝分缕合之际,貌固有而言之不欺。而且情不虚情,情皆可景;景非滞景,景总含情。神理流于两间,天地供其一目,大无外而细无垠,落笔之先,匠意之始,有不可知者存焉。①

"情不虚情""景总含情",情因景而生,景以情而发。外在客观事物只有触动了作为主体的人的感情,情与景才得以在蓦然契合中达到内在的融合统一。审美活动也正是要在这种外在的"物理世界"的审美体验中建构形成一个情景交融的意象世界,并在情景与意象的交融互渗中体验审美的快感。

由上可见,蔡仪受时代理论的制约及其方法论的阈限,其唯物主义认识论立场上的"新美学"理论体系在"审美"(美)与"认识"(真)的混同中,不但将美学纳入到哲学认识论的框架内,还在绝对客观的反映摹写上排斥人的主体性因素。蔡仪这种绝对客观的唯物主义美学思想,仍是苏联"列宁哲学阶段"的唯物辩证法思维,它不仅不符合西方现代美学的发展趋势,更与中国古典美学中"天人合一"的思维以及"感性"诗意的美学传统相违背。这是蔡仪美学即使在"唯物"作为主流意识形态背景的五六十年代"美学大讨论"中也无法获得认同与支持的根本原因,是蔡仪美学在失去国家意识形态支撑后难以获得理论发展与更新的学理缘由。

总之,20 世纪 40 年代是蔡仪美学的辉煌时期,他既承担起了"旧美学"批判摧毁的历史重任,又肩负起了重建"新美学"的理论职责,既从文艺为革命服务出发合乎革命目的,又以学科规律为起点建构起了完备的美学话语体系。作为"批判者"与"建构者"这一双重角色的美学扮演者,蔡仪以一名共产主义战士的激情不辱使命地严格遵照马克思列宁唯物主义的理论要求,在"现实反映"与"客观典型"的核心理路上"空谷足音"式地创构起了一套唯物主义反映论美学体系。这一思想理论体系不仅在当时产生重大影响,还直接对当代中国美学的发生、发展与建设造成直接影响。与此同时,受日本左翼"唯物辩证法"思维影响,蔡仪美学因将审美与认识等同,将复杂的美学问题窄化为单一的认识论问题,并在"思维—存在"界面上对"美—美感"加以机械推演,不仅将"人"排斥于

---

① (清)王夫之:《古诗评选·卷五谢灵运〈登上戍鼓山诗〉评语》,《古诗评选》,张国星校点,文化艺术出版社 1999 年版,第 217 页。

"美"之外,还造成与西方现代美学发展趋势相脱节,更与中国古典美学传统相背离。因此,在 20 世纪中国美学史版图中,蔡仪美学艺术思想可谓瑕瑜互见、功过并存,他既立下了马克思主义美学的"开创"之功,并为中国现代美学的学科完善与发展做出了不可磨灭的贡献,又在脱离审美艺术实践的抽象思辨中一度造成中国美学在思维方法与言说范式上的格局性偏失。

后　记

本书作为国家社科基金重大课题"20世纪中国美学史"第二子课题的结题成果,自2012年年底立项,2013年年初开始启动,到2019年完成书稿的所有撰写与校对工作,历经6年多。

本书主要研究20世纪20年代到1949年美学在中国的发展情况。从20世纪初到1949年中华人民共和国成立,这一期间中国美学史的发展历程有着三条较明显的发展路径。第一,欧美主流思潮影响下的文艺思想路径。重点探讨朱光潜和宗白华等人对中国美学发展的贡献,以及现代派艺术家群体的美学思想建构。第二,艺术为社会人生服务的文艺思想路径。重点探讨从梁启超开始,由陈独秀、鲁迅、周作人等人为代表的强调艺术为社会人生服务的美学观。第三,马克思主义文艺理论的中国化路径。重点探讨左翼美学家瞿秋白、周扬等人对俄苏美学的接受,以及蔡仪从日本接受,并加以发展的马克思主义美学,同时辟专章节讨论《在延安文艺座谈会上的讲话》的美学思想与意义。应当说,20世纪中国现代美学的构建呈现出多元并存的局面,有着多重的复调声音,如左翼和自由派、京派与海派、俄日影响与欧美影响,等等。在这段美学史建构过程中各种论争声音的背后,体现着论争与建构的同步性。欧美主流思潮影响下的美学观、为社会人生服务的美学观、马克思主义美学中国化三条线索相互砥砺,在论争中共同建构着20世纪现代中国美学的发展面貌,展示出现代中国美学建构过程中的内在张力。

本书的研究过程颇为不易,一方面缘于这段时期的美学特别重要,一些重要的美学体系都是在这一时期成型的;另一方面也缘于这段时期的美学思想在学界基本已有定论,要实现创新尤其困难。当然,还有一个重要原因是课题组成员本身研究水平的有限。自2013年课题开题启动后,先是提纲数易其稿,中途又因为老师有客观原因而无法继续展开研究,不得不临时由我自己顶上。在书稿完成后,又有部分章节因各种原因,几乎要推倒重来。其间多次反复修改和调整,直到 2019 年暑假才可以说基本完成。

课题首席专家高建平先生对本书的进展相当关注,在提纲的修改和完善期间,几次前往湘潭与课题组成员面对面沟通和交流,帮助我们调整和完善提纲,这才使得本书后来的写作变得不那么艰难。完成初稿后,高老师又仔细审阅全书,并数次来杭州与我交流书稿中存在的问题,并提出了许多严谨而富有建设性的修改意见。本书最后能完成,得益于高老师与我们的多次深入且富有成效的交流。如果我们能吸纳全部的建设性意见,本书无疑将变得更加厚重与精彩。但事实无疑证明,由于我们能力有限,这也只能是一个美好且期待今后能继续实现的愿望。感谢本课题的其他所有成员,尤其是吴泽泉、丁国旗和张冰三位子课题负责人对我们研究的支持和帮助。大家参与本书的讨论,提出的许多针对性建议也让本书的写作变得更富有活力和更充实。

本卷主要撰写人员如下:

导论:杨向荣

第一章:杨向荣

第二章:杨向荣、黄宗喜

第三章:罗如春

第四章:杨向荣

第五章:刘中望

第六章:刘中望

第七章:杨向荣

第八章:李圣传

雷云茜、邹潇、吴永卓、蒋燕、覃洋、何晓军、赵玉彩参与了资料的收集与整理工作,全卷最后由杨向荣统稿、修改和审订。

是为记。

杨向荣

2019 年 8 月